高职高专"十二五"部委级规划教材

织造技术

刘　森　李竹君　主编

何晓霞　胡德芳　副主编

U0243579

 化学工业出版社

·北京·

本书系统介绍了机织物织造基本原理，国内外现代织造准备和织造设备的机构特点、运动分析、工艺参数调节、优质高产的措施及发展趋势。包括络筒、捻线、整经、浆纱、穿结经、纬纱准备，以及织机五大运动机构及织机辅助装置、织造参变数、织造操作技术与质量控制、下机织物整理及机织技术的发展现状与趋势等。

　　本书是高职院校纺织专业课教材，亦可作为企业职业技术培训教材，供有关工程技术人员和科研人员参考阅读。

图书在版编目（CIP）数据

织造技术/刘森，李竹君主编. —北京：化学工业
出版社，2015.4（2023.9重印）
高职高专"十二五"部委级规划教材
ISBN 978-7-122-23177-2

Ⅰ.①织… Ⅱ.①刘…②李… Ⅲ.①织造工艺-高
等职业教育-教材 Ⅳ.①TS105

中国版本图书馆 CIP 数据核字（2015）第 040843 号

责任编辑：崔俊芳　　　　　　　　　　　　装帧设计：关　飞
责任校对：边　涛

出版发行：化学工业出版社（北京市东城区青年湖南街 13 号　邮政编码 100011）
印　　装：天津盛通数码科技有限公司
787mm×1092mm　1/16　印张 22　字数 557 千字　2023 年 9 月北京第 1 版第 5 次印刷

购书咨询：010-64518888　　　　　　　售后服务：010-64518899
网　　址：http://www.cip.com.cn
凡购买本书，如有缺损质量问题，本社销售中心负责调换。

定　　价：49.00 元　　　　　　　　　　　　　　版权所有　违者必究

前　言

随着生产技术水平的不断提高，纺织新原料、新工艺、新技术、新设备层出不穷。特别是近年来，随着世界经济形势的不断变化，对织造技术与工艺设备提出更高的要求，也对纺织院校和纺织行业提出了新的挑战。要适应新挑战，纺织院校就要培养适应社会变革和市场需求的新型技术技能人才，迫切需要有适应形势发展的、知识涉及面广，且内容先进、科学、实用的新教材来学习与参考。为此，我们根据全国纺织高等职业技术院校纺织专业教学指导委员会的教材编写要求，会同相关院校，编写了《织造技术》教材。

本书全面介绍了现代织造新技术、新工艺、新设备和操作技术，并对织造技术发展的新方向、纺织行业出现的新热点等进行了介绍。

本书由刘森、李竹君任主编，何晓霞、胡德芳任副主编。参加编写的人员及编写内容是，绪论、第十五章、第十六章由广东职业技术学院刘森执笔；第一章、第二章由广东职业技术学院李竹君执笔；第四章、第七章、第十二章、第十三章由广东职业技术学院何晓霞、胡德芳执笔；第三章由广东职业技术学院王磊、李竹君执笔；第五章、第六章由广东职业技术学院蔡昭凉执笔；第八章、第九章由广东职业技术学院董旭烨执笔；第十章由武汉职业技术学院王作宏执笔；第十一章由盐城工业职业技术学院瞿才新执笔；第十四章由常州纺织服装职业技术学院陈锡勇执笔。全书由刘森、李竹君统稿。

此书在编写过程中得到全国十多所纺织高职院校的支持，广泛听取了各方的意见，在此表示诚挚的感谢。

由于高等职业技术教育正在改革探索中，加上纺织技术发展十分迅速，本书不当之处恳请读者批评指正。

编者

2014 年 11 月

目　录

绪　　论

一、纺织技术历史回顾

　　纺织技术的发展史可以说是与社会的文明史同步的，纺织生产的出现，标志着人类脱离了原始状态，进入了文明社会。纺织业在人类历史发展进程中具有举足轻重的地位。

　　纺织技术在历史上经过了两次飞跃，第一次飞跃大约在公元前500年～公元前300年，在我国完成，其标志是手工纺织机器的形成；第二次飞跃在18世纪末的英国实现，其标志是动力纺织机器的形成。目前，随着电子计算机和机电一体化技术的发展，新型纺织技术不断涌现，纺织生产历史上的第三次飞跃已经开始。各种尖端科技将不断应用到纺织生产上来，未来的纺织生产将以高度的自动化、智能化、集约化、信息化和连续化为特征，由劳动集约型转变为技术集约型。

二、织造技术的演进

　　织造技术是生产机织物纺织品的一项专门生产技术。它包括织造准备技术和织造技术两部分内容。

　　人类最初的织造技术是手工编结，随着生产的发展，出现了手工提经和手工引纬的织机雏形。大约在春秋时代，木结构的手工提经和脚踏提综的古老织机已经出现。图1所示是汉代画像石上描绘春秋时期带有机架的斜织机。

　　河姆渡出土了精细的芦席残片。陕西半坡出土陶器的底部有编织物印痕。最原始的织是"手经指挂"，即靠徒手排好经纱，再一根隔一根地挑起经纱穿入纬纱。织物的长度和宽度都很小。经过长时间的实践，人们逐步使用工具，先在单数和双数经纱之间穿入一根棒，叫作分绞棒，在棒的上下两层

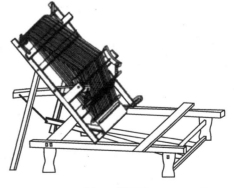

图1　斜织机

经纱之间形成一个可以穿入经纱的织口。再用一根棒，在经纱的上方用垂线把下层经纱一根根地牵吊起来。这样，只要把这棒往上提，便可把下层经纱统统吊起，插过上层经纱而到达

上层经纱的上方，从而形成一个新的织口，可以穿入另外一根纬纱。这根棒就叫棕竿。纬纱穿入织口，要用木刀打紧定位。经纱的一端有的缚在树上或柱子上，有的则绕在木棒用双脚顶住。另一端织成的织物卷在木棒上，两端用宽带子系在人的腰间，这便是原始腰件。河姆渡出土的木刀、分经棒、卷布辊等原始织机零件，其造型和现在保存于台湾省高山族等少数民族中的古法织机零件很相像。

18世纪，蒸汽机出现后，人们开始以蒸汽为动力（以后用电力）拖动机器，开创了动力织机代替手工织机的新时代，大大提高了织机的生产率。伴随织机的进步，出现了络筒机和整经术，发明了断头自停技术，使织造技术取得了更大进步。

现代织造技术，由于机械制造工业、电子工业、化学工业以及激光技术的发展而获得更快进展。有梭织机更趋完善，各种无梭织机展示出显著的优越性。织前准备机械也出现了许多新的革新，在高速、高效、大卷装、自动化方面取得了很大进展。新的织造原理已经提出，预示着织造技术将有新的巨大进步。

三、织造技术的生产工艺流程

织造准备是织造的前半部分，它与织造能否顺利进行以及织物的质量有着密切的关系。织造准备包括络筒、捻线、整经、浆纱、穿结经、定捻与纬纱准备等生产工序。其主要任务有两方面，即改变纱线的卷装形式、改善纱线质量。

织造是纱线在织机上形成机织物的生产过程。机织物是指由两组纱线，即经纱和纬纱，互相垂直交织起来的织物。一般将机织物简称织物。织物按原料不同分为棉织物、毛织物、麻织物、丝织物、化纤织物、各种混纺织物等。织物按加工特点分为白织物和色织物。白织物是用原色纱制成的织物，而色织物是用色纱制成的织物。

织造技术的生产工艺流程如图2所示。

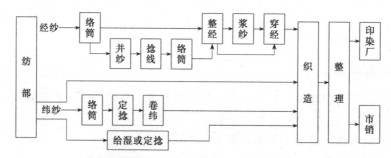

图2 织造技术生产工艺流程

1. 络筒

络筒是织前准备的第一道工序。络筒的任务是将管纱或绞纱连接起来，络成一定容量的筒子，供整经、捻线、卷纬、染色等下道生产工序使用，也可直接作为无梭织机的纬纱筒子或针织用筒子。

2. 捻线

根据产品的需要，在机织物生产过程中，常需将两根或两根以上的本色或各色纱经并合、加捻制成股线，或以特殊工艺加工制成花式捻线进行织造，这种把纱加工成股线或花式线的生产过程叫捻线。

3. 整经

整经是织造准备工程中的一道工序，其目的在于改变纱线的卷装形式，由单纱卷装的筒子变成多纱同时卷装的具有织轴初步形式的经轴。因为是多根纱线同时卷装，所以其加工质量对后道工序的生产效率和最终产品的质量有着重要的影响。

4. 浆纱

浆纱是最重要的准备工序。浆纱质量的优劣对织造生产有重大影响，浆纱目的在于提高纱线的强力和耐磨性能。未经上浆的经纱表面毛羽突出，纤维之间抱合力不足，在织物形成的过程中，纱线要经受各种复杂的机械拉伸和摩擦作用，纱身易起毛或解体，直到产生断头，影响正常的织造生产。

5. 穿结经

穿结经是穿经和结经的总称，它的任务是把织轴上的全部经纱按照织物上机图及穿结经工艺的要求，依次穿过经停片、综丝和钢筘。如果所织织物的组织、幅宽、密度、总经根数都保持不变，也可以采用结经的方法，用结经机将新织轴上的经纱与了机后的织物相连接的经纱逐根对接起来，然后将所有结头一同拉过经停片、综丝和钢筘直至机前。

6. 定捻与纬纱准备

定捻的目的在于稳定纱线捻度，从而减少织造过程中的纬缩、脱纬和起圈等弊病。由于喷气、喷水引纬属于消极引纬，定捻的目的主要是减少退捻，减少由于纱头退捻歪斜、松散造成的纬缩、断纬疵点。

纬纱准备包括两方面，一是有梭织机用纬纱准备，包括络筒、卷纬和纬纱定捻等工序；二是无梭织机的纬纱准备，包括络筒、定捻两个基本工序，以满足各种不同引纬方式对纬纱的要求。

7. 织造五大运动机构

机织物在织机上通过开口、引纬、打纬、送经、卷取五大运动机构的相互配合织造而成。

8. 织物的整理

织物整理的主要任务是检验坯布的下机质量、修补织物病疵、找出影响织物质量的原因，促使产品质量不断提高。下机织物送整理车间进行检验、整理和打包，这个工序，也称为下机织物的整理。

四、纺织技术现状及发展趋势

(一) 纺织技术发展现状

随着现代纺织技术向设备高速化、自动化、工序连续化方向发展，随着产品生命周期的缩短、新颖纤维材料的广泛应用，传统技术与新技术之间的差距越来越大。我国正处在纺织工业升级的关键时期，国产纺机在消化吸收国外先进技术之外，还缺乏自主创新，设备更新换代周期过长。经过了全球金融危机，我国的织造行业虽然经历了重挫，但近几年，织机织造厂商迎来了新一轮前所未有的市场热潮，大批新兴的纺织企业正依靠科技进步，参与到当前激烈的市场竞争中。竞争的焦点是产品结构的调整，产品档次和品质的提高。而使产品上档次的根本捷径是加快织造行业技术进步的步伐，拥有行业的核心技术，才能提高行业快速反应能力，提高产品的附加值。从世界范围来看，纺织技术发展到今天，呈现出了五大基本特征：①传统纺织技术更关注纺织产品及生产过程本身；②纺织技术出现多学科、多领域的融合态势；③纺织技术的复合化应用，推动工艺与装备的快速发展；④在纺织技术发达国家，企业是技术创新的主体；⑤中国已成为纺织技术发展的主体力量。

(二) 纺织技术的发展趋势及展望

面对新的需求，纺织技术的发展空间巨大，也面临着挑战。在未来，发达经济体纺织技术的研发将更加专注于产业链两端，分别为时尚产业与材料产业服务，而纺织加工技术的研究将主要集中于中国、印度等新兴市场，以及一些知名的纤维、纺机、纺织化学品制造商。

随着全球经济以及纺织工业的发展，纺织行业生存环境不断发生变化。未来的纺织技术，是运用高新技术推动纺织业转型升级，使得传统劳动密集型向技术密集型转变，拓展纺织业的生产空间和市场空间，促进产品升级换代。因此，高端化、知识与技术密集型、特色化与个性化、集群化、品牌化、绿色低碳、全球化才是纺织行业转型升级的主攻方向。

第一章

络 筒

第一节 络 筒 概 述

一、络筒的目的

1. 增加卷装容纱量，提高后继工序生产效率

将管纱（或绞纱）做成容量较大、成形良好的筒子，以减少落纱或下道工序（整经、并捻、卷纬、无梭织机的供纬或针织用纱等）换管或换筒的次数，从而提高生产效率。管纱容纱量很小，大卷装的管纱每只净重仅约 70g，能容纳 29tex 的棉纱约 2500m。若卷绕成净重 1.6kg 的筒子，绕纱长度可达到 56000m 左右。

2. 清除纱疵和杂质，改善纱线品质

清除纱线上的短粗节、长粗节、细节、棉结、杂质等疵点，以提高纱线的均匀度和光洁度，从而减少整经、浆纱、织造等后道加工过程中的纱线断头，改善织物的外观质量。

二、络筒的要求

随着对纺织品的质量要求越来越高，对络筒工序也提出了更高的要求。对络筒工序要求主要有以下几方面。

1. 尽可能增大卷装容量并满足定长要求，同时卷装应坚固、稳定，成形良好

在卷绕成形机构许可的情况下增大筒子容量，可最大限度地提高后道工序的生产效率，用于间断式整经的筒子，其绕纱长度还应符合定长要求。保证良好的筒子成形，使筒子在长期的储存及运输过程中纱圈不发生滑移，确保筒子在后道工序中，纱线能以一定速度轻快退绕，不脱圈，不纠缠断头，退绕张力均匀。

2. 卷绕张力的大小要适当而均匀

卷绕张力的大小既要保证筒子卷装坚固、稳定、成形良好，又要保持纱线原有的物理机械性能。一般在满足筒子卷绕密度、成形良好及断头自停装置能正确工作的前提下，尽量采用较小的卷绕张力，最大限度保留纱线的强度和弹性。

3. 尽可能地清除纱线上影响织物外观和质量的有害纱疵

既要保证清除纱线上的有害疵点，又要尽量减少接头次数，避免产生新的结头疵点。

4. 接头直径和强度要符合工艺要求

结头在以后加工中不能脱结、挂断或缠绕邻纱，并尽可能采用无结接头，提高产品档次。

5. 尽可能降低在络筒过程中毛羽的增加量

纱线上的毛羽在后道工序中会使纱线之间相互纠缠，在织机上会造成开口不清、增加断头、形成织疵，严重影响生产效率和产品质量。所以在络筒过程中应尽量减少对纱线的摩擦、减少静电聚集、降低毛羽的增加量。

三、络筒工艺流程

常用的络筒机有普通槽筒式络筒机和自动络筒机两类。

图 1-1 为 1332MD 型槽筒式络筒机工艺流程图。纱线自管纱 1 退解下来，通过气圈破裂器 2 控制气圈形状，减小退绕张力波动，绕过导纱板 3 改变纱线运行方向，穿过圆盘式张力装置 4 控制络筒张力，经清纱器 5 清除纱线上的杂质、疵点，越过断纱自停探杆 7（当探测到纱线断头或过于松弛时，使筒子自动抬起停转），然后绕过槽筒 8 的上表面，卷绕到筒子 9 上。槽筒 8 旋转时，摩擦传动筒子 9 卷绕纱线，同时槽筒表面的沟槽引导纱线作横向往复导纱运动，络成圆锥形筒子。

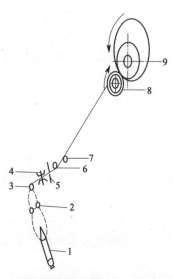

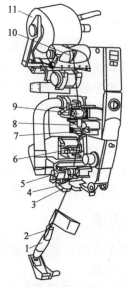

图 1-1　1332MD 型槽筒式络筒机工艺流程图

1—管纱；2—气圈破裂器；3—导纱板；
4—张力装置；5—清纱器；6—导纱杆；
7—断纱自停探杆；8—槽筒；9—筒子

图 1-2　自动络筒机的工艺流程图

1—管纱；2—气圈破裂器；3—余纱剪切器；4—预清
纱器；5—张力装置；6—捻接器；7—电子清纱器；
8—切断夹持器；9—上蜡装置；10—槽筒；11—筒子

1332MD 型槽筒式络筒机的换管、找头、接头、落筒等操作都需人工完成，工艺路线不够合理，且劳动强度大，生产效率不高。

自动络筒机型号很多，其工艺路线各不相同。图 1-2 为自动络筒机的工艺流程图。细纱管纱插在管纱支撑装置上，纱线从管纱 1 引出后顺序经过气圈破裂器 2、余纱剪切器 3、预清纱器 4、张力装置 5、捻接器 6、电子清纱器 7、切断夹持器 8 及上蜡装置 9，在回转的槽筒 10 及其沟槽的引导下，最后被卷绕到筒子 11 上。气圈破裂器 2 的作用可改变气圈的结构和形式，可有效降低和均匀退绕张力；余纱剪切器 3 和预清纱器 4 的作用是刮去纱线上的粗大棉结、杂质，并防止脱圈纱进入张力装置；张力装置 5 用于调节络筒张力，满足筒子卷绕成形要求，并可部分去除纱线弱节；捻接器 6 用于对纱线进行无结接头；电子清纱器 7 检测纱线的条干均匀度，切除粗细结和双纱；切断夹持器 8 将被切断的纱头夹持住；上蜡装置 9 给纱线表面上蜡以降低纱线表面的摩擦系数；槽筒 10 摩擦传动筒子旋转卷绕纱线，同时引导纱线左右往复运动。

自动络筒机实现了换管、找头、接头、落筒、清洁直至装纱理管自动化，大大降低了劳动强度，提高了络筒质量和生产效率。同时由于使用了捻接器和电子清纱器，提高了络筒质量。

第二节 络筒基本原理

筒子卷绕成形的原理是络筒技术的基本原理，是络筒理论的基础。筒子良好的卷绕成形是络筒的主要任务。

一、筒子的卷绕成形

(一) 筒子卷绕成形

在络筒过程中，通过卷绕机构把纱线以螺旋线形式，一圈圈、一层层有规律地稳定卷绕在筒子表面。所以，筒子卷绕由旋转运动和往复运动两个运动叠加而成（图 1-3）。筒子的旋转运动和纱线的往复运动相合成，结合筒管形状和筒子架的结构，便可卷绕成一定形状的筒子。

络筒速度由旋转运动的圆周速度和往复运动的导纱速度两个速度合成而得。如图 1-4 所示，通常圆周速度用 v_1 表示，导纱速度用 v_2 表示，两者合成的络筒速度用 v 表示。

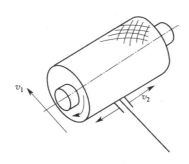

图 1-3 筒子的卷绕成形

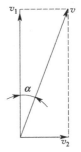

图 1-4 络筒速度与纱圈卷绕角

纱线的速度 v 方向（纱线卷绕点的切线方向）与筒子表面该点圆周速度 v_1 方向之间所夹的锐角 α 叫纱圈卷绕角或螺旋上升角。几个参数之间关系如下。

$$v = \sqrt{v_1^2 + v_2^2}$$

$$\tan\alpha = \frac{v_2}{v_1}$$

纱圈卷绕角 α 是筒子卷绕成形的一个重要参数。当导纱速度 v_2 与圆周速度 v_1 的比值发生变化，卷绕角 α 就随之改变，筒子的卷绕形式也会发生变化。如果圆周速度 v_1 基本保持不变，而导纱速度 v_2 很慢，卷绕角 α 就很小，纱圈在筒子上沿高度方向上升很慢，纱圈间距很小,在筒子上近似平行地排列,这样卷绕的筒子叫平行卷绕筒子;相反,如果圆周速度 v_1 基本保持不变,而导纱速度 v_2 较快,卷绕角 α 就较大,纱圈在筒子上沿高度方向上升较快,纱圈间距较大,上下相邻的两层纱圈之间形成交叉,这样卷绕而成的筒子叫交叉卷绕筒子。筒子上来回纱圈相交的角即 2α,叫纱圈交叉角。交叉卷绕筒子是生产中使用的主要筒子形式。

(二)筒子的卷绕形式

在纺织生产中,为适应不同后道加工目的与要求,筒子的卷绕形式也有很多。从筒子的卷装形状来分,有圆柱形筒子、圆锥形筒子和其他形状的筒子三大类;根据筒子上纱圈卷绕方式来分类,有平行卷绕筒子和交叉卷绕筒子;从筒管形状来分,有无边筒子和有边筒子。

1. 圆柱形筒子

圆柱形筒子主要有平行卷绕的有边筒子和交叉卷绕的无边筒子两种,如图1-5所示。

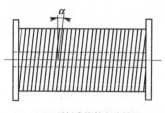 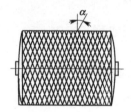

(a) 平行卷绕的有边筒子　　　　　(b) 交叉卷绕的无边筒子

图 1-5　圆柱形筒子

(1)平行卷绕的有边筒子:圆柱形筒子采用平行卷绕时,筒子两端的纱圈极易脱落,一般需卷绕在有边筒管上,如图1-5(a)所示。有边筒管的两端都带有扁平的边盘,筒子的边盘使纱圈能保持稳定状态。但是纱线退绕一般都得从切线方向引出,筒子需作回转运动。这样的退解方式使纱线退解速度受到限制,不能满足现代高速退绕的要求,这就使有边筒子使用范围受到限制。

平行卷绕筒子的优点是稳定性好,卷装密度大,但切向退绕方式使它的应用范围较小。这种卷装常用于丝织、麻织、绢织及制线工业中。

(2)交叉卷绕的无边筒子:交叉卷绕方式常用于无边筒子,如图1-5(b)所示。采用交叉卷绕时,由于纱圈卷绕角 α 较大,位于筒子两端的纱圈就不易脱落,筒管两端都不用带边盘,纱线可沿筒子轴线方向进行退绕,筒子不需作回转运动,纱线退解速度可大大提高,这就可以满足后道工序高速退绕的要求,所以无边筒子比有边筒子应用更广泛。圆柱形筒子采用等速槽筒摩擦传动时,在整个卷绕过程中,圆柱形筒子表面圆周速度和导纱速度是均匀不变的,所以整个圆柱形筒子的卷绕角、卷绕密度、络筒速度、卷绕张力都是均匀的(边部除外),这种筒子适宜于染色或其他湿加工。

2. 圆锥形筒子

圆锥形筒子比圆柱形筒子的退解更加有利,且退绕张力小而均匀,一般可分为普通圆锥形筒子、变圆锥形筒子两种,如图1-6所示。该筒子适用范围最大,常用于棉、毛、麻、黏胶纤维和化纤混纺纱的筒子卷装。

圆锥形筒子母线与高的夹角称为筒子倾斜角,又叫锥顶角之半。筒子倾斜角大小根据用途而定,整经用筒子倾斜角一般为 $5°57'$,针织用筒子为 $9°15'$。1332M型槽筒络筒机生产的

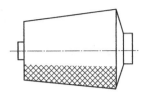 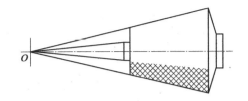

(a) 普通圆锥形筒子　　　　(b) 变圆锥形筒子

图 1-6　圆锥形筒子

筒子倾斜角约为 6°。

普通圆锥形筒子如图 1-6（a）所示，从小筒到满筒，其倾斜角保持不变。整个筒子在卷绕过程中的倾斜角始终保持不变，卷成的筒子纱线的厚度处处相等，筒子大、小端的卷绕密度比较均匀一致。

变圆锥形筒子如图 1-6（b）所示，在卷绕过程中采用不等厚度卷绕筒子架，大直径端的纱层厚度比小直径端的大，大小端直径差异增加，有利于提高退绕速度，常用于针织生产。

3. 其他形状筒子

在纺织生产中，除了前面介绍的几种筒子类型外，还有一些其他形状的筒子，如图 1-7 所示。

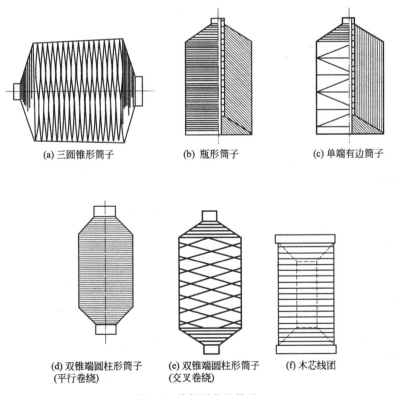

(a) 三圆锥形筒子　　(b) 瓶形筒子　　(c) 单端有边筒子

(d) 双锥端圆柱形筒子　(e) 双锥端圆柱形筒子　(f) 木芯线团
　　(平行卷绕)　　　　　(交叉卷绕)

图 1-7　其他形状的筒子

三圆锥形筒子，又称菠萝筒子，这种筒子结构比较稳定，筒子两端逐渐向中部靠拢，边部纱圈不易脱落，边部纱圈折回点的分布比较分散，因此筒子两端的密度与中部相接近。所以它不仅卷装结构稳定，而且卷绕容量大，筒子重量可达 5~10kg，因此常用于合成长丝的筒子卷装。

瓶形筒子的筒管形状与纱管的形状类似，筒管一端呈圆台形，第一层纱以此为基础开始卷绕，采用平行卷绕方式卷绕，纱线可沿轴线方向退绕，筒子可静止不动，因此退解速度可提高。

单端有边筒子采用的筒管形状和瓶形筒子的筒管形状相同，但在卷绕过程中，它的导纱动程为卷装高度，比瓶形筒子要大，在每层纱线卷绕之后，导纱器在前进运动机构的作用下，向筒子底部方向运动一段距离。合成纤维缝纫线的卷绕一般常用单端有边筒子。

双锥端圆柱形筒子有两种，这两种筒子都采用圆柱形筒管，它们的外形相似，在圆柱形筒子两端呈圆锥形，它们的区别在卷绕方式上，图 1-7(d) 是采用平行卷绕，而图 1-7(e) 是采用交叉卷绕。双锥端圆柱形筒子边部纱圈不易脱落，而且筒子中部和两端的卷绕密度差异较小。平行卷绕与交叉卷绕相比，结构更稳定，因此常用于合成长丝的筒子卷装，筒子重量可达 5kg。

木芯线团采用的筒管两端的边盘都呈圆台形，纱线以平行卷绕的方式卷绕到木制筒管上。如图 1-7(f) 所示，木芯线团常用于工业或日用缝纫线的卷绕。它的卷装尺寸一般较小，直径约为 60mm，高度约为 80mm。

二、筒子的卷绕密度

筒子的卷绕密度是指筒子单位绕纱体积中的纱线重量，其单位是 g/cm^3。筒子卷绕密度的大小，反映了筒子卷绕的松紧软硬程度。不同用途的筒子，其卷绕密度要求不同，如染色用筒子要求结构松软、均匀，密度要求在 $0.32~0.37g/cm^3$。整经用筒子要求结构紧密、稳定、容纱量大。棉纱筒子密度要求在 $0.34~0.47g/cm^3$。

影响筒子卷绕密度的因素有很多，与纱线结构有关，也与筒子卷绕形式、卷绕条件有关。

在纱线结构方面，股线卷绕密度大于单纱 10%~20%；涤/棉纱的卷绕密度一般大于纯棉纱；细特纱的卷绕密度大于粗特纱；强捻纱卷绕密度大于弱捻纱；表面光洁的纱线卷绕密度大于粗糙纱线。

下面主要讨论筒子卷绕形式、卷绕条件对卷绕密度的影响。

1. 纱圈卷绕角对筒子卷绕密度的影响

纱圈卷绕角对筒子卷绕密度影响的分析方法有多种，但分析结果大同小异。一般认为，筒子卷绕密度与纱线交叉角 2α 的正弦值成正比。当交叉角为 90°（$\alpha=45°$）时，卷绕密度最小；交叉角接近 0°时，卷绕密度最大。一般来讲，各种筒子的卷绕角范围为 13°~20°。所以，从卷绕结构来分析，平行卷绕筒子卷绕密度要大于交叉卷绕筒子；卷绕角小的筒子卷绕密度要大于卷绕角大的筒子。

2. 络筒张力对筒子卷绕密度的影响

络筒张力对筒子卷绕密度的影响分两个方面进行分析，即络筒过程中的卷绕张力和卷绕成形后筒子中的纱线张力。络筒过程中，张力愈大，卷绕密度愈大。纱线绕上筒子后，纱线张力产生一定的向心压力压向内层。纱线张力愈大，产生的向心压力也愈大，卷绕直径缩小，卷绕密度增加。当压力积累到一定程度时，里层纱圈被压缩，纱线张力减小，产生松弛起皱，甚至被挤出端面，如同菊花状，这种现象叫菊花芯。为防止这种现象产生，某些高速自动络筒机上采用了络筒张力或络筒加压力渐减装置，随着卷绕半径增加，筒子外层纱线卷绕张力逐渐减小，从而使得内外卷绕密度均匀，改善筒子外观。

3. 筒子加压对筒子卷绕密度的影响

筒子所受压力愈大，卷绕密度愈大。筒子与槽筒之间的压力主要来自筒子自重、筒子架重量、重锤重量或气压压力。随筒子直径增大，重量增大，压力增大，使筒子卷绕密度增大，造成里松外紧，加剧了小端菊花芯现象。

在新型络筒机上，筒子加压机构具有压力自动调节功能。在络筒过程中压力渐减，使压力保持不变或随筒子直径增大而略有减少，使筒子的卷绕密度比较均匀。

三、筒子的传动分析

络筒时，筒子的传动有槽筒摩擦传动和锭轴直接传动两种方式。

槽筒摩擦传动是电动机通过传动机构驱动槽筒回转，通过摩擦传动使得紧压在槽筒上的筒子转动而绕纱，如图 1-8 所示。槽筒摩擦传动一般有两种方式，一种为槽筒摩擦传动圆柱形筒子，这种传动方式有利于纱线张力均匀、络筒速度的提高，可形成大筒子纱，常用于染色或其他湿加工筒子的卷绕；另一种为槽筒摩擦传动圆锥形筒子，这种传动方式易造成筒子的卷绕密度不均匀，可通过将槽筒设计成稍带锥度的圆锥体、减小圆锥形筒子的锥度等方式进行改善。

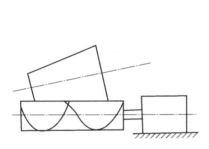

图 1-8　槽筒摩擦传动卷绕机构

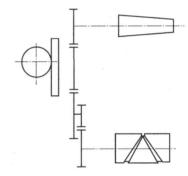

图 1-9　锭轴直接传动机构

锭轴直接传动是通过传动机构驱动锭轴直接传动筒子，由独立导纱器引导纱线左右往复运动，如图 1-9 所示。锭轴直接传动筒子有两种方式，一是筒子转速不变，采用这种方式卷绕，每层绕纱圈数不变，纱圈排列规则，退绕性能良好，纱圈分布均匀，内外层纱线卷绕密度差异较少；二是筒子圆周速度不变（锭速改变），这种方式卷绕，纱线张力较稳定，筒子成形良好，有利于增大卷装，而且对纱线无磨损，但这种卷绕机构较为复杂，目前主要用于络化纤长丝及对退绕有特殊要求的筒子。锭轴直接传动系统由于导纱器存在质量惯性，不利于高速，一般较少采用。

四、纱圈的重叠和防叠

在络筒过程中，有时上下相邻数层纱圈会集中卷绕在相同的位置，使筒子表面形成密集或凹凸不平的条带，这就是纱圈的重叠。纱圈重叠危害很大，它影响槽筒和筒子之间的正常传动，使凸起部分的纱线嵌入槽筒沟槽中，受到严重的磨损，造成纱线起毛，甚至断头；纱圈重叠使纱线排列过于集中，内外层纱线相互嵌入，影响纱线的顺序退绕，容易造成脱圈和乱纱现象；纱圈重叠使筒子密度分布不匀，筒子容量减少；纱圈重叠使染液或其他介质不能顺利渗入，影响染色及其他加工的效果。

（一）重叠的成因

用槽筒摩擦传动筒子时，筒子直径在不断增大，所以筒子转速逐渐降低；而导纱规律不变，使筒子每层绕纱圈数逐渐减少。如果在一个或几个导纱往复周期中，筒子回转数正好为整数时，纱圈就会重叠。

（二）络筒机的防叠措施

1. 周期性改变槽筒的转速

槽筒的转速间歇性增速或减速，筒子由槽筒摩擦传动，筒子转速也相应发生变化，但由于惯性影响，筒子的转速变化总是迟于槽筒，因而两者之间产生滑移。如果筒子的直径达到了重叠的条件，但由于筒子的滑移，使后绕上的纱圈和原来的纱圈错开，就能避免重叠。

周期性改变槽筒转速有两种方法，一种是有规律间断性地直接断开电动机的电源或槽筒的传动，这种防叠装置叫间歇式防叠机构；另一种是在正常速度的基础上，有规律地微调槽筒电动机的速度，这种防叠装置叫变频调速防叠机构。

（1）间歇式防叠机构。间歇式防叠机构有以下两种形式。

① 电气式：采用间歇开关断开电动机电源，如1332MD型络筒机。电气式防叠结构有接触式间歇开关和无触点式间歇开关两种形式。

② 摩擦式：用间歇摩擦式传动装置使槽筒获得间歇传动，如奥托康纳138型自动络筒机。

（2）变频调速防叠机构。在正常速度的基础上，有规律地微调电动机的速度。村田No.7-V型、奥托康纳338型自动络筒机等机型均采用变频调速防叠机构。

2. 利用槽筒防叠

当纱圈重叠时，重叠的纱条一旦嵌入沟槽，会使重叠现象持续较长时间，造成的重叠现象就很严重，如果改变槽筒沟槽形状，改变纱线的卷绕位置，也可起到防叠作用。

（1）槽筒沟槽中心线左右扭曲，或者沟槽边缘离其中心线忽近忽远，使纱线在筒子表面的卷绕位置有少量的自由活动，可减少纱圈的重叠机会。

（2）将普通槽筒的V形对称槽口改为直角槽口，减少槽口宽度，使重叠条带不容易嵌入沟槽，可减少严重重叠。

（3）在槽筒上设置虚槽和断槽。将纱线从槽筒中央引向两端的沟槽称为离槽；将纱线从槽筒两端引向中央的沟槽称为回槽。取消一部分回槽称为虚槽，在离槽与回槽交叉处，回槽被切断，称为断槽。纱线仍能借助自身的张力返回槽筒中央，但纱线的卷绕位置会发生变化，从而减少纱圈的重叠机会。

第三节　络筒张力

一、络筒时纱线张力的作用及要求

络筒时，为得到符合质量要求的筒子，纱线必须具有一定的张力。络筒张力大小必须适当，这样可使筒子卷绕紧密、成形良好且稳固；同时，还可将纱线的薄弱环节在络筒工序中予以清除，提高纱线的条干均匀度，有利于提高络筒质量，保证后道工序的效率和产品质量。如果张力波动过大，就会影响筒子成形及卷绕密度不匀，易造成普通络筒机无故停车。

二、络筒张力的分析

络筒时，纱线卷绕到筒子上时所具有的张力是由三项因素构成的。

（1）退绕张力，即纱线从管纱上退解所形成的张力。

（2）摩擦张力，即导纱机件对纱线摩擦作用所产生的张力。

（3）附加张力，即张力装置对纱线产生的张力。

（一）退绕张力

1. 管纱退绕过程

管纱退绕时，是从上而下，一个层级一个层级退绕的。整个管纱由管纱身和管纱底两部分组成，管纱底纱层倾斜角较小，管纱身各层级纱线倾斜角均匀一致，如图 1-10 所示。

络筒时，纱线从固定不动的管纱上高速退解，一边高速回转，一边上升前进，这时，在空间有一个或多个旋转曲面，人们称之为气圈，如图 1-11 所示。退绕条件（纱线线密度、络筒张力、导纱距离等）不同，退绕时形成的气圈形状和节数也不同，有一节气圈的称为单节气圈，有两个或两个以上气圈的称为多节气圈。管纱顶端至导纱器之间的距离 d 称为导纱距离。纱线由静止进入退绕状态的起始点 2 称为退绕点；纱线开始脱离管纱进入空间的起始点 1 称为分离点。退绕点 2 与分离点 1 之间在管纱上处于蠕动状态的纱段称为摩擦纱段。摩擦纱段对应管纱轴心的弧度角叫摩擦包围角。分离点 1 至导纱器之间的垂直距离 h 称为气圈高度。管纱在退绕时，导纱距离不随退绕而变化，退绕点和分离点的位置随退绕纱圈的变化而周期性地上下移动，但总趋势是下降的，所以气圈高度是个变量，随分离点下移而逐渐增大。

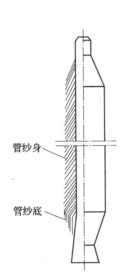

图 1-10　管纱卷绕结构

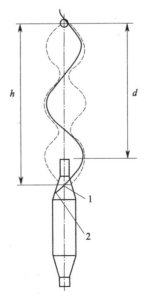

图 1-11　轴向退绕中的管纱及气圈

2. 退绕张力的构成

将管纱的退绕路线分为两段进行分析，即空间气圈纱段和管纱表面纱段，其所产生的退绕张力分别为气圈张力和分离点张力。

（1）气圈张力。气圈上微元纱段受到的作用力有很多种类，如重力、空气阻力、回转运动产生的法向惯性力、前进运动产生的法向惯性力、哥氏惯性力，还有纱段两端的张力。上述诸力的矢量和很小，它们对退绕张力的影响是微小的。

（2）分离点张力。纱线在分离点处的张力由下列因素决定。

① 纱线在退绕点所具有的初始张力，即静平衡张力 T_0。

② 纱线由静态到动态所需克服的惯性力。

③ 摩擦纱段和卷装表面的黏附力。

④ 摩擦纱段和卷装表面的摩擦张力。

这四项因素中，第②、③两项，即惯性力和黏附力数值很小，可略去不计。所以分离点张力可以认为是由纱线的静平衡张力和摩擦张力共同决定的。分离点张力 T_1 可近似用下式表示。

$$T_1 = T_0 e^{f\alpha}$$

式中　f——纱线与卷装表面的平均摩擦系数；

　　　α——摩擦包围角。

上式说明，分离点张力主要是由摩擦纱段包围角的大小决定的。摩擦纱段增长，包围角就增大，分离点张力大幅度增加。摩擦纱段所产生的张力比静平衡张力大得多。显然，摩擦包围角 α 的大小变化对分离点张力将产生显著影响。

根据以上分析可知，退绕张力是由气圈作用力和分离点张力两部分组成，而退绕张力的大小主要是由分离点张力决定的；影响分离点张力的最主要因素是摩擦包围角的大小。

（二）摩擦张力和附加张力

摩擦张力和附加张力虽属两种张力，但因产生张力的原理相似，所以将二者合并起来加以讨论。

摩擦张力是由导纱机件对纱线所产生的摩擦力形成的，现在常用的张力装置大都是通过和纱线接触产生摩擦而增加张力的。根据给纱线增加张力的原理，将摩擦张力和附加张力分为以下几种。

1. 累加张力

纱线从两个相互紧压的平面之间通过时，纱线与两个平面之间摩擦而产生的张力叫累加张力，这种产生张力的方法叫累加法。纱线通过圆盘式张力装置产生的张力即属此类。

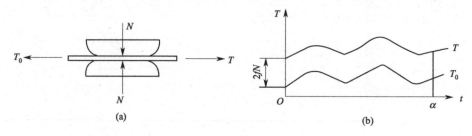

图 1-12　累加张力的产生与变化性质

图 1-12(a) 所示为圆盘式张力装置引起张力的情况，纱线出张力装置时所具有的张力为：

$$T = T_0 + 2fN$$

式中　T_0——纱线进入张力装置前的张力，N；

　　　T——纱线离开张力装置时的张力，N；

f——纱线和张力装置工作表面之间的摩擦系数；

N——张力装置对纱线的正压力，N。

如果纱线经过 n 个这样的张力装置，则纱线的总张力为：

$$T = T_0 + 2f_1 N_1 + 2f_2 N_2 + \cdots + 2f_n N_n$$

式中　f_1、f_2、$\cdots$、f_n——纱线和各个张力装置工作表面之间的摩擦系数；

N_1、N_2、$\cdots$、N_n——各个张力装置对纱线的正压力，N。

由此可见，纱线张力的增加是累次相加的，因此称为累加法。采用此种方法增加纱线张力，张力波动幅度不变，张力平均值增大，因此降低了张力不匀率，如图1-12（b）所示。

累加法张力装置对纱线产生正压力的方法有垫圈加压［图1-13（a）］、弹簧加压［图1-13（b）］和压缩空气加压［图1-13（c）］三种方法。新型自动络筒机上还有采用电磁加压的，如德国 Autoconer338 型和意大利 Orion 型自动络筒机。

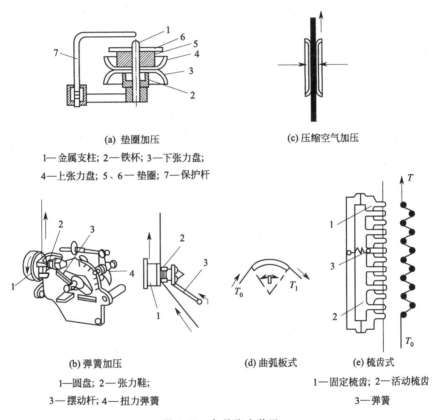

(a) 垫圈加压

1—金属支柱；2—铁杯；3—下张力盘；

4—上张力盘；5、6—垫圈；7—保护杆

(c) 压缩空气加压

(b) 弹簧加压

1—圆盘；2—张力鞋；

3—摆动杆；4—扭力弹簧

(d) 曲弧板式

(e) 梳齿式

1—固定梳齿；2—活动梳齿

3—弹簧

图 1-13　各种张力装置

用垫圈加压时，纱线上的粗细节会引起上圆盘和垫圈的振动，产生意外的络筒动态张力，引起新的张力波动，而且络筒速度越高，这种现象越严重。因此，采用这种张力装置时，必须采用良好的缓冲措施，减少上圆盘和垫圈的振动，以适应高速络筒。

用弹簧加压时，纱线上的粗细节引起弹簧压缩的变形量很小，弹簧产生的正压力变化也很小，这对络筒的动态张力影响很小。因此弹簧加压在高速络筒机上得到广泛应用。

德国 Autoconer338 型和意大利 Orion 型自动络筒机采用电磁加压式张力装置，压力大小由电信号进行控制。张力装置上方装一张力传感器，用于检测纱线退绕过程中动态张力的变化值，并及时通过电子计算机进行相应调节。当纱线张力变化时，传感器中的弹性元件发生变形，改变输出的电流或电压信号，此信号经计算机处理后再传输给张力装置，张力装置中的电磁加压则根据得到的信号大小使压力增减，用以调节补偿，使张力保持大小适当均匀。

2. 倍积张力

纱线绕过一个曲弧面（通常是张力器或导纱部件的工作面）时，它们之间的摩擦使纱线获得的张力增量叫倍积张力，这种产生张力的方法叫倍积法。纱线通过导纱部件或曲弧板式及梳齿式张力装置产生的张力即属此类，如图 1-13(d) 和图 1-13(e) 所示。

采用此种方法增加纱线张力，张力波动幅度增大，张力平均值同比增大，因此张力不匀率不变。但纱线上的粗细节不会引起新的动态张力波动。高速络筒时，这种方法对均匀张力有利。

在槽筒络筒机上，圆盘式张力装置是通过累加法给纱线增加张力的。但纱线从管纱上退绕下来至卷绕到筒子上以前，还要经过一些导纱部件，纱线和它们的摩擦会使张力按倍积法增加，纱线和张力装置的柱芯之间所产生的摩擦接触也属于此类。由于纱线要在导纱机构（槽筒）的带动下往复运动，它们之间的摩擦包围角不断发生变化，这会造成络筒张力有较大差异。为减少这种不利影响，在新型自动络筒机上，纱路一般设计为直线，并取消圆盘式张力装置的柱芯，减小纱线与导纱机件间的摩擦包围角，使张力波动减小，还可以避免柱芯缠纱现象。

3. 间接张力

纱线绕过一个可转动的圆柱体的工作表面，圆柱体在纱线带动下回转的同时，受到一个恒定的外力 F 的阻力矩作用，从而使纱线产生一个力增量，这个张力增量叫间接张力，这种产生张力的方法叫间接法。其作用原理和前两种靠摩擦增加张力的原理完全不同，纱线与圆柱体工作表面不发生相对滑移，纱线张力的调节是依靠改变阻力矩来实现的，其主要特点如下。

（1）在高速条件下工作时，纱线的磨损很小。

（2）通过张力装置后张力平均值增加，张力波动幅度不变，张力不匀率下降。

（3）张力增加值与纱线的摩擦系数、纱线的纤维材料性质、纱线表面形态结构、纱线颜色等因素无关，这些特点对色织生产十分有利。

（4）它的缺点是装置结构比较复杂。

三、影响络筒张力的因素

在络筒过程中，影响络筒张力大小及波动的因素有很多，在退绕张力、摩擦张力、附加张力三个方面，主要是摩擦纱段长度及摩擦包围角的变化造成退绕张力的变化。退绕张力是造成络筒张力波动的主要因素，附加张力是决定络筒张力大小的根本因素。下面主要分析影响退绕张力变化的因素。

（一）管纱卷绕结构对络筒张力的影响

1. 退绕一个层级时纱线张力变化规律

纱线每退绕一个层级，张力波动 1 次，如图 1-14 所示。这是因为纱线在层级顶端所具有的退绕半径小，退绕角速度略大，摩擦包围角大，所以退绕张力大；而在层级底部时，情况则相反，退绕张力小。但是这种张力波动幅度较小且难以克服，对后续工序影响比较小。

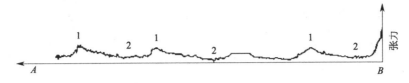

图 1-14　每退绕一个层级时纱线张力变化规律

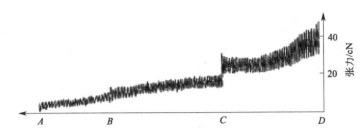

图 1-15　整只管纱退绕时纱线张力变化规律

2. 整只管纱退绕时纱线张力变化规律

图 1-15 所示为整只管纱退绕时纱线张力变化的波形图。满管时张力极小（图中 A 点），出现不稳定的三节气圈。随着退绕的进行，退绕点与导纱点之间的距离逐渐增加，气圈变长，气圈抛离纱管表面的程度减弱，并且纱管裸露部分增加，摩擦纱段长度逐渐增加，管纱退绕张力也逐渐增加。在此期间，最末一节气圈的颈部逐渐向纱管管顶靠近。当退绕到一定时候，往往是该节气圈颈部与管顶相碰，气圈形状瞬间突变，气圈节数减少，出现稳定的两节气圈，摩擦纱段长度瞬时突增，管纱退绕张力也瞬时增加较大数值（图中 B 点）。当纱线退绕到 C 点时，气圈形状又一次发生变化，出现稳定的单节气圈，摩擦纱段的张力增长幅度较大。在 C 点至 D 点之间，气圈始终维持单节状态，但气圈高度却在不断增大，气圈形状变得瘦长，摩擦纱段长度迅猛增加，退绕张力急剧上升。由此可见，气圈形状和摩擦纱段是影响管纱退绕张力的决定性因素。

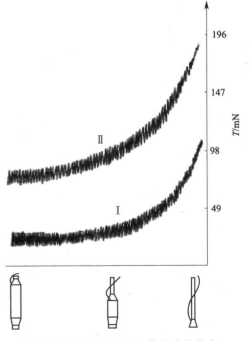

图 1-16　络筒速度对退绕张力的影响

（二）络筒速度对张力的影响

图 1-16 中曲线 I 表示 19.5tex 的纱线，在络筒速度为 450m/min 时的张力波动图形，曲线 II 是在其他条件都保持不变，只是络筒速度为 750m/min 的张力波动图形。

由图 1-16 可知，速度的提高，使络筒张力大幅增加，退绕到管底时，张力增加幅度更大。这是由于在提高速度后，气圈的旋转速度增加，空气阻力的作用增大，使摩擦纱段、摩擦包围角也增大。加之因提高速度引起的其他因素，如法向惯性力、哥氏惯性力等也增加，使总的退绕张力随之增加。

生产实践表明，普通槽筒式络筒机络筒速度提高到 650m/min 以上时，断头迅速增加，而大部分断头是由于纱线脱圈所造成。纱线脱圈之所以增加，原因就在摩擦纱段包围角的增加。当摩擦纱段的摩擦力大于纱层间的黏附力和原有摩擦力时，许多纱圈就被带落下来，造成脱圈断头，这是高速退绕必须解决的一个问题。

（三）导纱距离对退绕张力的影响

导纱距离的不同对退绕张力的影响有以下试验资料，如图 1-17 所示。

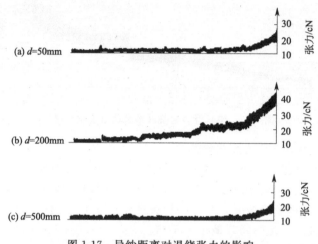

图 1-17　导纱距离对退绕张力的影响

络筒速度：450m/min；纱线线密度：29tex（20 英支）

图 1-17（a）为导纱距离 $d=50$mm 时，从满管退到空管时的张力波动情形，曲线表明，张力波动较小。这是因为在管纱的整个退绕过程中，始终保持单节气圈，没有张力突变。

图 1-17（b）为导纱距离 $d=200$mm 时，从满管退到空管时的张力波动情形。由张力曲线可以看出，退绕张力在退绕过程中存在阶段性增加现象，这是由于在导纱距离为 200mm 时，气圈节数较多；当从满管退到空管时，气圈节数逐渐减少；在节数改变时，张力突变。退至空管时，其张力达满管退绕时的 4 倍以上，因而，构成了络筒张力不匀现象，给络筒工艺造成困难。

图中 1-17（c）为导纱距离 $d=500$mm 时，从满管退到空管时的张力波动情形，由图可以看出，张力波动也较小。这是因为在满管时，气圈节数达 10 节以上，管纱的整个退绕过程中，虽然气圈节数会减少，但气圈节数的变化对气圈形状及摩擦包围角的影响较小，张力波动幅度较小。

上述试验说明，短距离和长距离导纱都能减少络筒张力的波动，有利于络筒张力均匀。仅在中距离导纱时，张力波动较大，应力求避免。

应当指出，上述试验的结果是在一定的试验条件时得出的。若络筒速度、纱线线密度及管纱结构等条件不同，张力变化的情形也会有所不同。但是，试验资料表明的导纱距离与退绕张力的密切关系则总是存在的，在考虑工艺配置时，应适当地选择。

四、均匀络筒退绕张力的措施

为了改进络筒工艺，提高络筒质量，应采取适当措施，均匀络筒时的退绕张力。在进行高速络筒时，尤为重要。

1. 确选择导纱距离

前文已提及，短距离或长距离导纱都能获得比较均匀的退绕张力。但是，在手工换管、接头的普通络筒机上，短距离和长距离导纱都因操作不便和增加劳动强度而难以实行。只有在实现了自动换管、喂管、接头的自动络筒机上，才能普遍采用长距离导纱。而在普通络筒机上所选用的导纱距离一般为70～100mm。在采用这样大小的导纱距离时，从满管退绕至空管所产生的张力差异为1倍左右。这样的波动幅度一般是可以接受的。

插纱锭脚应安装正确，使管纱中心线的延长线对准张力架导纱板的导纱口。否则，会增加纱线在导纱过程中与纱管的摩擦，增加张力的不均匀程度。

2. 安装气圈控制器

气圈控制器又叫气圈破裂器。当管纱退绕至管底时，气圈被控制成双弧形的双节气圈，减少摩擦纱段对管底纱层的包围角，收到减小或避免管底退绕张力剧增的效果。最常用的气圈破裂器是环状破裂器，如图1-18（a）所示。环状破裂器由金属丝弯成。圆环直径为25mm，内圈有细齿，可增加对气圈的控制和对纱线的除杂作用。环状破裂器安装在离纱管顶约30～40mm处。

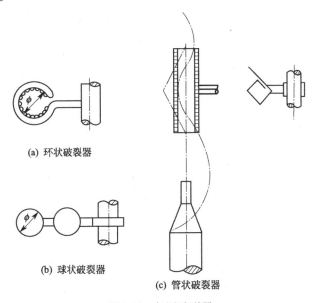

(a) 环状破裂器

(b) 球状破裂器

(c) 管状破裂器

图1-18　气圈破裂器

图1-18（b）所示为球状破裂器，安装在管纱与导纱器间的边侧，也可将气圈控制成双弧形，减少退绕张力，减少脱圈断头。此外还有管状和方形破裂器，管状破裂器如图1-18（c）所示。方形破裂器使用在一种自动络筒机上。

气圈破裂器的开口位置应适应纱线退绕时的回转方向，能使纱线自动进入环圈。同时，气圈旋转时，纱线不会脱出破裂器。破裂器的中心应对正纱管的中心。破裂器铰装在张力架座上，当手工换管时，破裂器可以移开。表1-1为各种气圈破裂器的使用效果情况。

表1-1　各种气圈破裂器的使用效果

百管断头形式速度及纱特	环状	双球状	单球状	管状	无破裂器
900m/min,19.5tex	5	2	4	3	不能正常生产
1200m/min,19.5tex	5	2.5	3	3	不能正常生产

在村田 No. 7-V 型络筒机等新型自动络筒机上采用了新型气圈控制器——光电跟踪气圈控制器，它可以随管纱的退绕而逐步下降，其除了具有气圈破裂器的作用外，还具有使旋转的气圈与周围的空气隔离的作用，减小空气对纱线的摩擦，明显降低毛羽的增加。另外，在络筒过程中，光电跟踪气圈控制器随着管纱退绕而同步自动下降，保持该装置与管纱分离点之间的距离不变，从而有效地控制整个管纱退绕过程中的气圈，有利于降低张力波动。

3. 增大纱管底部圆台母线的倾斜角

由于纱管底部圆台母线倾斜角小，纱线退到底部结构时，退绕半径减小，纱线与纱层、纱管间的摩擦作用显著增加，退绕张力迅速增加，并导致断头。若将纱管底部圆台倾斜角加大到与管纱身层级的倾斜角基本相同，就可以减少退绕张力的波动幅度。但管纱的容量略有减少。

4. 用变频调速电动机自动调节络筒速度

奥托康纳 238 型和萨维奥 Espero 型自动络筒机的络纱锭节配有单锭调速的变频器和交流电动机，络筒机配有微型计算机进行工艺参数的监测和控制。当纱线退绕至接近管底及管底部位时，卷绕速度以预设要求下降，退绕张力增幅较小，均匀了退绕张力。

5. 降低摩擦张力及附加张力的波动

导纱部件的作用是改变纱线的运行方向，对纱线有一定的摩擦包围角，因此对纱线产生的张力为倍积张力。倍积张力会增大纱线的张力波动幅度。在新型络筒机上，为减少倍积张力，降低络筒张力不匀率，通常使纱路上与纱线接触的器件尽可能少，并使纱线尽可能处于直线状态，并减少络筒速度的波动。

合理选用张力装置。张力装置产生的张力占络筒张力的 80% 左右。为了使络筒张力波动较小、统一、调节方便，在新型络筒机主要采用圆盘式和铁鞋式两种张力装置，作用面垂直放置。采用气动加压、弹簧加压、电磁加压。

五、国内外络筒机张力自动控制系统

新一代自动络筒机上广泛应用了张力控制系统，其系统一般采用一处检测、两处控制的混合环控制系统，其产生的附加张力会随着退绕张力的波动而反向补偿，表 1-2 为青岛宏大 Smaro 型、日本村田 No. 21C 型和德国锡来福 Autoconer 338 型自动络筒机张力控制对比。

表 1-2 Smaro 型、No. 21C 型和 Autoconer 338 型自动络筒机张力控制对比

对比项目	SMARO 型	No. 21C 型	Autoconer 338 型
张力器	圆盘式电磁加压	栅栏式电磁加压	圆盘式电磁加压
加压原理	累加法	倍积法	累加法
张力器的主控制方式	闭环控制	开环控制	闭环控制
络纱张力的辅助控制方式	槽筒卷绕速度开环控制	跟踪式气圈控制器闭环控制	槽筒卷绕速度开环控制
附加张力大小	根据检测结果实时动态匀整	数学模型预先确定	根据检测结果实时动态匀整
气圈控制器	固定式	跟踪式	固定式
检测装置	压电式传感器	光电式传感器	压电式传感器
检测方式	直接动态检测张力	探测管纱余量间接确定张力	直接动态检测张力
额外张力波动	可以调节	无法调节	可以调节
接近空管时槽筒速度	可以降速	不降速	可以降速

第四节 清 纱

一、清纱的目的

清纱的目的是清除纱线上的粗节、细节、棉结、杂质等疵点，提高纱线条干均匀度和平均强度，进而提高后道工序的生产效率，改善织物外观质量。

二、纱疵分类和清纱要求

用乌斯特条干均匀度仪和疵点计数仪测定细纱时，纱疵可分三类。

1. 短片段周期性粗细节

由于纤维开松和梳理不足，在细纱机牵伸过程中产生牵伸波和随机排列，细纱在均匀度仪上可记录下短片段的周期性粗细节。其截面厚度在平均值的+50%～−50%。这类粗细节与平均值相差不多，故可不计入疵点数内，不予清除。其对较粗特织物或线织物的表面影响程度较小，对高档织物的表面匀整性有一定影响。

2. 非周期性粗细节及棉结

这类疵点的粗节和棉结截面厚度在平均值的+50%～+100%；非周期性细节截面厚度在平均值的−70%～−50%。产生原因与周期性短片段疵点基本相似，主要由纤维原料和纺纱工艺不完善造成。但在数量上比周期性短片段粗细节要少，这类疵点中的粗节和棉结对单纱薄型织物的外观质量影响明显。可根据织物质量要求进行适当清除。

3. 偶发性显性纱疵

这类疵点主要由细纱操作及清洁工作不良造成，如细纱大结头、飞花落入等。粗节的长度和截面变化均明显，截面厚度达平均截面厚度的+100%以上，或达平均截面厚度的几倍；细节的长度和截面也明显，截面厚度在平均截面的−70%以上。这些疵点必须予以清除。

三、清纱器的分类及其工作原理

根据工作原理，清纱器可分为机械式和电子式两大类。

（一）机械式清纱器

机械式清纱装置通常为板式，也有梳针式。图1-19（a）为板式清纱器，它有一条可调的缝隙，纱线通过缝隙时，纱线的直径得到检查。粗节纱、棉结、脱圈等无法通过缝隙，附着在纱线上的杂质、绒毛和尘屑等被清纱板刮落，因而络筒质量得到提高。缝隙大小要适当，过大易造成清纱效果欠佳，过小易使得纱线被刮毛甚至断头。其大小一般为纱线直径的1.5～2.5倍。

图1-19（b）为梳针式清纱器。梳针式清纱器的清纱效率较高，一般板式清纱器清除粗节的效率仅为40%左右，而梳针式清纱器可达60%左右，但易刮毛纱线。梳针式清纱器的清纱间距一般取纱线直径的4～6倍。

机械式清纱器易增加纱线的毛羽、碰断纱线，清纱效率低，正逐渐被淘汰。在新型络筒机上，全部使用电子清纱器，但在纱线进入电子清纱器前，先经过一个机械式清纱器，用来预先清除附着在纱线上的杂质、飞花，阻挡和清除管纱的脱圈，减轻电子清纱器的负荷，降低切断、停机和接头次数。

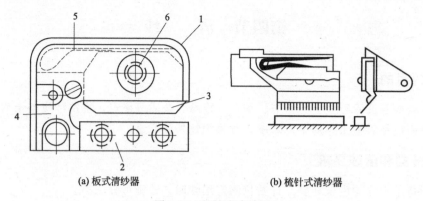

(a) 板式清纱器　　　　　　　　(b) 梳针式清纱器

图 1-19　机械式清纱器

1—盖板；2—固定清纱板；3—活动清纱板；4—前板盖；5—弹簧；6—螺钉

（二）电子式清纱装置

电子式清纱器是将纱线直径转化为电信号进行纱疵检测的。按监测方式的不同可分为光电式和电容式两种。

1. 光电式清纱器

光电式清纱器主要检测纱疵的侧面投影，接近视觉作用。其工作原理是将反映纱疵形状的直径和长度两个几何量通过光电系统转换成相应的电脉冲信号来进行检测。光电式清纱器由检测部分、信号处理部分和执行部分组成，如图 1-20 所示。当纱线线密度发生变化时，光电检测系统检测到的变化信号由运算放大器和数字电路组成的可控增益放大器进行处理，主放大器输出的信号同时送到长细节、长粗节和短粗节三路鉴别电路中进行鉴别，当超过设定值时，切刀电路将会切断纱线，将纱疵清除，并通过数字电路组成的控制电路储存纱线平均线密度信号。光电式清纱器的检测信号不受纤维品种及温湿度的影响，但对于扁平纱疵容易漏切。

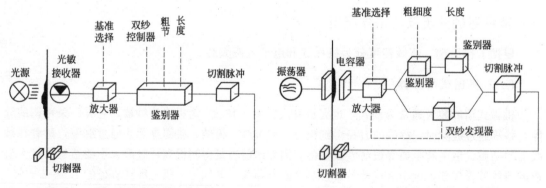

图 1-20　光电式清纱器的工作原理　　　　图 1-21　电容式清纱器的工作原理

2. 电容式清纱器

电容式清纱器检测纱线单位长度内的质量。其工作原理是将纱线单位长度内的质量变化转化为电信号，根据质量变化测知纱线截面积的变化，从而检测是否有纱疵。电容式清纱器由检测部分、信号处理部分和执行部分组成，如图 1-21 所示。其检测头由两块平行的金属板组成一个电容传感器，当纱线从两块金属板之间通过时，电容量增加，当纱线的粗细变化时，就会引起电容量的变化，电容量增加的数量与单位长度内纱线的质量成正比，当纱线越粗，电容量变化越大，反之就越小。除了检测头是电容式传感器外，其余部分与光电式清纱器相类似，当信号电压超过预设值，切刀将切断纱线以清除纱疵。电容式清纱器的检测信号不易漏检扁平纱疵，但易受温湿度以及纤维品种影响。

3. 电子清纱器的工作性能

电子清纱器的工作性能主要用以下几个指标来衡量。

$$正确切断率 = \frac{正确切断数}{正确切断数 + 误切数} \times 100\%$$

$$清除效率 = \frac{正确切断数}{正确切断数 + 漏误切数} \times 100\%$$

$$清纱品质因素 = 正确切断率 \times 清除效率 \times 100\%$$

目前对电子清纱器工作性能指标的要求如下。

短粗节的正确切断率＞70％，清除效率＞70％，清纱品质因素＞55％。

长粗节的正确切断率＞90％，清除效率＞90％，清纱品质因素＞80％。

长细节的正确切断率＞90％，清除效率＞90％，清纱品质因素＞80％。

由于光电式清纱器和电容式清纱器的检测工作原理不同，因此它们的工作性能有较大差异，表1-3对二者的工作性能进行了对比。

表1-3 光电式和电容式清纱器工作性能对比

项 目	光电式	电容式
扁平纱疵	会漏切	不漏切
纱线捻度	影响大,可切除弱捻纱疵	无影响,但漏切弱捻纱疵
纱线颜色与光泽	有影响	无影响
纱线回潮率	影响较小或无影响	影响大,引起检测失误
纤维种类与混纺比	略有影响	有影响
飞花、灰尘积聚	影响大,引起检测失误	有影响
系统稳定性	需定期校正,使用寿命短	稳定性好,使用寿命长
检测灵敏度	较低	高

第五节 络筒接结

在络筒时，纱线断头或管纱用完时需进行接结。结头质量对后工序的生产效率及产品质量都将产生很大影响。

对结头的要求是牢而小。结头不牢，在后工序中会脱结而重新断头。结头过大，在织造时不能顺利通过综眼和筘齿，造成断头。如结头能通过综眼和筘齿，织成织物后，织物的结头显现率高，影响织物质量。结头纱尾太长，织造时还会与邻纱缠绕，引起开口不清或断头，造成"三跳"、飞梭等织疵。

常用的接头方式分为有结接头和无结接头。

一、有结接头

络筒常用的有结接头有织布结和自紧结两种。

1. 织布结（蚊子结）

织布结如图1-22(a)所示。这种结头体积较小，且愈拉愈紧。纱尾分布在纱身两侧，不易与邻纱扭缠。织物表面的结头显现率较低，布面较平整。

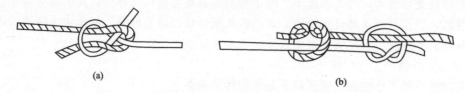

图 1-22　织布结和自紧结

织布结可手工打结或用打结器打结，生产中现已广泛采用打结器打结。该种结头适用于纯棉或棉混纺的中、粗特纱。织布结纱尾长 3～6mm，结头体积较小，纱尾长短可适当调整，打结器操作简便，维修保养方便。

2. 自紧结（渔网结）

自紧结如图 1-22(b) 所示。它由两个结连接而成。自紧结的结头紧牢可靠，脱结最少。但打结手续复杂，结头体积较大，纱尾较长，适用于化纤织物。

采用自紧结打结器打结，适用于棉、毛、化纤纱线。自紧结纱尾长 4～7mm，结头牢固，操作方便，成结率高，保养维修容易。

二、无结接头

由于人工或机械打结器接头直径是原纱直径的 3～4 倍，络筒结头在生产高密织物时会在织机上脱节和重新断头，严重影响了后道加工工序的生产效率，并且机织物、针织物正面的结头使成品外观质量下降，于是络筒工序的打结频率受到限制，络筒的清纱除疵作用就很难得到加强，从而阻碍了布面质量的进一步提高。随着捻接技术的产生和发展，这一矛盾得到解决。捻接技术从根本上改变了以往清纱去疵工作的实质——以一个程度不严重的"纱疵"（结头）代替一个程度严重的纱疵。采用捻接技术，捻接后接头处的纱线直径为原纱直径的 1.1～1.3 倍，接头后断裂强度为原纱强度的 75%～80% 以上，且接头速度很快，每次仅 0.3～1s。

捻接接头技术是当代发展趋势，它可解决结头大的问题，且接头质量好，减少针织布的破洞，减少织机断头，提高织机效率及产品质量，且空捻接头技术使接头后的纱获得足够强力，在静态负荷下与原纱弹性一致，空捻接头不需要外界材料，因此染色亲和性一致。

表 1-4 列出了空气捻接结头和机械打结结头对织造效率的影响。

表 1-4　空捻结头和机械结头对针织机织造效率的影响

原纱/tex	织物数量/m	空捻结头纱停台率/%	机械结头纱停台率/%
14.6	60	0.20	0.70
7.3	60	1.67	2.53

捻接的方法很多，有空气捻接、机械捻接、静电捻接等。其中技术最成熟、应用最广泛的是空气捻接法。空气捻接方式又有手控空气捻接和自动捻接。

空捻接头技术是将两纱尾搭接在紊流空气捻接腔中，由捻接腔中的强气流进行捻接，接头时间及耗气量均可调节，从而满足空捻纱的质量要求，垂直于纱尾的气流在捻接的同时还给接头纱一定的捻度。图 1-23 为 FG304 型空气捻接器，可配套应用在 1332MD 型槽筒式络筒机上。

图 1-24 为 FG304 型空气捻接动作图，其捻接动作是，将两根纱线交叉放入捻接器内，手揿动开气阀门，高压空气随即推动活塞和各种凸轮及捻接器件产生程序动作，夹持器 1 将纱线夹持，剪刀 2 将纱尾剪去，接结纱头被吹进两个振荡退捻器 3，振荡器内高压气流吹动

振荡片（橡胶片）将纱头退捻成松散毛笔状，已退捻的毛笔状纱头被推进已打开的捻接腔 4 内，并重叠在一起，捻接腔内的气道开启，高压气流把两纱头捻接在一起，捻向与原纱一致。

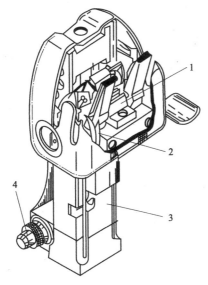
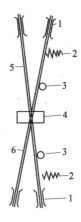

图 1-23 FG304 型空气捻接器　　　　　　　图 1-24　空气捻接动作图
1—捻结部件；2—夹纱、剪纱部件；　　　　1—夹持器；2—剪刀；3—退捻器；
3—汽缸传动部件；4—进气管　　　　　　　4—捻接腔；5—筒子纱；6—管纱

空气捻接器对捻接区长度、喷射气流时间和空气流量及捻接腔捻向等均可进行选择和调整。

空捻接头技术已得到广泛应用，可用于任何原料、任何品种、任何纱特，是络纱工序不可缺少的部分。目前市场上供应的空气捻接器除普通空气捻接器外，还有热捻捻接器、喷湿捻接器等，可用于粗特纱、细特纱、花式纱、股线、弹力包芯纱及密实环锭纱等不同品种。

总之，空气捻接器对提高原纱和织物质量，提高生产效率有显著作用，也相应降低了成本，比机械打结器的维修量减少。

第六节　自动络筒机

自动络筒机自 1922 年开始研制，迄今已有 90 余年的历史，其生产技术在不断完善，络筒质量也在不断提高。

自动络筒机按其功能分为半自动络筒机和全自动络筒机。

半自动络筒机又称纱库型自动络筒机，每个络纱锭节设一盛纱库来供给管纱，每个纱库内盛放 6 只管纱，管纱的喂入由人工完成。半自动络筒机的常见机型有奥托康纳（Autoconer）138-Ⅱ（X）型、村田 No.7-Ⅱ型、萨维奥 RSA-15 型、萨维奥 Espero L 型及 M 型。Espero L 型设自动落筒装置，Espero M 型不设自动落筒装置，满筒由人工落下。

全自动络筒机又称托盘型自动络筒机，一台机器设一盛纱托盘（或称管纱准备库），托盘内盛放细纱机下来的散装管纱，而管纱的整理、输送、引头及换管前的准备到位均由机器完成，因而提高了络筒自动化。全自动络筒机的机型有奥托康纳 138-Ⅱ（CX）型、萨维奥 RAS-15CL 型、萨维奥 Espero E 型等。

下面介绍部分自动络筒机的技术特征，见表 1-5。

表 1-5 部分自动络筒机的主要技术特征

型号	No. 21C	Orion M/L	Autoconer 338	Espero M/L
制造厂	日本村田	意大利萨维奥	德国赐来福	青岛宏大
喂入形式	纱库型、托盘式、细络联式	纱库型、单锭式	纱库型、单锭式	纱库型、单锭式
标注锭数/(锭/台)	60	64(8锭/节)	60	60
线密度范围/tex	4~194	6~286	5.9~333	5.9~285
张力装置	栅式张力器	张力传感器,电磁加压闭环控制,张力	电磁式张力器	圆盘式双张力盘,气动加压
接头方式	空气捻接	空气捻接,机械搓捻	空气捻接,机械搓捻	空气捻接,机械搓捻
卷绕线速度/(m/min)	2000 无级调速	400~2200 无级调速	300~2000	400~1800(变频)
防叠方式	电子控制变换槽筒导纱沟槽防叠	电子智能变速防叠	电子式	机械式
电子清纱器	全程控制	全程控制	全程控制	全程控制
监控装置	Bal-Con 跟踪式气圈控制器,张力自动调整,PERLA 毛羽减少装置,VOS 可视化查询系统	Bal-Con 跟踪式气圈控制器,张力自动调整,PERLA 毛羽减少装置,VOS 可视化查询系统	传感器纱线监控,张力自动调控,负压控制吸风系统	设置工艺参数、数据统计、故障检测

一、质量保证体系

络筒工序除了将管纱卷绕成具有一定长度要求的筒子纱外,另一个重要任务就是清除各类有害纱疵,如大棉结、粗节、细节、竹节、双纱、股线缺股、藤捻等以改善纱线外观质量。

现代自动络筒机的质量保证体系主要有清纱、捻接、张力控制和减少毛羽增长等方面。

(一)清纱和捻接

电子清纱器基本上都采用最新的微机型清纱器,不仅清纱工艺性能好,而且功能强,可和机上电脑连接,使清纱器的处理系统融合在微机内,做到电清工艺统一设置和控制,所以操作简单,故障率低,误切、漏切少。新型清纱器还可检切异色纤维,但设置参数应恰当,否则检切率过高,影响效率。

接结技术都采用捻接器(空气、机械)取代打结器,为生产无结纱创造了条件。

意大利 Orion 自动络筒机在接头前,若电子清纱器检测到从筒子上退绕下来的纱线有纱疵,则上捕纱器会继续引纱,直到剔除后再接头。而下捕纱器能通过传感器控制引纱长度,即上捕纱器引纱没有结束,下捕纱器在引纱达到要求长度时不会继续引纱而处于等待状态。

意大利萨维奥公司采用的另一种加捻方法——机械搓捻器是目前唯一可以保证集聚纱线及弹性包芯纱的捻接质量的捻接方式。因为机械搓捻器的工作原理是根据捻系数来控制退捻,纱头拉伸再聚合加捻,是纱线机械加捻方法的再生。

德国赐来福公司的 Autoconer338 型自动络筒机的捻接器有标准型捻接器、热捻接器、喷湿捻接器,以适应各种纱线的需要。

日本村田公司的捻接器有卡式捻接器、三段喷嘴捻接器,前者适用于除毛纱以外的各种纱线,后者适用于毛纱的捻接加工。

(二)张力控制系统

一般络筒机的张力控制是随机的,即附加张力是事先设定的一个不变的张力补偿值,它不因纱线退绕张力的变化而变化，因此会造成卷绕张力不匀和下游工序退绕时张力的波动。

新型自动络筒机则采取了新的张力控制措施，即附加张力是变化的，它随纱线退绕张力的变化而反向加以调节、补偿，使络纱张力保持恒定。这一系统由气圈破裂器、张力器、张力传感器及自控元件组成。日本村田张力管理系统中，只需输入纱线品种、线密度和生产速度，计算机就会算出合适的设定张力。

采用张力控制装置，在保证筒纱质量的情况下，络筒速度一般可提高 10% 左右，并可改善单纱强力和单强 CV 值。

（三）毛羽增减装置

近些年，各机械制造厂针对减少纱线摩擦、降低毛羽增长采取了不少措施，如采用钢质、有肩槽筒，断头抬起刹车装置，无接触式电子清纱器，尽量采取直线型引纱路线、减少纱道折角，采用耐磨的陶瓷部件，在改善纱道光洁度、降低络纱张力等方面，都取得了一定成效。

日本村田 No.21C 型自动络筒机最早推出了跟踪式气圈控制器，随管纱的退绕，气圈控制器自动跟随下降，使管纱在退绕过程中始终保持单节气圈，张力稳定，且退绕过程中毛羽的产生也显著减少。还推出了新型毛羽减少装置，用气流将蓬松的毛羽捻附在纱体上，减少毛羽，改善外观。

（四）防叠系统

德国赐来福的 Autoconer338 型及意大利萨维奥的 Orion 型自动络筒机在槽筒直接驱动的基础上，均采用电子防叠装置，根据设备运转及设定的防叠参数进行电子式"启动—停止"的自我调控方式，实现瞬时加速及减速，达到防叠目的。

意大利 Orion 型采用计算机智能卷绕防叠系统，当筒纱卷绕直径与槽筒直径成倍数关系（临界重叠卷绕直径）时，伺服系统发出指令修正筒纱和槽筒之间的传动比，以防止重叠。

日本村田公司除采用电子防叠外，还采用一种新型槽筒，同时具备 2 圈及 3 圈两种沟槽。向右方向为 2 圈，向左方向为 3 圈及 2 圈两个沟槽。

正常情况下，向右 2 圈、向左 3 圈卷绕，当筒纱直径达到临界重叠卷绕直径时，该卷绕系统使向左卷绕由 3 圈改为与 2 圈交替卷绕（平均 2.5 圈），这样破坏了重叠交叉点，使卷绕更平整。

二、高速卷绕系统

络纱速度和管纱退绕张力有密切关系。在整个退绕过程中，纱线张力均匀、脱圈少，络纱速度就可提高。

德国赐来福公司在 Autoconer238 型自动络筒机上首先采取了单锭电动机直接驱动，变频调速的措施，即在大、中纱时提高速度，小纱时适当降低速度，使络纱速度由平均 1000m/min（Autoconer138 型）提高到平均 1200m/min 左右，使实际络纱速度提高了 10% 左右。

日本村田公司在 No.21C 型自动络筒机上采用跟踪式气圈控制器，使管纱在退绕过程中始终保持单节气圈，张力稳定，防止和降低了脱圈的产生，从而提高络纱速度。

三、智能化及电控监测系统

新一代自动络筒机改进提高最显著的是智能化电控监测系统，主要特点如下。

（一）机电一体化有新突破

意大利 Orion 型络筒机的机电一体化较有代表性。它在每只单锭上配有 6 只电动机代替以往机械传动中必须的机械零部件，如防叠装置由机械改为电子，张力加压由气动改为电磁、打结循环系统由机械传动改为电动机驱动，变频直流电动机直接驱动槽筒等。这几方面的机械零部件多，结构复杂，制造水平和加工精度要求高，易损件多，调节点多，维修量大。实现电气化后，电气类部件扩大，而机械类零部件大幅度减少，如 Autoconer338 型就比 Autoconer238 型减少了 30％左右，因而加工制造、维修保养简化，调整工作、润滑工作都大幅减少。

（二）监控内容不断扩大

过去自动络筒机的监控主要集中在整机运行上，如清洁装置、自动落纱、自动喂管等；在锭节上只对槽筒变频电动机进行控制。而现在电子防叠、纱线张力、打结循环、电子清纱、接头回丝控制等都由计算机集中处理，单锭调控。

（三）监测质量向纵深发展

自动络筒机的智能化管理已从数据统计、程序控制为主，转向以质量控制为主，如电子清纱已从分体式改为一体化，即电子清纱器的控制系统和计算机融为一体；由正常卷绕控制到全程控制，从断头、换管、启动到控制，保持良好筒子成形；纱线附加张力根据退绕张力的变化而由计算机进行自动调节，保持均匀的纱线张力，使筒纱质量进一步提高。

（四）细纱与络纱联结系统

细络联是在细纱机和络筒机之间增加一个联结系统，把细纱机自动落下的管纱自动运输到自动络筒机，并且在管纱退完后自动把空管运回。

细络联具有如下优点。

（1）细纱机落下的管纱自动运输到络筒机进行络筒，省略了管纱运输工作，节省了人力和加工成本，保证了纱线质量和降低油、脏污等纱疵。

（2）能满足多品种、小批量要求，缩短生产周期，如 1 台村田细络联可生产三个品种。

（3）生产效率比原来自动络筒机有所提高。

（4）整体设计能节约占地面积 30％左右。

（5）减少了半成品贮存，加快了周转，减少了备用纱管，降低了成本。

第七节　络筒工艺设计

络筒工艺设计的主要内容有络筒速度、导纱距离、张力装置、清纱装置、筒子卷绕密度、筒子绕纱长度、结头形式及打结要求等。络筒工艺要根据纤维材料、原纱质量、成品要求、后工序条件、设备状况等众多因素来统筹制订。合理的络筒工艺设计要做到纱线减摩保伸，筒子卷绕密度与纱线张力尽可能均匀，筒子成形良好，合理地清除疵点杂质。

一、络筒速度

络筒速度的确定与机型、纱线线密度、纱线性质、退绕方式以及看台定额等因素有关。

自动络筒机络筒速度可达 1000m/min 以上，用于管纱络筒的国产普通槽筒式络筒机速度低一些，一般为 500～800m/min，各种绞纱络筒机的络筒速度则更低。当纱特高、管纱喂入或络股线时，其络筒速度可取较高值；若纱特低、采用化纤及混纺纱、绞纱喂入或纱线质量差、条干不匀时，络筒速度宜取较低值。

1. 络纱速度对纱线条干影响

在村田 No-2 型络筒机上，张力刻度固定为 10，电子清纱参数不变，络纱速度对纱线条干影响见表 1-6。

表 1-6　络纱速度对纱线条干和纱疵的影响

络筒速度 /(m/min)		棉结（＋200%）		粗节（＋50%）		细节（−50%）		条干 CV 值/%	
		T/C 13tex	C14.6tex	T/C 13tex	C14.6tex	T/C 13tex	C14.6tex	T/C 13tex	C14.6tex
管纱		205	810	166	855	58	212	15.85	19.2
筒纱	800	239	664	232	734	85	228	16.54	18.93
	900	234	698	246	753	106	198	17.03	19.18
	1000	297	752	254	794	103	255	16.77	19.36
	1100	—	730	—	830	—	235	—	19.27
	1200		874		911	—	−323		19.88

2. 络筒速度对单纱强力及强力 CV 值影响

图 1-25 和图 1-26 分别是络筒速度对单纱强力及强力 CV 值的影响曲线图，由图可知，随着络筒速度的增加，单纱强力略呈下降趋势，但变化不大；而强力 CV 值随着络筒速度的增加，均呈现了"V"形增长趋势，在 1000m/min 出现了极小值后急速增大。可见，在较低络筒速度范围内，随着速度增加强力 CV 值呈现下降趋势，意味着速度的增加会使得张力不匀率减小，有利于去除纱线薄弱环节；而过高速度反而引起纱线强力值下降，强力不匀率升高。

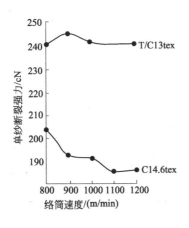

图 1-25　络筒速度对单纱强力影响

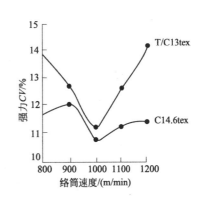

图 1-26　络筒速度对纱线强力 CV 值影响

3. 络筒速度对纱线毛羽的影响

络筒速度对纱线毛羽影响较显著，在高速络纱过程中，纱线与各接触部件产生摩擦、撞击，以及摩擦产生的静电，使得纤维在离心力和摩擦力作用下容易从纱线主体中被拉出，形成毛羽。表 1-7 为不同络筒速度下对应的纱线毛羽情况。

表 1-7　络筒速度对纱线毛羽的影响

络筒速度 /(m/min)	小纱毛羽根数		中纱毛羽根数		大纱毛羽根数	
	2cm	3cm	2cm	3cm	2cm	3cm
管纱	163.72	35.30	189.33	37.98	177.47	35.61
筒纱 800	471.90	133.18	390.30	113.40	336.78	105.23
900	471.05	135.93	397.56	121.52	352.30	95.47
1000	363.80	122.89	333.54	103.20	331.86	99.75
1100	—	110.70		113.40	—	120.30

二、导纱距离

合适的导纱距离应兼顾插管操作方便、张力均匀、脱圈和断头最少等因素。普通管纱络筒机采用较短的导纱距离，一般为 60～100mm；自动络筒机一般采用 500mm 长导纱距离并附加气圈破裂器。

三、张力装置

在络筒过程中应尽量减少张力波动，使筒子卷绕密度尽可能达到内外均匀一致，筒子成形良好，故在络纱过程中要选择合适络纱张力。表 1-8 为络纱张力对纱线强力及强力 CV 值的关系。

1. 张力装置形式

张力装置有许多形式，合理的张力装置应符合结构简单，张力波动小，飞花、杂质不易堆积堵塞的要求。目前广泛使用垫圈式、弹簧式、梳齿式和气压式无芯柱张力装置。自动络筒机上一般采用气压式无芯柱张力装置，这种张力装置采用累加法工作原理，并把张力盘的动态附加张力减小到最低程度，对减小张力波动十分有利。在织造生产中，对于单纱强力大而杂质较多的粗特纱线，常采用菊花式张力盘（俗称磨盘）；强力低而光洁的细特纱线，纱线本身杂质较少，络筒过程中应减少对纱线的磨损，应采用光面张力盘。

张力加压由垫圈重量（垫圈式张力装置）或弹簧弹力（弹簧式张力装置）或压缩空气压力（气压式张力装置）来调节。压力大小应轻重一致，在满足筒子成形良好或后加工特殊要求的前提下，采用较轻的压力，最大限度地保持纱线原有质量。原则上，粗特纱的络纱张力大于细特纱，涤/棉混纺纱的络纱张力略小于同特纯棉纱。

2. 工艺参数

在自动络筒机上，络筒速度为 1000m/min，不同的张力大小下测得的原纱及筒子纱强力及强力 CV 值，见表 1-8。

表 1-8　络纱张力对纱线强力及强力 CV 值的影响

张力刻度	单纱断裂强力/cN		强力 CV 值/%	
	T/C13tex	C14.6tex	T/C13tex	C14.6tex
管纱	229.1	197.46	13.29	12.37
筒纱 8	227.1	181.8	13.47	10.85
9	225.5	190.6	13.48	11.06
10	225.6	189.9	13.61	11.67

络纱张力的大小应根据纤维种类、原纱特点、络筒速度、织物外观及风格要求、筒子用途等来确定，络纯棉纱、毛纱、麻纱时，张力不超过纱线断裂强度的 10%～20%；络涤/棉混纺纱时张力应略低些。

四、清纱装置

清纱装置形式有机械式和电子式两大类。机械式清纱装置结构简单、价格低廉，但清除效率低，容易刮毛纱线、产生静电，且对纱疵长度不能鉴别，已无法满足对化纤产品、混纺产品和高档天然纤维产品日益提高的质量要求，一般只用于中、低档产品生产。电子式清纱装置根据其功能不同可分为单功能（只清除短粗节纱疵）、双功能（清除短粗节和长粗节纱疵）和多功能（清除短粗节、长粗节、长细节、双纱等纱疵）几种形式，现在多采用多功能清纱器，部分清纱器还扩展有筒子绕纱定长和验结功能。生产实践表明，使用电子式清纱装置，可明显提高产品质量和后工序生产效率。

（1）机械式清纱装置的工艺参数为清纱隔距。缝隙式清纱器的清纱隔距一般取纱线直径的 1.5～2.5 倍，梳齿式清纱器的清纱隔距一般取纱线直径的 4～6 倍，板式清纱器的清纱隔距一般取纱线直径的 1.5～1.75 倍。

（2）电子式清纱装置的工艺参数为设定清纱范围，包括各种纱疵的截面积变化率（％）和纱疵参考长度（cm）两项。应根据产品质量要求和后工序生产需要，制订最佳的清纱范围。清纱范围并不是越大越好，清纱范围过大，络筒中清除纱疵过多，会影响生产效率，并且络筒结头过多，同样会影响后工序的生产效率和织物外观质量。

为了正确使用电子清纱器，电子清纱器制造厂须提供相配套的纱疵样照和相应的清纱特性曲线及其应用软件。在制造厂提供不出可靠的纱疵样照的情况下，一般采用瑞士蔡尔韦格-乌斯特纱疵分级样照。该纱疵样照把各类纱疵分成23级，如图 1-27 所示。样照中，对于短粗节纱疵，长度在 0.1～1cm 的称 A 类，在 1～2cm 的称 B 类，在 2～4cm 的称 C 类，在 4～8cm 的称 D 类；纱疵横截面积增量在 +100％～+150％ 的称为第 1 类，在 +150％～+250％ 的称为第 2 类，在 +250％～+400％ 的称为第 3 类，在 +400％ 以上的称为第 4 类。这样，短粗节总共分成 16 级：A_1、A_2、A_3、A_4、B_1、B_2、B_3、B_4、C_1、C_2、C_3、C_4、D_1、D_2、D_3、D_4。对于长粗节，共分为 3 级，纱疵横截面积增量在 +100％ 以上，而疵长

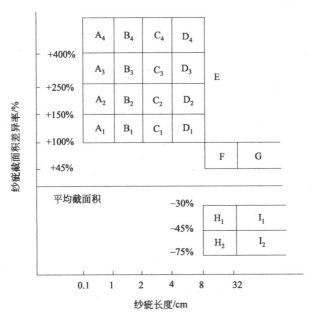

图 1-27　纱疵分级样图

大于 8cm 的称为双纱，归入 E 级；纱疵横截面积增量在＋45％～＋100％ 之间，疵长在 8～32cm 的称为长粗节，归入 F 级；纱疵横截面积增量在＋45％～＋100％ 之间，疵长大于 32cm 的也称长粗节，归入 G 类。对于长细节，共分为 4 级，纱疵横截面积增量在－45％～－30％，疵长在 8～32cm 的定为 H_1 级；截面积增量相同于 H_1 级而疵长大于 32cm 的定为 I_1 级；纱疵横截面积增量在－75％～－45％，疵长在 8～32cm 的定为 H_2 级；截面积增量相同于 H_2 级而疵长大于 32cm 的定为 I_2 级。

清纱设定是指有害纱疵、无害纱疵及临界纱疵（在清纱特性曲线上）的划分。所谓清纱特性曲线，是清纱器在不同工艺设定参数下工作时，应切除纱疵和应保留纱疵之间的分界线。清纱特性曲线之上的纱疵为有害纱疵，曲线之下的纱疵为无害纱疵，应作保留。因此，清纱特性曲线又称为临界纱疵线。

一般而言，机织用棉纱短粗节有碍纱疵可定在纱疵样照的 A_4、B_4、C_4、C_3、D_4、D_3 和 D_2 七级；针织用棉纱短粗节有碍纱疵可定在纱疵样照的 A_4、A_3、B_4、B_3、C_4、C_3、D_4、D_3 和 D_2 九级，这是因为短粗节对针织物的影响较大；而本色涤/棉纱，短粗节有碍纱疵也定在 A_4、A_3、B_4、B_3、C_4、C_3、D_4、D_3 和 D_2 九级。无论七级还是九级，有碍纱疵的设定在样照上是根折线，电子清纱器的清纱特性直线或曲线不可能与折线完全一致，但须尽可能靠拢。

五、筒子卷绕密度

筒子卷绕密度的确定应以筒子成形良好、紧密，又不损伤纱线性能为原则。因此，不同纤维、不同线密度的纱线，其筒子卷绕密度也不同。棉纱筒子的卷绕密度见表 1-9。

表 1-9 不同线密度棉纱筒子的卷绕密度

棉纱线密度/tex	96～32	31～20	19～12	11.5～6
筒子密度/(g/cm³)	0.34～0.39	0.34～0.42	0.35～0.45	0.36～0.47

股线的卷绕密度可比单纱提高 10％～20％，相同工艺条件下，涤/棉纱的卷绕密度比同特数棉纱大。

六、筒子绕纱长度

确定筒子绕纱长度又叫筒子定长。筒子定长的意义是可配合整经集体换筒，使筒子架上所有筒子的绕纱长度基本一致，均匀片纱张力，并减少倒筒脚任务，减少回丝。筒子定长必须通过定长装置实现。定长装置有机械式定长和电子式定长两种方式。机械式定长是直接测量筒子绕纱直径，当筒子的卷绕直径达到规定值时，满筒自停机构使槽筒自动停转，并发出满筒信号。这种满筒定长装置结构简单，维修和调节都较方便，但车间温湿度的变化，筒子的绕纱长度会有所变化，锭与锭之间的差异则由保全工的水平而定。一般筒子重量的锭差可控制在±50g 以内，控制长度（或重量）的误差为±3％ 左右。

电子定长有两种方法，一种是相对测量，一种是绝对测量。

（1）相对测量法：相对测量的工作原理是利用安装在槽筒轴旁的检测头，测量槽筒的转数，将测得的转数信号转换成电脉冲信号输送给绕纱长度计数控制板，换算成筒子的络纱长度。当筒子达到设定长度后，发出停车讯号，并由电子清纱器自动切断纱线。

电子定长装置将槽筒转过一圈转换成 n 个电脉冲信号，n 为检测头传感器磁钢的极数，则筒子上纱线绕纱长度 L 与脉冲数 m 之间的关系如下：

$$L = \frac{m}{n}a$$

式中　m——脉冲数；

　　　　n——槽筒一转产生的脉冲数；

　　　　a——槽筒一转筒子的绕纱长度，cm。

（2）绝对测量：用电子清纱器测出络纱速度 v，并对正常络纱进行计时 t，则络筒长度 $L=vt$。将设定长度输入定长控制中，当络纱长度达到 L 时，自动发出满筒信号。

七、结头形式及打结要求

为提高织物成品外观质量，提高后道加工工序的生产效率，现在生产中多采用空气捻结结头。如要用有结结头，则一般纯棉纱选用织布结，涤/棉单纱选用织布结或自紧结，股线选用自紧结。

第八节　络筒操作技术与质量管理

络筒操作技术与质量管理主要包括交接班工作、巡回工作、清洁工作、质量把关工作、机器维护工作等。

一、普通槽筒式络筒机操作技术与质量管理

（一）交接班工作

交接班工作是保证一个轮班工作顺利进行的重要环节。交接班实行对口交接，既要发扬风格，加强团结，又要认真严格，分清责任。交接以交清为主，接班以检查为主。

1. 交班

交班要做到"五交清""六不交"。

"五交清"是指交清生产变化、交清机械状态情况、交清管纱质量情况、交清纱线翻改情况、交清交班纱。

"六不交"是指坏筒子不交、有乱回丝不交、有乱筒管不交、有尾纱不交、工具不齐全不交、责任标志不清不交。

2. 接班

接班要求做到"一提前""三检查""一彻底"。

"一提前"指提前进车间做好准备工作（提前时间各厂自定）。

"三检查"，其一指检查机械状态，如清纱器、张力垫圈、探纱杆、打结器、锭管弹簧等是否正常；其二指检查筒纱质量（错支、油纱、蛛网、脱边、重叠、菊花芯等），查错筒纱，如发现问题及时向交班者反映；其三指检查工作地、作业车、车顶等处是否有回丝、筒管、管纱、小纱尾等，并检查责任标记是否清楚。

"一彻底"指彻底做好机台和作业车的清洁工作。

（二）巡回工作

巡回操作是络筒挡车工看好机台，合理安排工作的重要方法。因此，巡回要有主动性、灵活性、计划性，并按轻、重、缓、急，正确处理好巡回中的各项工作，充分发挥人的主观能动性，减少工作忙乱，均衡劳动强度，发挥机器效率，生产出用户满意的合格筒子。

1. 巡回路线和看管方法

挡车工应能熟练地控制座车左右前进方向。络筒运转操作采用单程往复的巡回路线和从

右到左或从左到右的看管方法，既从筒子大头或小头作为起点，往时以接头为主，复时以清洁和检查为主。看锭多少，应根据车速、纱线特数、纱线质量等进行合理安排。

2. 巡回操作的主动性、灵活性、计划性

巡回中接头、落纱、清洁等工作要有计划地进行，掌握好每一排纱的巡回时间，处理小纱、断头等工作要主动灵活，要善于耳听眼看，合理运用目光，每接完一节（五锭），应向左右眺望一次，及时处理断头，以利保持管纱退绕时大小呈斜形。

络筒挡车工在巡回操作中，应按五锭一看的要求分清轻重缓急。所谓五锭一看，指1332型络筒机每节为五锭，五锭接完后，要左右查看，发现断头及时处理。

按先前再后、先易后难的原则，合理处理断头。先前再后，既先接巡回方向前面的断头，再接后面的断头，如前面断头超过一根，应先接近后接远，后面断头超过一根，应先接远后接近；先易后难，指先接容易的接头，后接难接的头，如一时找不到纱头，可重新生个头以节省时间，减少空锭。

（三）清洁工作

清洁工作是降低断头、减少疵点、提高产品质量的主要环节，必须均匀、有序地进行，要根据对质量的影响程度，制订清洁进度表。

1. 清洁工作要做到"五定"。

即定清洁项目、定清洁次数、定清洁时间、定清洁方法、定清洁工具。

2. 主要项目清洁方法

清洁工作要掌握从上到下、从里到外、从左到右（或从右到左）的原则，采用双手并用的方法，做到"轻""净"，注意"三防"。"轻"指动作轻巧细致；"净"指清洁程度彻底；"三防"指防人为疵点、防人为断头、防错用工具。

大扫车：指交接班停车时的全面清扫。扫车时，先将车顶板扫净，落下筒子放在车顶板上，再进行扫车。扫车时先用小毛刷从络筒机一端扫车顶板底面，返回时，扫槽筒毛刷。然后右手拿起大毛刷先扫净车头或车尾上下，再扫握臂及其底部，同时左手拿小毛刷清扫轴承盖，清扫完毕返回时，右手扫油箱、龙筋，左手扫张力盘、清纱板。采用分段清扫、两手交叉进行，再由起点从左到右（或从右到左），右手拿大毛刷扫管纱锭脚，同时左手拔管，返回时用大毛刷清扫运输带、纱箱、轨道、车腿和作业小车，最后上筒子纱。

小扫车：指在巡回中对清纱板、张力器的清扫，一般每半小时进行一次。但如有成块积花时应随时清扫。

（四）质量把关工作

络筒挡车工对前道工序的产品负有严格的把关责任，在生产中要集中精力，不让上工序疵点流到下工序。把好质量关，严格遵守操作规程，防止一切人为疵点。

1. 严格遵守操作规程，防止一切人为疵点

（1）生头发现筒子跳动，应立即换下。开车时，生头纱条应略紧，使纱紧绕在空管上，以免管脚退绕不清。

（2）打结时应注意验结，防止接头送纱不良和回丝飞花附入。及时处理坏结，送纱应将纱拉直，再向筒子中部送出，以免造成卷线、网纱等。

（3）巡回中注意每锭运行情况，防止邻锭断头时附入造成双纱。

（4）巡回时注意张力盘的回转，防止塞死不转或纱未通过张力盘，影响除杂和产生松筒。

（5）平揩车后要检查车顶板有无油污，防止产生油污纱，

（6）做清洁工作要防止飞花、杂物附入。

（7）防止回丝、坏纱乱放，防止断头、小纱管不接，任意拔掉乱扔。

2. 捉疵

（1）巡回接头拿管纱时捉错支、油污、强弱捻、粗经纱等。

（2）在正常生产中随时捉机械造成的成形不良、蛛网磨纱、错坏筒管、反张力片等。

（3）换管结头时，随时处理竹节纱、回丝、飞花等疵点。

（4）一锭多次断头，既要查机械原因，又要查纱的条干。

（五）机器维护工作

使用维护好机器是提高产品质量的重要环节。因此，除做好换管接头和清洁工作外，还要经常检查机器运转是否正常，发现机器有毛病，及时通知修理，对一些易排除的故障也可自己修理。

二、自动络筒机操作技术与质量管理

（一）设备操作

1. 操作标准化

为了提高生产效率和生产出高质量的筒子，企业结合本部门的实际情况，应制订相应的操作标准，并对挡车工进行培训和定期考核。挡车工必须严格按标准化进行操作。

操作标准化可从以下三个方面考虑。

（1）各类需挡车工处理的操作，如处理故障、手工落筒、喂纱、清洁工作等，应分先后层次以主带副，并应优先处理第一类操作，如络筒机自动停机。对第二类操作应及时处理，如清纱器失效、切断夹持器失灵、槽筒绕丝等，这些故障若不及时处理将影响络筒质量和造成机械设备的损坏。那些影响生产效率的第三类操作，应尽快处理，如满筒后及时落筒、捻接器在规定次数内捻接失败后的处理、纱库储备量少于2只管纱等。其他的各类操作为第四类。

（2）根据挡车工看台量和机台的分布排列，制订最佳挡车工的巡回操作路线。

（3）根据络筒机的机械性能和所络绕的品种、筒子的锥度等因素，合理制订一轮班8小时的工作流程。

2. 巡回（巡视）

挡车工在喂管纱的同时可结合巡视。一般在每喂完一节车（10锭或8锭）的管纱时，挡车工的目光应注意该节两侧的络纱锭信号灯是否亮，需要处理时应按操作分类等级的先后，分别处理完毕后再继续喂纱。当最后一锭喂纱完毕后，拉小车向相反方向移动时，应巡视两侧机台，发现故障及时处理。巡视工作的内容如下。

（1）络纱锭工作状态时，各种指示灯是否显示正常。

（2）筒子卷绕成形是否良好。

（3）清纱器检测装置的指示灯是否正常。

（4）捻接器的捻接区是否清洁。

（5）电子清纱器的检测槽内是否有尘埃飞花。

（6）各类吸风口是否清洁畅通。

（7）大吸嘴臂的连接塑料管内和捕纱器塑料管内是否有回丝滞留。

（8）防止回丝绕入槽筒。

（9）张力装置不能有飞花附入，防止双脱纱。

对于上述的巡视工作内容，挡车工在实际执行中应有所侧重。各种指示灯是否显示正常应作为重点的巡视内容，其他的几点则可结合本企业制订的一轮班 8 小时的工作流程，分几次巡视，周而复始。

3. 操作注意事项

挡车工的操作是否规范，不仅影响生产效率、产品的质量，而且对设备完好也是至关重要的。所以，操作中应十分注意下述各项。

（1）严格按照开车和关车的程序进行开关车。

（2）纱线缠绕槽筒，不能用打结刀乱钩，只能用剪刀小心地在槽筒的凹槽中将纱线剪断，防止损伤槽筒。

（3）大吸嘴口内有纱线，严禁往外拉，只能往里推，或由检修工处理，以免损坏机件。

（4）手工落纱前要洗手，防止沾污筒子。

（5）搬运筒子时要堆放整齐，堆放不能过高，不碰油污，盛放筒子的箱体必须光洁，不造成断头。

（6）清整洁工作要按"六定"要求执行。

（7）筒脚纱不能过于集中在一只或几只筒子内。

（二）设备的清整洁

1. 清整洁的范围与要求

尽管此机配备了除尘循环系统，但还不能取消机台的清整洁工作。为了提高筒子的内在质量并处于一个良好的工作环境，挡车工应加强这项工作，应明确清整洁工作的范围和要求。

（1）每个挡车工应负责所操作设备的清洁工作，其工作范围是主机、辅机及周围环境。

（2）清洁工作要求凡接触纱线和筒子的部位，如筒子输送带、纱线通道部分、纱库、空管架、推纱小车箱等不得有油污及飞花，其他部位要保持整洁明亮。

（3）挡车工必备的清洁工具有压缩空气、揩布、钩纱刀、扫帚等，或由企业自定。做清洁工作时要严格执行操作规定。

（4）为保证设备的完好和挡车工的安全，清整洁工作一般应在关车后全机完全停止转动时进行。

2. 设备清洁清扫的"六定"

"六定"，即定时间、定项目、定次数、定工具、定工具清洁、定工具放置地点。做清洁工作时，不要乱打乱拍，防止机件的损坏和改变零件之间的相对位置。清洁工具要随做随清理，用后放在指定位置。清洁清扫分为接班前、一轮班中和交班三部分。分别有不同的内容和要求。

（1）接班的清洁清扫，以接为主，做好下一轮班的准备工作。要求挡车工在揩清空管架、各类信号灯、车头控制箱体的同时，对交班机台的清洁情况做全面检查。

（2）轮班中应按要求的时间、内容和次数清洁清扫络筒机的各个部位。

（3）交班的清洁清扫，以交为主，要求挡车工先钩清筒架、两根输送带的转动部位、推纱小车轮上缠绕的回丝，再揩清前后车面，抹清锭脚回丝，拿清车肚花衣，清理尘埃回丝集聚箱，扫清地面。

（三）产品质量的保证条件

生产高品质的络纱应由多方面的因素来保证，除了具有现代化络筒设备和优质细纱管纱外，还应有熟练的挡车工、技术素质全面的维修工、清洁的生产环境、合理的工艺条件等。

三、络筒疵点及其产生的原因、防止方法

络筒质量的好坏对后道工序、织物质量均有重大影响。图1-28为几种疵点筒子的形式图。加强络筒质量管理，提高好筒率，特将络筒疵点及其产生的原因、防止方法、对后道工序的影响等列于表1-10。

  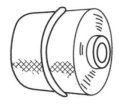 

图1-28　几种疵点筒子

表1-10　络筒疵点及其产生的原因、防止方法、对后道工序的影响

疵点名称	产生原因	防止方法	对后道工序的影响
松纱	1. 张力盘中间有杂质、飞花聚集 2. 张力垫圈太轻 3. 探纱杆位置不当 4. 锭子回转不灵 5. 纱线未进入张力盘	1. 清除张力盘中间的杂质、飞花 2. 调节张力垫圈重量 3. 校正探纱杆的前后位置 4. 按周期给锭子加油 5. 注意引纱方法	造成整经时片纱张力不匀，纱线松脱、扭结、断头，甚至带断邻纱
绞头	断头后，手指在筒子纱层间抓寻，造成纱层紊乱，断头从纱圈中引出结头	找头要耐心，拉头要在断头纱层	整经时退绕阻力增大，单根经纱张力大，表面毛，易断头
松结	1. 打结器故障 2. 接头时纱线没拉紧 3. 纱尾太短	1. 检修打结器 2. 接头时拉紧纱线 3. 纱尾符合操作要求	造成整经或织造断头
搭头	断头时把管纱上的纱头搭在筒子上	加强管理，加强挡车工责任心	造成整经断头
小辫子	1. 接头后送纱太快 2. 强捻纱	1. 接头后纱要拉直，放松不宜太快 2. 发现强捻纱应立即摘去	造成织机无故关车或经缩疵布
蛛网或脱边	1. 较大的脱边不规则地出现，一般由于挡车工操作不良所致 2. 大端未装拦纱板或装得不正 3. 筒管横向松动 4. 筒锭松动 5. 槽筒松动 6. 纱在近槽筒端处沟槽内脱出 7. 上下张力盘间尘杂堆积 8. 锭管底部有回丝绕住	1. 挡车工做到接头松纱紧，放纱速度慢 2. 装拦纱板或校正拦纱板或位置 3. 调换筒管或用筒管校正规校正 4. 旋紧筒管顶端螺丝帽 5. 停车紧好槽筒螺丝 6. 把张力架座移向产生脱纱的一边 7. 上下张力盘间尘杂堆积 8. 锭管底部有回丝绕住	这样的坏筒必须重新络成好筒供整经用，否则退绕断头多
包头筒子	1. 筒管没有插到底 2. 筒子从另一个锭子上移过来继续络筒 3. 锭子定位弹簧断裂或失去作用 4. 筒锭座左右松动 5. 锭管三角弹簧损坏	1. 筒管要插到底 2. 筒子在满筒前不要取下 3. 调换弹簧 4. 调整调节螺丝，使筒锭座能自由转动而无显著左右松动 5. 调换新件	

疵点名称	产生原因	防止方法	对后道工序的影响
重叠筒子	1. 筒管位置不对 2. 间歇开关参数调整不当 3. 锭子转动不灵活 4. 防叠槽筒本身不良	1. 用筒管校正规校正隔距 2. 调整间歇开关参数 3. 加油、清除回丝 4. 调换槽筒	造成单纱及片纱张力不匀,增加断头
葫芦筒子	1. 导纱器上飞花阻塞 2. 张力架位置不对 3. 槽筒沟槽在相交处有毛刺 4. 导纱杆套筒磨出槽纹	1. 除去导纱器上飞花 2. 调整张力架位置 3. 用细砂皮将槽筒毛刺磨光 4. 导纱杆应保持转动,已磨损的应更换	增加整经断头和张力不匀
菊花芯筒子	1. 筒子托架固定螺丝未扳紧,顶端抬起 2. 锭子定位弹簧断裂或松动 3. 纱线张力松弛 4. 筒锭或筒管松动 5. 槽筒与筒子表面接触不良	1. 用筒管校正规校正 2. 旋紧螺丝或调换弹簧 3. 检查张力盘间是否有尘杂堆积,或检查张力垫圈重量 4. 正确安装筒锭或筒管 5. 校正槽筒与筒管间隙	退绕不正常,张力变化大,会引起整经断头,织造时会造成疵布
回丝或飞花附入	1. 打结时不当心,将接头回丝带入筒子内 2. 车顶板上有飞花或放有回丝 3. 做清洁工作不当心,飞花卷入筒子内	1. 接头回丝应绕上手指,并随时放入口袋内 2. 车顶板保持整洁且不可放回丝 3. 保持高空、机台、地面整洁,清洁揩车工作要细心	引起整经或布机断头,或造成疵布
油污纱	1. 原纱沾有油污 2. 络筒时沾上油污 3. 管纱或筒子纱落地沾油污 4. 加油不当心 5. 管纱或筒子纱容器不清洁	1. 发现油污纱立即拣出 2. 手要清洁,车顶板也要清洁 3. 防止管纱、筒子、筒管落地 4. 注意漏油,加油适当 5. 容器要清洁	造成油经疵布

第二章

捻 线

在机织物生产中常采用两根或两根以上的本色或各色纱经并合、加捻制成股线，或以特殊工艺加工而成的花式捻线进行织造，其产品绚丽多彩风格独特。

用股线织成的织物称线织物。因股线在条干、强度、弹性、耐磨、光泽和手感等方面比同特单纱要好，因此股线织物在高支高密或风格粗犷等高档织物中应用较为广泛。

花式捻线（简称花式线）的品种较多，应用也比较广泛。纺制花式线可使纱线在色彩和外形上活泼多变，新颖别致，使织物风格别致并达到增加织物花色品种的目的。

本章着重介绍花式线的种类和特点、普通捻线机及加工原理、倍捻机及加工原理等。

第一节 花式线的种类和特点

花色纱或花式线的种类非常繁多，现在还没有统一的命名和分类标准，现按照成纱原理，重点介绍主要的几种分类方法。

一、细纱机生产的花色纱和花式纱

（一）花色纱

花色纱，主要表现为纱线外表色彩上的变化。目前常用的有以下几种。

1. 色纺纱

色纺纱是利用不同色彩的纤维原料，使纺成的纱不必经过染色处理即可直接用作针织物或机织物，如用黑白两种纤维纺成的混灰纱，或用多种有色纤维纺成的多彩纱等。

2. 多纤维混纺纱

多纤维混纺纱是由不同染色性能的纤维混合纺纱，再经过不同染料的多次染色，使纱达到和色纺纱相似的效果。利用这种纱可先制成各种织物，然后经过染色处理就显示出它独特的效果。如用黏胶短纤维、阳离子改性涤纶、涤纶三角异形纤维等混纺的纱，先用活性染料染黏胶纤维，再用阳离子染料染改性涤纶，让涤纶三角异形纤维保持原白色，就能得到和普通色纺纱同样的效果。用这种方法纺成的纱染色灵活性比色纺纱大，因为色纺纱不能改变已有的色彩，而这种纱可按照需要随时染上不同的颜色。

3. 双组分纱

利用两种不同颜色或不同染色性能的纤维单独制成粗纱，在细纱机上用两根不同颜色的粗纱同时喂入经牵伸加捻后纺成的纱，外观效应与以上两种又有不同。例如，用黑白两根粗纱纺成的纱和黑白两根单纱并成的线外观相似，如把这种纱再和黄蓝两色的双组分纱合股，就能形成黑、白、黄、蓝四种色彩的线。用这种方法纺成的纱和线色彩对比度明显，在纱表面出现明显的色点效应，较色纺纱有明显的差别。以上这些纱，在一般的纺纱设备上不需增添任何装置（双组分纱需增加一倍吊锭）即可纺制，所以成本较低。而且这一类纱大部分不需再染色，可以节约大量的染化料及由于染色带来的污染环境等，因此是很有发展前途的产品。

（二）花式纱

花式纱是指具有结构和形态变化的单股纱，其纺制方法是在梳棉、粗纱、细纱等工序采用特殊工艺或装置来改变纱线的结构和形态，使纱线表面具有"点""节"状的花型。如结子纱的表面呈颗粒状的点子附在纱的表面；竹节纱表面呈间断性的粗细节，而这种粗细节可按后道加工要求可长可短、可粗可细，间距也可稀可密，有规律和无规律任意调节，具体介绍以下几种。

1. 氨纶包芯纱

氨纶包芯纱是在普通细纱机上中罗拉和前罗拉之间送入一根经过拉伸的氨纶长丝（一般拉伸 3～4 倍），与牵伸后的须条汇合，通过前罗拉使原来带子状的纤维须条包缠在氨纶丝的外面而形成。这种纱一般在 12～30tex（33～83 公支）之间，可用于针织或机织，使织物富有弹性，穿着舒适。目前大都为棉包氨，也有涤包氨。还可在双罗拉捻丝机或专用的包覆机上，将氨纶丝的外面包上一层棉纱或锦纶长丝，也有的包上蚕丝用于做真丝 T 恤衫的领，由于氨纶丝的收缩性，可使针织衣领硬挺。

2. 涤纶包芯纱

涤纶包芯纱是在普通细纱机，用一根高强涤纶长丝从中罗拉和前罗拉之间喂入，通过前罗拉使纤维包缠在涤纶长丝的表面而形成。用这种纱再经过合股可做成高强涤纶缝线，不但强力高，而且表面包一层棉纤维后，在高速缝纫机针眼处通过时不易发热。也可用这种纱织成高强帆布以作运输带，不但强力高，而且表面包棉纤维后与橡胶的黏合性能好，克服了涤纶与橡胶亲和力差的缺点。

3. 竹节纱

竹节纱（图 2-1）是在普通细纱机上另加装置，使前罗拉变速或停顿，从而改变正常的牵伸倍数，使正常的纱上突然产生一个粗节，因此而称为竹节纱。同理，也可使中后罗拉突然超喂，同样使牵伸倍数改变而生成竹节。目前常用纱为 12～84tex（12～84 公支），原料有纯棉、化纤混纺纱，以短纤纱为主，也有中长型及毛型纤维等。竹节的长度一般不能小于纤维的长度，因此用棉纤维纺的竹节长度较短，而毛型纤维纺的竹节长度就较长。至于竹节的粗度，则视品种而定，最小的竹节比基纱粗 1 倍左右，用这种竹节纱和一根同特数的正常纱合并后制作服装面料，使织物表面呈现不规律的花纹。也有竹节比基纱粗 4～5 倍以上的，这种竹节纱在使用时往往外面再包上一根较细的纱或长丝。因为粗节处与基纱的粗细相差太大，捻度很少，使这一段纱不但易发毛，而且强力低，包上一根纱后可以克服这个缺点。用这种纱作成的针织物或机织物，表面粗犷，风格独特。也有用这种纱再在花式捻线机上制成波形纱，由于粗节处的波形特大，形似玉米，所以又称爆米花纱。

4. 大肚纱

这种纱与竹节纱的主要区别是粗节处更粗，而且较长，细节反而较短。一般竹节纱的竹节较少，在1米中只有两个左右的竹节，而且很短，所以竹节纱以基纱为主，竹节起点缀作用。而大肚纱以粗节为主，撑出大肚，且粗细节的长度相差不多。目前常用的大肚纱为100～1000tex（1～10公支），使用原料以羊毛和腈纶等毛型长纤为主体（图2-2）。

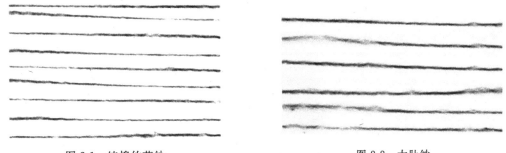

图 2-1　纯棉竹节纱　　　　　　　　　　　　图 2-2　大肚纱

5. 彩点纱

在纱的表面附着各色彩点子的纱称为彩点纱。有在深色底纱上附着浅色彩点，也有在浅底纱上附着深色彩点。这种彩点一般用各种短纤维先制成粒子，经染色后在纺纱时加入，不论棉纺设备还是粗梳毛纺设备均可搓制彩色毛粒子。由于加入了短纤维粒子，所以一般纱纺得较粗，在100～250tex（4～10公支）之间。其中以粗梳呢绒用得较多，如粗花呢中的火姆司本（钢花呢）等，均用彩点纱织造。也有用涤纶短纤维搓成粒子，混在棉纱中，织成布之后用常温染色。因为涤纶要高温高压分散染料才能上色，所以在织物表面生成满天星似的白点，风格独特。也有在浅色织物中加入深色彩粒子，使织物表面上出现绚丽多彩的点子，形成独自具有的一种风格。

二、花式捻线机生产的花式线

（一）花式平线

在众多的花式线中，虽然花式平线也有很多的产品，但却是最为人们所忽略的产品。这一类产品必须在花式捻线机上用两对罗拉以不同速度送出两根纱，然后加捻才能得到较好的效果。如用一根低弹涤纶长丝和一根18tex（56公支）的棉纱交并，由于低弹丝是由多根单丝集束而成，没有捻度，在经过罗拉送纱时，它会向四周延伸成为扁平状。如果用普通的单罗拉并线机合股并线，压辊只能压住棉纱，对低弹丝没有控制力，又由于在加捻过程中两根纱的张力不同，所以效果较差。因此，必须用双罗拉并线机，使两根纱各用一对罗拉送出，才能控制好每股纱的张力，得到理想的花式线，这就是花式平线（图2-3、图2-4）。

1. 金银丝花式线

金银丝是涤纶薄膜经真空镀铝染色后切割成条状的单丝，由于涤纶薄膜延伸性大，在实际使用中往往要包上一根纱或线，这就是金银丝花式线。

2. 多彩交并花色线

这类花式线是用多根不同颜色的单纱或金银丝进行交并而形成。也有用不同色彩的纱，再用多彩的段染纱进行包缠，使表面出现多彩的结子或段，或一根线中出现多种色彩。

3. 粗细纱合股线

若用两色以上的纱合股，才更显其漂亮。若前后罗拉速比不同，则制成的合股线显得立体感更强。

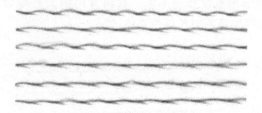

图 2-3　棉/锦花式平线

图 2-4　腈/涤/锦花式平线

（二）超喂型花式线

1. 圈圈线

圈圈线是在线的表面生成有圈圈。圈圈有大有小，大圈圈的饰纱用得极粗，从而成纱支数也粗，小圈圈线则可纺得较细。一般线密度可在 67～670tex（1.5～15 公支）之间选择。在生产大毛圈时，饰纱必须选择弹性好、条干均匀的精纺毛纱，而且单纱捻度要低。也有用毛条（或粗纱）经牵伸后直接作为饰纱，称为纤维型圈圈线。这一类圈圈由于纤维没有经过加捻，所以手感特别柔软。这类花式线在环锭花式捻线机和空心锭花式捻线机均能生产。在环锭花式捻线机上生产必须经过两道工序，而在空心锭花式捻线机上生产则可以一次成形。这类花式线最突出的为圈圈，所以饰纱应用较好的原料，有用羊毛、腈纶、棉、麻等，它不但用于针织物也可用于机织物及手工编结（图 2-5、图 2-6）。

图 2-5　单色圈圈线

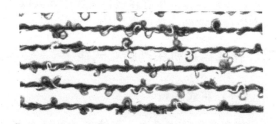

图 2-6　多色段染圈圈线

2. 波形线

若饰纱在花式线表面生成左右弯曲的波纹，这种花式线称为波形线。它在花式线中用途最广，生产量也最大。它的饰纱在芯纱和固纱的捻度夹持下向两边弯曲，成扁平状的波纹。适纺线密度在 50～200tex（5～20 公支）之间。大部分原料选用柔软均匀的毛纱、腈纶纱、棉纱等。这类花式线在环锭花式捻线机上生产需用两道工艺，在空心锭下面带环锭的花式捻线机上只需一道工序即能完成。由于这类花式线使用原料广泛、粗细适中，因此在针织、机织、精纺、粗纺织物中均广泛应用。

另有一种波形线的派生产品，它是利用环锭双罗拉花式捻线机做第一道工序。第二道工序不是用加固纱，而是用 2～3 根头道线合并反向加捻，使波纹沿着轴向向四周扩展，能得到手感非常柔软的圆形波形线。用这种线制成的衣服，其表面是一层密的小波形，穿着非常舒适（图 2-7、图 2-8）。

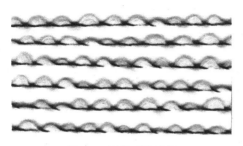

图 2-7 纤维型波形线

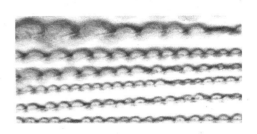

图 2-8 纤维型大肚波形线

3. 毛巾线

这类花式线生产工艺和波形线基本相同，它往往喂入两根或两根以上的饰纱。由于两根饰纱不是向两边弯曲，而是无规律地在芯纱和固纱表面形成较密的屈曲，好似毛巾的外观，所以称为毛巾。它的使用原料往往以色纱为主，如以大红 13tex（77 公支）的涤/棉纱作芯纱和固纱，用 13tex（120 旦）有光黏纤丝作饰纱生产的波形线，用其作纬纱的织物，在深红色的底色上形成一层白色的小圈，像雪花似的（图 2-9）。

4. 辫子线

这类花式线是用一根强捻纱作饰纱，在生产过程中，由于饰纱的超喂，使其在松弛状态下的回弹力发生扭结而生成不规则的小辫子附着在芯纱和固纱中间成为辫子线。这类辫子可用化纤长丝加捻而成，也可用普通毛纱加强捻。适纺范围在 100～300tex（3～10 公支）之间。由于辫子是强捻纱，所以手感比较粗硬（图 2-10）。

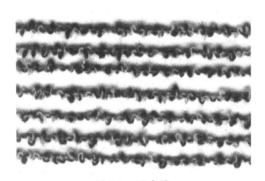

图 2-9 毛巾线

图 2-10 辫子线

（三）控制型花式线

1. 结子线

在花式线的表面生成一个个较大的结子，这种结子是在生产过程中由一根纱缠绕在另一根纱上而形成的。结子有大有小，两个结子的间距可大也可小。这种结子线一般可在双罗拉环锭花式捻线机上生产。结子的间距一般不相等，否则会使织物表面结子分布不均匀。结子所用的原料广泛，各种纱线均能应用。由于结子线在纱线表面形成节结，所以一般原料不宜用得太粗，适纺范围在 15～200tex（5～67 公支）之间。它广泛用于色织产品、丝绸产品、精梳毛纺产品、粗梳毛纺产品及针织产品等（图 2-11）。

2. 双色结子线

这类结子没有芯纱和饰纱之分，它是由两对罗拉送出两根不同颜色的纱，在纺制过程中两对罗拉交替停顿，使芯纱和饰纱互相交换，从而在一根纱上生成两种不同颜色的结子，这就是双色结子。由于结子线表面有节结而且捻度较高，所以手感较粗糙，在实际使用中只能作点缀用（图2-12）。

图 2-11　单色白结子线

图 2-12　双色结子线

3. 鸳鸯结子线

这类结子与双色结子不同，它在一个结子中有两种颜色，是用特殊工艺生产的，能使结子的一半是一种颜色，另一半是反差较大的另一种颜色。用这种结子制成的织物非常华丽。

4. 长结子线

长结子线是由一根饰纱连续地一圈挨一圈地卷绕在芯纱上的一段粗节，有时利用芯纱罗拉倒转可反复包缠多次而产生较粗的结子。这类线与结子线不同，结子线是以点状分布在花式线上，而长结子是以段状分布在线上，好像一条虫子一般，所以又称毛虫线。用这种线制成的织物在布面上有凸出条状物。它又有别于竹节纱，竹节纱一般两头尖中间大，而长结子是呈长圆形的，所以另有一种风格。如果芯纱和饰纱相互包缠，就成为两种颜色交替的长结子，称为交替线。如果在交替包缠的过程中，中间再加一段平线就能生产出双色长结子。

图 2-13　间断圈圈线

5. 间断圈圈线

在生产圈圈线的过程中，使芯纱罗拉变速就能生产间断毛圈。生产大毛圈时，芯纱与饰纱送纱速度相差3倍，如果把芯纱罗拉速度提高3倍，它就与饰纱罗拉等速，生产出一段平线，如此间隔地变速就能使花式线的表面生成一段有圈圈、一段为普通平线的间断圈圈线。值得注意的是，这种线一般用在大圈圈产品中，使粗细之间反差明显才能收到较好的效果。对于间距的大小、规律与不规律（指每段之间的间距），应按照产品的实际需要而定。

适纺线密度在100～300tex（3.3～10公支）之间。可用于针织及粗梳呢绒（图2-13）。

6. 粗节线

在花式捻线机上纺制粗节线有两种类型。一种是在环锭三罗拉花式捻线机上纺制，这种粗节是一段粗纱经拉断后附着在芯纱与固纱之间。如果拉断的不是很粗的一段粗纱，而是几根纤维，则为纤维型断丝。另一类是在带牵伸的五罗拉花式捻线机上纺制，利用中后罗拉间隙超喂而形成粗节，通过芯纱罗拉送出的芯纱进入空心锭后再包上一根固纱，即成粗节线。这类花式线可纺得较粗，一般在100～200tex（5～10公支）之间。这一类花式线大都用于制作粗纺呢绒和针织外衣料，产品粗犷，手感柔软。

（四）复合花式线

随着产品的深入开发，对花式纱线的要求也日益提高，单一的花式线已不能满足产品开发的需要，因此出现了用两种或两种以上花式线复合的产品，效果良好。

1. 结子与圈圈复合

它是用一根圈圈线和一根结子线，通过加捻或用固线捆在一起，使毛茸茸的圈圈中间点缀着一粒粒鲜明的结子。如用草绿色的小圈加上红色的结子，好比绿草丛中的朵朵小花，鲜艳夺目。这一类花式线是由两根原来较粗的花式线再复合而成，所以会更粗。一般用作针织织物及手工编结线，或用作装饰织物，能显出多色彩的效果（图 2-14）。

2. 粗节与波形复合

这是一种用得较广的复合花式线，它是先用一根大肚纱，在花式捻线机上作饰纱纺成花式线。大肚纱一般用中长型仿毛腈纶，芯纱和固纱用锦纶或涤纶长丝，常用的有 455tex 和 222tex 两种。由于粗节处生成如爆米花状，所以国外称为 popcorn。这类产品已广泛用于针织织物和粗纺呢绒，收到较好的效果（图 2-15、图 2-16）。

图 2-14　结子与圈圈复合线

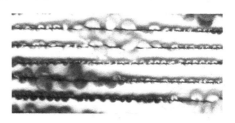

图 2-15　双色大肚与波形复合线

3. 绳绒与结子复合

绳绒线也称雪尼尔线，是目前用得最广的一种花式线。由于它的外观效应非常平淡，因此在其外面再用一根段染彩色长丝包上结子或长结子，使其外观丰富，一般包结子的饰纱应与底线（绳绒线）形成鲜明的颜色对比，以便突出结子的效果（图 2-17）。

图 2-16　波形大肚复合线

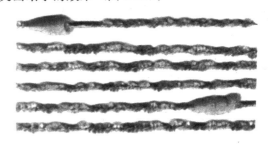

图 2-17　绳绒与结子复合线

4. 粗节与带子复合

由于粗节线的粗节处捻度较少，不但强力低，而且由于没有相应的捻度使纤维抱合，所以粗节处的纤维很易发毛，影响外观。如果将粗节与带子复合，用小针筒织带机在粗节外面套上一个管状套管，这样既可防止纤维发毛，又能增加强力。如果用白色有光长丝作套管，与深色的粗节纱相复合，则能收到更好的效果。

5. 断丝与结子复合

断丝一般是在两根芯纱和一根固纱间嵌上一段段色泽相反的黏纤丝，使花式线表面点缀一些色彩。但因其色泽单一、立体感不强，所以再在断丝的外表用另一种彩色的线做成结子，还可在结子或双色结子的外表用一根断丝作固纱，使单一的断丝既增加多种色彩，又增加花式线的立体感。

6. 大肚与辫子复合

大肚纱本身很单调，在其外面包上一根辫子线，不但可增加大肚纱的强力，而且因为在大肚上形成的辫子与底纱上形成的辫子的长度有差异，更增加了大肚纱的立体感。另外，由于辫子线手感较硬，而大肚纱的手感柔软，两者复合可取长补短，增加产品的服用性能。

（五）断丝花式线

断丝花式线是在花式线上间隔不等距地分布着一段段另一种颜色的纤维，也有在生产过程中把黏胶长丝拉断使它一段段地附着在花式线上。断丝一般有以下两种类型。

1. 纤维型断丝花式线

这种断丝一般所用粗纱条色彩与底线（芯纱和固纱）色彩成鲜明的对比，由于纤维长度较长，所以断丝也较长。还有用一种粗且的黑色扁平状纤维，在纺纱时加入，使白色的纱表面包缠着少量的黑色纤维，风格独特。这类产品在针织及机织物中均有应用（图2-18）。

2. 纱线型断丝花式线

这是一类成熟的传统产品，由于工艺繁复，目前已很少生产。先用两根细特涤/棉纱或纯棉纱包缠在一根13.3tex（120旦）黏纤丝上，然后浸泡于热水中，再把两根缠绕在黏纤丝上的纱拉直，利用黏纤丝湿强力差的特性，使黏纤丝被拉成不等长的一段段附着在芯纱上。最后加上一道固纱，把断丝固定，就成为断丝花式线。用这种断丝制成的织物，不但表面有鲜明的断丝效应（一般断丝的色彩与底色对比度强烈），而且由于断丝拉断处纤维端面长短不等，所以在断丝的两头形成毛茸茸的外观，这是纱线型断丝独有的风格（图2-19）。

图2-18　纤维型断丝花式线

图2-19　纱线型断丝花式线

（六）拉毛花式线

1. 圈圈拉毛花式线

先用马海毛、林肯毛（仿马海毛）等先制条后在花式捻线机上制成大而稀的圈圈线，然后再用拉毛机把圈圈拉断成为较长的毛附着在芯纱与固纱之间，从而制成圈圈拉毛花式线。这类拉毛线毛绒较长，最好的原料为马海毛，因为它光滑柔软并有自然的光泽，所以制成的拉毛线最好。其次是林肯毛，一般用来仿马海毛风格，但光泽及手感较马海毛为差。也有用羊毛和腈纶来仿马海毛的，虽然拉出的毛也很长，但效果较差。常用的线密度为83～200tex（5～12公支）。

2. 波形拉毛花式线

这一类拉毛线的毛绒短而密，是目前常用的拉毛绒线中的一种。所用原料以羊毛和腈纶为主。适纺线密度在80~333tex（3~12.5公支）之间。也可在粗纺呢绒过程中，先纺成圈圈或波形线作纬纱进行织造，然后在后整理时进行拉毛。"阿尔巴克（Alpaca）"羊驼毛产品就是用这种方法进行拉毛的。此类纱线不宜在剑杆织机上进行织造，会因摩擦过大而影响质量，更适宜用作针织产品。

3. 平线拉毛花式线

它是用粗旦涤纶制成彩色条，然后纺成粗绒线，再拉毛。这种拉毛效果不好，因为绒线经过拉毛后，不但强力降低，而且毛也拉不长，只是表面有一些毛茸感而已。而圈圈拉毛和波形拉毛是在花式捻线机上生产，纺制时一般用锦纶长丝作芯纱和固纱，拉毛时只拉到饰纱，所以不会影响强力。

三、绳绒机生产的花式线

（一）单色绳绒线

绳绒线又称雪尼尔线。它是由芯纱和绒毛线组成，芯纱一般用两根强力较好的棉纱合股线组成，也有用涤/棉线或腈纶线的。为了降低成本，有的应用四根单纱作为芯纱，但效果较差。顾名思义，绳绒线的外表像一根绳子，在上面布满了绒毛。目前用于绳绒线的原料有棉、麻、腈纶、涤/棉，还有蚕丝。用蚕丝生产的绳绒线，国外称为丝绒线。常用其制作高档针织衫。绳绒线适纺范围为167~1000tex（1~6公支），常用的为455 tex（2.2公支）和222 tex（4.5公支）两种。可用于机织或针织，也有用于手工编结。

（二）双色绳绒线

它是用对比度较强的两根不同颜色的纱作绒纱，使绳绒线的绒毛中出现两种色彩。也有用段染纱作绒纱，使绳绒线出现多种彩色绒毛，绚丽多彩（图2-20）。用印成彩色的绳绒线，在固定筘幅的织机上作纬纱织毛巾，使分段染的色段相互重合，织成红花绿叶的图案，极具立体感。

图 2-20　双色绳绒线

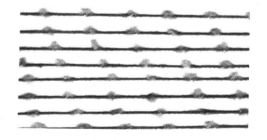

图 2-21　腈/锦乒乓线

（三）珠珠绳绒线

珠珠绳绒线（乒乓线）用高弹锦纶丝作为绒纱，在生产时，先将锦纶丝在有张力的情况下拉直，当把它割断时，由于张力消失，使弹力回复而收缩成球状夹持在两根芯纱间，似珠子穿在线上，用它制成的服装非常美观，独具风味（图2-21、图2-22）。

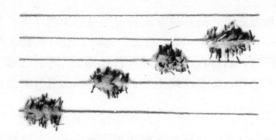

图 2-22　珠珠绳绒线

目前花式捻线的种类除上述方法形成外，还有由钩编机生产的羽毛线、牙刷线、松树线、毛虫线、蜈蚣线、带子线等，由小针筒织带机生产的常规带子线、圈圈线、羽毛线、包芯带子线，以及由绞纱印染而成的印节纱、段染纱、扎染纱等。

第二节　普通捻线机

花式线主要用普通捻线机或花式捻线机进行加工。普通捻线机除用来捻合本色股线外，还可以加工并色花线。

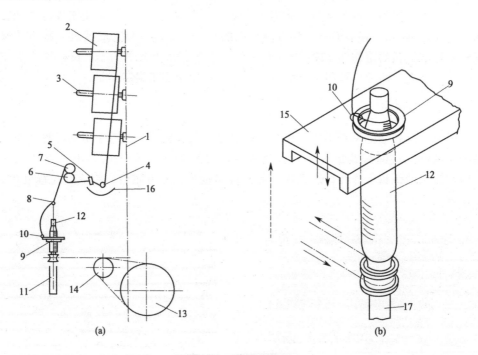

图 2-23　普通捻线机

1—纱架；2—筒子；3—筒管锭子；4—玻璃导杆；5—横动导杆；6—下罗拉；7—上罗拉；8—导纱钩；
9—钢领；10—钢丝圈；11、17—锭子；12—线管；13—滚筒；14—导轮；15—钢领板；16—水槽

图 2-23 所示为普通捻线机的工艺流程图。并纱筒子 2 引出的纱线，先绕过水槽 16 中的玻璃导杆 4，然后穿过横动导杆 5，绕下罗拉 6 和上罗拉 7，再经导纱钩 8 进入卷绕和加捻区。

普通捻线机的卷绕和加捻区同细纱机一样，由锭子 11、钢领 9 和钢丝圈 10 等组成。锭

子的转速为 8000～10000r/min。两根并列的单纱自导纱钩引入加捻区后，穿过钢丝圈卷绕在线管上，锭子旋转一转，在两根单纱上加上一个捻回。钢丝圈以钢领为轨道引导纱线卷绕在线管上。钢丝圈的重量和对纱线的摩擦阻力给纱线以卷绕张力。钢领固装在钢领板 15 上。钢领板由成形机构传动作升降动作和卷绕层级的升层动作，使已加捻的合股线一层层地卷绕在线管上。

股线捻度的大小取决于罗拉转速和锭子转速的配置。当罗拉输出纱线速度一定时，锭子速度愈快，对纱线加的捻回数愈多；当锭子速度一定时，罗拉输出纱线速度愈快，对纱线的加捻数愈少，但产量增加。

捻线机锭子的旋转方向可以有不同选择。通常合股线的加捻方向与原单纱加捻方向相反。而普通单纱多数为 Z 捻纱，故一般合股线的捻向是 S 捻。

捻线工艺分为湿捻和干捻两种。湿捻时，水槽注水。纱线通过水槽后，回潮率得到提高，有利于稳定纱线的捻度，并贴伏一部分毛羽，改善织物质量。但目前大多采用干捻法，即捻线机不设水槽。用干捻法纺出的合股线，在络筒前需经一定时间的自然定捻。纱线在浆纱工序需经浸水或上轻浆。经烘干后，股线回潮率得到提高，毛羽减少，可以获得与湿捻法相同的效果。

一般普通捻线机只对纱线进行加捻，而捻合前的单纱并合由并纱机完成。另有一种捻线机除对纱线进行加捻外，同时具有并纱作用，这种捻线机称并捻联合机。

第三节　花式线的纺制

一、花式线原料的选择

质量优良的花式线必须选择良好的原料，再配上合理的工艺才能生产出来。花式线的原料一般由芯纱、饰纱和固纱三者组成。而如何使三者以一定的比例组合，并达到强力适中，外形美观，花型均匀稳定，这与原料的选择有着重要的关系。现将各种原料的选择分述如下。

（一）芯纱原料

芯纱，也称基纱，是构成花式线的主干，被包在花式线的中间，是饰纱的依附件，它与固纱一起形成花式线的强力。在捻制和织造过程中，芯纱承受着较大的张力，因此一般应选择强力较好的材料。芯纱可以用一根，也可用两根。如使用单根芯纱，一般采用较粗的 29tex（34.5 公支，20 英支）、28tex（35.7 公支，21 英支）涤/棉单纱或中长纱，也可用 18tex（55.6 公支，32 英支）、21tex（47.6 公支，28 英支）涤/棉单纱或中长纱。用单纱作芯纱时，头道捻向必须与芯纱的捻向相同，否则在并制花式线时，由于芯纱退捻而造成芯纱断头，影响生产。但与芯纱同向加捻时，由于芯纱捻度增高而使成品手感粗硬，因此也可用两根单纱作芯纱，如 14tex×2（71 公支/2）或 13tex×2（77 公支/2）双根作芯纱时，头道捻向可与单纱捻向相反。

在粗特的棉、毛和化学短纤维的芯纱上，由于芯纱粗、毛羽多，使饰纱在芯纱上的保形性好。如果采用表面光滑的 12tex（110 旦）锦纶或 17tex（150 旦）涤纶长丝作芯纱，由于长丝表面光滑，饰纱在芯纱上的保形性差，因此可采用加弹丝或双根并合，可收到较好的效果。

（二）饰纱原料

饰纱，也称效应纱或花纱，它以各种花式形态包缠在芯纱外面而构成起装饰作用的各种花型，是构成花式线外形的主要成分，一般占花式线重量的 50% 以上。各类花式线均以饰纱在芯纱上表面的装饰形态而命名，例如圈圈花式线即饰纱以圈圈的形态包缠在芯纱的表面。花式线的色彩、花型、手感、弹性、舒适感等性能特征，也主要由饰纱决定。包缠饰纱的方法一般有两种，一种是利用加工好的纱、线或长丝，在花式捻线机上与芯纱并捻，生产花式效应，形成纱线型花式线；另一种是用条子或粗纱在带有牵伸机构的花式捻线机上或经过改造的细纱机上，再与芯纱并捻产生花式效应，形成纤维型的花式线。也有些花式线在捻制过程中，芯纱和饰纱是相互交替的，即在这一区间内为芯纱，在另一区间内却又成为饰纱，例如双色结子线、交替类花式线等。

纱线型花式线对饰纱的要求是条干均匀而捻度小，手感柔软而富有弹性。如要生产大圈圈时最好用马海毛纱为饰纱原料，因为它表面光洁而富有弹性；生产波形线时特别要求饰纱柔软；如用精纺毛纱作饰纱时，一定要经过蒸纱，使捻度稳定，否则在纺制花式线过程中由于毛纱的回弹力使饰纱扭结成小辫子，影响质量；如使用普通的腈纶纱或纯棉纱，则需把新纺好的纱在纱库中放存一段时间，使它有一个自然回潮定型的机会，使捻度稳定。饰纱一般用单纱，很少用股线，但为了增加圈圈的密度可用多根单纱喂入，也可用两根不同染色性能的单纱同时喂入作饰纱。如用一根 21tex（47.6 公支）的毛纱和一根同样特数的腈纶纱双根喂入生产圈圈线，用这种花式线制成织物后先用酸性颜料染羊毛，再用阳离子颜料染腈纶，可使织物表面产生双色圈圈的效果。生产小圈圈线时一般均用短纤纱而不用中长纱，如用精纺毛纱作小圈圈线的饰纱，羊毛要细，品质支数一般应在 70 支以上；如用长丝作饰纱，单纤维线密度最好选用 0.3tex（3 旦）以下，否则因纤维粗硬而不能形成小圈。生产拉毛纱时，为了得到柔软的手感，一般采用带牵伸机构的花式捻线机，用牵伸后的纤维直接作饰纱。作大圈圈线时，要求纤维弹性好，有一定刚度；作小圈圈线时则要求纤维柔软。如作 357tex（2.8 公支）大圈圈线时，可采用 48/50 羊毛混合条纺 111tex（9 公支）精纺毛纱，每米捻度不超过 190 捻；而纺小圈圈线时，则要求羊毛的品质支数在 70 支以上，否则得不到理想的效果，甚至纺不出圈圈来。所以，正确地选择饰纱是纺好花式线成败的关键。

（三）固纱原料

固纱，也称缠绕纱或包纱、压线等，它包缠在饰纱外面，主要用来固定饰纱的花型，以防止花型的变形或移位，固纱一般采用强力较好的高支涤纶、锦纶、腈纶纱或长丝作原料，虽然固纱包在饰纱外面，但由于它紧固在花式线的轴芯上，所以一般情况下，外界摩擦表面仅与花式线制品的饰纱相接触，与芯纱和固纱基本不接触，但受到张力时主要是芯纱和固纱构成花式线的强力。因此，固纱一般要求选择细而强力高的锦纶或涤纶长丝为原料，当然也可按照产品的要求选用毛纱或绢丝为原料。为了增加花式线的彩色效应，也可用段染纱作为固纱，在这种情况下固纱也可选用较粗支的原料。

二、双罗拉花式捻线机及其应用

（一）双罗拉花式捻线机

1. 工艺流程

双罗拉花式捻线机目前多数由普通捻线机改装而成。其工艺流程如图 2-24 所示。芯纱 3

从筒子上引出后，经过一对前罗拉 4、导纱杆 5，进入梳栉 6 的对应导槽内。装饰用纱 7、8 从筒子上引出后经一对后罗拉 9、导纱杆 10 与 11 被引入梳栉 6 的导槽。芯纱与饰纱并合后经过导纱钩 12、钢丝圈 13，最后绕到纱管 14 上。由成形凸轮通过连杆机构控制梳栉 6 及导纱杆 11 的升降。当梳栉以正常速上升时，饰纱与芯纱捻合并包卷在芯纱上，当梳栉慢速下降时，饰纱的导纱杆随之下降，放出适量长度的饰纱，使之紧密地绕在原来由芯纱和饰纱捻合而成的线上形成结子。前罗拉 4、后罗拉 9 的回转速度可以调节，以满足不同送纱量的要求。一般后罗拉速度远远大于前罗拉速度。

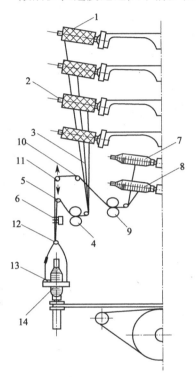

图 2-24　双罗拉花式捻线机流程

1—筒子；2—筒管锭子；3—芯纱；4—前罗拉；
5、10、11—导纱杆；6—梳栉；7、8—装饰纱；
9—后罗拉；12—导纱钩；13—钢丝圈；14—纱管

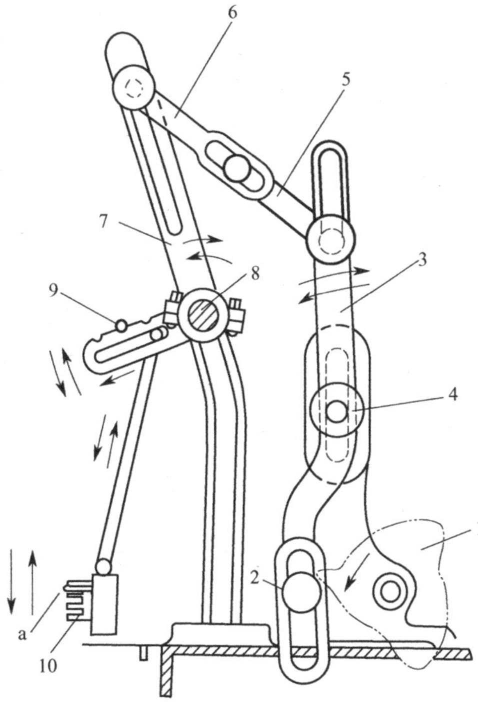

图 2-25　导纱杆和梳栉的传动

1—成形凸轮；2—轮子；3—杠杆；4—支点轴；
5、6—连杆；7—双臂杆；8—摆动轴；
9—导纱杆；10—梳栉；a—导钉

2. 饰纱的导纱机构

饰纱的导纱运动来自导纱杆和梳栉的升降运动，如图 2-25 所示。成形凸轮 1 经转子 2 推动杠杆 3 以支点轴 4 为中心摆动，经连杆 5 与 6，使双臂杆 7 以摆动轴 8 为中心摆动。由于导纱杆 9 和梳栉 10 都装在双臂杆的摆动臂上，因而导纱杆和梳栉产生上下升降运动。调节连杆 5、6 与杠杆 3、双臂杆 7 的连接位置，或调节导纱杆 9、梳栉 10 在摆动臂上的连接位置，可以确定导纱杆 9 和梳栉 10 的升降动程。

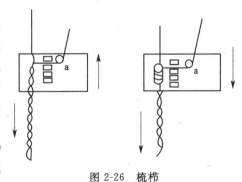

图 2-26　梳栉

梳栉形似梳子，右侧有一导钉 a，如图 2-26 所示。饰纱引入梳栉时，先绕导钉 a，然后穿过梳齿，喂入导纱钩和加捻区。

（二）用双罗拉捻线机纺制结子线

结子线是花式线中的大类品种。备有升降梳栉的双罗拉花式捻线机可制成多种结子线。纺制结子线的头道工序是先制成具有结子的半成品花线。

纺制结子线的第二道工序是在头道工序纺成的结子线上，外加一根加固线。制作方法是，在双罗拉捻线机上，以半成品结子线为芯线，以加固线为"饰线"，同时改装捻线机的梳栉使之不作升降动作，加固线便稀疏地包卷在结子线的周围。

结子线按结子的间距可分为等节距结子线和不等节距结子线。不等节距结子线较等节距结子线在布面上不易形成规律性分布，花型较活泼。图2-27所示为等节距和不等节距结子线示意图。结子线结子间距离的大小取决于成形凸轮的设计。

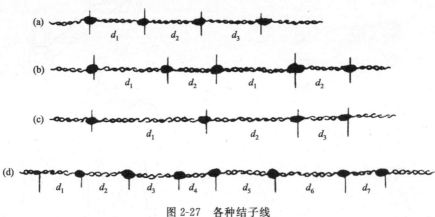

图 2-27　各种结子线

（a）等节距结子线 $d_1 = d_2 = d_3$　　（b）二结子不等节距结子线 $d_1 > d_2$
（c）三结子不等节距结子线 $d_1 > d_2 > d_3$　　（d）七结子不等节距结子线

（三）用双罗拉捻线机纺制环圈线

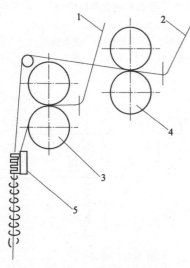

图 2-28　环圈线的成形
1—饰线；2—芯线；3—前罗拉；
4—后罗拉；5—梳栉

用双罗拉捻线机纺制环圈线时，梳栉导纱装置不升降，只起喂入饰线或喂入加固线作用。

如图2-28所示，将饰线1喂入快速旋转的前罗拉3，芯线2喂入慢速旋转的后罗拉4，速比约2～2.5∶1。环圈线的形成如下。

（1）先在双罗拉捻线机上，制成饰线包卷在芯线周围的环线。前后罗拉的速差愈大，包卷饰线愈多。

（2）将已纺制成的环线，在普通捻线机上反方向退捻。捻度减少后，饰线在芯线周围形成松弛纱圈。

（3）再将已制成的带有松弛纱圈的环线为芯线，在双罗拉捻线机上加一根加固线。加固线的绕纱圈数较稀，加捻方向与第一次加捻方向相同。

经上述三道工序后，环圈线即告形成。显然，所形成的纱圈大小可以调节。饰线输送愈快，制成的纱圈也愈大；当饰线速度稍慢时，形成纱圈较小，透孔不明显，即成毛巾线。制造毛巾线时，可把第三道工序与第二道工序合并进行，即将环线退捻时，同时加一根加固线。

三、三罗拉断丝线捻线机

断丝线捻线机的作用有以下两个方面。

（1）将作为饰线的黏纤纱或低捻毛纱拉断。

（2）把刚拉断的黏纤纱或毛纱夹持在两根正在并合加捻的股线中。

断丝线捻线机构由三对罗拉组成，如图 2-29 所示。图中（a）为三对罗拉的侧视图，（b）为三对罗拉的俯视图。强捻芯线 4 和 5 分别由中罗拉（沟槽罗拉）7 的沟槽中通过，两沟槽的间隔距离为 6～8mm。作为饰线的低捻毛纱或黏纤纱则由中罗拉中间控制输出。三根纱在前罗拉 3 相遇。中罗拉的传动为间歇性传动。当中罗拉停转时，前罗拉并不停转，前罗拉将低捻毛纱或黏纤纱拉断，但断丝又迅速被近旁的两根正在前进的强捻纱所夹持，并一起输送至加捻区加捻成断丝线 8。加固线 2 则由转速较快的后罗拉 1 经导纱棒输送至加捻区，卷绕在刚形成的断丝线上。

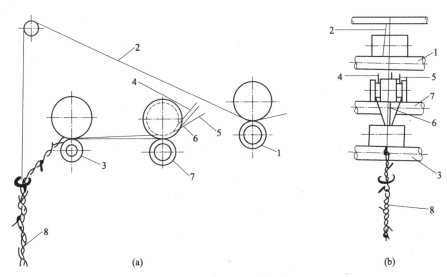

图 2-29 断丝线捻线机构

1—后罗拉；2—加固线；3—前罗拉；4、5—强捻芯线；6—低捻毛纱或黏纤纱；7—中罗拉；8—断丝线

中罗拉的间歇传动机构如图 2-30 所示。前罗拉齿轮 1 经齿轮 2 传动成形凸轮齿轮 3，成形凸轮 4 获得转动。经转子 5、双臂杆 6、调节连杆 7 和 8 使杠杆 9 产生摆动，导纱杆 15、16 获得运动。杠杆 9 的下端推动棘爪杆 10，棘爪间歇地撑动棘轮 12 回转，再经齿轮 13、中罗拉齿轮 14，使中罗拉获得间歇转动。

中罗拉的转动与静止时间的比例，由成形凸轮的外形确定。间歇回转时的送纱长度可调整调节连杆 7 和 8 在两个双臂杠杆长槽中的位置。

制造断丝线除用三罗拉捻线机外，还可用双罗拉捻线机结合浸泡工艺制成，顺序如下。

（1）先在双罗拉捻线机上，以黏纤纱为芯线，棉纱或涤/棉纱为饰线，制成棉纱包卷在黏纤纱外面的环线。

（2）将上述制成的半成品在水中浸泡约 20h，用特制脱水机去水后在具有牵伸装置的拉伸机上拉伸，经浸泡的黏纤纱因强度降低而断裂，但仍被夹持在棉纱上。

（3）再在双罗拉捻线机上，以夹持断丝的棉纱为芯线，包卷一根加固线，即成断丝线。

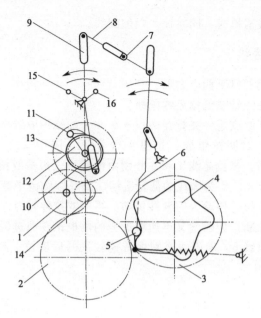

图 2-30　中罗拉的间歇传动
1—前罗拉齿轮；2、3、13—齿轮；4—成形凸轮；5—转子；
6—双臂杆；7、8—调节连杆；9—杠杆；10—棘爪杆；11—棘爪；
12—棘轮；14—中罗拉齿轮；15、16—导纱杆

　　具有牵伸装置的捻线机，则可把上述第二、第三道工序合并进行。

四、双色花式捻线机

　　双色花式捻线机由一对输送罗拉和一副摆动杆组成，如图 2-31 所示。两根颜色不同的单纱Ⅰ和Ⅱ均由罗拉 1 和压辊 2 以相同速度输出。纱Ⅰ经摆动杆 3 的 A 端输送至叶子板 4，纱Ⅱ经摆动杆 3 的 B 端输至叶子板 4，两根纱在叶子板处汇合后进入加捻区，并卷绕在线管上。

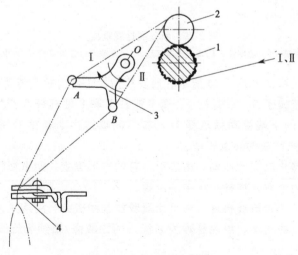

图 2-31　双色花式捻线机
1—罗拉；2—压辊；3—摆动杆；4—叶子板

　　当摆动杆静止不动时，两根纱合并加捻成一般花式线，与普通捻线机相似。当摆动杆 3

以 O 为中心向上摆动时，纱 I 增大张力，纱 II 减小张力；形成 I 紧 II 松。进入加捻区后，松纱卷绕在紧纱上，纱线的外层由纱 II 包围，呈纱 II 色；当摆动杆向下摆动时，纱 II 增大张力，纱 I 减小张力，形成 II 紧 I 松。加捻后，纱线的外层由纱 I 包围，呈纱 I 色。当摆动杆不停地摆动时，两种颜色交替地在纱线上出现，成双色花式线。

若改变传动摆动杆成形凸轮的外形；使向上摆或向下摆占有不同时间，两种色纱所间隔的距离就不等。当摆动角增大时，纱线外观呈双色结子线。

五、空心锭花式捻线机

空心锭花式捻线机是 20 世纪 70 年代末 80 年代初才发展起来的花式捻线机新机种。近年来，空心锭花式捻线机在国外发展很快，其中很多已使用微型计算机控制喂纱速度。

空心锭花式捻线机将传统的四道加工工序合并为一道，锭速最高可达 30000r/min，出纱速度可达 150m/min，而且翻改品种简便，只需按动旋钮，即可改变花型；由于空心锭花式捻线机具有效率高、速度高、流程短、卷装大、花型多、变化快等特点，因此已经引起了国际纺织界的普遍重视，今后将在较大程度上取代传统的环锭花式捻线机，其结果将大大降低花式线的成本，促使花式纱线能够应用到纺织产品的更多领域中去，前景可观。

空心锭花式捻线是利用回转的空心锭子以及附装于其上的加捻器（加捻钩），将经牵伸后的饰纱纤维束以一定的花式包绕在芯纱上的一种纺纱方法。其工艺流程如图 2-32 所示。

饰纱 3 经牵伸装置从前罗拉 4 输出后，与芯纱罗拉 2 送出的芯纱 1 以一定的超喂比在前罗拉出口处相遇而并合，一起穿过空心锭 5，空心锭回转所产生的假捻将饰纱缠于芯纱之外，初步形成花型，叫作一次加捻。固纱 7 来自套于空心锭外的固纱管 6 上。固纱与由芯纱、饰纱组成的假捻花线平行穿过空心锭，并且均在加捻钩 8 上绕过一圈。这样，在加捻钩以前，固纱与饰纱、芯纱是平行运动的，仅在

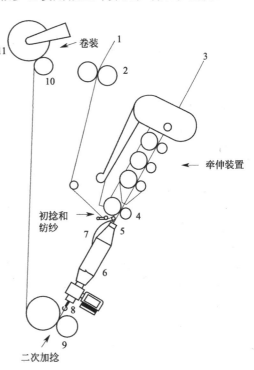

图 2-32　空心锭花式捻线机成纱工艺流程
1—芯纱；2—芯纱罗拉；3—饰纱；4—前罗拉；
5—空心锭；6—固纱管；7—固纱；8—加捻钩；
9—输出罗拉；10—卷绕滚筒；11—花式线筒

加捻钩以后，经过加捻钩的加捻作用，即所谓的二次加捻，才与芯纱、饰纱捻合在一起由输出罗拉 9 输出，最后被卷绕滚筒 10 带动卷绕成花式线筒 11。由于一次加捻与二次加捻的捻向相反，所以芯纱和超喂饰纱在加捻钩以前获得的假捻和花型，在通过加捻钩后完全退掉，形成另一种花型，再由在加捻钩获得真捻的固纱所包缠固定，从而形成最终花型。所以花式线的最后花式效应，是饰纱的超喂量、固纱的包缠数及芯纱的张力大小等因素的综合效应。芯纱张力是影响锭子上下气圈大小的决定性因素，也直接影响着饰纱在其上的分布。空心锭纺纱法将传统纺制花式线所需的四道工序——纺纱、初捻、二次加捻、络筒等合并为一道，从而大大提高了生产效率。

第四节　倍捻机

倍捻机是倍捻捻线机的简称。倍捻机的锭子转一转可在纱线上施加两个捻回。加捻后的纱线可直接络成股线筒子。与环锭捻线机（普通捻线机）相比，可省去一道股线络筒工序。由于倍捻机不用普通捻线机的钢领和钢丝圈，锭速可以提高，加之具有倍捻作用，因而产量较普通捻线机高。如倍捻机的锭速为 15000r/min 时，相当于普通捻线机的 30000r/min。倍捻机制成的股线筒子容纱量较普通线管要大得多，故合成的股线结头少。倍捻机还可给纱线施加强捻，最高捻度可达 3000 捻/m。

一、倍捻机的加捻原理

图 2-33 所示为倍捻机加捻原理图。筒子（并纱筒子）纱从静止不动的筒子 1 引出，自筒子顶端进入空心管 2，这区段的两根纱尚未加捻，如线段 ab 所示。纱线进入空心管后，先随锭子和贮纱盘 3 的每一回转加上一个捻回，如线段 bc 所示。这区段的加捻作用与环锭捻线机相同。当这段加了捻回的线从下面贮纱盘 3 的横向孔眼中穿过并引向上方时，随锭子和贮纱盘的每一回转又加上一个捻回，纱线在锭子和贮纱盘一转间共获得两个捻回，如线段 cd 所示。

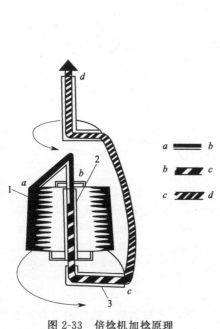

图 2-33　倍捻机加捻原理
1—筒子；2—空心管；3—贮纱盘

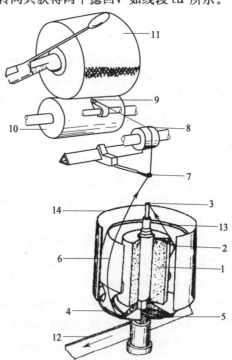

图 2-34　竖锭式倍捻机
1—并纱筒子；2—锭翼；3—空心管；4—贮纱盘；
5—横向穿纱眼；6—气圈；7—导纱钩；8—超喂罗拉；
9—往复导纱器；10—滚筒；11—股线筒子；
12—传动龙带；13—盛纱罐；14—气圈罩

二、倍捻机的种类

倍捻机的种类按锭子安装方式不同分为竖锭式、卧锭式、斜锭式三种；按锭子的排列方式不同分为双面双层和双面单层两种。每台倍捻机的锭子数随形式不同而不同，最多达 224 锭。

图 2-34 所示为一种竖锭式倍捻机。纱线从并纱筒子 1 退解下来，先穿过锭翼 2。锭翼为活套在空心管 3 上的一根钢丝，上有导纱眼，随退绕张力慢速转动。纱线自锭翼导纱眼引出后，进入静止的空心管 3，再穿入高速旋转的中央孔眼，并从贮纱盘 4 的横向穿纱眼 5 中穿出。纱线在贮纱盘的外圆绕行 90°～360°后，进入空间，形成气圈 6。经导纱钩 7、超喂罗拉 8、往复导纱器 9，卷绕到股线筒子 11 上。筒子由滚筒 10 摩擦传动。倍捻机的锭子则由传动龙带 12 集体摩擦传动，纱线在盛纱罐 13 和气圈罩 14 间旋转加捻。

倍捻机在棉纱、化纤混纺纱、毛纱方面的应用日益增多。倍捻机的缺点是，锭子结构比较复杂、接续断头比较麻烦（需用引纱钩）、耗电略大、对易擦伤起毛的纤维（如蚕丝）使用受到限制。

第五节　捻线的工艺、质量与操作管理

一、捻线工艺设计

（一）选用锭子速度（n_s）与罗拉速度（n_1）

股线的捻度与锭速、罗拉速度有关，其关系式为：

$$T = \frac{n_s}{\pi D_1 n_1} \; ; \; \frac{\alpha_t}{\sqrt{Tt}} = \frac{100 n_s}{45 \pi n_1} ; \; n_1 = 0.7073 n_s \frac{\sqrt{Tt}}{\alpha_t}$$

式中　T——股线捻度，捻/10cm；

D_1——罗拉直径，cm；

α_t——捻系数；

Tt——股线线密度，tex。

上式说明罗拉每分钟的转速与股线的捻系数成反比，与锭速及股线线密度的平方根成正比。锭速高、股线线密度大（低支）均可加快罗拉的转速。

表 2-1 为不同线密度的股线使用不同的捻系数时，一般采用的罗拉和锭子转速的参考数据，适用于反向加捻（ZS 或 SZ）的经股线。在纺纬线时，为了减少股线疵点，宜采用较低锭速。如同向加捻（ZZ 或 SS），则锭速应降低。使用湿纺时，因纺线张力较大等关系，锭速应偏低掌握。

表 2-1　罗拉转速与股线线密度、捻系数、锭速的关系

股线线密度/tex		罗拉转速/(r/min)			
		19×2	16×2	14×2	10×2
锭速/(r/min)		8500～11000	8500～11000	9000～12000	9000～11000
股线捻系数	400(4.21)	93～120	85～110	84～112	71～87
	425(4.47)	87～113	80～104	79～106	67～82
	450(4.74)	82～107	76～98	75～100	63～77
	475(5.00)	78～101	72～93	71～95	60～73
	500(5.26)	74～96	68～88	67～90	57～70
	525(5.57)	71～91	65～84	64～86	54～66
	550(5.79)	67～87	62～80	61～82	52～63
	575(6.05)	64～83	59～77	59～78	50～61

注：罗拉直径 45mm

（二）确定股线的股数和捻向

股线股数的多少，必须根据股线的用途而定。一般衣着用的股线，双股线已能满足要求。股数太多，衣服太粗厚，服用性能差。对强力及圆整度要求高的（如缝纫线等）可用三股。一般初捻股线最好不要超过五股，股数过多，会使其中某些单纱形成芯线，使各根单纱受力不匀而降低了并捻效果。对特殊要求的如帘子线等，可再进行复捻而制成缆线。

合股线加捻的捻向对股线性质的影响很大，初捻反向加捻，可使纤维的变形差异小，能得到较好的强力、光泽与手感，捻回亦较稳定，捻缩小。所以绝大多数初捻股线多为反向加捻。

初捻同向加捻时，股线坚实，光泽与捻回的稳定性均较差，伸长大。股线外紧内松，具有回挺性高及渗透性差的特点。因此，可用于编织花边、结网及一些装饰性的织物。同向加捻股线的强力增加很快，所以捻系数较小，锭速可以低一些，故对要求不高的股线，可采用同向加捻方法。

一般单纱为 Z 捻，所以初捻股线大多采用 ZS 这种捻向的配置方法。至于缆线捻向的配置基本上有 ZZS 和 ZSZ 两种。根据实践，在复捻捻度较少时，用 ZZS 的捻向配置方式，纤维强力利用系数和断裂长度较好；捻度较大时，ZSZ 的配置方式要好些。但 ZSZ 不论在初捻或复捻时，都比 ZZS 的捻度大，因而机器生产率较低。

（三）选择捻系数

股线捻系数大小与股线的性质关系密切。合适的捻系数，必须根据股线的不同用途而选用。股线捻系数 α_t 必须与单纱捻系数 α_0 综合考虑。

在考虑股线强力的同时，还要兼顾股线的光泽、手感、耐磨、渗透等性能，所以通常并不选用股线的最高强力。如生产双股经股线时，α_t/α_0 可在 1.2～1.4 之间选用。

如要求股线的光泽与手感好，则股线捻系数的配合应使股线表面纤维与轴向平行度好。这样不仅有较好的光泽，而且耐磨性也较好。股线结构外松内紧，手感柔软，对液剂渗透性好。为了考虑股线的强力，经验上取 $\alpha_t/\alpha_0＝0.7～0.9$。

对不同用途的股线，还应考虑它的工艺要求，如股线用作纬线，虽然也要求手感好，但为了保证织物纬向强度，α_t/α_0 可选用在 1.0～1.2 之间。

（四）决定干捻或湿捻

如股线要求光洁、强力好、弹性好，并需经过烧毛。为减少烧毛量，可以采用湿捻。但湿捻如果管理不当，会产生水污、泛黄或发霉等问题。干捻时锭速可以提高，产量增加，纺纱张力偏小，但断头率与湿捻相比，差异不大。

（五）选用钢丝圈重量

在捻线工艺中，需根据股线在钢丝圈与线管之间的卷绕张力、锭速、钢领直径、筒管直径等因素选用钢丝圈的重量。适当的钢丝圈重量可保证线管具有一定的卷绕密度与容量。钢丝圈过重，会增多动力消耗与断头率。反之，气圈与隔纱板过多地碰击摩擦而使气圈不稳定，股线容易发毛。同时，卷绕密度太小，容量减少，在后道工序退绕时，会造成脱圈和换管次数增多。

影响钢丝圈重量的因素相当复杂，但股线强力大小，锭子速度高低以及钢领直径尺寸，

是决定钢丝圈重量 G_t 的主要因素。G_t 可用下列近似公式计算。

$$G_t = K \frac{Q}{R n_s^2}$$

式中　K——常数（对非加油钢领并使用钢丝圈时，$K=0.27\sim0.30$；对加油钢领并使用钢丝圈时，$K=1$）；

　　　R——钢领半径，mm；

　　　Q——股线强力，g；

　　　n_s——锭子每分钟转速（以 1000 计），r/min。

上式说明，股线强力高，钢丝圈可以加重；钢领直径大，锭速高，应使用较轻的钢丝圈。钢丝圈重量除与股线强力、钢领直径、锭速的平方有关外，它还与钢领板升降全程、筒管直径等因素有关。

二、捻线操作管理

（一）操作要点

（1）按规定的巡回路线巡回，在巡回过程中做好清整洁、防疵捉疵、换筒、接头等工作。

（2）检查上一工序筒子的质量，发现错号或纱疵时追踪检查。

（3）注意预备筒子的储存量与堆放高度以及先来先用的原则。

（4）打符合规定的结，并要力求节约回丝。

（5）没有得到通知，不能自作主张调换钢丝圈的重量。

（6）做清洁工作要注意方法，避免重打重拍。清除回丝切忌用扎钩猛击机件表面。

（7）巡回过程中应随时消除空锭和摇头锭子，自己不能解决时，要立即通知有关方面检修。

（8）拿筒、拿管、接头时手要保持清洁。

（9）发现股线飘头、多股、缺股时，应除去不合格的股线。

（10）如发现钢领板运动抖动或停顿，线管卷绕直径异常，或机器发生异响时，应马上停车，并告知有关人员检查和维修。

（二）巡回操作

巡回有单面巡回、双面巡回之分。捻线工始终沿着自己区域内每台机器的一面进行接头、换筒和做清洁工作，叫单面巡回，如图 2-35 所示。如挡车工一方面在机台间巡回做清洁工作，同时又照顾左右两面的接头、换筒工作，叫双面巡回，如图 2-36 所示。一般只有在捻制高特（低支）纱线和车弄宽度超过 800mm 时，才采用单面巡回。在巡回时，必须注意下列各点。

（1）要照顾上下左右，察看筒子架、锭子、钢领板等的工作是否正常，发现问题应及时纠正或通知有关人员。

（2）在巡回过程中，一般不应打乱自己的巡回路线，除有特殊情况，不要后退。

（3）在出车弄时，应向后看一下，如发现有碰钢领等坏纱时，必须进行处理。如车子上断头太多时，应该设法缩短后一车弄的巡回时间，以减少回丝。

（4）发现锭带断裂，应马上取出；如锭带缠绕在滚筒上，应关车取出，避免发生火灾。

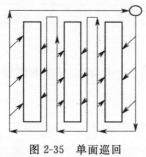

图 2-35 单面巡回

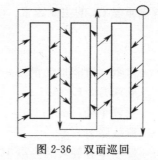

图 2-36 双面巡回

(5) 在小纱及大纱时，可多做接头工作；中纱时，可多做清洁工作。各项清洁工作，应合理安排在各个巡回中。

(6) 巡回时，如发现某一根锭子的断头重复次数特别多，应作好记号，通知修理。

(7) 看到什么地方缺少预备筒子时，应主动在巡回过程中运输筒子，以防因筒子用完而造成空锭，减少产量。

(8) 必须均匀地进行巡回，使每一巡回需要的时间基本一致。

因此，每次巡回，在每台车上处理断头以一两次为限。如同时有几处断头时，可先将其他几处拔出，先处理最后的一两只，这样，就不会纠缠在一个车弄内出不来而影响全局。

并纱筒子在捻线机上的合理分段，使筒子用完的时间前后交错，消除工作中的忽紧忽松现象，主动掌握巡回。分段的方法以一排多段为好。其特点是将一排筒子分为若干段，每段筒子重量相同，用完的时间也相差不多。如分段太少，换筒的时间还是比较集中。图 2-37 为每排分 10 段的示意图。相邻两段筒子的重量相差 1/10，每段有六只筒子。很明显，首先用完的是重量为 1/10 的筒子，而后是 1/5、3/10…，换筒工作较均匀地分配在整个作业时间内，劳逸均衡。

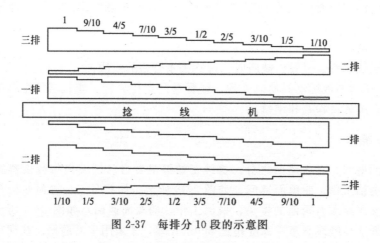

图 2-37 每排分 10 段的示意图

还有一种宝塔分段法，即每排所分段数，等于该排的筒子数。每排筒子按重量顺次由重到轻（或由轻到重）。要保证宝塔分段法有效地执行，并纱筒子等长是其必要条件。但由于目前并纱筒子还不能做到等长，故实行宝塔分段法不能过细。

三、捻线疵点及其形成原因

1. 松捻线

股线捻度少于所需的捻度，强力降低，结构松散。产生原因如下。

（1）锭子缺油，锭胆损坏，或锭子与锭胆配合过紧。

（2）筒管内有飞花，锭子与筒管间产生滑动或筒管跳动。

（3）锭带过分伸长，锭带张力重锤过轻，或锭带张力盘缺油。

（4）钢领生锈（特别是湿捻）或钢丝圈回转不正常。

（5）锭盘肩胛或锭盘销子磨灭以及生头不良等。

2. 紧捻线

股线捻度大于所需的捻度，结构过分紧密，不仅影响光泽与手感，而且吸液不匀，染色时会造成色花。产生原因如下。

（1）横动导纱动程不正，股纱滑出小压辊或滑入压辊沟槽中。

（2）并纱筒子直径过大，相邻筒子在筒子架上相碰，或筒子插锭生锈、弯曲，筒子回转不灵活。

（3）罗拉表面起槽，股纱由槽中通过，罗拉直径相对减小，单位时间内，罗拉送出股纱长度减少，或工字架安装不正，小压辊回转不灵活。

（4）导纱瓷牙起槽，或股纱滑出瓷牙，以及接头动作太慢，或车未停妥，即将小压辊搁起等。

3. 多股线

股线中的股数多于规定根数。织物表面形成粗经或粗纬。产生原因如下。

（1）隔纱板选用不当，而气圈又过分凸出时，形成碰气圈而相互缠绕。

（2）断头瞬间，纱头飘入相邻气圈内。

（3）并纱筒子中原来就多股以及并纱筒子插锭安装位置不当，当股纱在筒子架上断头时，纱头并入相邻的筒子等。

4. 腰鼓线管

线管呈腰鼓形，影响卷装容量。产生原因如下。

（1）羊脚套筒内有飞花，钢领板运动有顿挫。

（2）成形凸轮或小转子表面磨灭。

（3）传动成形凸轮的有关齿轮啮合松动。

（4）凸轮销子因脱开或松动而回转不正确。

（5）锯齿轮缺齿，或撑动锯齿轮的掣子受阻以及钢领板下降时，受到其他物件的阻碍等。

5. 冒头线管

线管顶部股线冒出，影响后道工序退绕。产生原因如下。

（1）落线时钢领板位置过高。

（2）个别钢领起浮。

（3）个别筒管与锭子配合过松，筒管位置较低。

（4）钢领板平衡重锤调整不良或碰地面以及落线超过规定时间等。

6. 冒脚线管

情况与冒头线管相反，同样影响后道工序退绕。产生原因如下。

（1）落线后钢领板始绕位置过低。

（2）个别筒管与锭子配合过紧，或筒管内积有飞花或回丝，筒管位置较高以及跳筒管等。

7. 油污线

股线上沾有油污，影响外观，并增加了漂染过程的困难。产生原因如下。

平、揩车加油时，沾污罗拉表面；油手接线；湿捻钢领加油时，油液沾污铜丝圈；纺线直径过大。

8. 毛线和螺旋线

股线发毛，结构蓬松，毛羽增多，影响光洁度，称为毛线；某一根单纱包绕股线表面，而成麻皮状称为螺旋线。产生原因如下。

（1）纱线通道上的零件破损，造成股线发毛。

（2）单纱张力不匀或单纱"混号"，即单纱线密度不同或线密度相差悬殊的单纱相并，从而形成螺旋线。

四、捻线疵点的注意事项

为了减少捻线疵点，日常工作中必须密切注意以下几点。

（1）捻线间要建立检查并纱筒子品质的制度，追究造成疵品的责任。

（2）拣除跳筒管，锭脚内按期加油。

（3）锭带工不可穿错锭带，定期检查锭带张力。

（4）应有专人定期检查捻度齿轮齿数。

（5）加油工加油不可过量，绝对禁止机器运转时在钢领上加油。

（6）捻线机上接头位置，应在罗拉的水平线上，使靠近接头部分的纱线能得到应有的捻度。

在捻线过程中所产生的废料有有形废料和无形废料两种。由于车间空气湿度不足，纱线中失去的水分（指干捻），以及散失在空气里的灰分和溶解在水里的尘屑（指湿捻）等，都属于无形废料。有形废料是指单纱回丝和股线回丝。单纱回丝可以经过粗纱头机打松，回用到高特纱的配棉成分中去。而股线回丝，只可用作擦锈抹油。有形废料应控制在 0.5%～1.5%之间。

必须说明一点，经湿捻后的股线，其重量是会增加的，所增加的重量如超过纱重的 5% 时，为了防止股线霉坏，应有湿捻干燥措施。如无湿捻干燥设备，则应调节纱线在水槽中的吸水量。

第三章

整 经

整经工序是根据工艺设计要求，把一定数量的筒子纱，按规定的长度、排列顺序、幅宽等平行均匀地卷绕在经轴或织轴上，提供给浆纱工序或穿经工序使用。

整经工序是织造前准备十分重要的工序，整经质量对浆纱工序能否顺利进行和织物质量的提高具有重要影响。整经必须满足一定的要求，如单纱张力和整片经纱张力都应尽量保持一致；应保持纱线的弹性和强度，尽量减少对纱线的摩擦损伤；经纱在经轴上的排列和卷装密度要均匀，整经轴卷装表面圆整，成形良好；整经根数和长度、色纱排列和顺序以及幅宽都要符合工艺要求；接头质量符合规定标准；效率高，回丝少。

第一节　整经方法和工艺流程

一、整经方式

整经工序因纱线的种类和工艺要求不同而不同，采用的整经方法有以下几种。

（一）分批整经法

分批整经又称轴经整经。分批整经法是将织物所需的总经根数，根据筒子架上筒子的最大数量，分成若干批，分别平行地卷绕在若干个经轴上，每个经轴上的经纱根数应尽可能相等，再把这若干个经轴在浆纱机或并轴机上并合，卷绕成一定长度的织轴，织轴上经纱的总根数即为织物所需的总经根数。卷绕长度按整经工艺设计要求规定。

分批整经法的优点是生产效率高、整经质量好、片纱张力均匀，适宜大批量生产。这种整经方法适用于大批量原色织物或单色织物的整经，少数色纱排花不很复杂的色织物也可应用。分批整经法是棉纺织厂采用的主要方法。

（二）分条整经法

分条整经又称带式整经。这种整经法是将织物全部经纱数根据配列循环和筒子架容量分成根数基本相等、纱线配置和排列相同的若干份，再按照工艺规定的幅宽和长度，一条挨一条依次挨着排列卷绕在一个大滚筒上。全部条带都卷绕到整经大滚筒上后，再全部从大滚筒上退解出来，卷绕到织轴上，这个过程也称为倒轴。这样，分条整经法可以直接获得织轴。

分条整经法的优点是能得到色纱排列顺序。由于分条整经法一次整经的批量不大，在多色纱或不同捻向纱的整经时，花纹排列十分方便，一个条带中包含一个或数个配色循环，回丝也较少。所以它广泛应用于花色品种多变的小批量色织、毛织、丝织等复杂生产中。对于不需要上浆的产品可以直接在整经过程中获得织轴，缩短了工艺时间，因而在丝织厂、毛织厂和色织厂中，分条整经方法应用广泛。

（三）球经整经法

球经整经法是指将一定根数的经纱集束绕成绳状，绳状纱束再以交叉卷绕结构松软地卷成球状，经后道的绳状染色达到均匀染色的效果。纱条经染色烘干后再经分经机把经纱分梳成片状，在拉经机上并卷绕成经轴。几个经轴经并轴机合并成织轴。而绳状纱线染色的效果要优于片纱染色。球经整经适用于牛仔布等高档色织物生产。

（四）分段整经法

分段整经法是将全幅织物的经纱分别卷绕在数只狭幅整经轴上（即分为数小段），然后将数个小经轴的经纱同时退解出来，再卷在织轴上。这种方法用在有对称花纹的多色整经时，只要将相同排花的狭幅经轴正反组合，即可组成较大的对称循环花纹，甚为方便。目前，在针织行业的经编织物生产中采用分段法整经。整经机是狭幅的，将数个狭幅经轴串连起来，达到需要的幅宽，直接上机，供给经编机织造。

二、整经机的工艺流程

（一）分批整经机的工艺流程

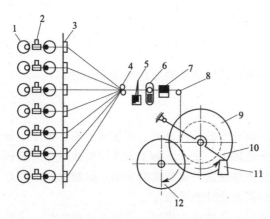

图 3-1 所示为 1452 型整经机的工艺流程。自筒子退解出的经纱 1 经张力装置 2 和导纱瓷板 3 引向整经机。导纱玻璃棒 4 和后筘 5 把经纱引导成一定幅宽的纱片，再穿过电气自停经停片 6 和伸缩筘 7，绕过导纱辊 8 卷绕到经轴 9 上。

图 3-2 所示为 MZD 型高速整经机的工艺流程，自筒子引出的经纱 1，先穿过夹纱器 2 与立柱 3 间的间隙，绕过（90°）断头探测器 4，向前穿过导纱瓷板 5，引向整经机，经导纱棒 6 和 7，穿过伸缩筘 8，绕过测长辊 9，卷绕到经轴 10 上。经轴由变速电动机直接拖动。卷绕直径由小增大时由测长辊测速发电机发出线速度变化的信号，经电气控制装置自动调整电动机的转速，保持经轴卷绕线速

图 3-1 1452 型整经机的工艺流程
1—经纱；2—张力装置；3—导纱瓷板；4—导纱玻璃棒；
5—后筘；6—经停片；7—伸缩筘；8—导纱辊；9—经轴；
10—经轴臂；11—重锤；12—滚筒

恒定。加压辊 11 由液压系统控制，给经轴必要的压力，使经轴卷绕紧实而平整。夹纱器的作用是在经纱断头或其他原因停车时，把全部经纱夹住，维持一定的张力，避免因停车而纱线松弛下来，保持纱线头路的清晰。

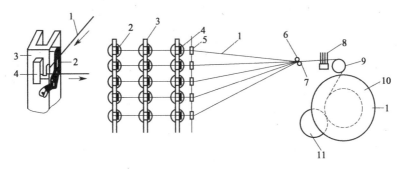

图 3-2　MZD 型高速整经机的工艺流程

1—经纱；2—夹纱器；3—立柱；4—断头探测器；5—导纱瓷板；

6、7—导纱棒；8—伸缩筘；9—测长辊；10—经轴；11—加压辊

（二）分条整经机的工艺流程

如图 3-3 所示，纱线自筒子架 1 上的筒子 2 引出后，经导杆 3、后筘 4、导纱辊 5、光电断头自停片 6、分绞筘 7、定幅筘 8、测长辊 9 和导纱辊 10，以条带的形状逐条卷绕到滚筒 11 上。待卷完规定的条带后，再一起从大滚筒上逆时针方向退绕下来，经导纱辊再卷绕到织轴 12 上。该机的筒子架具有横动功能，在筒子架的下方装有滑轮，滑轮可在地面轨道上滑动，从而带动筒子架左右移动。横移动由导条器、装在筒子架上的钢丝 16、行程开关、电动机 14 及传动齿轮来完成。

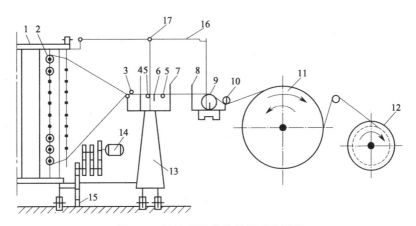

图 3-3　G121 型分条整经机工艺流程

1—筒子架；2—筒子；3—导杆；4—后筘；5—导纱辊；6—光电断头自停片；

7—分绞筘；8—定幅筘；9—测长辊；10—导纱辊；11—滚筒；12—织轴；

13—分绞架；14—电动机；15—固定齿条；16—钢丝；17—圆环

第二节　筒　子　架

筒子架位于整经机的后方，其作用是有顺序地插放整经用的筒子，以便经轴卷绕纱线。整经机是由筒子架和机头两部分组成。整经工序所用的纱线卷装形式一般为络筒工序提供的筒子，整经筒子架的作用就是放置这些整经所用的筒子。整经筒子架通常简称为筒子架，能由筒子架引出的最多整经根数称为筒子架容量。随着整经技术的发展，筒子架已由单一的放

置筒子功能逐渐发展为新型筒子架的纱线张力控制、断纱自停、信号指示、自动换筒打结等多项功能。筒子架一般还有纱线张力控制、断纱自停与信号指示等功能，这些功能对提高整经速度、质量、生产效率有着重要影响。

一、筒子架分类

（一）按筒子纱退绕方式分

筒子架可分为轴向退绕式和切向退绕式两种。轴向退绕的整经筒子为圆锥筒子，经纱轴向退绕时筒子不需回转，这有利于整经速度及整经质量的提高，并可使筒子卷装容量增加，因而得到广泛采用。切向退绕的整经筒子为有边筒子，筒子需绕锭座回转退绕出经纱，由于筒子回转惯性大，退绕启动时纱线突然张紧，张力猛增，而停止时，纱线松弛，张力锐减，这种方式不适于高速整经，整经质量差，筒子容量也受限制。

（二）按更换筒子的方式分

筒子架可分为连续整经式和间断整经式两种。连续整经式筒子架又称为复式筒子架，从复式筒子架上引出的每根纱线是由两只筒子（工作筒子和预备筒子）交替供应的，预备筒子的纱头与正在退绕的工作筒子的纱尾接在一起，在工作筒子上的纱线退绕完毕时，预备筒子自动进入退绕工作状态，成为工作筒子，原来工作筒子的空筒管被取下，装上满筒子，成为新的预备筒子，这种整经方式的换筒工作在整经连续生产过程中进行，更换筒子不需停台。间断整经式筒子架上引出的每根纱线是由一只筒子供给的，筒子上的纱线用完时，必须停车进行换筒，也称为间歇整经方式。

（三）按筒子架的外形分

筒子架可分为 V 形筒子架和矩形筒子架两种。在 V 形筒子架上，纱线离开张力装置后被直接引到整经机伸缩筘，这为换筒和断头处理带来方便，并使得筒子架不同区域引出的纱线对导纱通道的摩擦包围角差异很小，有利于片纱张力均匀。由于纱线所受的导纱摩擦作用较弱，因此特别适合于低张力的高速整经。V 形筒子架上同排张力器的工艺参数可以统一，便于集中管理。它的主要缺点是占地面积较大，虽然长度方向比矩形筒子架缩短 20%，但宽度方面却增加 1 倍以上。矩形筒子架的特点与 V 形筒子架相反。

二、常用典型筒子架

（一）矩形单式筒子架

该筒子架结构如图 3-4 所示。筒子架由金属管制成。圆锥形筒子 1 装在锭子 2 上。锭子安装时其轴心线由水平线向下倾斜 15°角。张力器 3 及导纱瓷板 4 安装在两侧的竖架 5 上。经纱沿筒子轴向退绕，有利于高速。更换筒子时，竖架可外移，以便于操作。这种筒子架的容量为 500~800 只。整经时筒子的退绕直径大致相同，同时筒子架纵向较短，因此整经片纱张力比较均匀。筒子架占地面积小。使用这种筒子架换筒时整经机需要停车，故效率低，回丝多。

（二）矩形复式筒子架

为提高整经效率，矩形复式筒子架采用连续整经方式，每根纱线由两只筒子轮流供应，

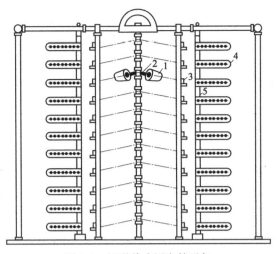

图 3-4　矩形单式固定筒子架

1—筒子；2—锭子；3—张力器；4—导纱瓷板；5—竖架

换筒不停车，减少了整经机的停车时间。

　　如图 3-5 所示，纱线从张力器引出后经多道导纱瓷板的引导，进入整经机伸缩筘。由于筒子架长度大，矩形复式筒子架属连续整经具有换筒不停车特点，整经效率较高。但筒子架不同区域引出纱线之间在引纱长度、导纱工作面摩擦次数、摩擦包围角等方面存在较大差异，从而引起片纱张力不匀。换筒时，由于筒子大小直径差异，易产生张力突增，造成纱线断头。适合于质量要求不高的中、粗特纱线的大批量整经生产。

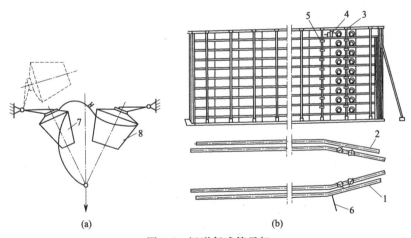

图 3-5　矩形复式筒子架

1、2—左、右插纱架；3—立柱；4—锭座；5—张力装置；

6—导纱瓷板；7—工作筒子；8—预备筒子

三、回转式筒子架

（一）循环链式筒子架

　　循环链式筒子架如图 3-6 所示，为 V 形单式筒子架。这种筒子架的特点是呈锐角安装的筒子架两翼各有一对循环链条，这链条使一排排的筒子托架围绕环形轨道移动，将用完的筒

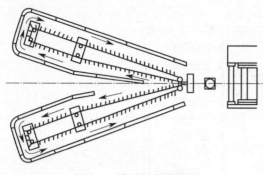

图 3-6　循环链式筒子架

子从筒子架外侧的工作位置，运送到内侧的换筒位置，而将事先装好的满筒送至工作位置。图中为一批已上架的满筒正从换筒位置向工作位置运送。筒子架内侧有较大的空地，可存放运筒小车。采用这种筒子架，15min 之内即可完成换筒工作。但是，这种高效率的换筒机械用于细特纱、筒子容量大、整经断头率高的生产时，由于换筒时间在全部停台时间中仅占很小比例，因此整经效率无明显提高，高效换筒的优点不能充分发挥。循环链式筒子架有利于提高整经的片纱张力均匀程度，并十分适宜于在低张力的高速整经中使用。

（二）回转立柱式筒子架

回转立柱式筒子架如图 3-7 所示，属于复式架，整批换筒。筒子架以三排筒子为一回转单元。停车时启动电动机，通过链条驱动各单元的主立柱回转，使内侧的满筒转过 180°至外侧工作位置，外侧的空筒转到内侧换筒位置。由于换筒时间短，整经效率得到提高。

四、组合车式筒子架

如图 3-8 所示，组合车式筒子架由一组活动小车和框架组成。各种型号的活动小车两侧所容纳的筒子排数和层数不尽相同，一般为每侧 9 排 6 层。小车底下装有轮子，可以自由地推动移动。换筒前，先将装满筒的小车推至筒子架旁待用。启动链条装卸装置，由链条带动工作小车在定向导轨上运动，链条可正反向运动，以调节小车的位置。在工作筒子退绕完之后，立即停车，按下换筒按钮，退出空车，送入备用车，经自动打结器接头后，继续整经运行。

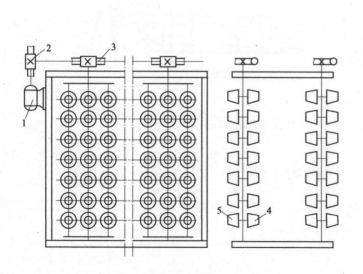

图 3-7　回转立柱式筒子架
1—电动机；2、3—蜗杆蜗轮减速器；4—预备筒子；5—工作筒子

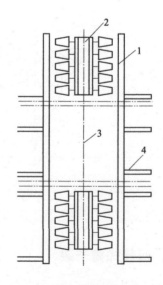

图 3-8　组合车式筒子架
1—插纱架；2—筒子车；3—铁链；4—导纱瓷板

这种筒子架均配备自动打结器，自动化程度高，换筒停台时间较短，提高了整经效率，

筒子架纵向较短，有利于均匀片纱张力。但是，备用的手推小车数量多，设备价格昂贵，并且手推车占地面积大。

五、横动式筒子架

横动式筒子架是一种带有横动机构的矩形单式筒子架，用于分条整经机。筒子架中心线能左右移动，自动地与不断改变位置的定幅筘对正，对于均匀片纱张力，提高筘齿对经纱摩擦的均匀性十分有利。

总之，现代织造工艺对整经质量的要求越来越高，从筒子架到整经机机头或卷绕装置都应力求保证经轴或织轴的质量，不论是哪一种筒子架结构，要求每个筒子座都必须正确对准张力装置的导纱眼处，各筒子纱的间隔必须适当，以保证高速运转的纱线形成对称气圈并且不会相互干扰。同时筒子架可配备吹风机或安装往复移动风机，以防止绒毛聚集。

第三节 整经张力

用固定筒子整经时，纱线从筒子上退解下来，直至卷绕到经轴上，经受了由气圈运动、张力装置、导纱部件、空气阻力等产生的机械作用，使纱线产生了一定的张力，并达到工艺设计规定的要求。

整经张力应适度、均匀。整经张力一般不宜过大，在满足经轴卷绕密度的前提下，应尽量采用小张力。整经张力过大，会引起纱线强力及弹性损失，在后道工序中，特别是织机上经纱断头增加。整经张力过小，经轴绕纱量少，成形不良。片纱张力应力求均匀。片纱张力不匀不仅影响经轴卷绕质量，且在后道工序的生产中不易得到调整而直接暴露在织物的表面，影响织物质量。严重的松纱或紧纱会造成纱线断头，产生跳疵，降低生产效率。

一、整经张力分析

整经张力包括单纱张力和片纱张力两个方面。各根单纱张力组合起来便构成了整经片纱张力。下面以固定锥形筒子退绕时的张力变化进行分析讨论。

（一）纱线退绕张力

纱线从固定锥形筒子上退解下来，在导纱眼和筒子上纱线分离点之间形成了一个气圈。在导纱眼处，纱线的张力取决于纱线对筒子表面的黏附力、在筒子表面摩擦滑移所产生的摩擦阻力、退绕纱圈的运动惯性力、空气阻力和气圈引起的离心力等。

1. 筒子退绕高度的周期性变化对整经张力的影响

纱线自筒子表面沿轴向引出时，在一个绕纱往复期间，退绕高度（气圈高度）产生一次变化。自筒子底部引出时，气圈高度较大，由于纱线未能完全抛离筒子表面，导致纱线与筒子表面摩擦增大，纱线张力增大，自筒子小端引出时，气圈高度较小，纱线与筒子表面的摩擦减轻，退绕张力减小。张力变化情况如图3-9所示，张力峰值1、3、5…为在筒子底部退绕时的张力，波谷2、4、6…为在筒子顶部退绕时的张力。但波峰与波谷的差值只有19.6～29.4mN（2～3克力）。

2. 筒子退绕直径的影响

纱线的退绕张力随着筒子退绕直径的变化而变化。大筒子与小筒子时的张力大于中筒子时的张力，而大筒子时的张力又比小筒子时的张力大。

这是由于大筒子时纱线还不能形成气圈，与筒子表面纱层的摩擦较严重，导致纱线张力较大；小筒子退绕时，纱线虽已形成气圈，但纱线退绕角速度增加导致气圈不稳定，纱线张力也较大。中筒子退绕时，纱线在筒子表面已形成气圈，刮纱摩擦现象显著减小，所以纱线退绕张力较低。整只筒子退绕过程纱线张力的变化如图 3-10 所示。表 3-1 为筒子退绕直径与纱线张力之间的关系测试结果。从测试结果可以看出，筒子退绕直径逐渐减小时，纱线的退绕张力有所增加，但增加值不大，只有 29.4～49.0mN（3～5 克力）。

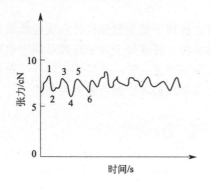

图 3-9　筒子高度对整经张力的影响　　　　图 3-10　筒子退绕直径对整经张力的影响

表 3-1　筒子退绕直径与张力的关系

筒子直径/mm	张力器出口处/mN(克力)	主机与筒子架间/mN(克力)
70	127.4(13)	313.6 (32)
80	127.4 (13)	303.8 (31)
90	127.4 (13)	294 (30)
100	117.6 (12)	294 (30)
110	117.6 (12)	284.2 (29)
120	107.8 (11)	274.4 (28)
130	107.8 (11)	274.4 (28)
140	107.8 (11)	274.4 (28)
150	107.8 (11)	274.4 (28)
160	107.8 (11)	274.4 (28)
170	98 (10)	254.8 (26)
180	98 (10)	254.8 (26)

注：测定纱线线密度为 19.5tex；整经速度为 900m/min；张力器处不附加张力。

3. 整经速度的影响

整经速度高，张力大；速度低，张力小。在整经过程中，整经速度的提高，可提高设备效率，但也会增加整经张力及整经张力的不匀，从而增加整经断头，恶化整经质量，又使整经设备效率降低。表 3-2 的测定资料说明在不同整经速度时的纱线张力。

从测定资料看出，随着整经速度的提高，气圈顶点（张力装置导纱眼）处的纱线张力平均值和筒子架前的纱线张力平均值都在不断增加。当车速由 500m/min 提高到 1000m/min 时，纱线张力增加 1 倍；当车速在 800～1000m/min 时，若不使用张力装置，纱线到达筒子架前时的张力绝对值已达 323mN。这说明高速整经时，构成纱线张力的主要因素是导纱过程中的摩擦阻力。

表 3-2 不同线速时的纱线张力

张力装置 测定部位 线速度/(m/min)	不用张力装置		用张力装置(盘重 7g)	
	张力器出口处 mN(克力)	筒子架前 mN(克力)	张力器出口处 mN(克力)	筒子架前 mN(克力)
500	58.8 (6)	137~196 (14~20)	176~196 (18~20)	254~274 (25~28)
600	78~88 (8~9)	157~167 (16~17)	196~216 (20~22)	294~323 (30~33)
700	88 (9)	196~216 (20~22)	216~235 (22~24)	323~343 (33~35)
800	98~108 (10~11)	245~255 (25~26)	216~294 (22~30)	372~382 (38~39)
900	108 (11)	255 (26)	274~304 (28~31)	461~480 (47~49)
1000	108~118 (11~12)	314~323 (32~33)	265~274 (27~28)	470~480 (48~49)

注：测定纱线线密度为 19.5tex。

4. 导纱距离的影响

整经时的导纱距离 A 是指筒管顶部到张力装置导纱眼间的距离。当导纱距离变化时，纱线退绕平均张力也发生变化，如图 3-11 所示。实践证明，存在着最小张力的导纱距离。大于或小于此导纱距离，都会使纱线平均张力增加，这是因为导纱距离越长则退解气圈的纱线质量越大，退解时气圈离心惯性力也越大。导纱距离小时，则纱线在退解时易与筒子表面的摩擦，导致退绕张力又增加。生产中通常采用的导纱距离为 140~250mm。对于容易扭结的涤/棉纱，为了减少其扭结现象，可以采用短导纱距离，如 130mm，以减少停车时出现的扭结，降低整经断头率。

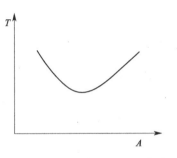

图 3-11 导纱距离与张力的关系

（二）筒子的分布位置对整经张力的影响

筒子在筒子架上的分布位置与整经张力有很着大的关系。直接影响到整经片纱张力均匀性。

采用 19tex 棉纱，筒子大端直径为 120mm，张力圈重量为 2.5g，测得筒子架上不同位置的筒子上纱线的平均张力见表 3-3。从表中可以看出，筒子架中层的纱线张力最小，下层和上层的纱线张力较大，下层张力大于上层；前、中、后排的纱线张力分布规律是由前向后逐渐增加。这是由于筒子架上不同位置的筒子引出的纱线长度不同，所经过的导纱瓷板的道数不同；纱线对主机后方导纱辊的包围角不同；纱线对前方导纱眼的包角不同及对后筘筘齿的包围角不同等因素造成的。

表 3-3 筒子架不同位置筒子上纱线的张力 单位：mN（克力）

排 层	前	中	后
上	108.0(11.0)	112.7(11.5)	117.6(12.0)
中	93.1(9.5)	99.96(10.2)	108.0(11.0)
下	112.7(11.5)	117.6(12.0)	129.36(13.2)

（三）张力装置产生的纱线张力

在中、低速整经时，纱线的退绕张力及摩擦阻力还不能满足整经轴卷绕密度的要求，所以还需要设置张力装置。适当的整经张力是保证整经质量和纱线品质的前提和基础，因此整经张力是整经工艺设计中的一个重要指标。整经张力的大小可用张力装置的加压重量间接表示。纱线经过张力装置后，其张力可用下面的经验公式计算。

$$T = AT_0 + BW$$

式中　T_0——纱线未进入张力装置时的张力，cN；

　A、B——实验系数；

　W——张力垫圈加压重量，g。

高速整经时，纱线张力急剧增加，即使不设张力装置，纱线张力也能满足经轴卷绕密度要求，在这种情况下，设置张力装置的主要目的是为了调节整经片纱张力的均匀程度。

（四）空气阻力和导纱部件引起的纱线张力

纱线在空气中沿轴线方向运动时，受到空气阻力作用，产生张力增量。空气阻力（张力增量）计算公式如下。

$$F = C\rho v^2 DL$$

式中　C——空气系数；

　ρ——空气密度

　v——纱线速度，m/min；

　D——纱线直径，mm；

　L——纱线长度，mm。

由此可见，空气阻力所形成的张力增量与纱线引出距离（即纱线长度 L）及整经速度的平方成正比。

纱线从张力装置引出，经过筒子架和整经机各导纱部件，然后卷绕到经轴上。纱线以一定的包围角绕过这些导纱部件的表面时，产生的摩擦阻力使纱线张力增量。

当包围角很小，可以忽略不计。此时纱线仅以自身重量压在导纱工作面上，产生摩擦阻力。摩擦阻力引起的纱线增量为：

$$\Delta T = fqL$$

式中　f——纱线对工作表面的摩擦系数；

　q——单位长度的纱线重量，g；

　L——纱线长度，mm。

当包围角很大时，由欧拉公式可知，包围摩擦引起的纱线张力增量为：

$$\Delta T = T_0 [e^{f_1\theta_1 + f_2\theta_2 + \cdots + f_n\theta_n} - 1]$$

它与纱线离开张力装置导纱眼时的初始张力 T_0 有关，并且受纱线通道上多次导纱包围角（θ_1、θ_2、$\theta_3\cdots$）及摩擦系数（f_1、f_2、$f_3\cdots$）影响。

由上述分析可知，纱线张力增量取决于纱线引出距离（纱线长度）、纱线悬索程度及整经速度的影响。这再次证明了在高速整经时，构成纱线张力的主要因素是纱路摩擦力。

二、均匀整经片纱张力的措施

根据前述影响纱线整经张力的各种因素，采取以下措施，能使片纱张力趋于均匀。

（一）采用间歇整经和整批换筒方式及筒子定长

由于筒子退绕直径明显影响纱线的退绕张力，所以在高、中速整经和粗特纱线加工时应尽量采用间歇式整经方式，整批换筒，即筒子架上筒子的纱线退绕完毕时，一次性更换全部筒子，使筒子架上的筒子退绕直径保持一致，使片纱张力均匀一致。采用筒子定长，可以保证所换筒子具有相同的初始卷装尺寸，并很大地减少筒脚纱的数量。

（二）分段配置张力圈重量

根据筒子在筒子架上前后高低的不同位置，分别配置不同重量的加压垫圈，可以收到均匀片纱张力的效果。分段配置张力圈重量的原则是，前排重于后排，中层重于上、下层，分段越多，张力越趋均匀，但管理不方便。具体分段方式视筒子架长度和产品类别等情况而定。通常的分段方法有下面三种。

（1）前后分段：此法只对前后排分段，不对上下层分段。

（2）前后上下分段：此法不仅前后排分段，对上下层也分段，可分成六个区或九个区。

生产中，通常采用的是分三段配置张力圈重量的方法。在新型高速整经机上，一般对筒子架前后分段设定张力装置工艺参数。每段的参数可以集中调节和控制。表3-4为1452型整经机筒子架上不同线密度棉纱前后分段的张力圈重量配置表。纱线线密度越大，重量也越大。

表 3-4　张力圈分四段配置

线密度（英支）	张力圈重量/g			
	前排	前中排	后中排	后排
13～16(44～36)	5.0	4.6	3.8	3.3
18～20(32～28)	5.5	4.6	4.2	3.8
24～30(24～20)	6.4	5.5	5.0	4.4
32～60(18～10)	8.4	6.4	6.0	4.6
14×2(42/2)	6.4	5.5	4.8	4.4

（3）弧形分段：如图 3-12 所示为弧形分段法。图中纵坐标为筒子架上的经纱层次，横坐标为筒子架前后排次。张力圈重量 A 区＞B 区＞C 区＞D 区。这种分段方法可进一步降低全幅片纱的张力差异。

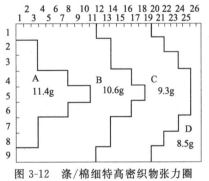

图 3-12　涤/棉细特高密织物张力圈弧形配置

（三）采用合理的伸缩筘穿入法

纱线穿入后筘的不同部位会形成不同的摩擦包围角，引起不同的纱线张力。纱线合理穿入后筘，既要达到均匀片纱张力的目的，又要适当兼顾操作方便。目前使用较多的有分排穿法（又称花穿）和分层穿法（又称顺穿），如图 3-13 所示。

分排穿法，是把筒子架上前排的筒子纱由上而下穿入后筘的中央位置，往外依次逐筘穿入。由于前排中央筘齿纱线，折角较大，产生的摩擦阻力较大；而后排外的经纱，折角小，产生的摩擦阻力较小。故这种穿法可以调节因位置不同而引起的张力差异，均匀片纱张力。这种穿纱法在白织和色织生产中广泛应用。

分层穿法是把上层（或下层）经纱穿入后筘中央的筘齿，从上往下或从下往上依次往外

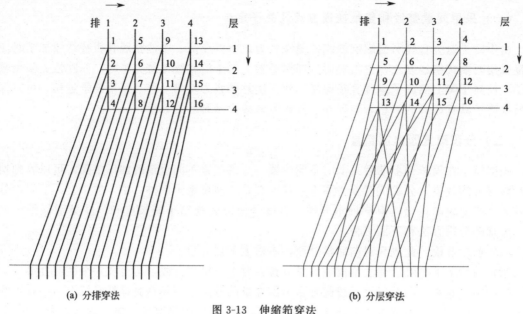

(a) 分排穿法　　　　　　　　　　　　　　(b) 分层穿法

图 3-13　伸缩筘穿法

穿，而下层（或上层）的经纱穿入后筘的最外侧。张力大的上层或下层经纱穿入折角较大的中央筘齿，加大了张力差异，影响经轴的平整度。

（四）适当抬高筒子架上导纱孔的位置

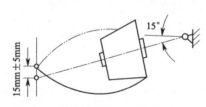

图 3-14　筒子锭座与导纱孔相对位置

　　通常筒子处于平置的工作状态，由于纱线自重作用使纱线退绕至筒子表面下部时较容易抛离筒子表面，而退绕至筒子表面上部时较难抛离筒子表面，从而使纱线在下部时的摩擦纱段较短，纱线退绕张力较小；而退绕至上部时，摩擦纱段较长，退绕张力增加。为了减少这种张力差异，在筒子架的安装保养工作中，规定筒子锭座的中心线向下倾斜 15°角，并将张力装置的导纱眼自筒管中心线处向上移动 15mm±5mm，如图 3-14 所示。

（五）加强生产管理，保持良好的机械状态

　　整经机各轴辊安装应平直、水平、平行。整经轴要定期保养，盘片应垂直轴芯，以减少经轴跳动引起的张力波动。筒子锭座安装要符合标准，并定期校正。保证张力装置的工艺参数符合工艺规定。伸缩筘筘齿应排列均匀。

　　应加强半成品质量控制，减少整经过程中的纱线停车断头次数，避免频繁的开启、制动所引起的纱线张力波动。在半成品管理中要做到筒子先到先用，这样可以减少筒子因不同的回潮率所造成的张力差异。

三、张力装置

　　前已分析，纱线从固定筒子退绕时所产生的退绕张力并不大，为了使整经轴获得良好成形和足够的卷绕密度，整经筒子架上设有张力装置，给纱线以附加张力。但在现代高速整经机上，当整经速度达到 800～1000mm/min 时，纱线已能产生必要的卷绕张力，故这类整经

机上可以不设张力装置。设置张力装置的另一目的是调节片纱张力，即根据筒子在筒子架上的不同位置，分别给以不同的附加张力，达到全片经纱张力相对均匀的目的。

张力装置的型式多数为张力盘式，也有张力棒式和列柱式。

（一）单张力盘式张力装置

如图 3-15 所示为 1452 型整经机上使用的单张力盘式张力装置。纱线从筒子上退解下来并穿过导纱瓷眼后，绕过瓷柱 1。纱线退绕时，张力盘 2 紧压着纱线，绒毡 3 和张力圈 4 放在张力盘 2 上，在纱线直径变化使张力盘上下振动时，绒毡起缓冲吸振作用。张力圈的重量可根据纱线线密度、整经速度、筒子在筒子架上的位置等因素选定。

该张力装置综合运用了累加法和倍积法的原理，附加张力取决于张力圈重量和纱线对瓷柱的包角。该装置结构简单，但由于倍积法的因素，扩大了经纱的张力波动幅度，遇到纱疵及结头时，张力盘会跳动，不适于高速整经。

（二）无瓷柱积极回转双张力盘式张力装置

双张力盘式张力装置如图 3-16 所示，它是一种设计比较合理的张力装置，第一组张力盘起减震作用，第二组张力盘控制纱线张力。经纱 1 通过导纱眼 2 之后进入第一组张力盘，由棉结杂质引起的振动由吸振垫圈 4 缓冲吸收，并给纱线一定的附加张力。第二组张力盘之间的压力由加压元件 9 和加压弹簧 10 产生。调节定位件 11 的上下位置，便可改变弹簧对上张力盘的压力，调节经纱张力。

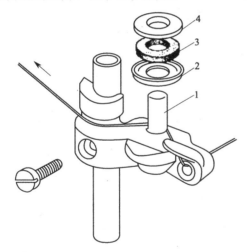

图 3-15 单张力盘式张力装置
1—瓷柱；2—张力盘；3—绒毡；4—张力圈

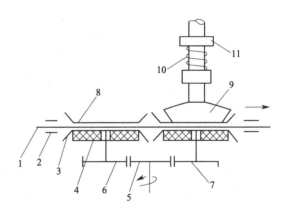

图 3-16 无瓷柱积极回转双张力盘式张力装置
1—经纱；2—导纱眼；3—底盘；4—吸振垫圈；
5、6、7—驱动齿轮；8—上张力盘；9—加压元件；
10—加压弹簧；11—定位件

装置中没有瓷柱，消除了倍积法的作用，不扩大经纱张力的波动幅度。底盘在驱动齿轮5、6、7 的作用下积极回转，不易产生污垢，有利于均匀经纱张力，适应高速整经的需要。圆盘表面磨损均匀，不会损伤纱线。

（三）列柱式张力装置

图 3-17 所示为列柱式张力装置，该装置多用于高速整经机上。它由两根导棒组成，利

用倍积法原理给纱线施加附加张力。经纱1从筒子上引出后，绕过两根导纱棒2及纱线断头自停装置，引向机前。可以通过改变经纱对导纱棒的包围角调节经纱张力。

该装置不能逐根调节经纱张力，而是根据筒子架上的位置分区段统一调节。转动手轮3可以改变经纱对导纱棒的包角，刻度盘4可以反映出包角的大小。该装置张力调节方便，纱疵棉结也不会产生张力波动现象。由于采用了倍积法原理，会增加张力波动的幅度。

（四）电磁张力装置

有些新型整经机上配置了电磁张力装置，如图3-18所示，它利用可调电磁阻尼力对纱线施加张力。纱线包绕在一个转轮上，转轮由轴承支撑，其机械摩擦阻尼力矩很小。转轮内设有电磁线圈，产生电磁阻尼力矩施加给转轮，通过改变线圈电流参数，即可调节纱线张力的大小。

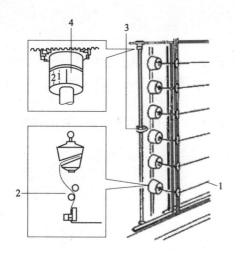

图3-17　列柱式张力装置

1—经纱；2—导纱棒；3—手轮；4—刻度盘

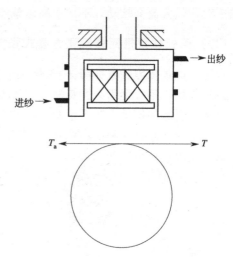

图3-18　电磁张力装置

第四节　分批整经机

分批整经机的任务在于将筒子架上引出的经纱平行地或微量交叉地卷绕成经轴，供后道工序上浆或并轴用。主要机构有传动、启动和制动机构；断纱自停装置；测长和满轴自停机构；整经加压和上落轴机构；清洁风扇等。目前新型分批整经机的整经速度已达1000m/min以上，其实用生产速度也在450～800m/min。通常把整经速度在500m/min以上的整经机称为高速整经机，国产的1452A型整经机属于中速整经机。

一、传动系统

图3-19为1452A型整经机的传动系统示意图。该机属于摩擦传动方式，主电动机1通过皮带轮D_1、D_2，带动摩擦盘2回转，再通过胶木齿轮Z_1、Z_2，使滚筒3转动。

二、启动系统

图3-20所示为1452A型整经机的启动机构示意图。启动时，踏下踏脚板13使连杆7转

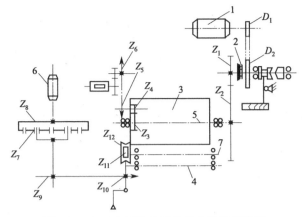

图 3-19　1452A 型整经机的传动系统示意图

1—主电动机；2—摩擦盘；3—滚筒；4—整经轴；5—滚筒轴；6—上落轴电动机；7—装卸轴

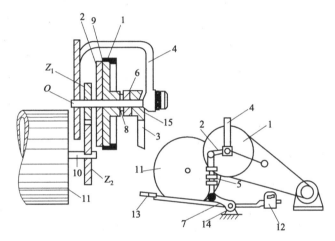

图 3-20　1452A 型整经机的启动机构示意图

1—皮带盘；2—摩擦盘；3—脚踏连杆；4—轴承架；5—颈圈螺母；

6—螺杆；7—连杆；8—平面止推轴承；9—绒垫；10—滚筒轴；11—滚筒；

12—重锤；13—踏脚板；14—司动轴；15—活动斜面套筒

过一个角度，其凸起部分与机框脚上的凸面相挤压。机框脚固定在机架上不能移动，故活动皮带轮向左移动，紧压于皮带盘 1 的摩擦盘 2 上，传动皮带盘 1 转动，再通过齿轮 Z_1、齿轮 Z_2 驱动滚筒回转，靠摩擦带动经轴转动。

超张力剪纱装置在单纱张力超过预定的许用值时，自动地切断纱线，以提高整经质量。

停车时，在重锤 12 的作用下，踏脚板迅速上抬，控制杆反向转过一个角度，控制杆与机框脚凸面脱离，解除传动力矩。与此同时，制动机构工作，使滚筒停止转动。

该机构结构简单，启动时逐渐增速，可避免张力突出及纱线断头，但在启动、制动时，经轴与滚筒间易出现打滑现象，经轴会有跳动，从而引起纱线张力的波动和测长不准确。

三、制动系统

制动机构的作用是在经纱断头时，使机器迅速停车，防止纱头卷入经轴，使挡车工能及时处理断头与故障。

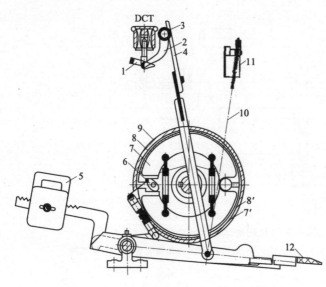

图 3-21 1452A 型整经机内胀环式制动机构

1—拉钩；2—开关臂；3—小轴擎子；4—推杆；5—重锤；
6—制动转子；7、7′—上下胀环；8、8′—上下摩擦片；
9—制动盘；10—链；11—限位开关；12—开车踏杆

图 3-21 为 1452A 型整经机采用的内胀环式制动机构，在没有断头时，电磁铁 DCT 不起作用，拉钩 1 位于下方并钩住开关臂 2，小轴擎子 3 压住推杆 4 的凸出部分，使推杆不能上抬，不产生制动作用。当经纱断头时，电路接通，电磁铁上吸拉钩 1，开关臂解除对推杆的约束，在重锤 5 的作用下，通过正反螺杆使制动转子 6 转动，上胀环 7、下胀环 7′ 向外隆起，通过上摩擦片 8、下摩擦片 8′ 使制动盘 9 受到制动，与制动盘固装在一起的滚筒便迅速停止转动。

在推杆上抬的同时，通过链 10 使限位开关 11 断开，电磁铁断开，拉钩落下，开关臂复位。重新开车时，踏下开车踏杆 12，开关臂 2 又对推杆 4 形成约束，同时制动转子反向转动，在弹簧的作用下，胀环回缩，制动解除，滚筒可以自由回转。该制动装置采用连杆机构，连杆长度不能改变，因此制动力不能调节。

在新型分批整经机上，胀环的运动用液压控制，不但动作灵敏，而且可以根据车速调节制动力；采用液压控制，还可以方便地实现多个转动件的同步制动。如图 3-22 所示，液体油从油箱经调节阀、安全阀进入蓄能器加压。停车时，通过电磁铁打开制动阀，高压油液经制动阀进入有关的制动油缸，使测长棍、压辊和经轴同步迅速制动，制动完成后，关闭制动阀入口，在制动装置弹簧的作用下，各制动油缸中的油液经制动阀出口排到邮箱中。

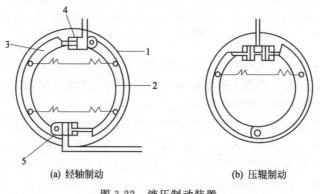

(a) 经轴制动　　　　　　(b) 压辊制动

图 3-22　液压制动装置

1—制动盘；2、3—刹车片；4、5—油缸

四、断头自停装置

在整经过程中，经纱断头时应立即停车，便于处理断头。断头自停装置应灵敏可靠，使

用维修要方便。常用的有接触式电气断头自停装置、光电式断头自停装置和静电感应式断头自停装置。

(一) 接触式电气断头自停装置

图 3-23 所示为常用的三种接触式电气断头自停装置。在采用图 3-23(a) 所示的经停片式断头自停装置时，在整经机上设有一个低压电路，其一端通过机架与 U 形导电梗 1 相连，另一端通过励磁线圈接在导电梗 2 上。导电梗 1、2 用绝缘体 3 分隔。经纱 4 穿过经停片 5。正常整经时，由于经纱张力作用，经停片被吊起，此时低压电路断开；经纱断头后，经停片落下，接通导电梗 1、2，低压电路驱动电磁铁作用，使机器停转并制动。这种自停装置结构简单，动作灵敏可靠，但因断头感应点与经轴卷绕点距离过短，极易将断经纱头卷入经轴。

图 3-23(b) 所示为自停钩式断头自停装置。经纱穿过自停钩 1 的上端，自停钩下端的弯曲处套在轴 O 上，端部嵌入铜片 2 的方槽中。铜片活套在架座 5 中。低压电路的一端接铜片 2，另端接铜棒 3。机器正常运转时，经纱张力使自停钩抬起，铜片和铜棒分离，低压电路断开。经纱断头后，自停钩下落（见图中虚线），铜片与铜棒接触，导通低压电路，电磁铁作用，使机器停转并制动，指示灯 4 亮，显示出断头位置。不用的自停钩可用分离棒 7 阻挡住。

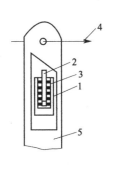

(a) 经停片式

1、2—导电梗；3—绝缘体；
4—经纱；5—经停片

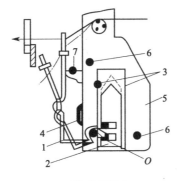

(b) 自停钩式

1—自停钩；2—铜片；3—铜棒；
4—指示灯；5—架座；6—杆；7—分离棒

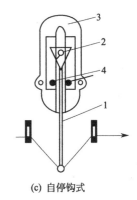

(c) 自停钩式

1—自停钩；2—三角铜片；
3—直槽；4—铜棒

图 3-23　接触式断头自停装置

图 3-23(c) 为另一种自停钩式断头自停装置。经纱穿过自停钩 1 的下端，经纱断头后，自停钩下落，带动三角铜片 2 下落与铜棒 4 接触，导通低压电路而停机，为防止飞花灰尘的聚积，有关装置放于盒内。

(二) 光电式断头自停装置

图 3-24 为光电式电气自停装置示意图。该装置位于整经机的机头上。在机头的一侧设置有光源 1，一般以白炽灯或红外发光二极管作为光源，另一侧为光敏接收器 2，经纱 4 穿过经停片 3 的孔眼。未断头时，经停片未落下，光路畅通，光敏接收器产生一个高电位

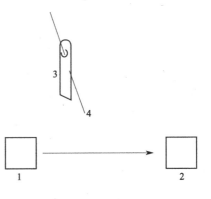

图 3-24　光电式电气自停装置

信号。经纱断头后，经停片下落并遮挡了光线，光敏接收器会产生一个低电位信号，此信号经运算放大器放大获得一定的工作电压，再经反相器和振荡器，由脉冲变压器输出一个正脉冲触发信号，使可控硅导通，通过电磁铁发动停车。图 3-25 所示为光电式断头自停装置的工作框图。

$$\text{光源} \rightarrow \text{光电转换器} \rightarrow \text{放大器} \rightarrow \text{反相器} \rightarrow \text{振荡器} \rightarrow \text{脉冲输入} \rightarrow \text{执行器}$$

图 3-25　光电式断头自停装置工作框图

（三）静电感应式断头自停装置

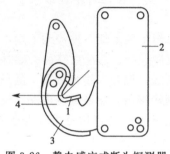

图 3-26　静电感应式断头探测器
1—V 形导纱槽；2—电路盒；
3—银层；4—铜箔

静电感应式断头自停装置是一种新型自停装置。它动作灵敏，在整经速度高达 800m/min 时，可在 0.3s 内制动停车，制动期间卷绕长度约为 4m。该装置安装在每个筒子的引纱口处，其结构如图 3-26 所示。V 形导纱槽 1 镶在银层 3 和铜箔 4 之间，银层和铜箔以 V 形导纱槽为绝缘介质形成一个电容器。正常运行时，纱线以一定张力通过瓷质 V 形导纱槽，摩擦产生的静电使电容器产生感应电荷，形成一个电压波形，称之为"噪声电压"，该电压信号通过电路放大、滤波、再放大后经控制电路，使机器正常运转。当经纱断头或纱线松弛时，"噪声电压"信号消失或减弱，控制电路便发出停车指令。

当车间内湿度过大时，导纱槽上的静电会减弱，导致"噪声电压"减弱或消失，会引起无故关车。

五、测长和满轴自停装置

测长和满轴自停装置的作用是准确地测量经轴的整经长度，在整经长度达到预定值时自动停车，便于挡车工的上落轴操作。测长及满轴自停装置应动作准确可靠，而且调节方便。如果整经长度不准确，多个经轴在上浆工序并合时会产生大量回丝。测长及满轴自停装置可分为机械计数式和电子计数式两种。

（一）机械式测长及满轴自停装置

这种装置是以滚筒表面的转过长度计量整经长度的。在整经过程中采用减记数的方式测长，即当新经轴开始卷绕时，将整经长度设置在测长表上，随着整经的进行，测长表上的数值逐渐减小。表上显示的数字为工艺要求的整经长度和经轴已卷绕长度的差值，当测长表上各数字盘均显示 0 时，即达到了设定的整经长度，这时若继续卷绕，则各数字盘的数字会由 0 变成 9。此时位于万位数字盘左侧的满轴自停盘上的凸钉和铜钩相碰，电路接通，发动关车与制动。

（二）电子式测长装置

图 3-27 为电子式测长装置的信号传感示意图。测长轴 1 由滚筒传动，或由经纱摩擦传动。测长轴每转一转，对应一定的整经长度。在测长轴的一端装有传感器转盘 2，传感器 3 装在传感器转盘上。测长轴每转一转，传感器 3 便产生一个脉冲信号，通过电路处理，记录下脉冲数便可算取整经长度。

图 3-28 为电子测长装置的框图。传感器产生的脉冲信号，经过整形处理送到计数器，经译码器后，在显示器上显示出当前的整经长度。当整经长度达到预先设定值时，驱动电路通过继电器停机，完成满轴自停的动作。该装置还具有千米自停功能，当整经长度为 1000m 的整倍数时，驱动电路通过电磁铁自动关机，以便挡车工放置千米纸条。

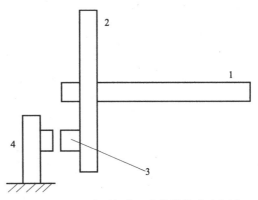

图 3-27 电子式测长装置的信号传感示意图
1—测长轴；2—传感器转盘；3—传感器；4—支架

电子测长装置可直观显示整经长度，长度设定方便，自动化程度高，可启动存储数据。自动计算台时产量、班产及机台累计产量。新型整经机普遍采用多功能电子计数器，可将整经工艺参数、产量、效率、故障次数等自动记录，为计算机自动化管理打下了基础。

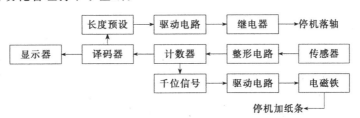

图 3-28 电子测长装置的框图

六、经轴加压装置

通过加压装置使经轴与滚筒之间产生适当的摩擦力，以此驱动经轴回转。常用的经轴加压装置有悬臂式重锤加压装置、水平式重锤加压装置和液压式加压装置。

第五节 新型分批整经机

一、新型分批整经机的特点

新型分批整经机的发展方向是高速、高效、高自动化和大卷装。

（1）高速、阔幅、大卷装。整经速度可达 1000～1200m/min，经轴边盘直径 800～1000mm，幅宽达到 2400mm，最大可达 3000mm。

（2）采用集体换筒。新型整经机一般采用单式筒子架，同时采用整批集体换筒，这有利于片纱张力的均匀和整经速度的提高；结头集中，可减少回丝，大大减少了布面接头，提高了产品质量，而且降低了整经断头率，这既提高了生产效率，又降低了劳动强度。

（3）采用新型张力装置。有的整经机设有超张力切断装置，在纱线张力超过设定值时，能自动切断纱线，使纱线处在离经轴最远处，阻止断头卷入经轴，这有利于整经机的高速运转。

无瓷柱双盘式张力装置已为多数整经机采用。张力器没有瓷柱，纱线呈直线通过两只张力盘，避免了倍积张力造成的张力波动扩大。张力器的下盘由齿轮传动主动回转，避免了飞花聚集。

电子式张力装置是一种较新的张力装置，每根纱线都设一个张力传感器，张力信号经放大处理后，通过微型伺服电动机对张力进行反馈、控制，以保证片纱张力的均匀。

（4）伸缩筘横动动程可调范围为 0～20mm。伸缩筘可以上下前后摆动，避免了纱线对筘齿的定点磨损。该装置可使纱线排列更均匀，经轴卷绕更平整。

（5）筒子架安设夹纱器。在停车瞬间夹住每根纱线，使之保持一定张力，可防止纱线纠缠。

（6）采用光栅编码器与电脑组成的先进计长与测速系统，消除了间接计长的误差。

（7）由先进的电脑系统与接触彩屏和智能终端组成的操作界面，可设定和显示各种工艺参数，增设了生产管理信息和故障检测系统。产量、停台、效率等指标随时可读，可对生产数据进行整理、存储，操作台设有启动、关车、点动、慢车等按钮，有的在筒子架上也设有开、关车按钮，这有利于提高生产效率和产品质量。

（8）采用直接传动经轴的方式。普通整经机采用经轴摩擦传动方式，自动化程度低，经轴易跳动，难以保证滚筒及经轴的动平衡，不适于高速运转。为了克服摩擦传动方式的不足，新型整经机一般均采用直接传动经轴方式，这样要保持恒线速整经，经轴转速的调节是必需的。

二、几种新型整经机简介

1. 施拉夫霍斯特（Schlafhorst）MZD/Z—25 型整经机

（1）机械传动。传动系统如图 3-29 所示。直流电动机 1 的轴通过橡胶联轴器 2 与摩擦离合器 3 连接，通过驱动张力轮 4 和皮带轮 6，驱动经轴 7 回转。偏心可调皮带轮 5 可以调节皮带的张力。经轴上、落与顶紧均由液压系统完成。经轴的位置由行程开关 8 和顶紧机构限位开关 9 来确定，10 为压辊。

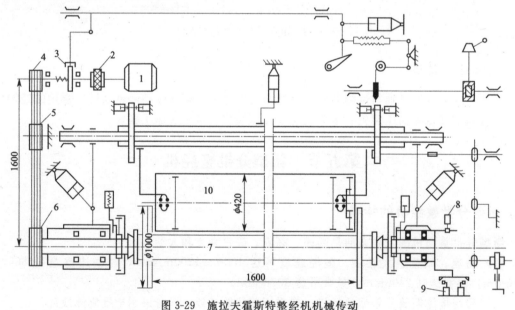

图 3-29　施拉夫霍斯特整经机机械传动

1—直流电动机；2—橡胶联轴器；3—摩擦离合器；4—驱动张力轮；5—偏心可调皮带轮；
6—皮带轮；7—经轴；8—行程开关；9—顶紧机构限位开关；10—压辊

（2）调速系统。该系统采用直流电动机可控硅控制无级调速，调速范围 1150～3000r/min，调速系统框图如图 3-30 所示。通过速度设定表可设置整经速度，相应的信号经放大、积分后输入比较器。同时实际整经速度经测长辊，由测速电动机转换成电信号，经放大后输入比较器，与设定的整经速度信号值进行比较，两者的差值作为速度调节器的输入值，由速度调节器调节直流电动机的电枢电流和电枢电压，从而改变直流电动机的转速，使整经速度与设定值相一致。在启动阶段，由于整经速度和设定速度差值较大，故速度调节器的输入值也较大，输出值也较大，这样可以保证机器以最大转矩加速启动，直至达到设定的转速。

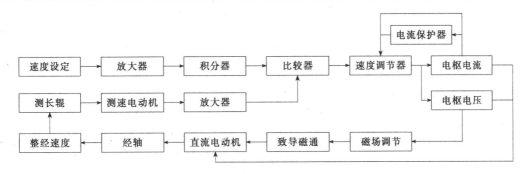

图 3-30　施拉夫霍斯特整经机调速工作框图

该系统还采用了磁场调节电路，以直流电动机的电枢电压为反馈，调节直流电动机激磁绕组的电压和电流，改变致导磁通，最终调节直流电动机的驱动转矩，以适应负载转矩的波动。该系统中以直流电动机电枢电流为反馈量的电流负反馈环，也可根据负载情况调节电动机的驱动转矩。电动机的驱动转矩和电枢电流、致导磁通成正比。重负载时，以电流负反馈调节为主，轻负载时，以磁场调节为主。系统中还设置了电流保护器，当电动机的电枢电流超过设定值时，电流保护器立即切断速度调节器的输出，使电动机停止运转。

2.本宁格（Benninger）ZC/GCF型整经机

（1）传动系统。该机为瑞士制造，在我国引进较多。图3-31为该机的机械传动图。主电动机1为交流电动机，正常转速为2900r/min，通过皮带盘D_1、D_2驱动液压调节泵（又称变量泵）2，将电动机的机械能转化为油液压力能，然后通过压力油驱动油马达4转动，再经皮带轮D_5、D_6带动经轴回转。由调节泵输出的压力油液经油马达的A处输向制动系统，完成经轴、压辊、导纱棍的同步制动。

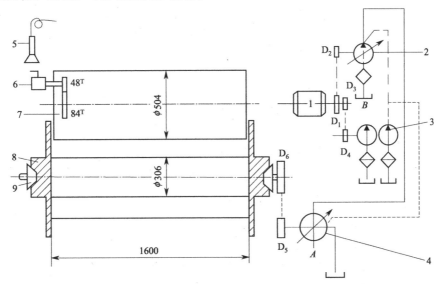

图 3-31　本宁格 ZC/GCF-160 型整经机机械传动

1—主电动机；2—液压调节泵；3—串联泵；4—油马达（变速）；5—接近开关（通至计数器）；
6—磁铁；7—压辊；8—经轴盘片；9—圆锥齿轮；D_1—主皮带盘；D_2—调节泵皮带盘；
D_3—主皮带盘；D_4—串联泵皮带盘；D_5—油马达皮带盘；D_6—经轴皮带盘

为了保证经轴紧密卷绕，且表面平整，由主电动机 1 通过皮带盘 D_3、D_4 驱动串联泵 3，经 B 处为压辊加压装置提供压力油液，该机由油马达完成无级调速。在液压调节泵的泵速、每转流量、油压不变的条件下，液压调节泵输入功率为常数，即具有恒功率的工作特性。经轴卷绕半径的变化改变了压辊的位移量，压辊的位移又改变了电位器的工作状态，然后通过油马达控制电路调节油马达的每转流量，使油马达变速以保持整经速度恒定。

此外，通过速度选择电位器及液压调节泵控制电路，也可以改变液压调节泵的每转流量，进而改变油马达的转速，达到整经速度的改变（图 3-32）。

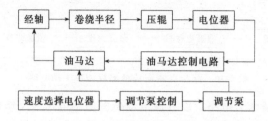

图 3-32 本宁格 ZC/GOF 型整经机恒线速控制装置

（2）经轴的加压装置。ZC 型整经机经轴加压是利用油缸推动压辊紧压在经轴上。在整经机正常运行时，右侧串联泵输出的压力油进入加压油缸 8 的下腔，活塞杆推动加压辊紧压在经轴上。同时，加压油缸 8 上腔的油经阀流回油箱。压辊压力的调节可由整经机中央控制板上的旋钮来进行，可在 $10\sim400$ kPa 间无级调压。但需要注意的是，在整经过程中不允许调节压力，只有在改换品种或特殊需要时，才允许调节。

（3）上落轴装置。图 3-33 为 ZC 型上落轴机构原理图。

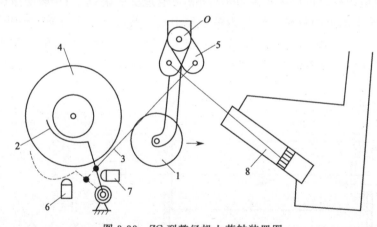

图 3-33 ZC 型整经机上落轴装置图

1—压辊；2—经轴叉；3—连杆；4—经轴；5—双臂杠杆；6、7—限位开关；8—加压油缸

上轴时，要求压辊 1 向后摆动，通过连杆 3 使经轴叉 2 上升，举起经轴 4。其操作程序是，将中央控制板上旋钮转到上升位置，再按下经轴限位开关 6，此时串联泵的压力油通过换向阀进入压辊加压油缸 8 的上腔，油缸活塞向下移动，压辊 1 被推向机后位置。由于经轴叉 2 与压辊摆轴 O 通过双臂杠杆 5 及连杆 3 连接在一起，因而经轴也随之上升至图示位置。

第六节　分条整经机

分条整经机的种类很多，但其机构组成大体相似，包括传动系统、分绞装置、卷绕成形装置、断头自停装置、测长及满绞自停装置、织轴再卷机构和上落轴机构等。

一、传动系统

图 3-34 为 G122 型分条整经机的全机传动示意图。该机动力来自滑差电动机 1，经皮带传动使主轴 O_1 转动。在条带卷绕过程中，主轴通过离合器 2 及皮带传动，带动滚筒 3 转动。在滚筒的右侧轴端，有一个导条器变速箱。变换齿轮 x、y 有五种配合方式，以满足不同品种的整经要求。变速箱的输出运动经螺旋齿轮 4、5 使侧轴 O_2 回转，再经蜗杆 6、蜗轮 7 使丝杆 8 转动，完成导条器的横向运动，在滚筒的右侧，通过两对蜗杆蜗轮及摩擦片 26 使测长及满绞自停装置工作。

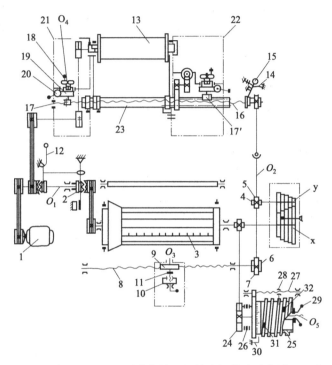

图 3-34　G122 型分条整经机的全机传动示意图

1—滑差电动机；2—离合器；3—滚筒；4、5—螺旋齿轮；6、20—蜗杆；x、y—变速齿轮；
7、9、17、17′、19、24—蜗轮；8—丝杆；10—螺母；11—圆板；12—倒轴手柄；
13—织轴；14—保持钩；15—杠杆；16—倒轴丝杆；18—手轮；21—织轴座；
22—织轴尾座；23—套筒；25—满绞自停盘；26—摩擦片；27—满绞丝杆；
28—自停叉；29—锁紧手柄；30—指针；31—起点凸块；32—终点凸块

在织轴再卷时，经倒轴手柄 12 和离合器 2，断开对滚筒的传动。将电动机传递来的动力经皮带及链传动织轴 13，该机的整经速度由滑差电动机直接调节。

二、分绞装置

采用分绞装置，在条带开始卷绕之前，将筒子架上引出的经纱分成上下两层，在两层之间放入一根绞线。然后上下层交换位置后再放入一根绞线，使经纱排列有条不紊，保证穿经的顺利进行。分绞装置包括分绞筘和分绞筘升降装置。

1. 分绞筘

分绞筘的结构如图 3-35 所示。长眼筘齿 1 和封点筘齿 2 相间排列。条带中的经纱逐根

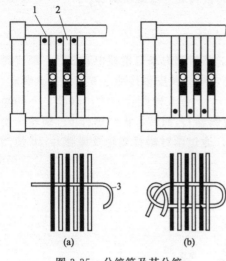

图 3-35　分绞筘及其分绞
1—长眼筘齿；2—封点筘齿；3—分绞线

依次穿入每一筘齿，排列顺序为奇数经纱穿入长眼筘齿、偶数经纱穿入封点筘齿。将分绞筘下降到最低位置时，长眼筘齿中的奇数经纱便位于分绞筘的上端，而封点筘齿中的偶数经纱则位于分绞筘的中部，使经纱分为两层，将分开的纱层引向机前，在定幅筘与滚筒间放入分绞线 3，如图 3-35（a）所示。然后将分绞筘升到最高位置，奇数经纱便位于分绞筘的下端，偶数经纱仍位于分绞筘的中部，这样就完成了经纱的分绞工作，将绞线折回并引入纱层之间，如图 3-35（b）所示，这样经纱的排列顺序便固定下来了。

2. 分绞筘升降装置

图 3-36 为分绞筘升降装置。手柄 1 通过连杆可使分绞筘 2 和分绞棒 3 上下运动。如图 3-36（a）所示，当手柄处于最高位置时，分绞筘也处于最高位置。如图 3-36（b）所示，当手柄处于中间位置时，分绞筘也处于中间位置，此时经纱未分层，在卷绕经纱时，经纱便保持这种状态。如图 3-36（c）所示，当手柄处于最低位置时，分绞筘也处于最低位置。扇形板 4 上有三个半圆形的缺口，在拉簧 7 的作用下，锁杆 6 上的转子 5 卡在某一缺口中，起到使分绞筘定位的作用。

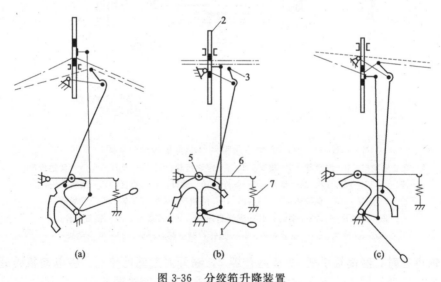

图 3-36　分绞筘升降装置
1—手柄；2—分绞筘；3—分绞棒；4—扇形板；5—转子；6—锁杆；7—拉簧

三、卷绕成形装置

（一）滚筒

滚筒的转速决定着整经速度。滚筒多为木笼形，G122 型分条整经机的滚筒由 16 根木条组成，其中在一根木条上置有一排铁钉，用于生头时挂接条带。滚筒的工作宽度随机型而异，有 1600mm、2500mm、3000mm 等几种。在滚筒的一端装有角状杆，条带截面的倾角应与角状杆的圆锥角相等，角状杆有固定式和可调式两种。

可调式角状杆的圆锥角可由圆锥角调节装置统一进行调节，该装置如图 3-37 所示。在滚筒的一端设有 16 个角状杆 1，摇动手柄 2，通过圆锥齿轮 3、丝杆 4、升降座 5 和升降杆 6，使角状杆绕其支点转动，以此来调节圆锥角 α。另外，在丝杆 4 的下端装有 8 个圆锥齿轮，彼此相互啮合，这样 8 根丝杆会同时转动。相邻丝杆的螺纹旋向相反，每一个升降座支撑着两个升降杆，这样 16 个角状杆的圆锥角可以同步调节，圆锥角的大小可在角状杆侧面的标尺上读出。

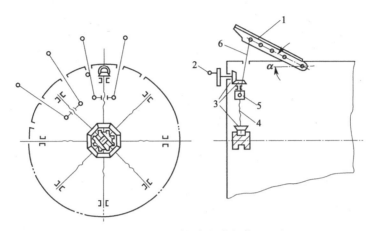

图 3-37　圆锥角调节机构
1—角状杆；2—手柄；3—圆锥齿轮；4—丝杆；5—升降座；6—升降杆

（二）导条器横动调节机构

导条器上装有定幅筘，其作用是用来确定经纱的排列密度和条带的宽度。根据品种的要求，选择适当的筘齿密度（筘号）和每筘齿穿入纱线根数。调节定幅筘与纱线的夹角可以调节条带的宽度和经纱的密度。在筘号和每筘齿穿入纱线根数确定之后，当定幅筘与纱线的夹角为直角时，条带最宽，经密最小。

经纱穿入定幅筘中，整经时随导条器横向移动。导条器横向移动的速度和滚筒的圆锥角是控制条带卷绕成形的两个基本参数，应根据品种要求进行调节。在不同类型的分条整经机上，导条器横动调节机构是不同的。

图 3-38 为 G122 型分条整经机的导条器横动调节机构，这是一个五级调速机构。如图 3-38(a) 所示，滚筒轴 O_1 为变速箱的输入轴，在其端部活套着五个齿轮 x。轴 O_2 为变速箱的输出轴，轴上固定着五个齿轮 y，五对齿轮的不同啮合可以获得五档速比。在拉杆 1 上装着由弓形弹簧控制的活动键 9，活动键随拉杆的进出而移动。工作时将齿轮组 x 中的一个齿轮与 O_1 轴联结，从而在 O_2 轴上获得一种转速。

图 3-38(b) 为拉杆控制机构。滚筒轴 O_1 用销钉 15 和套筒 12 联结，套筒上方开有键槽 17，套筒外活套着五个齿轮 16，齿轮上开有键槽。拉杆上开有弹簧键槽 14，槽内有弓形弹簧和活动键 13，弹簧可使活动键嵌入齿轮的键槽内，使轴 O_1 的运动传递到相应的齿轮上，处于 O_2 轴上的相应齿轮也随之转动起来。

变速箱输出轴 O_2 通过螺旋齿轮 Z_3、Z_4，轴 O_2 及蜗杆 Z_5、蜗轮 Z_6 使导条丝杆 2 回转，通过蜗轮 4 使导条器横动。织轴再卷时，通过螺旋齿轮 Z_7、Z_8 转动织轴横动丝杆，使织轴横动。

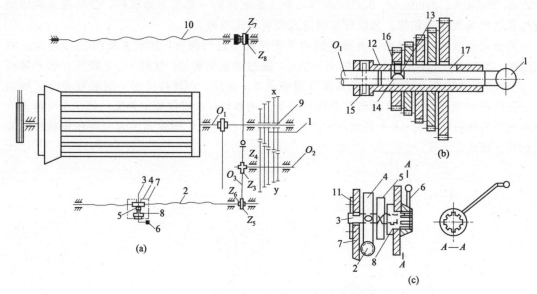

图 3-38　G122 型分条整经机导条器横动调节机构

1—拉杆；2—导条丝杆；3—短轴；4—蜗轮；5—圆台；6—套筒；7—筘座；8—转台；9—活动键；
10—织轴横动丝杆；11—轴承；12—套筒；13—活动键；14—弹簧键槽；15—销钉；16—齿轮；17—键槽

　　为了便于操作，导条器与导条丝杆的连接要能合能分。在卷绕条带时，丝杆驱动导条器，满绞后换卷另一条带时，要使导条器与丝杆脱离，以便导条器回移，对准新条带的卷绕位置。如图 3-38（a）和（c）所示，定幅筘筘座短轴 3 的头端为左旋螺栓。圆台 5 与短轴为一体。蜗轮 4 活套在短轴 3 上。短轴 3 的后端装在定幅筘筘座 7 的滑键轴承 11 内。轴承 11 固装在筘座上。短轴在筘座上可前后窜动，但不能转动。短轴前端套有转台 8（转台 8 的螺母也采用左旋），转台外装有扳手套筒 6，套筒内有多个键槽，用来调整套筒手柄的操作高度。在按顺时针方向扳动手柄时，套筒与转台一起顺时针转动。因短轴不能转动，左旋螺纹的作用力将短轴推向里侧，于是，与短轴一体的圆台 5 将蜗轮 4 挤压在圆台与筘座后壁之间，蜗轮被压紧，使短轴、蜗轮及筘座成为一体。这时丝杆驱动蜗轮，使定幅筘随筘座横向移动。

　　满绞后，逆时针方向转动手柄，短轴外移，蜗轮与筘座脱离，筘座可用人工在横梁上自由移动。采用不同变换齿轮时，导条器（条带）移动的距离列于表 3-5。

表 3-5　导条器移动速度

Z_x/齿	Z_y/齿	h/mm
30	90	0.14
40	80	0.21
54	66	0.34
66	54	0.51
90	30	1.26

　　这种调速机构结构简单，机件不易磨损；但级差较大，需要经常变换滚筒的圆锥角来满足不同品种的卷绕要求。

四、断头自停装置

　　分条整经机断头自停装置的结构、原理与分批整经机相似，这里不再赘述。

五、测长及满绞自停装置

该装置通过测长滚筒转数来计算整经长度，在条带达到规定长度即满绞时，使机器停机。G122型分条整经机采用圆鼓式测长和满绞自停装置。

六、织轴再卷机构和上落轴机构

（一）织轴再卷机构

当所有条带均卷绕到滚筒上时，要将这些条带以适当的张力同时再卷到织轴上，这一过程叫作织轴的再卷，又称为倒轴。如图3-39所示，因滚筒上的纱层截面为平行四边形，在再卷过程中，为了使滚筒上的纱层与织轴盘片内侧时刻平齐对正，就要求织轴或滚筒横向移动，移动方向如图中箭头所示。

（二）上落轴装置

如图3-40所示，移动左右两端织轴座的位置，可起到松轴或夹轴的作用。织轴尾座上装有上落轴用的手柄15，它与蜗杆Z_5固结为一体。蜗杆Z_5，通过蜗轮Z_6、齿轮Z_7传动扇形齿轮Z_8，扇形齿轮与织轴托臂16为一体，并用长滑键与大套管连接。对侧织轴托臂17则固紧在大套管上。当摇动手柄15正转或反转时，织轴便被卸下或抬起。

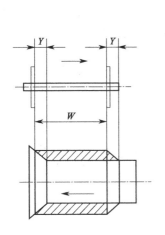

图3-39 织轴和滚筒的位置

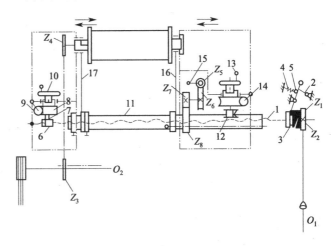

图3-40 织轴的横动和上落轴机构

1—丝杆；2—保持钩；3—离合器；4—弹簧；5—杠杆；6—蜗轮；
7—短轴；8—微调蜗轮；9—蜗杆；10—手轮；11—大套管；12—蜗轮；
13—手轮离合器；14—蜗杆手柄；15—手柄；16、17—织轴托臂

第七节　新型分条整经机

一、新型分条整经机的技术特点

（1）高速、宽幅，通用性强。分条整经机滚筒卷绕速度可达800～900m/min，幅宽可达3.5m。适用于各种纱线加工，如细特纱或粗特纱、天然或化纤长丝。

（2）具有良好的卷绕成形。新型分条整经机上，定幅筘到滚筒卷绕点之间的距离很短，有利于纱线条带被准确引导到滚筒表面，同时也减少了条带的扩散，使条带成形良好。

采用定幅筘自动抬起装置，随滚筒卷绕直径的增加，定幅筘逐渐抬起，自由纱段长度保持不变，于是条带的扩散程度、卷绕情况不变，条带各层纱圈卷绕正确一致。

（3）很多新型分条整经机的滚筒采用整体固定锥角设计，高强钢质材料精良制作，能满足各种纱线卷绕工艺要求。采用 CAD 设计，滚筒及主机移动，倒轴装置和筒子架固定不动，由机械式全齿轮传动，实现无级位移，级差小于 0.01mm，可与计算机位移相媲美，既可靠又易维修。

（4）采用先进的电脑技术，机电一体化设计，对全机执行动作实行程序控制，并对位移、对绞、张力、故障等进行监控，实现精确地计长、计匹、计条、对绞及断头记忆等，并具有满数停车的功能。

（5）滚筒采用电动机直接传动，变频无级调速，实现恒线速卷绕。

（6）采用气液增压技术和钳制式制动器，实现高效制动。

（7）设有先进的上乳化液装置和可靠的防静电系统。毛织生产中，倒轴时对毛纱上乳化液（包括乳化油、乳化蜡或合成浆料），可在纱线表面形成油膜，降低纱线摩擦系数，减少织造断头和织疵。加工化纤纱及高比例的化纤混纺纱时，防静电系统可消除静电，提高产品质量和生产效率。

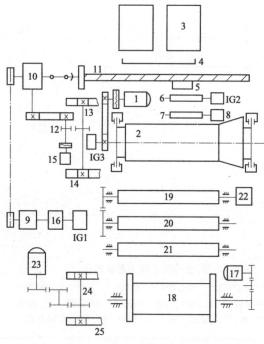

图 3-41 Hacoba USK 型分条整经机传动系统简图

1—主直流电动机；2—滚筒；3—筒子架；4—分绞筘；

5—导条器；6，21—导辊；7—测速辊；8—测速电动机；

9—直流电动机；10—齿轮箱；11—丝杆；12、13—轴；

14—直齿轨道；15、23—电动机；16—滚筒横动测速

电动机；17—直流变速电动机；18—织轴；

19—倒轴测速辊；20—上蜡辊；22—倒轴测速

电动机；24—轴；25—直齿导轨

二、新型分条整经机的传动

为了适应现代纺织生产的要求，提高产品的质量和产量，近年来我国引进了一批新型分条整经机，主要是德国哈科巴（Hacoba）公司、瑞士本宁格（Benninger）公司制造的分条整经机。

这里重点介绍 Hacoba USK 型分条整经机的传动系统，该机的电子控制、机构传动在新型分条整经机中具有一定的代表性。图 3-41 为 Hacoba USK 型分条整经机的传动系统图。

1. 滚筒传动

滚筒采用可控硅整流控制直流电动机来驱动。主直流电动机 1 经离合器和一对皮带轮传动滚筒 2 回转。筒子架 3 上退出的经纱，经过分绞筘 4、导条器 5 上的定幅筘、导辊 6 及测速辊 7，卷绕在滚筒上。

图 3-42 为滚筒自动调速的原理框图，主要采用了桥式可控硅整流调速装置。可以在计算机面板上设定整经速度，速度设定电位器会对应产生一个电信号。整经时，经纱条带拖动测速辊转动，进而带动测速电动机转动，这样将整经的瞬时速度信号转换成电

信号，该信号与速度设定信号在比较器内进行比较，其差值经放大器放大后输入脉冲发生器，产生一个脉冲，以控制桥式整流器的可控硅导通角，由此控制主直流电动机的转速，使整经速度保持恒定。

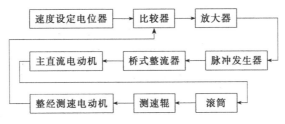

图 3-42　滚筒自动调速的原理框图

2. 滚筒或导条器的横动

在图 3-41 中，滚筒或导条器的横动由直流电动机 9 驱动。直流电动机 9 的转动经链传动输入齿轮箱 10。在需要导条器 5 横动时，齿轮箱的输出运动经万向联轴节传动丝杆 11 转动，使导条器横动。在需要滚筒横动时，齿轮箱的输出运动经皮带传动轴 12，再经齿轮传动轴 13 转动。位于轴 13 两端的两个齿轮和直齿轨道 14 啮合，从而使滚筒与其支架一起横动。使用电动机 15 可使滚筒快速横动。

滚筒的横动速度由两级计算机控制，可根据纱线线密度、每条带经纱根数及在线测量的数据及时调整条带卷绕参数。图 3-43 为滚筒横动的控制框图。一级计算机设有数据输入键盘和显示器，可以人工输入有关整经参数。此外通过三个传感器在线采集的数据也输入一级计算机。滚筒轴左端的传感器 IG3 监测滚筒的转角。与直流电动机 9 同轴安装着滚筒横动测速电动机 16，传感器 IG1 与该测速电动机相联，监测滚筒的横动速度。纱层厚度传感器 IG2 安装在导辊 6 的右端，监测纱层的厚度变化。在首次对新品种整经时，滚筒整经 100 圈用于测试，一级计算机收集计算出一组数据，并结合由三个传感器输入的参数，产生一组控制指令，并将其输入二级计算机的内存，通过二级计算机控制滚筒的横动速度。同时滚筒横动测速电动机 16 又起负反馈作用，以保证直流电动机的正常转速。每个条带均由同一组指令控制，从而保证了良好的卷绕成形。

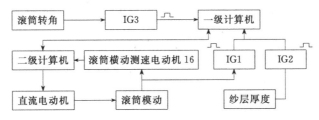

图 3-43　Hacoba USK 型整经机滚筒横动控制图

3. 倒轴机构

如图 3-41 所示，直流变速电动机 17 通过齿轮传动织轴 18 回转，使滚筒上的经纱经过倒轴测速辊 19、上蜡辊 20 和导辊 21 后卷绕到织轴上；由于采用大卷装的织轴，倒轴时所需功率较大。为了保证倒轴时经纱卷绕速度恒定，该机采用了电流和速度双闭环的可控硅桥式直流调速系统，通过安装在倒轴测速辊 19 右端的倒轴测速电动机 22，将整经速度反馈到可控硅控制电路，以调节直流调速电动机的转速，使织轴在卷绕半径不断增加的条件下维持恒定的卷绕线速度。

当需要调节倒轴架之间的宽度，以满足不同宽度织轴要求时，可通过电动机 23 及齿轮传动轴 24，轴 24 两端的齿轮与直齿导轨 25 啮合，这样就使轴 24、织轴架同步移动，调节织轴架之间的宽度。表 3-6 列出了两种新型分条整经机的主要技术特征。

表 3-6 新型分条整经机主要技术特征

机 名　项 目	德国 Hacoba USK 型	瑞士 Benninge SC 型
总功率/kW	—	10
滚筒传动	可控硅控制的直流变速系统＋控制计算机	电子控制的调速系统
滚筒直径/mm	1000	800
圆锥角	14°(固定式)	根据需要可调
圆锥体长度/mm	1000	850
定幅筘	可随导条器左右移动	随导条器左右移动,导条器上带有刻度定位尺,定幅筘有自动提升装置控制其提升运动
整经速度/(m/min)	1~800(无级变速)	1~800(无级调速)
滚筒制动	气压制动	液压制动
经轴直径/mm	1000	1000
上、落轴	液压式	液压式
加压方式	气压式	液压式
上蜡装置	单辊蜡槽,安装在整经与倒轴的过渡梁上	单辊蜡槽,蜡液由泵在机侧供应
静电消除器	—	电离式静电消除器
倒轴速度/(m/mm)	1~300(无级变速)	1~200(无级变速)
分绞筘	采用脚踏开关控制分绞	脚踏开关控制分绞,并有反转装置

第八节　整经卷绕原理

由于整经是将一定数量的经纱同时进行卷绕，因此，经纱的卷绕过程和卷绕形式将直接影响到整经质量。一般来说，整经卷绕的形式采用平行卷绕或微量交叉卷绕。无论是分批整经还是分条整经，都要求经纱卷绕表面圆整，成形良好；整经张力和卷绕密度均匀一致、大小适宜，并尽量保持纱线原有的物理机械性能。

一、分批整经卷绕原理

为保持整经张力恒定不变，经轴必须以恒定的表面线速度回转，所以随经轴卷绕直径的增大，其转速须逐渐减小。因此，整经卷绕过程具有恒张力、恒功率的特点。分批整经卷绕按照经轴传动方式不同分为滚筒摩擦传动卷绕和直接传动卷绕。

(一)经轴卷绕

滚筒摩擦传动的经轴卷绕，如图 3-44 所示。交流电动机 AD 传动滚筒 1，经轴 2 在压力 F 的作用下紧压在滚筒表面，滚筒靠摩擦传动经轴转动。由于滚筒表面线速度恒定，所以经轴也以恒定的线速度卷绕纱线，达到恒张力的目的。

在这种卷绕系统中，压力 F 的大小取决于经轴臂、重锤和经轴自身重量，因卷绕过程中经轴重量不断增加，所以压力 F 也不断增大，导致经轴卷绕密度不均匀。为了保持压力的平衡，操作者常在卷绕过程中逐渐减轻加压重锤的重量，但这样加压，压力仍呈现锯齿状递增，如图 3-45 所示。

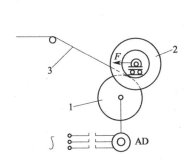

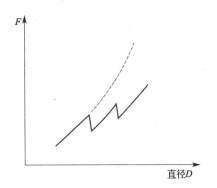

图 3-44 滚筒摩擦传动的经轴卷绕
1—滚筒；2—经轴；3—经纱

图 3-45 经轴压力的变化

在老机改造中，这种加压方式被水平加压机构所代替，如图 3-46 所示，从水平方向给经轴加压，压力大小与经轴卷绕直径无关，压力在卷绕过程中保持大体稳定，经轴跳动也较小，因而经轴质量得到改善。这种传动系统简单可靠，维修方便，但存在纱线磨损严重，断头关车不及时等弊端。

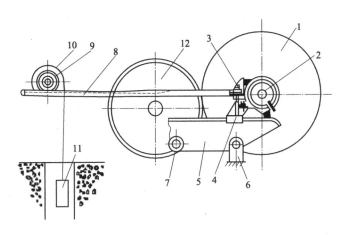

图 3-46 机械式水平加压机构
1—经轴；2—轴头；3—轴承座；4—滑动座；5—水平轨道；
6—落地托脚；7—托脚；8—齿杆；9—齿轮；10—绳轮；
11—重锤；12—滚筒

直接传动的经轴卷绕，常见的形式有两种，一种是调速直流电动机传动，另一种是变量液压电动机传动。经轴的转速随直径的增大而自动降低，以保持恒定的整经速度。目前以液压电动机作为传动装置应用较为普遍，它具有驱动力矩大、调速范围广、重量轻、操作方便等优点。其工作原理如图 3-47 所示。纱线 1 经导纱辊 2，卷入由变量液压电动机 4 直接传动的经轴 3。在电动机 5 的拖动下，变量油泵 6 向变量液压电动机 4 供油，驱动其回转。串联油泵 7 将高压控制油供给变量油泵和变量液压电动机，控制它们的油缸摆角，改变变量液压电动机的转速。

这种直接传动的卷绕方式，由于取消了滚筒，减少了经轴的跳动，消除了刹车制动时对纱线的磨损，因而提高了产品及经轴卷绕的质量。

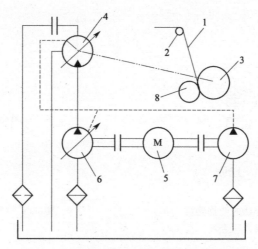

图 3-47　变量液压电动机直接传动的整经轴卷绕

1—纱线；2—导纱辊；3—经轴；4—变量液压电动机；

5—电动机；6—变量油泵；7—串联油泵；8—压辊

（二）卷绕速度

整经速度的不断提高，是整经技术向前发展的标志之一。

目前国产整经机还有相当一部分采用滚筒摩擦传动经轴的传动方式，它具有张力均匀、卷绕平整、经轴质量好的特点。但用滚筒传动经轴的方法在整经机制动时，出现了经轴惯性回转、经轴与滚筒间易出现打滑现象，因而限制了整经速度的提高。

直接传动的经轴卷绕方式，由于取消了大滚筒，减少了经轴的跳动，消除了刹车时对经纱的磨损，提高了产品质量。同时，新型分批整经机多采用液压式、气压式的制动方式，使经轴、压辊、测长辊同时制动，增强了制动力，作用稳定可靠。经纱断头后经轴在 0.16s 左右被完全制动，经纱滑行长度控制在 2.7m 左右。采用电气断头自停装置并安装在筒子上，使断头感应点与纱线卷绕点之间有较大的距离，这样可以避免断头卷进经轴，有利于提高车速，整经机速度可达 1000～1200m/min。

二、分条整经卷绕原理

（一）卷绕原理

分条整经卷绕由变速电动机或恒速交流电动机经变速器传动大滚筒，从而将纱线条带卷绕到大滚筒上。为保证卷绕均匀，卷绕过程中条带位置由导条机构控制。

第一个条带的纱圈由滚筒头端斜度板所构成的圆锥支持，以免纱圈倒塌。在卷绕过程中，条带依靠导条横移机构引导，向圆锥方向均匀横移，纱线以螺旋状卷绕在大滚筒上，条带的截面呈平行四边形，如图 3-48 所示。以后逐条卷绕的条带都以前一条带的圆锥形头端作为依托，全部条带卷完之后，卷装成良好的圆柱形状，纱线的排列整齐有序。滚筒一转间，条带横移的距离为导条速度，由多种因素决定。图 3-49 为条带卷绕图。由图可知：

$$\tan\alpha = (R-r)/H = (R-r)/nh$$

式中　R——滚筒的绕纱半径，cm；

　　　r——滚筒半径，cm；

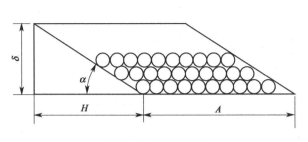

| 图 3-48 条带截面 | 图 3-49 条带卷绕图 |

H——卷绕一个条带过程中定幅筘的动程，cm；

α——滚筒斜度板角，(°)；

n——卷绕一个条带的滚筒转数；

h——滚筒转一转定幅筘移动的距离，cm。

一个条带的纱线重量 G 可由下式计算。

$$G=(\text{Tt}Lm)/1000$$

式中　Tt——纱线线密度，tex；

m——一个条带的经纱根数；

L——一个条带的整经长度，m。

$$L=(R+r)\pi n/100$$

一个条带的绕纱重量可由卷绕密度和卷绕体积得出。

$$G=\text{Tt}m(R+r)\pi n$$
$$G=\pi(R^2-r^2)\gamma b$$

式中　γ——纱线卷绕密度，g/cm²；

b——条带宽度，cm。

综合上述公式得出：

$$\tan\alpha=\frac{m\,\text{Tt}}{10^5\gamma bh}$$

实际生产中，通常采用两种方法来选择有关参数，对于斜度板锥角可调的大滚筒来说，选择 h 值后调节 α 角或 h、α 同时调节；对于整体固定锥角的大滚筒，α 角固定，调节 h 值。

（二）卷绕速度

由于分条整经的分条、导条、断头处理等工作的影响，其卷绕速度较低，生产效率与分批整经机相比也是很低的。据统计，分条整经机的整经速度（滚筒线速度）提高 25%，生产效率仅提高 5%，因此它的速度提高就显得不如分批速经那么重要。老式分条整经机的整经速度为 87～250m/min，新型分条整经机的设计最高速度可达 800m/min，实际使用时一般达不到这一水平。纱线强力低，筒子质量差时应选用较低的整经速度。

三、整经卷绕密度

整经卷绕密度应满足适度和均匀两项要求，使经轴（或织轴）容纱量大，成形良好，纱线退绕顺利，又不损伤纱线的弹性和强力。整经卷绕密度主要受以下两个因素影响。

1. 卷绕过程中的整经加压压力

纱线在卷绕到经轴上时，受加压压力 N 的作用，其径向发生压缩变形，在纱线材料、结构及其他条件不变时，压力 N 决定了压缩变形量，进而影响整经卷绕密度。

2. 整经张力

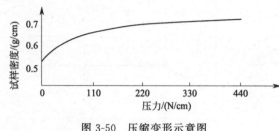

图 3-50 压缩变形示意图

当上述被压缩的纱段转离加压点后，由于该纱段张力 T' 的存在（T' 主要受整经张力 T 的影响，但 T' 远小于 T），压缩变形的急弹性部分只能部分恢复，变形恢复量与张力 T' 有关。整经张力 T 越大，纱线张力 T' 就越大，变形恢复量就越小，于是经轴卷绕密度就越大。随着经轴卷绕直径不断增大，内层纱线受外层纱线的向心压力也不断增大，内层纱线被逐渐压密，卷绕密度逐步增加。对 14.5tex 棉纱作压缩试验所得的压缩变形示意图如图 3-50 所示。随压力增加，试样密度也增加，但试样密度的增加逐渐缓慢。

另外，整经卷绕密度还与整经速度、纱线线密度和结构、车间温湿度等有关，整经速度越高，纱线越细，相对湿度越高，卷绕密度越大。

整经卷绕密度的大小影响到原纱的弹性、经轴的卷绕长度和后道工序的退绕。卷绕密度的大小应根据纤维种类、纱线线密度、工艺特点等合理选择。一般分批整经的卷绕密度要比筒子卷绕密度大 20%～30%，表 3-7 为参考数据。分条整经的织轴卷绕密度因织物工艺条件不同而有较大差异，表 3-8 为参考实例。

表 3-7 经轴卷绕密度

纱线线密度		原料	卷绕密度/(g/cm³)
tex	英支		
19	30	棉纱	0.44～0.47
15	40	棉纱	0.45～0.49
10	60	棉纱	0.46～0.50
14×2	42/2	棉线	0.50～0.55
19	30	黏纤纱	0.52～0.56
18	32	维/棉纱	0.41～0.48
13	45	涤/棉纱	0.43～0.55

表 3-8 不同品种的分条整经卷绕密度

品种	纱线线密度		卷绕密度/(g/cm³)
	tex	英支	
女线呢	14×2	42/2	0.50～0.54
富纤外衣	14×2	42/2	0.45～0.47
黏纤家具布	19×2	30/2	0.47～0.49
涤/棉花呢	13×2	45/2	0.48～0.50
涤/棉纱罗	13×2	45/2	0.57～0.59
黏纤美格	18×2	32/2	0.45～0.54

整经卷绕密度应力求均匀，即沿径向、轴向、轴间达到均匀一致。均匀加压与均匀整经张力是保证卷绕密度均匀的有效措施。

━━━ 第九节　整经工艺设计 ━━━

一、分批整经工艺设计

分批整经工艺设计以整经张力设计为主，还包括有整经速度、整经根数、整经长度、整经卷绕密度等。

1. 整经张力

整经张力与纤维材料、纱线线密度、整经速度、筒子尺寸、筒子架形式、筒子分布位置及伸缩筘穿法等因素有关。工艺设计应尽量保证纱线张力均匀、适度，减少纱线伸长。

整经张力通过张力装置工艺参数（张力圈重量、弹簧加压压力、摩擦包围角等）以及伸缩筘穿法（分排穿法、分层穿法、分段穿法）来调节。

工艺设计的合理程度可以通过仪器测定来衡量，常用的测试仪器为机械式或电子式单纱强力仪。在配有张力架的整经机上，还需调节传感器位置、片纱张力设定电位和导辊相对位置等。

2. 整经速度

目前高速整经机的最大设计速度为 1000m/min 左右。随着整经速度的提高，纱线断头将会增加，影响整经效率。高速整经条件下，整经断头率与原纱质量、筒子卷装质理有着十分密切的关系，只有在纱线品质优良和筒子卷绕完美时，才能充分发挥高速整经的效率。

鉴于目前纱线质量和筒子卷绕质量还不够理想，整经速度以 400m/min 左右的中速为宜。片面追求高速，会引起断头率剧增，严重影响机器效率。新型高速整经机使用自动络筒机生产的筒子时，整经速度一般选用 600m/min 以上；滚筒摩擦传动的 1452A 型整经机的整经速度为 200～300m/min。整经幅度宽、纱线质量差、纱线强力低、筒子成形差时，速度可设计得稍低一些。

3. 整经根数

整经轴上纱线的排列根数是根据织物的总经根数和筒子架的容量决定的。但必须遵循多头少轴的原则，以避免纱线排列过稀使卷装表面不平整，造成片纱张力不匀的现象。

另外，为管理方便，各轴的整经根数要尽量相等或接近相等。

$$n = M/K$$

式中　n——一次并轴的经轴数；

　　　M——织物的总经根数；

　　　K——筒子架容量。

$$m = M/n$$

式中　m——每轴的整经根数；

　　　M——织物的总经根数；

　　　n——一次并轴的经轴数。

4. 整经长度

经轴绕纱长度应为织轴绕纱长度的整数倍，并应尽可能充分利用经轴的卷绕容量。

$$L_1 = 1000 V_s \gamma /(m \text{Tt})$$

式中 L_1——初定经轴的卷绕长度，m；

$\quad$ V_s——经轴的最大的容积，cm^3；

$\quad$ γ——经纱卷绕密度，g/cm^3；

$\quad$ Tt——经纱线密度，tex；

$\quad$ m——整经根数。

$$n_1 = L_1/L_2$$

式中 L_2——织轴的绕纱长度，m；

$\quad$ n_1——一缸经轴浆出的织轴个数（应取整数部分）。

$$L = L_2 n_1 + L_3 + L_4$$

式中 L——经轴卷绕长度，m；

$\quad$ L_3——浆回丝长度，m；

$\quad$ L_4——白回丝长度，m。

5. 整经机产量

（1）理论产量（C_1）。整经机理论产量是指在理想的无停台运转条件下，机器每小时卷绕经纱的重量，单位为 kg/台·时，计算方法如下。

$$C_1 = 60 v n \, \text{Tt}/(1000 \times 1000)$$

式中 C_1——整经机理论产量，kg/台·时；

$\quad$ v——整经速度，m/min；

$\quad$ n——整经根数；

$\quad$ Tt——经纱线密度，tex。

（2）实际产量（C_2）。整经机实际产量系指在考虑停台的情况下的整经机产量。

$$C_2 = C_1 \eta$$

式中 C_2——整经机的实际产量，kg/台·时；

$\quad$ η——整经机的时间效率。

二、分条整经工艺设计

分条整经工艺设计除包括整经张力、整经速度、整经条数、整经条宽、定幅筘计算、条宽长度、斜度板锥角等内容。

1. 整经张力

分条整经的整经张力设计分滚筒卷绕和织轴卷绕两个部分。

滚筒卷绕时，张力装置工艺参数及伸缩筘穿法的设计原则可参考分批整经。

织轴卷绕时的片纱张力取决于制动带对滚筒的摩擦程度，片纱张力应均匀、适度，以保证织轴卷绕达到合理的卷绕密度。卷绕时，随滚筒退绕直径的减小，摩擦制动力矩也应随之减小，为此制动带的松紧程度要作相应调整，保持片纱张力均衡一致。

2. 整经速度

由于分条整经机的分条、断头处理等工作的影响，其机械效率与分批整经机相比是很低的。据统计，分条整经机整经速度（滚筒线速度）提高 25%，生产效率也仅仅增加 5%，因此它的整经速度提高就显得不如分批整经那么重要。

国产分条整经机的整经速度为 87～250m/min，新型分条整经机的设计速度 800m/min，实际使用时则远低于这一水平。纱线强力低、筒子质量差时应选用较低的整经速度。

3. 整经条数

（1）在条格及隐条织物生产中，整经条数按下式计算。

$$n = (M - M_b)/M_t$$

式中 M——织轴总经根数；

M_b——两侧边纱根数之和；

M_t——每条经纱根数。

每条经纱根数系每条所有花数与每花配色循环数之积。第一和最后条带的经纱根数还需要修正。第一，加上各自一侧的边纱根数；第二，对应 n 取整数后的多余或不足的根数作加、减调整。

（2）在素织物生产中，整经条数按下式计算。

$$n = M/M_t$$

当无法除尽时，应尽量使最后一条（或几条）的经纱根数少于前面几条，但相差不宜过大。

4. 整经条宽

整经条宽 B 是指定幅筘中所穿经纱的幅宽。

$$B = B_0 M_t / [M(1+q)]$$

式中 B_0——织轴幅宽，m；

q——条带扩散系数。

高密度的品种在整经时条带的扩散现象较严重，造成滚筒上纱层呈瓦楞状，为减少扩散现象，可将定幅筘尽量靠近整经滚筒表面，减少条带扩散系数。

5. 定幅筘计算

$$N = M_t/(BC)$$

式中 N——定幅筘的筘齿密度；

C——每筘齿穿入经纱根数。

每筘齿穿入经纱根数一般为 4～6 根或 4～10 根，以滚筒上纱线排列整齐，筘齿不磨损纱线为原则。

6. 条带长度

$$L = lm_p/(1-a) + h_s + h_1$$

式中 L——条带长度，即整经长度，m；

l——成布规定匹长，系公称匹长与加放长度之和，m；

m_p——织轴卷绕匹数；

a——经纱缩率；

h_s、h_1——分别为织机的上、了机回丝长度，m。

7. 斜度板锥角

为保证条带成形良好，斜角板的倾斜角不宜过大或过小，一般 α 为 $10°$～$15°$。如果纱线比较光滑，为使条带稳定，宜采用较小的 α 角；若纱线密度大，则条带不易滑落，α 角可大些。当 α 角确定后，再选择合适的条带位移量。表 3-9 中列举几种不同原料纱线的最大位移角。

表 3-9 不同原料纱线的最大位移角

纱线原料	最大位移角	纱线原料	最大位移角
棉	$15°$～$26.5°$	黏纤	$13.5°$
涤纶	$22°$	羊毛	17.5
腈纶	$19°$		

三、整经产量计算

整经机产量是指单位时间内整经机卷绕纱线的重量，又称台时产量，它分为理论产量 G' 和实际产量 G。整经时间效率除与原纱质量、筒子卷装质量、接头、分绞、上落轴、换筒、工人自然需要等因素有关外，还取决于纱线的纤维原料和整经方式。例如 1452 型整经机加工棉纱的整经时间效率（55%～65%）明显高于绢纺纱的时间效率（40%～50%）。分条整经机受分条、断头处理等工作的影响，其时间效率比分批整经机低。

$$G'(\text{kg/台·时}) = (6v_1 v_2 mMTt)/[10^5(v_1 + nv_2)]$$

$$G(\text{kg/台·时}) = KG'$$

式中　v_1——整经滚筒线速度，m/min；

　　　v_2——织轴卷绕线速度，即倒轴速度，m/min；

　　　M——织轴总经根数；

　　　n——整经条数；

　　　K——时间效率。

四、整经质量控制

整经质量包括卷装中纱线质量和纱线卷绕质量两个方面，整经的质量对后道加工工序影响很大，因此抓好整经质量是提高织物质量和织造生产效率的关键。

1. 纱线质量

为了保证整经后纱线的整体质量，经过前道工序加工的经纱的质量必须符合一定的要求。而纱线经过整经加工后，在张力 F 作用下发生伸长，其线密度、强力和断裂伸长均有减小趋势。为保持纱线原有的物理机械性能，整经时纱线所受张力要适度，纱线通道要光洁，尽量减少纱线的磨损和伸长。

采用轴向退绕方式，纱线从固定的筒子上退绕下来，其捻度会有些改变。筒子退绕一圈，纱线上就会增加（Z 捻纱）或减少（S 捻纱）一个捻回。随着筒子退绕直径减小，纱线的捻度变化速度加快。而采用侧向退绕方式的纱线捻度没有变化。研究表明，在正常生产情况下，整经后纱线的物理机械性能无明显改变。

2. 纱线卷绕质量

良好的纱线卷绕质量表现为整经轴（或织轴）表面圆整，形状良好，纱线排列平行有序，片纱张力均匀适宜，接头良好，无油污及飞花夹入。卷装不良所造成的整经疵点有以下几种。

（1）经纱长短不一。由于测长装置失灵和操作失误造成的各整经轴卷绕长度不一的疵点。在分条整经中指的是各整经条带长度不一致。经纱长短不一疵点增加了浆纱或织造的了机回丝。

（2）卷装成形不良。由于筒子的退绕张力不匀、伸缩筘纱线分布不匀、筘齿齿隙不匀、经轴对滚筒的压力不匀造成。

（3）片纱张力不匀。因张力装置作用不正常或其他机械部件调节不当等原因所引起的整经疵点。整经加工所造成的纱线张力不匀在浆纱过程中不可能被消除，遗留到织机上会产生开口不清、飞梭、织疵等一系列弊病，严重影响布面质量。在浆纱工序中，整经轴纱线张力不匀也会导致浆轴上纱线倒、并、绞头等疵点。

（4）绞头、倒断头、搭接头。由于断头自停装置失灵，整经轴不及时刹车，使断头卷入；有的是挡车工操作不良，没有及时处理断头，或是接错头和把断头纱任意搭在一旁造成的整经疵点，它是影响浆纱工序好轴率的主要因素。分条整经的织轴绞头、倒断头使织机开口不清，影响布机效率，增加织疵。

（5）嵌边、塌边和破边。整经轴或织轴的边盘与轴管不垂直，伸缩筘左右位置调整不当，边纱缠绕过紧，或分条整经机倒轴时对位不准，都容易引起整经轴或织轴的嵌边、塌边和破边疵点。在后道浆纱并轴时造成边纱浪纱，织造时形成豁边坏布。

由于操作不善，清洁工作不良，还会引起错特、杂物卷入、油污、滚绞、并绞、纱线排列错乱等各种整经疵点，对后加工工序产生不利影响，降低布面质量。

第四章

浆 纱

第一节 浆纱概述

浆纱是在经纱上施加浆料以提高其可织性的工艺过程，是织造工程的重要准备工序。浆纱质量的优劣对织造生产有重大影响。在织机上单位长度的经纱从织轴上退绕下来直至形成织物，要与织机上的后梁导纱杆、经停片、综丝眼、钢筘等发生剧烈的机械作用，受到多达3000～5000次不同程度的反复拉伸、屈曲和磨损作用。未经上浆的经纱表面毛羽突出，纤维之间抱合力不足，在这种复杂机械力作用下，纱身起毛，纤维游离，纱线易解体、产生断头。纱身起毛还会使经纱相互粘连、开口不清形成织疵，影响正常的织造生产。

一、浆纱的目的

浆纱是用上浆手段，赋予经纱抵御外部复杂机械作用的能力，其目的是伏贴毛羽，增加耐磨，提高经纱的耐磨性和断裂强度，改变卷装形式（经轴到织轴），改善经纱的织造性能，保证经纱顺利地与纬纱交织成优质的织物。除了10tex以上（60英支以下）的股线、单纤长丝、变形丝、加捻长丝、网络度较高的网络丝外，几乎所有的长丝和短线纱都要上浆。经过上浆后，经纱性能改善体现在增强、伸长、耐磨、贴伏毛羽等方面，长丝则提高单丝的集束性。

二、浆纱基本原理

经纱在上浆过程中，一部分浆液被覆在经纱表面，形成坚韧、柔软、富有弹性的浆膜，使毛羽贴伏，纱身光滑，提高经纱的耐磨性，起到保护经纱的作用；一部分浆液浸透到经纱内部，使纤维间互相粘连，增加纤维间的抱合力，提高纱线的断裂强度且牢固浆膜。适量的浆液被覆和浸透可改善经纱的物理机械性能。如图4-1所示为在显微镜下涤/棉浆纱横断面，最外层是制作切片所包羊毛的横截面，黑色部分表示浆液，里层是棉和涤纶的横断面。

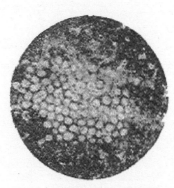

图 4-1　浆纱横断面显微镜图像

三、对浆纱工序的要求

生产中，通常一台浆纱机的产量可供 200～300 台织机所需织轴的需要，因此，就有"浆纱一分钟，织机一个班"的提法，浆纱工作的细小疏忽，会给织造生产带来严重的不良后果。因此，除了提高经纱的织造性能外，浆纱还要保证其浆轴好、织疵少、断头数低、效率高。故对浆纱工程提出一定的要求。

（1）液浆液应具有良好的黏附性和浸透件，并有适当的黏度，以保证对纱线有恰当的被覆和浸透。

（2）上浆均匀。轴与轴间、片纱与片纱间、单纱与单纱间都保持一致，避免出现"毛轴"或"段毛"。

（3）浆液对纤维有良好的黏附性能。

（4）浆液具有良好的物理和化学稳定性，使用过程不变质、不损伤纱线、不改变纱线的色泽。

（5）上浆后纱线的弹性伸长损失小，过大的浆液浸透量将使经纱弹性伸长降低。

（6）上浆后纱线的回潮率应符合工艺要求，以保持浆膜良好的弹性和韧性。

（7）浆料性能好、成本低、来源充足，调浆操作简单方便。

（8）浆料易退净、成本低、无污染、能耗少。

（9）织轴卷绕质量良好，表面圆整，排纱整齐，没有"倒""并""绞"等疵点。

（10）在保证浆纱质量的前提下，不断提高浆纱生产效率，提高浆纱速度，提高浆纱工艺过程的操作和质量控制自动化程度。

（11）减少能源消耗，降低浆纱成本，提高经济效益。

浆纱工程包括浆液调制和上浆两部分，浆液调制的工作在调浆桶内进行。上浆就是把一定数量的浆液黏附在经纱上，经烘燥后形成浆，其工作在浆纱机（图 4-2）上进行。

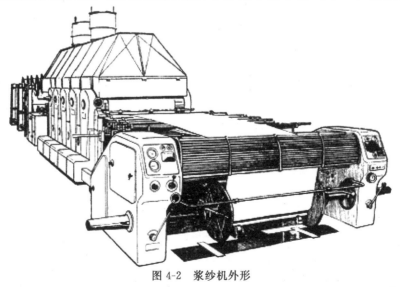

图 4-2　浆纱机外形

第二节　黏　着　剂

调制浆液的材料，简称浆料。它一般分为黏着剂（也称主浆料）和助剂（也称辅助浆料）。上浆中，主要依靠黏着材料改善经纱的织造性能。助剂种类很多，其目的是改善或弥补黏着材料在上浆性能方面的某些不足。

浆纱用的黏着剂分为天然黏着剂、变性黏着剂、合成黏着剂三大类，见表4-1。

表 4-1　浆纱用黏着剂的分类

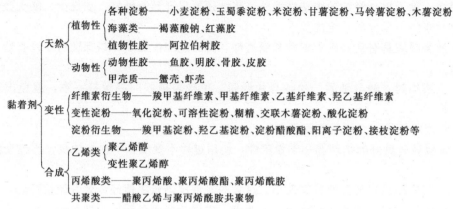

淀粉是一种主要适用于棉纤维的传统的黏着材料，但不适用于疏水性纤维。因此，出现了许多合成浆料，其中聚乙烯醇（简称 PVA）和聚丙烯酸类浆料的应用较多。淀粉、PVA和聚丙烯酸类浆料被称为三大浆料。此外，纤维素衍生物（简称 CMC）、海藻酸钠和动植物胶类等也有应用。

一、淀粉

（一）天然淀粉

淀粉提取于一些植物的种子、果实或块根从不同植物提取的淀粉，其性质不一样。由于其资源丰富、价格低廉、退浆废液易处理、无环境污染，在浆纱生产中已被广泛应用。

1. 淀粉的一般性质

淀粉是由许多个 D—葡萄糖分子通过 α 型甙键连接而成的缩聚物，它的分子式可以表示为 $(C_6H_{10}O_5)_n$，n 是葡萄糖单元的个数，亦称淀粉的聚合度，一般为 200～6000。根据性质不同，淀粉可分为直链淀粉和支链淀粉两种。

直链淀粉能溶于热水，水溶液不很黏稠，不成糊状，在稀的水溶液里易沉淀，呈凝胶状，遇碘变蓝色。其形成的浆膜具有良好的机械性能且坚韧，弹性较好。

支链淀粉难溶于水，在热水中膨胀而成糊状，使浆液变得极其稠密，黏度高，温度下降时不易凝冻，遇碘变紫色。

淀粉浆的黏度主要由支链淀粉形成，使纱线能够吸附浆液，形成一定浆膜厚度。在上浆工艺中直链淀粉和支链淀粉相辅相成，起到各自的作用。几种常见的淀粉中直链淀粉所占比例见表4-2。一般情况下，直链淀粉的含量越高，所形成的薄膜越强韧。

表 4-2　几种淀粉中直链淀粉所占的比例

淀粉种类	糯米	米	玉蜀黍	小麦	高直链玉蜀黍	木薯	马铃薯	甘薯
直链淀粉所占比例/%	0	17	21	24	70～80	17	22	20

2. 浆液的黏度

浆液的黏度是描述浆液流动时的内摩擦力的物理量，反映浆液上浆性能的一项重要指标。经纱的被覆和浸透性能直接受到浆液黏度的影响。黏度越大，浆液越黏稠，流动性能就越差。这时浆液被覆能力加强，浸透能力削弱。上浆液过程中，黏度应保持稳定，使上浆量和浆液对纱线的浸透与被覆程度维持不变。表示黏度的单位有两种，在 CGS 制中，黏度的单位泊（P），1P 等于 100cP（厘泊），20℃时，水的黏度为 1.0087cP；在国际单位制中，黏度的单位为帕（Pa·s）。1P 等于 0.1Pa·s 或 1cP 等于 1mPa·s。

3. 淀粉的上浆性质

（1）淀粉的糊化。淀粉在水中其性质随温度而变化。淀粉在水中的变化大致分为吸湿、膨胀和糊化三个阶段。

吸湿阶段：在常温下，淀粉吸收少量分子，使淀粉颗粒略有膨胀，黏度无明显增加。

膨胀阶段：当温度逐渐升高时，淀粉颗粒的吸湿能力加强，体积迅速膨胀。温度升高到一定数值时，淀粉颗粒由于膨化而相互挤压，其黏度迅速上升。

糊化阶段：当温度继续升高，浆液颗粒充分破裂，黏度达到峰值后，膨胀颗粒开始破碎，黏度逐渐下降，但变化逐渐趋于稳定，此时的状态称为淀粉的完全糊化，该温度称为完全糊化温度。

图 4-3 描述了几种淀粉浆液的黏度变化曲线。曲线 1 为芭蕉芋淀粉，曲线 2 为米淀粉，曲线 3 为玉蜀黍淀粉，曲线 4 为小麦淀粉。不同的淀粉种类，由于其支链淀粉含量不同，黏度也不同。支链淀粉含量高，其黏度亦大。由于各种淀粉的粒子大小、结构等不完全相同，所以糊化温度也有差异。

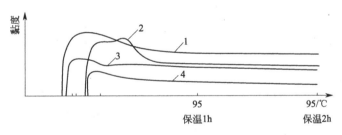

图 4-3　几种淀粉浆液的温度黏度变化曲线

（2）上浆特性。由上述分析可知，当采用淀粉浆进行上浆时，处于完全糊化状态的浆液，其黏度稳定，有利于控制浆液对经纱的被覆和浸透程度，达到均匀上浆的目的。一次调制的浆液使用时间不宜太长，否则，在调浆和上浆过程中，由于长时间高温和机械搅拌作用，会使浆液黏度下降，影响上浆质量。

① 淀粉浆的黏附性：黏附性是指浆液黏附纤维的性能，黏附性的强弱以黏附力的大小表示。淀粉大分子中含有羟基，具有较强的极性。它对含有相同基团或极性较强的纤维材料有很高的黏附力，如棉、麻、黏纤等亲水性纤维；而对疏水性纤维的黏附力却很差，不适合于纯合成纤维的经纱上浆。

② 淀粉浆的浸透性：浆液中使用分解剂可以降低其黏度，增加浆液流动性，从而改善浸透性。温度较低时，淀粉浆会形成凝胶，黏度很高，浸透性很差。故一般淀粉不宜低温上浆，上浆温度通常定在 98℃左右。此外，也可以通过添加表面活性剂来改善浆液的浸透性。

③ 淀粉浆的成膜性：成膜性是指浆液烘燥后所形成的薄膜的物理机械性能。一般来说，淀粉浆膜比较脆硬、浆膜强度大，但断裂伸长小、弹性差、吸湿性较差，耐磨性和耐屈曲性

不如其他浆料。为了改善淀粉浆的成膜性，可在浆液中加入适量的柔软剂。为防止浆膜发脆，可适当加入吸湿剂。

（二）变性淀粉

以各种淀粉为母体，通过化学、物理或其他方式使天然淀粉的性能发生显著的变化而形成的产品称为变性淀粉。随着技术的发展，变性淀粉的品种也层出不穷，其品种、变性方式及变性目的见表 4-3。

表 4-3　各种变性淀粉的品种、变性方式及变性目的

变性技术发展阶段	第一代变性淀粉——转化淀粉	第二代变性淀粉——淀粉衍生物	第三代变性淀粉——接枝淀粉
品种	酸解淀粉，糊精，氧化淀粉	交联淀粉，淀粉酯，淀粉醚，阳离子淀粉	各种接枝淀粉
变性方式	解聚反应氧化反应	引入化学基团或低分子化合物	接入具有一定聚合度的合成物
变性目的	降低聚合度及黏度，提高水分散性，增加使用浓度（高浓低黏浆）	提高对合纤的黏附性，增加浆膜柔韧性，提高水分散性，稳定浆液黏度	兼有淀粉及接入合成物的优点，代替全部或大部分合成浆料

1. 酸解淀粉

（1）变性原理：在糊化温度以下将天然淀粉用无机酸进行处理，利用可以降低淀粉分子甙键活化能的原理，使淀粉大分子断裂，聚合度降低，形成酸解淀粉。及时地用碱中和，终止分解反应，控制淀粉的水解程度，是提高酸解淀粉质量的关键。

（2）上浆性能：酸解淀粉的外观与原淀粉基本相同。该类淀粉黏度低，能配制高浓度糊液。酸解淀粉浆膜较脆硬，与原淀粉相似。浆液对亲水性纤维具有很好的黏附性，在混合浆中可代替 10%～30% 的合成浆，是一种适宜于一般混纺纱上浆的变性淀粉浆料。

2. 氧化淀粉

（1）变性原理：在氧化作用下，淀粉分子链糖甙键断裂发生降解、脱水葡萄糖单元上的醇羟基以及分子链上还原性末端的醛基受到氧化，生成羧基、羰基等变性基团，其含量随着氧化程度的增高而增加。羧基、羰基的产生及含量影响着氧化淀粉的性质，是氧化淀粉产品重要的理化指标。

（2）上浆性能：氧化淀粉糊化温度较低、黏度小而稳定、胶黏性强、透明度高、成膜性好、抗冻融性好，与原淀粉相比，它对亲水性纤维的黏附性有所提高，形成比较坚韧的浆膜，是棉纱、黏纤纱的良好浆料。

3. 酯化淀粉

（1）变性原理：淀粉经过酯化改性后，其葡萄糖单元上的羟基被酯键取代，分子间的氢键作用被削弱，从而使得酯化淀粉具有热塑性、疏水性等优点。淀粉酯的酯化程度以取代度表示，取代度是指淀粉大分子中每个葡萄基环上羟基的氢被取代的平均数，取代度的数值在 0～3 之间。淀粉经酯化后，其溶解性、糊黏度、糊透明度、成膜性、机械性能及化学活泼性都有较大提高。

（2）上浆性能：淀粉大分子中带有疏水性酯基后，对疏水性合成纤维的黏附力、亲和力加强。酯化淀粉浆液黏度稳定、流动性好、不易凝胶、浆膜较柔韧，可用于毛、棉、涤/棉混纺纱和黏纤纱的上浆。经纱上浆主要有醋酸淀粉酯、磷酸淀粉酯、氨基甲酸酯淀粉（尿素淀粉）等。

4. 醚化淀粉

（1）变性原理：淀粉大分子中的羟基被各种试剂（卤代烃、环氧乙烷等）醚化，生成的醚键化合物称为醚化淀粉或淀粉醚。醚化基团的数量反映了淀粉的醚化程度，可以取代度表示。用于经纱上浆的淀粉醚有羧甲基淀粉（CMS）、羟乙基淀粉、羧丙基淀粉等，用得较多的羧甲基淀粉。

（2）上浆性能：淀粉醚的亲水性和水溶性改善程度与取代基性能及取代度有关。取代度过低，水溶性改善明显；相反，则水溶性良好，溶解速度快，但成本提高。淀粉醚浆液黏度稳定，浆膜较柔软，对纤维素纤维有良好的黏附性。低温下浆液无凝胶倾向，故适宜于羊毛、黏纤纱的低温上浆（55～65℃）。淀粉醚具有良好的混溶性，加入一定量的淀粉醚，能使混合浆调制均匀。

5. 其他变性淀粉

（1）交联淀粉：淀粉大分子醇羟基与交联剂发生交链反应形成以化学键连接的交联状大分子，即成交联淀粉。交联淀粉聚合度增大、热稳定性好、黏度增加、浆膜强度高、刚性大、伸长小。浆纱中，一般使用低交联度的交联淀粉，进行以被覆为主的经纱上浆，如麻纱、毛纱上浆。也可与低黏度合成浆料一起，作为涤/棉、涤/麻、涤/黏纱的混合浆料。

（2）接枝淀粉：接枝淀粉是将高分子单体的低聚物接枝到淀粉大分子上，以改善淀粉浆膜吸湿性差、浆膜脆及对涤/棉纱黏附力差的缺点。与其他变性淀粉相比，接枝淀粉对疏水性纤维的黏着性、浆膜成膜性、弹性及其浆液黏度稳定性都有很大提高，还可代替部分或全部合成浆料。

变性淀粉还有许多种类。与天然淀粉相比，变性淀粉在水溶性、黏度稳定性、对合成纤维的黏附性、成膜性、低温上浆适应性等方面都有不同程度的改善。在经纱上浆中，变性淀粉的作用品种将越来越多，使用比例、使用量也越来越大。

二、纤维素衍生物

纤维素由β-葡萄糖缩聚而成，在水中不溶解。利用β-葡萄糖基环上羟基的特性，使纤维素发生醚化，生成纤维素衍生物纤维素醚，从而转化为水溶性物质，用于经纱上浆。

浆纱常用的纤维素醚有羧甲基纤维素（CMC）、羟乙基纤维素（HEC）、甲基纤维素（MC）等，其中又以CMC为常用浆料。

1. CMC的一般性质

CMC由碱纤维素同一氯醋酸经醚化反应制得，工业中常用的是其钠盐，称羧甲基纤维素钠盐。CMC为无臭、无味、无毒的白色粉末，或未经粉碎处理呈纤维束状。

2. CMC的上浆性能

（1）水溶性：CMC为一种高分子阴离子型电解质，具有—COONa基团，其亲水性、乳化性和扩散性能良好。在调浆桶中要以1000r/min的高速搅拌才能溶解。

（2）黏度：CMC的聚合度决定了其水溶液的黏度，经纱上浆中常用的是中黏度CMC，在2%浓度、25℃时，它的黏度为400～600mPa·s。随CMC浆液浓度的增加，其黏度急剧上升，说明CMC有很强的增稠作用。使用浆液浓度不宜高，否则会影响流动性能。CMC浆液的黏度随温度升高而下降；温度下降，黏度又重新回升。浆液在80℃以上长时间加热，黏度会下降。在浆液pH值偏离中性时，其黏度逐渐下降，当pH值<5时，会产生沉淀析出。为此，上浆时浆液应呈中性或微碱性。

（3）黏附性：CMC分子中极性基团的引入使它对纤维素纤维具有良好的黏附性和亲和

力。一般在纯棉特细纱和涤/棉纱上浆中使用。

（4）成膜性：CMC 浆液成膜后光滑、柔韧，强度也较高，但浆膜手感过软，以至浆纱刚性较差。CMC 浆膜吸湿性能好。车间湿度大时，浆膜容易吸湿发软、发黏。由于多种原因，CMC 浆料一般不作为主黏着剂使用。

（5）混溶性：CMC 浆液有着良好的乳化性能，能与各种淀粉、合成浆料及助剂进行均匀地混合，是一种十分优秀的混溶剂。在混合浆料中加入少量 CMC 作为辅助黏着剂，就是利用了它混溶性能好的优点，使混合浆调制均匀。

三、聚乙烯醇

聚乙烯醇（又称为 PVA）是聚醋酸乙烯通过甲醇钠作用，在甲醇中进行醇解而制得的产物。它分为完全醇解和部分醇解两种类型。完全醇解 PVA 的大分子侧基中只有羟基（—OH），而部分醇解 PVA 的大分子侧基中既有羟基又有醋酸根（$CH_3COO—$）。醇解度是指聚乙烯醇大分子中乙烯单元占整个单元的摩尔数。完全醇解 PVA 的醇解度为（98 ± 1）％；部分醇解 PVA 的醇解度为（88 ± 1）％。

1. PVA 的一般性质

PVA 为无味、无臭、白色或淡黄色颗粒，成品有粉末状、片状或絮状，密度为 $1.19\sim1.27g/cm^3$。PVA 遇 150℃以上高温时，产生难溶于水的结晶，造成退浆困难。PVA 在空气中，随空气相对湿度的变化而吸湿或放湿，但变化程度比聚丙烯酸类要小。

2. PVA 的上浆性能

（1）水溶性：PVA 的水溶性主要取决于其醇解度和聚合度，其中醇解度影响最大。聚合度越高，其溶解速率越低。由于聚合度高，分子间引力大，克服引力均匀分散开来就显得困难。醇解度对水溶性影响较复杂，醇解度在 82％～89％的 PVA 水溶性最好，在冷水或热水中均能快速溶解，但在该醇解度范围外，一般要加热到一定的温度才能溶解于水。

（2）黏度：PVA 浆液的黏度会随浓度、聚合度的升高而升高，随温度的升高而降低。PVA 浆液的黏度和浓度在定温条件下接近成正比；在定浓条件下，黏度和温度接近于反比。浆液黏度还与 PVA 醇解度有密切联系，图 4-4 所示为两者关系曲线。曲线表明，当醇解度为 87％时，PVA 溶液的黏度最小。

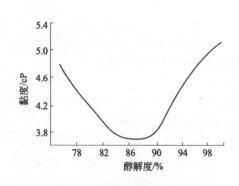

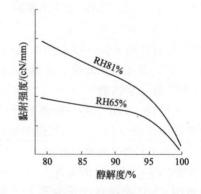

图 4-4 醇解度与黏度关系   图 4-5 PVA 醇解度与聚酯薄膜的黏附强度关系

完全醇解度 PVA 的溶液黏度随时间延长逐渐上升，最终可成凝胶状。部分醇解 PVA 的溶液黏度则比较稳定，时间延续黏度很少变化。PVA 的黏度还与聚合度有关，聚合度越高，黏度越大。PVA 浆液在弱酸、弱碱中黏度比较稳定，在强酸中则被水解，黏度下降。

（3）黏附性：PVA 的黏附性与其分子结构中含有基团性质相关。完全醇解 PVA 对亲水性纤维具有良好的黏附性及亲和力，部分醇解 PVA 对亲水性纤维的黏附性则不及完全醇解 PVA。由于大分子中疏水性醋酸根的作用，部分醇解 PVA 对疏水性纤维具有较好的黏附性。而完全醇解 PVA 则很差，尤其是对疏水性强的涤纶，如图 4-5 所示。

（4）成膜性：PVA 浆膜透明坚韧，弹性好，断裂伸长大，断裂强度高，耐磨性是各黏着剂之首。此外，PVA 浆膜具有良好的吸湿性和再溶性。现将 CMC、PVA 和淀粉的浆膜性能列于表 4-4。

表 4-4 不同黏着剂的浆膜性能

黏着剂	断裂强度/cN	急缓弹性伸长/%	耐屈曲性/次	吸湿率/%
CMC	713	28.5	1151	25.5
PVA	645	93.0	10000 以上	16.5
玉蜀黍淀粉	817	4.9	345	—
小麦淀粉	—	—	188	20.1

（5）混溶性：PVA 浆料具有良好的混溶性，在与其他浆料混用时，能良好均匀地混合。混合液比较稳定，不易发生分层脱混现象。但与等量的天然淀粉混合时很易分层，使用时要十分注意。

（6）其他性能：由于 PVA 具有良好的黏附性和力学机械性能，因此是理想的被覆材料。但是，PVA 浆膜分纱性较差，在干浆纱分纱时分纱阻力大，浆膜容易撕裂，毛羽增加。为此，在 PVA 浆液中往往混入部分浆膜强度较低的黏着剂材料（玉蜀黍淀粉、变性淀粉等），以改善浆膜的分纱性能。

可见，PVA 是较为理想的黏着剂，具有黏度稳定、黏附性好、浆膜性能优良等优点，但存在着与疏水性纤维的黏附性不够、分纱困难和易结皮、易起泡的缺点。可采用共聚、接枝等方法在 PVA 分子链上引入少量丙烯酸、丙烯酰胺等成分以改善其上浆性能。由于其退浆废液会污染环境，目前已少用或不用 PVA。

四、丙烯酸类浆料

常用的丙烯酸类浆料有聚丙烯酸甲酯、丙烯酸酯类共聚物、聚丙烯酰胺、聚丙烯酸及其盐、共聚浆料、动物胶等。

（一）聚丙烯酸甲酯

聚丙烯酸甲酯简称 PMA，属丙烯酸酯类浆料，是由丙烯酸甲酯（85%）、丙烯酸（8%）、丙烯腈（7%）共聚而成，工厂中简称"甲酯浆"。它为无色透明、带有大蒜气味的黏稠液体，可与任何比例的水互溶，黏度比较稳定。它形成的浆膜柔软光滑、伸度大，但强度低、弹性差，具有低强高伸、柔而不坚的特点。由于浆膜吸湿性强、玻璃化温度低，表现出较强的再黏性。聚丙烯酸甲酯浆料主要用于涤/棉混纺经纱上浆的辅助黏着剂，以改善纱线的柔软性。

（1）一般性质。聚丙烯酸甲酯（PMA）属丙烯酸酯类浆料，工厂中简称"甲酯浆"。浆料的总固体率约为 14% 的乳白色黏稠胶体，pH 值大约为 7.5~8.5。丙烯酸酯不溶于水，必须把酯基部分碱化为碱金属盐或铵盐后才能溶于水。碱化剂一般使用吸湿性小、浆膜强度大的苛性钠。碱化度以 10%~30% 为宜。在整个大分子中带有水溶性基的链节所占的比率称为碱化度。

（2）上浆性能。碱化度的不同，聚丙烯酸酯浆料性质也不同。当碱化度加大时，浆液的黏度、吸湿性和再黏性随之增大，易溶于水，易退浆，但黏着力下降。当碱化度过大时，浆膜的再黏性太大，使经纱开口不清，影响织物质量。而且碱化度太大，浆料对水比对纱的亲和力大，黏着力降低，上浆效果差。聚丙烯酸甲酯可与任何比例的水相互混溶，水溶液黏度随温度升高而有所下降，恒温条件下黏度比较稳定。由于聚丙烯酸甲酯大分子中含有大量酯基，所以对疏水性合成纤维具有良好的黏附性，对聚酯纤维的黏附性更好，浆液成膜后光滑、柔软，延展性强，但强度低、弹性差（急间性变形小，永久性变形大），具有柔而不坚的特点。由于浆膜吸湿性强，玻璃化温度低，于是表现出较强的再黏性。因此，浆纱回潮率以控制在 2.5% 以内为宜。

（3）聚合度。聚合度是其另一个重要化学指标，一般为 200～2000。聚合度增大时，吸湿速度变慢，而水性增高而不易退浆。黏度增大，黏着力增大，再黏性减小，浆膜强度增大，断裂伸长增加。聚丙烯酸甲酯一般只作为辅助黏着剂使用。在涤/棉、涤/黏纱上浆中，与 PVA、淀粉浆料混用，以提高混合浆对涤纶的亲和力，改善 PVA 浆膜的分纱性能，使浆膜光滑、完整。

（二）丙烯酸酯类共聚物

丙烯酸酯类共聚物是由丙烯酸甲酯、丙烯酸乙酯、丙烯酸丁酯、丙烯酸或丙烯酸盐等丙烯酸类单体多元共聚而成共聚物。它对疏水性合成纤维具有优异的黏附性，常用于合纤（涤纶、锦纶等）长丝上浆。其浆液黏度稳定，所形成的浆膜柔软、光滑，并有一定的抗静电性能。由于水溶性良好，因此调浆简单、退浆方便。

用于涤纶长丝上浆的普通丙烯酸酯浆料一般为丙烯酸、丙烯酸甲酯、丙烯酸乙酯的三元共聚物，浆膜存在再黏性大，强度弱，手感过软的特点。经改进后的聚丙烯酸酯中加入了丙烯腈，为四元共聚物，于是浆膜硬度提高、强度增大、吸湿再黏性下降，对合成纤维的黏稠附能力也进一步加强。

用于喷水织机疏水性合纤长丝织造的浆料分为两大类，即聚丙烯酸盐和水分散型聚丙烯酸酯类。聚丙烯酸盐类浆料是丙烯酸及其酯在引发剂的引发下聚合，用氨水增稠生成铵盐，使浆料具有水溶性，满足调浆的需要。烘燥时，铵盐解放出氨气，使织造时具有耐水性，符合喷水织造的要求。织物退浆时用碱液煮练，浆料变成具有水溶性基团的聚丙烯酸钠，达到退浆的目的。

近年来开发的水分型聚丙烯酸酯乳液以丙烯酸、丙烯酸丁酯、甲基丙烯酸甲酯、醋酸乙烯酯单体为原料，用乳液聚合法共聚而成。该浆料对疏水性纤维具有良好的黏附力，烘燥时随水分子的逸出，乳胶粒子相互融合，形成具有耐水性的连续浆膜，它的耐水性优于聚丙烯酸盐类浆料，织物退浆亦用碱液煮练。

长丝含油量影响乳液的上浆效果，含油量以少为好，降低油剂的含量能提高上浆效果。

（三）聚丙烯酰胺

聚丙烯酰胺是由丙烯酰胺单体聚合而成的水溶性高分子化合物，分完全水解型和部分水解型两种。用于上浆的聚丙烯酰胺为无色透明胶状体，失水后为白色无规则粉末，总固体率为 8%～10%。

聚丙烯酰胺的水溶性随聚合度上升而下降，完全水解型聚丙烯酰胺水溶性好，部分水解型则略差。聚丙烯酰胺浆液黏度较大，具有低浓高黏的特点，能与淀粉和各种合成浆料良好混溶。浆液黏度随浓度上升而增加，随温度上升而减少。浆液在碱作用下产生水解，与钙离子、镁离子相遇发生沉淀。由于大分子中酰胺基的作用，聚丙烯酰胺适于棉、毛、涤/棉纱的上浆。浆液流动性差、成膜性好、浆膜机械强度大，性质与PVA相近，但弹性、柔软性、耐磨性较差。浆膜吸湿性强，吸湿后产生再黏现象，浆膜发软。由于存在各种缺点，聚丙烯酰胺一般不单独上浆。

（四）聚丙烯酸及其盐

聚丙烯酸（PAA）溶于水，酸性强，pH值为2～3，对聚酰胺纤维具有良好的黏附性，聚丙烯酸很少单独用于上浆，它的单体丙烯酸常用作共聚浆料的组分，以提高浆料的水溶性。

聚丙烯酸盐、铵盐、钙盐等，浆料水溶性好，浆膜"柔而不坚"，吸湿性强，有再黏性，可用于棉纱上浆，但不单独使用。与淀粉浆混用时，使淀粉易于糊化，且能提高浆纱的耐屈曲性。

（五）共聚浆料

共聚浆料是根据实际上浆要求，由两种或两种以上单体以当比例共聚而成，以发挥各黏着剂的优势，如前面介绍的丙烯酸酯类浆料。混合浆的使用，既满足了各种纤维、各种织物严格上浆要求，使浆料上浆性能得到提高，但是也带来浆液调制不便、质量容易波动等弊病。部分黏着剂之间混溶性差，容易分层脱混，会影响上浆的均匀程度。

（六）动物胶

动物胶是从动物的骨、皮等结构组织中提取的，动物胶可分为明胶、皮胶、骨胶等。精制品明胶为无味、无臭、无色或带黄色的透明体。皮胶呈棕色半透明状，骨胶呈红棕色半透明状。

动物胶主要在毛纱、黏纤丝或醋酯长丝等浆纱生产中使用。动物胶在低温水中不溶解，但能吸收水分而膨胀，形成凝胶。将凝胶液加热到70℃以上，因网状分子裂解而溶解于水，成为水溶液。动物胶的黏度及浸透性、动物胶浆液的浓度和黏度之间，只有在浓度很低（1%～2%）时，才维持正比关系。浓度增大后，黏度的增长速度远高于浓度的增长速度，以至上浆的动物胶浆液对经纱的浸透能力较差。为此，浆液配方中需加入适量助剂，以改善浆液的浸透性能。动物胶有明显的凝胶倾向，当浆液温度降低时，黏度显著增加，对纱线的浸透性能恶化。浆液温度在65～80℃时，黏度比较稳定；90℃时，浆液黏度下降。因此，上浆温度宜控制在65～85℃。

浆液的黏度与pH值有关，当浆液的pH值为6～8时，浆液的黏度最大，稳定性也好。

动物胶对纤维素纤维和蛋白质纤维具有良好的黏附性。但动物胶的成膜性比较粗硬，缺乏弹性，容易脆断。在使用中要加入柔软剂，提高浆膜的柔韧性。

五、新型浆料

在新型浆料的研发方面，目前已取得了明显的进展，如水溶（分散）性聚酯、CD525、CDDF636、K-2000以及PR-Su等。由于化学结构的相似性，聚酯浆料对涤纶具有优异的黏附性，经纱耐磨性好，能显著减少涤/棉混纺纱分绞的毛羽数。但是，目前聚酯浆料在用于短纤维经纱上浆时还存在着分子链过低和成膜性差这两方面的问题。从而制约着聚酯浆料在短纤维经纱上浆中的大规模应用。

第三节　浆液的辅助材料——助剂

调制浆液除黏着剂外，还加入数量不多的辅助材料，简称助剂。助剂的作用在于改善黏着剂某些上浆性能不足，增进上浆效果。助剂种类很多，但用量一般较少。选用时要考虑其相溶性和调浆操作方便。

一、分解剂

前面已提及，淀粉作为黏着剂，具有各项可以满足上浆要求的基本性能，但淀粉浆的均匀性、浸透性和浆膜柔软性方面，还存在不足。对淀粉进行适当分解，则可改善淀粉的上浆性能。分解淀粉的方法有多种，有物理法，如加热、搅拌、超声波；有生物法，如加入生物酶、酵素；有化学法，如加入化学药剂等。常用的方法是加热、搅拌和加入适量化学分解剂。

淀粉浆中加入化学分解剂后，可加快淀粉颗粒的膨润和糊化过程，使淀粉大分子分解，降低淀粉大分子的聚合度和黏度，使淀粉浆液的流动性增强，不仅具有良好的被覆性，而且具有良好的浸透性、均匀性，经烘燥后形成光滑而又耐磨的浆膜。

用作淀粉化学分解剂的材料有碱类、酸类和氧化类。

1. 碱性分解剂

在高温和氧存在时，碱可使淀粉大分子裂解，黏度下降。当碱耗尽后，分解作用即停止。故用碱作分解剂，具有作用缓和、黏度稳定、易操作的特点。常用碱性分解剂是硅酸钠和烧碱。硅酸钠作分解剂时的用量以淀粉重量的 $4\%\sim8\%$ 为宜，氢氧化钠用量为淀粉重量的 $0.5\%\sim1\%$。

2. 酸分解剂

酸对淀粉有强分解作用，但与碱性分解剂不同，酸在分解过程中仅起催化作用，本身并没有消耗。故需严格控制酸分解的进程。适当程度的酸分解，可使大分子氧桥断裂，聚合度降低，淀粉浆的浸透性、均匀性、流动性增大，有利于上浆质量。但若控制不当，即在分解到适当程度后不进行中和，酸分能使淀粉继续分解，一直到失去黏性。浆纱工艺要求对淀粉进行部分分解，使浆液糊化良好，黏度稳定。所以，分解作用过剧，不利浆纱质量。由此，用酸作淀粉的分解剂，必须严格控制分解作用的时间和温度，及时进行中和，停止酸对淀粉的分解作用。

盐酸、硫酸和有机酸均可作淀粉的分解剂。盐酸用量为淀粉重量的 $0.2\%\sim0.3\%$；硫酸用量为淀粉重量的 $0.4\%\sim0.5\%$。在室温 30℃ 时，将淀粉浸渍 30h 后，含有机酸 $0.2\%\sim0.3\%$。将已浸渍的淀粉煮成浆液，浆液的黏度可迅速达到稳定程度。

3. 氧化分解剂

氧化分解剂可使淀粉中的羟基氧化成醛基和羧基，部分氧桥断裂，提高了淀粉的亲和性、浸透性和均匀性。氧化分解剂有多种，如次氯酸钠、漂白粉和氯胺 T 是常用的氧化分解剂。在用量方面，次氯酸钠为淀粉重量的 $0.5\%\sim1.2\%$；漂白粉为淀粉重量的 0.12%；氯胺 T 的用量为玉蜀黍淀粉重量的 0.5%、小麦淀粉重量的 0.4%、马铃薯淀粉重量的 $0.16\%\sim0.2\%$。

二、柔软剂

浆液中加柔软剂的目的是使浆膜柔软、润滑而富有弹性，以提高浆纱质量，减少织造断头率。淀粉或动物胶类浆液加入柔软剂后，使得浆膜大分子之间的结合力削弱，浆膜的刚度降低，弹性伸长增加。因此，要适当控制柔软剂加入量。浆纱用柔软剂，多数是油脂，如牛油、羊油、猪油等，见表4-5。

表4-5 浆纱常用油脂规格

项目	特点	密度/(g/cm³)	熔点/℃	皂化值	碘值	不简化物/%	酸值
牛油	黄色脂肪	0.81～0.85	42～48.5	193.2～200	34.5～47.5	0.3	
羊油	黄色脂肪	0.857	44.5～45	199.9	39.69	0.11	
猪油	乳白色软脂	0.859	36～48	195.3～196.6	53～76.9	0.14～0.35	
椰子油	白色半固体	0.925	20～28	254～262	8～12	0.2～0.3	
棉籽油	棕色薄油液	0.921	油液	191～196	101～116	0.7～1.6	
硬化油(38°)	黄白色	0.858	39.5	191.9	70.6	1.0左右	<8
浆纱油脂	淡黄半固体	0.856～0.861	39左右	193～201	36～48	—	

植物油脂用量为淀粉的3%～8%，动物油脂用量为淀粉量的2%～6%。化学合成浆料的浆膜柔软性较好，调浆时可少加或不加柔软剂。动、植物油脂作浆纱柔软剂时，因其不溶于水，使用之前要进行乳化处理，使油脂均匀地分散在水中，即使在静止条件下也不发生分层现象。用作柔软剂的还有部分以柔软润滑为主的表面活性剂，这些表面活性剂也有润湿分散作用，如柔软剂SG（用于合纤上浆）、柔软剂101（用于合纤、黏胶纤维上浆），用量为黏着剂的1%～2%。

三、浸透剂

浸透剂又称湿润剂，是一种以湿润浸透为主的表面活性剂。其作用是减小浆液的表面张力、乳化纤维上的油脂，使浆液迅速、均匀地浸透经纱内部，从而提高浆纱质量。用于经纱上浆的浸透剂一般为阴离子型和非离子型表面活性。它们的使用效果与浆液pH值有关。在中性及弱碱性浆液中应使用阴离子型表面活性剂；在酸性浆液中宜采用非离子型表面活性剂。以淀粉为主黏着剂的浆液中，不宜使用对酸、对酶起不良作用的表面活性剂，否则对后加工退浆过程中酶的退浆能力不利。过量的浸透剂使用会使浆液起泡，因此浸透剂的使用量宜少。

浸透剂一般用于疏水性合成纤维上浆。在棉纤维的细特、高捻或精梳纱上浆时亦可使用，以加强浸透上浆的效果，其用量为黏着剂的1%以下。表4-6为几种常用浸透剂的性能和用量。

表4-6 几种常用浸透剂的性能和用量

名称	性 能	占黏着剂量的比例/%
平平加	非离子型表面活性剂,淡黄色胶状物质易溶于水,浸透力强,对酸、碱、硬水均无反应	1～1.5
5881D	阴离子型表面活性剂,棕褐色的黏稠液体,不耐酸碱,对纤维不亲和,不产生泡沫	0.25～1
浸透剂JFC	非离子型表面活性剂,淡黄色液体,化学性稳定,耐酸碱,耐硬水,具有浸透性及分散乳化性能	0.5～1
浸透剂T	阴离子型表面活性剂,淡黄或棕色黏稠液体,浸透力特强,浸透迅速,容易产生泡沫	0.2～0.3

四、抗静电剂

疏水性合成纤维吸湿性差，在织造中易产生静电，使得纱线毛茸耸立，从而影响织造顺利进行。在浆液中加入少量抗静电剂，可能起到良好的抗静电效果，且使浆膜平滑。作为抗静电剂的表面活性剂以阳离子型为好，如抗静电剂 MPN、静电消除剂 SN 等。

五、润滑剂

润滑剂的作用是使浆纱表面润滑，以减小表面摩擦系数，提高浆纱的耐磨性能，同时还能起到减少静电的作用。这对于合成纤维和细特高密织物的经纱上浆尤其重要。

常用的润滑剂主要有蜡液和蜡辊。通过后上蜡方法给烘房出来的浆纱涂上一层蜡膜，可以使浆膜表面润滑光洁，并且不影响浆膜的原有性能。

固体蜡辊由石蜡（30％）、硬脂酸（20％）、蜂蜡（50％）混熔制成，上蜡率为 0.1％左右。热熔性蜡由石蜡（60％）、硬脂酸（10％）、乳百灵等表面活性剂（30％）组成，上蜡率为 0.2％～0.4％。水溶性蜡由醚型非离子型表面活性剂（80％）组成，上蜡率为 0.2％～0.4％，这种蜡膜在印染加工时容易退净，因此用量可以提高。

六、中和剂

中和剂用以调节浆液的酸碱度。淀粉生浆在分解之前要加入碱性中和剂，中和生浆中的有机酸，以保证分解程度适当，无结硅现象产生。

中和剂分碱性中和剂与酸性中和剂，碱性中和剂通常为苛性钠，酸性中和剂一般为盐酸等。

七、防腐剂

浆料中的淀粉、油脂蛋白质等都是微生物的营养剂，坯布长期储存过程中，在一定的温度、湿度条件下容易长霉。在浆料配方中加入一定量的防腐剂，可以抑制霉菌的生长，防止坯布储存过程中的霉变。

2-萘酚是一种最常用的防腐剂。它不溶于水，但能溶于热的苛性钠水溶液。溶解 1g2-萘酚需用 0.4g 氢氧化钠。调浆时，应当注意 2-萘酚不能与含氯的氧化剂同时加入。在碱性浆液中，2-萘酚的用量一般为黏着剂重量的 0.2％～0.4％，酸性浆中为 0.15％～0.3％。其他的防腐剂还有氧化锌（用量为淀粉重量的 3％～8％）、硼酸（用量为淀粉重量的 10％左右）等。

八、吸湿剂

吸湿剂的作用是提高浆膜的吸湿能力，使浆膜的弹性、柔性得到改善。合成浆料的浆膜一般有良好的弹性和柔性，因此浆料配方中不必使用吸湿剂。淀粉浆膜的缺点是脆硬，过于干燥时会脆裂、落浆。在冬季干燥的气候条件下，当淀粉上浆率较高时，可以考虑在浆液中加入适量的吸湿剂，以减少织造过程中经纱的脆断现象。但是，吸湿剂的用量不可过多，否则会带来浆膜发黏、机械强度下降、耐磨性变差等不良后果。

常用的吸湿剂是甘油，甘油是无色透明略带甜味黏稠液体。甘油的使用量一般为淀粉重量的 1％～2％。此外，具有大量亲水性基团的表面活性剂也可作为吸湿剂使用。

九、消泡剂

浆液起泡不仅给浆纱操作带来不便，而且会引起上浆量不足和不匀，影响浆纱质量。产生浆液起泡的原因很多，如 PVA 浆的使用、调浆的水质、某些混合浆的比例、淀粉浆料的质量等，黏度大的浆液中"泡沫寿命"也长，一旦产生泡沫之后，就难以自然消除。当浆液中泡沫生成后，分批加入少量油脂类柔软剂，可以作为消泡剂降低气泡膜的强度和韧度，使气泡破裂，起到消泡作用。常用的有松节油、辛醇、硅油、可溶性蜡等。部分高分子型表面活性剂也被用作消泡剂，除能消除已生成的气泡外，还能抑制泡沫的再生。

十、增重填充剂

优质的滑石粉为洁白、有光泽、手感细腻润滑的粉末。在浆液中加入适量的滑石粉，能使坯布的手感丰满厚实，外观悦目。

十一、溶剂

调浆通常以水作为溶剂。按照水中含铁、钙、镁、铝、钠等盐类的多少，有硬水和软水之分，并以水的硬度来衡量。调制浆液的水的硬度不应超过10°，以5°为宜。调浆用水一般为洁净的地下水、地表水和自来水，部分合成浆料对水质的要求较高，如合纤长丝浆料聚丙烯酸酯，一般可用自来水经离子交换树脂处理后再作为调浆用水。

十二、新型助剂

1. 无机纳米助剂

用于淀粉浆料的无机纳米助剂，其作用效果及所存在的问题都已在生产实践中得到证实。将这种助剂与某些变性淀粉浆料配合使用，能够在两者之间产生协同效应。可在中细号纯棉品种的经纱上浆生产中大幅度地取代PVA浆料，并具有一定的经济效益。所存在的主要问题是，粉尘和落物量过大，有堵塞管道的现象，作用机理不明，残留物对后道工序及纺织品使用的影响不明等。

2. 超级助剂（Super Sizes）

超级助剂不是蜡片，但在使用之后却使浆纱表面光滑和柔软，它对浆纱的润滑性能超越了蜡片。这种光滑性会明显减小浆纱与机件之间的摩擦阻力。从而提高浆纱的耐磨性，减少浆纱对机件的磨损。尽管这类助剂目前还存在着作用机理不明的问题，但在取代PVA方面的确具有明显的作用。

第四节　调　浆

浆液的调制是浆纱工程中的一项关键性工作，其任务是根据浆料配方将浆料和水调制成所需浆液，用于经纱上浆。调制方法和配方应当根据不同浆料的特性进行科学合理的设计，一旦确定之后要严格遵照执行。

一、调浆配方的制订

调浆配方是根据织物品种和生产实践的需要制订出来的。在制订浆料配方时，一般先根据理论和经验资料选定一个初步配方比方案，进行小批量试验性生产，取得相关数据后，对配方进行修正后，再投入大批量生产。

制订调浆配方时，应遵循以下原则。

（一）根据纱线的纤维材料选择黏着剂

不同的黏着剂对不同性质的纤维材料有不同的黏附性。为避免织造时浆膜脱落，所选用的黏着剂大分子应对纤维具有良好的黏附性和亲和力。根据物质的相似互溶原理，具有相同的基团或相似极性的物质可以互相溶合。按这一原理确定黏着剂之后，所需要的助剂就随之而定。

目前常用的几种纤维和浆料的化学结构特点见表4-7。

表4-7 几种纤维和浆料的化学结构特点

浆料名称	结构特点	纤维名称	结构特点
淀粉	羟基	棉纤维	羟基
氧化淀粉	羟基、羧基	黏胶纤维	羟基
褐藻酸钠	羟基、羧基	醋酯纤维	羟基、酯基
CMC	羟基、羧甲基	涤纶	酯基
完全醇解PVA	羟基	锦纶	酰胺基
部分醇解PVA	羟基、酯基	维纶	羟基
聚丙烯酸酯	酯基、羧基	腈纶	腈基、酯基
聚丙烯酰胺	酰胺基	羊毛	酰胺基
动物胶	酰胺基	蚕丝	酰胺基

（二）根据黏着剂的性质和不同具体因素选择适当助剂

在以淀粉为主的浆料配方中，为弥补淀粉上浆性能的不足，配方中要加入适量的分解剂（对天然淀粉）、柔软剂、减摩剂和防腐剂。当气候干燥和上浆率高时，还可加入少量吸湿剂。高密棉织物则需加浸透剂。为调整浆液的酸碱度，需加中和剂。

在以PVA为主的浆料配方，可以少加或不加柔软剂、减摩剂和防腐剂。但配以聚丙烯酸类作辅助黏着剂时，需加防腐剂；高密织物需加少量柔软剂和减摩剂。PVA浆为防止静电的积聚，需加防静电剂；为改善分纱性能，除配以聚丙烯酸类浆料外需加适当油剂。为改善纤维的吸浆条件，需加浸透剂。

"正比例"的涤/棉混纺纱（65/35）也可选择PVA为主、淀粉为辅的配方；"倒比例"的涤/棉混纺（30/70）可选择淀粉为主、PVA为辅的配方。这时，选择助剂的因素既要考虑PVA的特点，又要考虑淀粉的需要。

需长期贮存或运输的织物，或在梅雨季节，要考虑加防腐剂。易起泡的浆液，需加消泡剂。以坯布出售的织物，可以加增白剂或填充剂。织物需经烧毛时，选择的助剂应不致结晶或析出酸类物质；织物需印染时，上蜡的蜡质应选择水溶性的或易乳化退净的。

（三）根据纱线的线密度、织物组织、用途和加工条件确定配方

细特纱具有表面光洁、强力偏低、弹性伸长好的特点，上浆重点是浸透、增强并兼顾被覆。因此，纱线上浆率比较高，黏着剂可以考虑选用上浆性能比较优秀的合成浆料，配方中应加入适量的浸透剂。

粗特纱的强力较高，表面毛羽多，弹性伸长较小。上浆是以被覆为主，兼顾浸透。浆料的选择应尽量使纱线毛羽贴伏，表面光滑。

麻纱的表面毛羽耸立，使用以被覆上浆为特点的交联淀粉或CMC、PVA、淀粉组成的合成浆料，以此获得较好的上浆效果。

捻度大的纱线，其吸浆能力较差，配方中可加入适量的浸透剂，以增加浆液流动能力，改善经纱的浆液浸透程度。

织物结构不同，配方也应有所不同。交织次数多的平纹织物要注意柔软、减摩，并要使浆膜富于耐屈曲性。

强度、伸长率，耐磨性均好的股线织物，上浆要求不高，只需过轻浆。

不加捻的长丝为提高其集束性，需要过轻浆。

（四）浆料配比的确定

浆料配方中各种成分选择后，就需进一步确定各种成分在浆料中所占有的比例。确定浆料配比的工作主要是优选各种浆料成分相对溶剂（通常是水）的用量比例。助剂使用很少，在黏着剂确定之后，按一定的经验比例，直接根据黏着剂用量计算决定。

浆料的配方以简单为宜。

二、浆液配方实例

（一）纯棉、涤/棉纱的浆液配方实例

纯棉纱一般采用淀粉浆，上浆成本低，上浆效果较好，对环境污染也少。细特高密品种（如纯棉府绸、纯棉防羽绒布等）上浆时，为提高经纱可织性，也经常采用以淀粉为主的混合浆或纯化学浆，化学浆的上浆率比淀粉浆低一些。浆液配方见表4-8，由于硅酸钠作为淀粉分解剂对浆液质量稳定比较有利，生产中经常使用它作淀粉浆的分解剂。对于上浆率较高的淀粉浆配方，要适当增加柔软剂的用量，防止浆膜脆硬。

表 4-8　纯棉织物浆液配方实例

序号	品种	线密度/tex	密度/(根/10cm)	配方	上浆率/%
1	粗平布	32×32	251.5×244	淀粉100%、滑石粉12%、硅酸钠4%、乳化油2%、2-萘酚0.4%、烧碱0.3%	7~8
2	中平布	28×28	236×220	淀粉100%、硅酸钠6%、皂化油8%、2-萘酚0.4%、烧碱0.2%	10
3	细平布	19×21	267.5×275.5	淀粉100%、PVA 5%、油脂2%、肥皂2%、硅酸钠7%、2-萘酚0.4%、烧碱0.2%	10.7
4	府绸	15×15	523.5×283	淀粉100%、CMC 5%、聚丙烯酰胺16%、甘油2%、硅酸钠6%、浸透剂1%、油脂7%、乳蜡1%、2-萘酚0.3%、烧碱0.15%	12.5
5	防羽绒布	15×15	523.5×401.5	水100%、PVA 2.82%、CMC 1.65%、牛油0.3%、聚丙烯酰胺0.5%（干重）、2-萘酚0.013%、烧碱0.015%	8~10
6	线卡其	(精梳10×2)×(精梳10×2)	614×299	淀粉100%、2-萘酚0.3%、烧碱0.2%	1.5~2.5
7	直贡	18×18	456.5×314.5	淀粉100%、硅酸钠6%、油脂2%、2-萘酚0.2%、烧碱0.2%	12.5~13.5

涤/棉纱上浆可使用PVA为主的化学浆或纯PVA浆。近年来，由于淀粉变性技术发展很快，各种性能优良的变性淀粉不断开发，并部分取代合成浆料PVA、PMA、聚丙烯酰胺及CMC，用于涤/棉品种上浆。混合浆扬长避短，使经纱上浆质量有一定程度的提高。表4-9为几种涤/棉上浆的浆液配方实例。

表 4-9　涤/棉织物浆液配方实例

序号	品种	线密度/tex	密度/(根/10cm)	配　方	上浆率/%
1	涤 50/棉 50 细平布	16.8×16.8	322.5×196.5	水 100%、PVA 6.19%、CMC 1%、PMA 3.13%、乳化油 0.08%、2-萘酚 0.07%	9～10
2	涤 65/棉 35 细平布	13×13	393.5×362	改性 PVA 100%、交联木薯淀粉 43%、牛油 8.6%、烧碱 0.7%、含固率 8.47%	12
3	涤 65/棉 35 府绸	13×13	433×299	水 100%、PVA 7.07%、CMC 1.14%、PMA 3.57%、乳化油 0.09%、2-萘酚 0.08%	10～12
4	涤 65/棉 35 府绸	13×13	433×299	水 100%、PVA 7.5%	9～10
5	涤 40/棉 60 卡其	29×36	472×236	水 100%、PVA 5.9%、CMC 1%、PMA 2.9%、乳化油 0.33%	8

（二）长丝的浆液配方实例

醋酯纤维、涤纶、锦纶长丝都是疏水性纤维，静电严重，长丝容易松散、扭结，因此上浆时要加强纤维之间的抱合，这些纤维一般以聚丙烯酸酯类共聚浆料上浆，有时也可加入一些低聚合度的部分醇解 PVA（如 PVA—205）。黏胶长丝和铜氨长丝可以用动物胶和 CMC 上浆。动物胶为主黏着剂时，浆液配方中加入适量吸湿剂和防腐剂。合纤长丝的含油率要控制在 1% 左右。含油过多会严重影响上浆效果。部分长丝织物浆液配方实例见表 4-10。

表 4-10　长丝织物浆液配方实例

序号	长丝织物	配　方	上浆率/%
1	黏胶长丝	水 100%、骨胶 6%、CMC 0.4%、甘油 0.5%、皂化矿物油 0.5%～0.75%、浸透剂 0.3%、苯甲酸钠 0.1%～0.3%	4～5
2	醋酯长丝平纹织物	水 100%、PVA—205 2.5%、聚丙烯酸酯 3%、乳化油 0.5%、抗静电剂 0.2%	3～5
3	锦纶丝、涤纶丝	水 100%、聚丙烯酸酯 2%～4%、减磨剂 0.5%	4～5
4	低弹涤纶丝	水 100%、聚丙烯酸酯 7%	7～8

（三）麻和绢的浆液配方实例

麻纱表面毛羽耸立，上浆以被覆为主。PVA 具有良好的浆膜机械性能，因此，被用作主黏着剂。在浆液配方中加入适量的聚丙烯酸甲酯或淀粉，则有利于提高 PVA 浆膜的分纱性能，使浆膜完整、光滑。

绢纺纱的浆液配方中要适当增加柔软剂的用量，以减少织机经纱断头。麻纱和绢纺纱的浆液配方实例见表 4-11。

表 4-11　麻纱和绢纺纱的浆液配方实例

序号	品种	线密度/tex	密度/(根/10cm)	配　方	上浆率/%
1	苎麻(平布)	27.8×27.8	213×236	总浆液量 100%、PVA 5.4%、CMC 1.35%、PMA 0.25%	8～9
2	苎麻(平布)	27.8×27.8	213×244	总浆液量 100%、PVA 3.6%、淀粉 1.8%、CMC 1.2%、乳化油 0.2%	8～9
3	绢纺绸	(8.3×2)×(8.3×2)	343×264	淀粉 12kg、CMC 9kg、乳化牛油 5kg、过硼酸钠 0.25kg、柔软剂 101 1kg、甘油等，调浆到 600L	3～4
4	棉绸	40×40	200×170	PVA 15kg、腈纶胶 20kg、柔软剂 101 0.5kg、浆纱牛油 1kg，调浆到 600L	5～8

（四）毛纱的浆液配方实例

毛纱股线一般不上浆，但在整经过程中要上乳化剂。乳化剂有乳化油、乳化蜡、合成浆料乳化液等几种。表 4-12 为它们的配方实例。

表 4-12 毛纱用乳化剂配方实例

乳化剂	配　方	上浆率/%
乳化油	水 96.74%、白油 2.4%、油酸 0.48%、三乙醇胺 0.15%	6
乳化蜡	水 86.8%、白蜡 5%、白油 5%、平平加 2.5%、油酸 0.5%、三乙醇胺 0.25%、石碳酸 0.15%	6
毛纱用合成浆料乳化液	聚丙烯酰胺 5%、氟硅酸铵 5%、水 90%	—
混纺纱用合成浆料乳化液	聚丙烯酰胺 5%、氟硅酸铵 5%、氨水 5%、水 85%	—

毛纱以贴伏表面毛羽贴伏的被覆为主，浆液的浓度和黏度以大为宜，黏着剂主要采用淀粉、PVA 和动物胶。毛织物浆液配方实例见表 4-13。

表 4-13 毛织物浆液配方实例

毛　纱	配　方
精梳纯毛单纱	淀粉 65kg、动物胶 3.5kg、氯胺 T 0.13kg、水溶性蜡 0.6kg、甘油 3.5L、浸透剂 0.29kg、30%醋酸 3L（调整浆液 pH 值到中性），加水到 1000L
	PVA 35kg、柔软剂 5kg、30%醋酸 0.5L（调整浆液 pH 值到中性），加水到 1000L
精梳纯毛胶线	CMC 40kg、甘油 2L、30%醋酸 2L（调整浆液 pH 值到中性），加水到 1000L
	PVA 35kg、甘油 5L、30%醋酸 1L（调整浆液 pH 值到中性），加水到 1000L

（五）新型纤维纱的浆液配方实例

Tencel 纤维属于高模、高强的中伸型纤维，它具有较强的承受机械作用及抗化学药剂处理能力，不易使织物造成损伤，但是由于毛羽较多以及刚性大，使得织造不易顺利有效进行；Modal 纤维属高湿模量纤维，断裂伸长率较小，湿模量也略小，由于其较高的比电阻，在加工过程中易产生静电而产生较多的毛羽；同样，竹纤维比电阻较大，静电现象严重，毛羽多，又由于其较强的吸湿导湿性，在上浆过程中宜采用轻加压、小张力、低伸长、重被覆的工艺，以提高其纱线的可织性；大豆蛋白纤维之间抱合力较差，容易产生毛羽，上浆宜被覆为主、浸透为辅；牛奶蛋白纤维在上浆过程中，为了防止损伤，应适当降低浆槽和烘筒温度，同时要选用黏结性好且带有疏水性基团的浆料；芳纶强度高，但有刚度大、条干较差、毛羽多且长等缺点，因此上浆中宜采用高浓度、重加压、中黏度、偏高上浆率和后上油工艺。表 4-14 为其中几种新型纤维织物的上浆工艺。

表 4-14 新型纤维织物浆液配方实例

序号	织物	浆纱工艺	上浆率/%
1	Tencel 织物 18×18×433×268	PVA—1799 35kg、酸解淀粉 15kg、固体丙烯酸类浆料 3kg、浆纱膏 5kg、后上蜡 0.5%、浆槽温度 85℃、黏度 7.5s、烘干温度 90℃	7.5
2	Modal 织物 调浆体积 0.83m³	PVA—1799 50kg、氧化淀粉 25kg、AD（丙烯酸类浆料）10kg、抗静电剂 3kg、防腐剂 0.2kg 浆槽温度 95℃、黏度 5.5s、烘干温度 90℃	0.5
3	Modal 50/棉 50 18×18×340×200	淀粉 10%、PVA—1799 82%、油剂 2%、后上蜡 0.2%、浆槽温度 90℃、浆槽黏度 9~10s、含固率 8%	9~10

序号	织物	浆纱工艺	上浆率/%
4	芳纶织物 19.6×19.6×236×236	PVA—1799 60kg、酸解淀粉 20kg、E—20(酯化淀粉)20kg、丙烯酸类浆料6kg、润滑剂 4kg、后上蜡 0.3%、浆槽温度 90℃、黏度 12s±0.5s	11.5
5	Coolmax 纱织物	PVA—1799 60%、醋酸酯淀粉 40%、浆槽温度 85℃、黏度 18s	9.5
6	大豆蛋白纱 9.7tex	TSB—1 2%、CP60%、XZW—1 10%、CMC 5%、油脂 3%、抗静电剂 2%、浆槽温度 85～90℃、黏度 9.1%、含固量 10%	12.1

三、浆液的调制

(一)调浆设备

调浆设备主要有调浆、输浆、计量和测试等设备和用具,以下重点介绍调浆设备。

1. 常压调浆设备

常压调浆设备通常配有浸渍桶、煮釜、调浆桶、供应桶、输浆管、输浆泵、蒸汽管等。浸渍桶用来贮存和浸渍淀粉;煮釜通常是用蒸汽烧煮滑石粉、溶解防腐剂或乳化油脂等辅助浆料;调浆桶用来混合烧煮浆料和助剂,常压调浆桶具有熬汽烧煮和机械搅拌调和两种功能;供应桶是用于储备已调好的浆液,并随时供应所需的浆液,必须进行低速搅拌和保温,以保持供应桶内浆液的恒定状态。

2. 高压调浆设备

高压煮浆是利用增加蒸汽压力的方法来提供煮浆温度,加速浆料的糊化。

(二)调浆方法

调浆包括投料的称重、浆料准备的顺序和方法、有关参数的控制和检测等。

浆液的调制方法分为定浓法和定积法两种。定浓法一般用于淀粉浆的调制,它通过调整淀粉浆液的浓度(°Bé)来控制浆液中无水淀粉含量。定积法一般用于合成浆料或变性浆料的调制,它以一定体积水中投入规定重量浆料来控制浆料含量。

1. 定浓法——淀粉浆的调制

(1)浆料准备。浆料的准备包括以下几方面内容。

① 淀粉准备:若采用湿淀粉时,需先进行浸泡,并撇去黄水,按每单位体积内含无水淀粉量的规定要求,校正温度及相应的浓度(或比重)。如用精制干淀粉,则不必浸泡,可以直接使用。

② 滑石粉液的准备:滑石粉不溶于水,但滑石粉内含少量碳酸盐、氧化铝等杂质,呈小团粒,这些小团粒易在淀粉液中沉淀。将滑石粉在煮釜桶内与烧碱共煮,使盐类溶解,颗粒变细,成悬浊状,再打到调浆桶制浆,有利于滑石粉与淀粉均匀混合,浆膜匀整光滑落浆减少。

③ 滑石粉的烧煮方法:先在煮釜桶内放滑石粉量 5 倍左右的水,再放滑石粉量 1%的烧碱,开动搅拌器,投入滑石粉,然后开启蒸汽。待煮沸后,关小蒸汽续煮 0.5～1h,冷却至50℃左右备用。

④ 2-萘酚液的准备:称规定重量 2-萘酚,放在铜制或搪瓷容器内,加入相当于 2-萘酚重量 40%的烧碱液(按固体烧碱计算,使用前稀释至 30%或以下的浓度),再加适量冷水,通入蒸汽煮沸,溶解后,再加冷水稀释冷却备用。煮沸时的蒸汽有毒,应防止吸入体内。

⑤ 油脂的准备：皂化油脂的方法是将规定量的油脂及油脂重量 3%～5% 的烧碱放在搪瓷桶或专用乳化桶内，再加油脂重量 1 倍左右的水，通入蒸汽，烧煮 3～5min 后备用。另一种油脂的乳化方法是将油脂及油脂重量 2.5% 的乳化剂 OP 及 0.5% 烧碱放入乳化桶内，再加入油脂重量 50% 的水，搅拌乳化 2h 即成。

（2）浆液的调煮。称取一定重量的干淀粉（或抽取一定体积已制备的淀粉生浆）投入调浆桶中，并与一定体积的水搅拌混匀，再加入 2-萘酚溶液，待搅拌片刻后校正浆液 pH 值等于 7。如浆料中有滑石粉时，则在校正 pH 值之前加入一定量的滑石粉悬浊液。然后，开蒸汽加热到定浓温度（一般为 50℃ 或 60℃），焖 15min 后校正浆液至规定浓度。定浓后，升温至 65℃ 后加入油脂，投入一定量的分解剂硅酸钠，加热到供应温度。因为碱性分解剂只有在高温和氧存在的条件下，才能使淀粉大分子氧化裂解，加速糊化过程。半熟浆供应温度为 70～80℃，熟浆供应温度为 98℃。

2. 定积法——PVA 浆的调制

（1）完全醇解 PVA 浆的调制。调浆桶内先放总调和体积 1/2～3/5 的常温水，开动搅拌器，徐徐倒入规定量 PVA，开蒸汽加热至沸腾后，关小蒸汽，继续加温和搅拌至完全溶解。采用慢速（30r/min）搅拌时，需烧煮 2h 左右；采用快速（1000r/min）搅拌时，只需烧煮 40～60min，即可使用。在具备高速溶解桶时，先将 PVA 在高速溶解桶内溶解，待全部溶解后，再打至慢速搅拌的调浆桶，在加入其他助剂后使用。

（2）部分醇解 PVA 浆的调制。先将 PVA 投入室温水中浸泡 0.5～1.5h，然后逐步升温至 75～85℃，保温搅拌 1.5h 左右，使气泡尽量逸出，再加温至 95℃ 或沸腾，使之充分溶解后，即可使用。

若 PVA 浆中混用聚丙烯酸甲酯，则在 PVA 全部溶解后，将甲酯加入 PVA 溶液中，保持 60℃ 以上温度，搅匀后，再将其他辅助材料加入，经定温、定积，即可供应使用。

若 PVA 浆中混用聚丙烯酰胺，因其黏稠性大，需先在高温下高速搅拌，使其全部溶解后再与 PVA 混合。

若 PVA 浆混用淀粉，在 PVA 全部溶解后，降温至低于淀粉的糊化温度时，再加入规定量淀粉和其他助剂。搅匀后，以半熟浆供应，以免发生输浆困难。

3. 以淀粉为主的 PVA 混合浆的调制

宜采用分别调制的方法，将淀粉与各种助剂调制成熟浆，再加入一定比例的 PVA 溶液，经充分混合后使用。

四、浆液的输送

浆液以重力输送和压力输送这两种形式，通过输浆管路送往浆纱机的预热浆箱。预热浆箱的浮球阀在箱内浆液面低于某一高度时打开，浆液流入箱内；当液面高于一定高度时，阀门关闭，停止进浆。

（一）重力输送

重力输送是利用浆液的自重，依靠调浆桶与预热浆箱之间较大的高度差，让浆液自动地沿输浆管路流入预热浆箱。这种输浆形式避免了输浆泵的机械作用，对于浆液黏度稳定十分有利。因此，在中、小型织布厂，输浆管路不长的条件下，重力输送形式被广泛采用。重力输送的缺点是浆液在输浆管中有静止阶段，会引起不定量的沉淀，影响浆液浓度和上浆质量。

（二）压力输送

压力输送是利用输浆泵的机械作用把浆液输送到预热浆箱。它的优点是输送能力强，即使是高黏度的浆液也能顺利输送。但是，泵对浆液产生机械作用，使黏着剂大分子裂解，黏度下降。

压力输送系统的输浆泵不断输浆，当预热浆箱的浮球阀关闭时，输浆泵输出的浆液必须经循环管路回到输浆泵的输入一方。为此，压力输送系统分为大循环、小循环和间歇式送浆三种方式。

大循环方式的路线是供应桶—输浆泵—浆槽上方—供应桶。它的特点是浆液在管道中不断流动，不容易产生堵塞管道和浆液沉淀等现象，但输浆泵对浆液黏度破坏作用较大，适用于一种浆液供应多机台的场合。

小循环方式是将输浆泵的输出管道和调浆桶的回浆管道以一个回流调节阀连接。预热浆箱的浮球阀关闭后，输浆泵的输出端浆压上升，当达到某一设定值时，回流调节阀门自动打开，浆液经回浆管流回供应桶，形成不间断的小循环流动。这种循环方式中，浆液在较长管道内静止，会产生沉淀，浆泵对浆液黏度仍有影响。

第五节　浆液质量的检验与管理

一、浆液质量的检验

各种浆料的调制方法不同，其浆液质量指标也有所差异。未经检验合格的浆液是不准输送给浆纱机使用的。浆液的质量指标主要有浆液含固率、淀粉生浆浓度、浆液黏度、浆液酸碱度、浆液温度、淀粉浆分解度、浆液黏着力、浆膜性能。

（一）浆液含固率

含固率（又叫总固体率）是指浆液内含有干浆料的百分率，即浆液中浆料的总干重对浆液重量的比值，它直接决定了浆液的黏度，影响经纱上浆量。测定浆液含固率的方法有烘干法和糖度计检测法。

（1）烘干检测法：称取一定重量（B）的浆液，在水浴锅上蒸发大部分水分，再放在烘箱内在 $105 \sim 110℃$ 下烘至质量恒定，并称重量（A），即可计算出浆液含固率。

$$C = \frac{A}{B} \times 100\%$$

式中　C——含固率，%；

　　A——浆液中各种浆料的干烘重量，g；

　　B——浆液的重量，g。

（2）糖度计（或折光仪）检测法：该法是基于溶液的折射率与含固率成一定比例的原理，在糖度计（或折光仪）上测定浆液的折射率，然后换算成浆液的含固率。

糖度计上所读数值与浆液实际含固率有一定差异，它只适合于溶液状的浆液（如合成黏着剂、变性黏着剂的水溶液），对于淀粉浆液不能使用。

（二）淀粉生浆浓度

淀粉的生浆浓度以 Baume（波美计）比重计测定，其单位为°Bé。它是依据同体积同重量的物体在不同浓度的液体中沉浮不同的原理制成的。它间接地反映了无水淀粉与溶剂水的质量比。

当浆液的浓度为 α，对应的密度为 γ 时，两者关系为：

$$\gamma = \frac{145}{145 - \alpha}$$

例如，淀粉的生浆浓度为 $5°Bé$，共密度为：

$$\gamma = \frac{145}{145 - \alpha} = 1.0357$$

由于浆液的密度和浓度受浆液温度的影响而变化，因此，规定测定的淀粉的生浆浓度在 $50℃$ 时进行，这时淀粉尚未糊化，悬浮性较好，沉淀速度缓慢，所测定数据比较准确。

（三）浆液黏度

浆液黏度是浆液质量指标中一项十分重要的指标。黏度大小影响上浆率和浆液对纱线的浸透和被覆程度。在整个上浆过程中浆液的黏度要稳定，它对稳定上浆质量起着关键的作用。

浆液黏度有绝对黏度和相对黏度两种。测定绝对黏度常用的一种仪器是旋转式黏度计，它是测定浆液的黏滞力，浆液黏度愈大，黏滞力愈大。相对黏度是液体与水的黏度过比值。测定相对黏度用恩格拉黏度计，它是测定一定体积的浆液在温度为 $85℃$ 时，自一小孔流出，记录流完全部浆液所需时间（秒数），把测得的时间与同体积蒸馏水在 $20℃$ 时流过同样小孔所需的时间相比，就是该液体的相对黏度。

$$黏度 = \frac{85℃浆液流出时间的平均值(s)}{同体积\ 20℃蒸馏水流出的时间的平均值(s)}$$

测定浆液黏度除上述方法外，还有一种简易漏斗黏度计。直接记录流完漏斗内浆液所需的时间，单位为秒（s）。

（四）浆液酸碱度

浆液酸碱度（pH 值）是浆液中氢离子浓度（负对数）的指标。氢离子浓度大，浆液呈酸性；反之，则呈碱性。酸碱度对浆液黏度、黏着力以及上浆的经纱都有较大的影响。棉纱的浆液一般为中性或微碱性，毛纱则适宜于微酸性或中性浆液，黏纤丝宜用中性浆液，合成纤维不应使用碱性较强的浆液。

浆液酸碱度可以用精密 pH 试纸或 pH 计来测定。

（五）浆液温度

上浆过程中浆液温度会影响浆液的流动性，改变浆液的黏度，对于纤维表面附有油脂、蜡质、胶质、油剂等拒水物质的纱线而言，浆液温度对浆液黏度、纱线的吸浆性能和浆液亲和力有很大的影响。例如棉纱用淀粉浆一般上浆温度在 $95℃$ 以上。有时，过高的浆液温度会使某些纤维的力学性能下降，如羊毛和黏纤不宜高温上浆（一般以 $55\sim65℃$ 为宜）。

（六）淀粉浆分解度

淀粉浆分解度是指浆液中可溶物质或分解充分物质的干重对浆液干重量的百分率。分解度决定浆液的流动性，直接影响了浆液的浸透性和被覆性。分解度低时，浆液浸透性差，被覆性好；反之，浆液的浸透性好，而浆液的被覆性差。分解度定义公式为：

$$分解度 = \frac{A}{B} \times 100\%$$

A、B 的数值测定包括以下两个步骤。

（1）将（20±0.1）mL的熟浆逐步稀释到1000mL，然后取出100mL测定其烘干后的重量 B。

（2）稀释后的浆液在500mL量筒内静置24h，再于量筒的2/3高度吸取100mL溶液，测定其烘干后的重量 A。

（七）浆液黏着力

浆液黏着力作为一项质量指标，综合了浆液对纱线或织物的黏着力和浆膜本身强度两方面的性能，直接反映到上浆后经纱的可织性。

测定浆液黏着力的方法有粗纱试验法和织物条试验法。

（1）粗纱试验法是将300mm长、一定品种的均匀粗纱条在1%浓度浆液中浸透5min，然后以夹吊方式晾干并测定其断裂强力，以断裂强力间接地反映浆液黏着力。

（2）织物条试验法是将两块标准规格的织物条试样，在一端以一定面积 A 涂上一定量的浆液后，以一定压力相互加压粘贴，然后烘干冷却并进行织物强力试验，两块织物相互粘贴的部位位于夹钳中央。测黏结处完全拉开时的强力 P，则

$$浆液黏着力 = \frac{P}{A}(\text{N/cm}^2)$$

（八）浆膜性能

测定浆膜性能可以从实用角度来衡量浆液的质量情况，这种试验也经常被用作评定各种黏着剂材料的浆用性能。

浆膜性能测试前，首先要制备标准的浆膜试样，然后对试样进行断裂强力和断裂伸长试验、定伸长弹性变形试验、耐磨试验、吸湿性试验、水溶速率试验，并以各项试验的指标值综合反映浆膜性能。

二、调浆质量控制与管理

（一）调浆液质量控制

为控制浆液质量，调浆操作要做到定调合体积、定调合浓度、定浆料投放量，以保证浆液中各种浆料的含量符合工艺规定。调浆时还应定投料顺序、投料温度、加热调和时间，使各种浆料在最合适的时刻参与混合或参与反应效果，并可避免浆料之间不应发生的相互影响。调制过程中要及时进行各项规定的浆液质量指标检验，调制成的浆液应具有一定黏度、温度、酸碱度。

关车时，要合理调节浆液，控制调浆量，尽量减少回浆。回浆中应加入适量防腐剂并迅速冷却保存。回浆使用时，可在调节酸碱度后与新浆混合调制使用，或加热后作为降低浓度的浆直接使用。

（二）调浆质量管理

1. 调浆质量管理的主要项目

为了浆液质量的稳定，浆液的制备应有严格的质量管理。主要从以下方面入手。

（1）建立调浆配方和调浆方法制订、批准和更改的责任制。配方一经确定，必须严格执行。

（2）各种浆用材料用前须经化验，合格才能使用。

（3）建立浆料保管和使用制度。各种浆料在仓库内应按品种、进仓日期分别堆放。对已经检验合格的浆料，作出标志。贮存时间过长的浆料，使用前要复查。

（4）操作应严格按调浆方法进行。调浆要做到六定，即定投量、定时间、定温度、定浓度（或体积）、定黏度、定 pH 值。

（5）设备、仪器、用具应齐全完好。使用输浆泵前要检查好旋塞方向是否正确，防止溢浆、漏浆、错流。

（6）贯彻小量多调原则，保持浆液新鲜。1 次调浆的用浆时间以 2～3h 为宜。

（7）建立剩浆保存和使用办法，建立调浆设备的清洁、维护制度。

（8）调浆工要掌握有关调浆与上浆的工艺基础知识；操作时与浆纱值车工、试验工保持联系。

（9）对有毒或腐蚀性材料做好保管防护措施。

（10）观测浆液浓度、体积、温度、黏度和 pH 值要准确一致。

2. 浆液疵点的形成原因

（1）凝结团块：助剂在投入淀粉浆液时，没有充分冷却；易凝块的浆料投入调浆桶时太快等。

（2）油脂上浮：油脂未经充分皂化；浆液温度不够，搅拌不足；浆液的扩散性不够等。

（3）黏度太大：煮浆温度和时间不足；淀粉分解不够；定浓或定积不对；浆料品级有变化等。

（4）黏度太低：浆料品质变化；浆液存放时间过长；冷凝水进入浆液太多；定浓或定积不准；淀粉分解过度；烧煮或焖浆时间过长；浆液使用太长；剩浆使用不当等。

（5）沉淀：滑石粉用量大或颗粒大，烧煮不充分；肥皂与钙、镁金属结合；搅拌不匀；淀粉浆存放时间过长；CMC 浆的 pH 值太低等。

（6）起泡：表面活性剂用量太大；硅酸钠原料中的碳酸钠含量比例过大；浆液中蛋白质含量过多；PVA 溶解和消泡不充分等。

（7）起皮：长时间停止搅拌；浆液温度下降；PVA 的聚合度过高等。

（8）pH 值不合标准：浆液 pH 值调整不当；浆液存放时间过长；剩浆处理不当等。

（9）杂物、油污混入：浆料中的杂物未经过滤；调浆桶或输浆管不清洁，浆桶进料。

第六节　浆纱设备

经纱上浆通常是在浆纱机上进行的。浆纱机首先把数个整经轴交合起来，获得织物的总经纱数，然后，在上浆装置中使经纱吸取浆液，再经过烘燥、分纱、打印和卷绕制成织轴。

浆纱是经纱准备工程中的重要工序，浆纱的质量关系到织造生产能否顺利进行和产品质量的优劣。

一、浆纱机的分类

1. 按烘燥方式分类

（1）热风式。浆纱机通过热空气与湿浆纱以对流的方式进行热湿交换达到烘燥的目的。

这种方式的特点是形成的浆膜完整度好，但热效率较低。

（2）烘筒式。浆纱机上热烘筒的表面与湿浆纱以热传导的方式直接接触而汽化水分，以此达到烘燥的目的。这种方式的特点是形成的浆膜完整度较差，热效率很高。

（3）热风烘筒联合式。热风烘筒联合式浆纱机的烘燥机构是前两者的结合，通常湿浆纱先经热风预烘，再经烘筒烘燥。这种方式结合了前两者的优点，形成的浆膜既保持较好的完整度，又有较高的热效率。

2. 按上浆方式分类

按上浆方式可分为单浆槽、多浆槽、单浸单压、单浸双压、双浸双压和双浸四压等类型。单浆槽一般用于生产密度的织物，多浆槽用于生产高密织物。浸没辊和上浆辊压浆辊的配置数量因机型、产品品种和要求不同而定。

3. 按工艺流程分类

（1）轴经浆纱机。轴经浆纱机是先进行并轴，即将若干只经轴上的经纱并合为一片，再经上浆、烘燥，最后卷绕成织轴。这种浆纱机在纺织厂被广泛使用。

（2）单轴浆纱机。单轴浆纱机是对分条整经机卷制的织轴进行上浆、烘燥，最后仍卷绕成织轴。

（3）整浆联合机。整浆联合机是把整经和上浆两个工序合在一起，先对从筒子架上引出的片纱上浆烘燥，卷绕成经轴，然后再用并轴机形成织轴。

（4）分条整浆联合。分条整浆联合机是在分条整经机的筒子架前安装上浆、烘燥和分绞装置，最后卷绕成织轴。

（5）染浆联合机。染浆联合机上既有染纱槽，又有浆槽，进行染浆工艺的联合，一般用于批量较大的劳动布、坚固呢等织物生产的经纱染色和浆纱。染料大都使用不溶性偶氮染料或靛蓝染料，如用不溶性偶氮染料，只有传统的浆纱机上增加一个染纱槽和中间烘干装置。不溶性偶氮染料价格较高。如用靛蓝染料时，则需增加几个染槽和相应的"空气氧化通道"。使用靛蓝染料法机器占地面积大，综合比较，靛蓝法较好。

二、典型浆纱机的工艺流程

（一）热风式浆纱机

如图 4-6 所示为国产 G142 型热风喷射式浆纱机的工艺流程。经纱自经轴 1 上引出，并合后经两根导纱辊 2 和张力辊 3，在引纱辊 4 的牵引下被送入浆槽 5。经纱在浆槽内先绕过浸没辊 6 吸取浆液，再经两对上浆辊、压浆辊 7 和 8 的挤压。湿浆纱出浆槽后经过导纱辊 9，由湿分绞棒 10 进行分绞，然后进入烘房 11。湿浆纱在烘房内往复回绕的过程中，受到热风的喷射作用而烘出水分，形成浆膜。浆纱出烘房后，绕过张力调节辊 12、导纱辊 13，由分纱棒 14 分纱，再经伸缩筘 15、平纱辊 16、测长辊 17、拖引辊 18 和导纱辊 19，卷绕在织轴 20 上。排气管 21 将烘房内和浆槽上方的湿气排至室外。

国产 G142 型热风喷射式浆纱机在国内纺织厂主要适于 13tex 以上的纯棉或涤/棉等一般织物的经纱上浆。烘房的烘燥能力为 200～230kg/h，最高设计车速为 60m/min，浆膜成形较好。与烘筒式烘燥相比，其烘燥效率较低，产品适应性较差。

（二）烘筒式浆纱机

如图 4-7 所示为单浆槽八烘筒式浆纱机的工艺流程。经纱自双层经轴架上引出，经张力

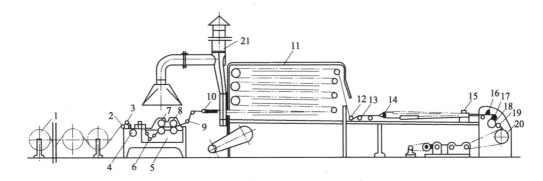

图 4-6　G142 型热风喷射式浆纱机的工艺流程

1—经轴；2、9、13、19—导纱辊；3—张力辊；4—引纱辊；5—浆槽；6—浸没辊；

7、8—上浆辊、压浆辊；10—湿分绞棒；11—烘房；12—张力调节辊；14—分纱棒；

15—伸缩筘；16—平纱辊；17—测长辊；18—拖引辊；20—织轴；21—排气管

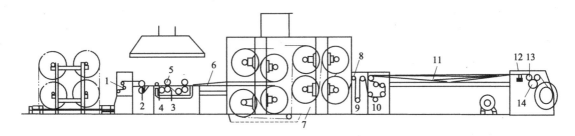

图 4-7　单浆槽八烘筒式浆纱机工艺流程示意图

1—张力辊；2—引纱辊；3—浆槽；4—浸没辊；5—压浆辊；6—湿分绞棒；7—烘房；

8—导纱辊；9—张力辊；10—上蜡装置；11—分纱棒；12—伸缩筘；13—测长辊；14—拖引辊

辊 1 及导纱辊，由引纱辊 2 牵引，进入浆槽 3，经浸没辊 4 和压浆辊 5 完成上浆。再经湿分绞棒 6 分绞，湿浆纱先分两层预烘，然后并合为一片纱进行烘燥，达到要求的回潮率。浆纱出烘房 7 后经导纱辊 8 和张力辊 9 进入双面上蜡装置 10，再经分纱棒 11、伸缩筘 12、测长辊 13、拖引辊 14 及导纱辊卷成织轴。

烘筒式浆纱机烘燥效率高、浆纱速度快、品种适应性强。国产 GA330 型烘筒式浆纱机的烘燥能力为 600kg/h，最高设计车速为 100m/min，适用于 7～97tex 的棉、棉与化纤混纺纱的经纱上浆。

（三）热风烘筒联合式浆纱机

如图 4-8 所示为国产 GA301 型双浆槽联合式浆纱机的工艺流程。经纱自双层经轴架 1 上引出，经引纱辊 2 及导纱辊分别牵引，分两层进入上下两个浆槽。两层片纱出浆槽后分别经湿分绞棒 6 平行进入热风预烘烘房 7，烘房内由喷嘴将热空气喷射到浆纱表面，初步形成浆膜后，再进入烘筒烘房由预烘筒 8 进行预烘，浆纱随后合成一片，由四只烘筒 9 进行最后烘燥，达到工艺要求的回潮率。

联合式浆纱机兼有热风式的浆膜成形完整和烘筒式的烘燥效率高的优点。GA301 型浆纱机的烘燥能力为 750kg/h，设计速度为 2～80m/min。采用双浆槽结构，能适应高密织物的经纱上浆。

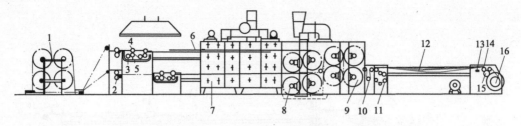

图 4-8　GA301 型双浆槽联合式浆纱机工艺流程

1—经轴架；2—引纱辊；3—浸压辊；4—压浆辊；5—上浆辊；6—分绞棒；7—烘房；8—预烘筒；
9—烘筒；10—张力辊；11—双面上蜡装置；12—分纱棒；13—伸缩筘；14—测长辊；15—拖引辊；16—织轴

三、浆纱机的主要机构

(一) 经轴架

经轴架是放置经轴的，经纱从若干个经轴上引出、合并，以达到工艺要求的总经根数，为经纱上浆做好准备。经轴架上最多可放置 12～16 只经轴，具体数量根据整经根数和总经根数确定。

1. 对经轴架的要求

(1) 经轴回转轻快，经纱退绕张力小而均匀。

(2) 对经轴的制动平稳，当车速变化时能够减小经纱张力的波动。

(3) 方便操作，占地面积小。

2. 经轴架的种类及引纱方式

经轴架的种类和引纱方式如图 4-9 所示。

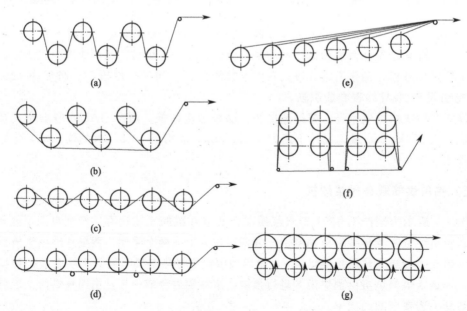

图 4-9　经轴架的种类和引纱方式

经轴架可分为一列式、山形式和双层式。图 4-9 (a) 和 (b) 为山形式，占地面积小，但上轴操作不便；图 4-9(c) 和 (d) 为一列式，图 4-9(e) 为一列倾斜式，经轴由后向前逐渐升高，退绕张力较均匀；图 4-9(f) 为双层式，每 4 根经轴为 1 组，两组之间设有通道，占地小，操作方便。

经轴架还可分为消极式和积极式两种。图 4-9(a)～(f) 均为消极式，经轴依靠经纱张力拖动而回转。其优点是机构简单，经纱张力较均匀；缺点是当浆纱机车速变化时，由于惯性易使经纱退绕张力发生较大的波动。图 4-9(g) 为积极式，采用专用电动机传动滚筒，再由滚筒摩擦传动经轴。其优点是可以减少经纱的退绕张力，常用于弱纱或要求退绕张力小的特种纱上浆；缺点是传动机构复杂，经轴间送纱均匀性较差，易产生白回丝，故很少采用。

经纱自经轴上引出和并合的方式有多种。采用何种方式应以退绕张力均匀、减少回丝和操作方便为原则。图 4-9 中 (a) 和 (c) 的引纱方式称为波浪式。波浪式引纱时，经轴被片纱牵制，因而回转平稳，浆纱机降速时，经轴不易产生惯性回转使经纱松弛和扭结，上轴、放纱操作较方便。但各经轴纱片的张力伸长并不均匀。图 4-9(b)、(d)、(f) 的引纱方式称为下行式。下行式引纱时，各经轴纱片张力均匀，为防止纱片松弛落地，经轴架的下方设置有托纱辊。其优点是各经轴纱片张力均匀；缺点是上轴引纱操作不便。图 4-9(e) 和 (g) 的引纱方式称为上行式。上行式引纱张力均匀，无纱片。

(二) 上浆及湿分绞

1. 上浆装置的要求

上浆装置的任务是使经纱吸取一定量的浆液，并使其获得一定比例的被覆与浸透量，满足各种上浆要求。

(1) 便于经纱浸润吸浆，有适当的浸浆深度。

(2) 浆槽能贮存适量的浆液，浆液液面位置能保持稳定，可适应不同品种进行温度和液面高度调节，能及时补充浆液。

(3) 要具有把浆液压入纱线内部和压去多余浆液的功能，压浆力大小便于调节或实现自动控制，能很好地控制经纱的上浆率。

(4) 上浆过程中，应能保持浆液的物理、化学性能稳定，浆液能流动，不易结成浆皮、沉淀、起泡等现象。

(5) 操作、维修方便，易清洁。

2. 典型上浆装置的结构及特点

(1) 单浸双压上浆装置。浆纱机浆槽的典型结构如图 4-10 所示。经纱经两组导纱辊 3、张力辊 4 和引纱辊 5 进入浆槽 2，经浸没辊 6 浸入浆液，再经两对上浆辊 7 和压浆辊 8 后离开浆槽，经湿分绞棒分绞后进入烘房。

① 导纱辊和张力辊：导纱辊有四根，用于引导经纱。两根张力辊各自的两端轴颈嵌在滑槽内，可以上下活动，以防止经纱松弛。

② 引纱辊：引纱辊的作用是将经纱从经轴上引出并送入浆槽。引纱辊由铸铁材料制成，裹包布，以增加对经纱的摩擦牵引力。引纱辊通过浆纱机的边轴积极传动，其表面线速度比上浆辊的表面线速度略大，经使经纱在较松弛的状态下浸浆。

③ 浸没辊：由三根直径为 75mm 的罗拉组成。浸没辊位置的高低可以调节，从而调节经纱浸浆时间的长短。在上浆过程中，其高低位置不能变动。

④ 上浆辊、压浆辊：上浆辊用无缝钢管制成，表面镀铬，防锈磨，直径为 216mm，由边轴积极传动。压浆辊由铸铁材料制造，直径为 180mm，外包合成橡胶材料，具有一定的

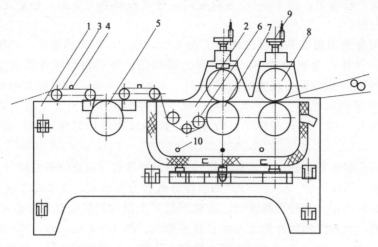

图 4-10 浆纱机浆槽典型结构示意图

1—机架；2—浆槽；3—导纱辊；4—张力辊；5—引纱辊；

6—浸没辊；7—上浆辊；8—压浆辊；9—弹簧加压装置；10—蒸汽管

硬度和弹性。上浆辊和压浆辊的作用是共同增进浆液对经纱的浸透，挤除多余的浆液，使经纱获得工艺所要求的上浆率。压浆辊的加压方式有杠杆式、弹簧式、电动式、液压式及气压式等。

⑤ 浆槽：浆槽的作用是贮存一定量的浆液供上浆使用。浆槽外层包覆钢板，内层为不锈钢板，内外夹层填充玻璃纤维保温材料，以隔热保温。浆槽底部装蒸汽管道，对浆液进行加热。浆槽前面设有溢流口，过多的浆液可流入预热浆箱。

⑥ 预热浆箱：预热浆箱的作用是预煮浆液和循环使用浆液，以稳定浆液性质和浆液液位。

⑦ 湿分绞棒：湿分绞棒的作用是在湿浆纱进入烘房前预先分纱，减少粘连，使浆膜完整，减少毛羽。湿分绞棒可由边轴传动或单独电动机传动，其表面速度与浆纱速度之比为1:10～1:20，单独电动机传动的优点是停车时湿分绞棒仍在继续转动，以防止粘连。

单浸双压上浆装置有利于浆液的浸透和上浆均匀，有利于浆纱光洁、贴伏毛羽。为保持经纱的弹性伸长，两根上浆辊的线速度应相等。

（2）双浸双压双浆槽上浆装置。在新型浆纱机上，为了适应细特高密品种的上浆，一般采用双浆槽上浆装置。GA301 型浆纱机的上浆装置就属于这种类型，它主要由两只结构相同的浆槽和一只预热浆箱组成，品种适用范围广，上浆较均匀，浆纱质量比较稳定。如图4-11 所示。

① 引纱辊：上下两只引纱辊同步转动，均由边轴经 XP1 型无级变速器传动，调速方便。引纱辊上方设有气动加压的摩擦辊，以防止经纱在引纱辊表面打滑，保证上、下两层经纱喂入量准确并相等。引纱辊传动处装有离合器，可与边轴脱离关系。

② 浸没辊：浸没辊采用不锈钢制成，直径为 180mm。浸没辊的升降可通过齿条手动调节或自动调节。

③ 上浆辊、压浆辊及气动加压装置：上浆辊由不锈钢制成，由边轴经 XP1 型无级变速器传动，调速方便。上、下两只上浆辊的相对转速可由铁炮式无级变速器调节。上浆辊可借离合器与边轴脱离传动，以方便操作。压浆辊为铸铁材料制成，外包覆丁腈橡胶（光面），

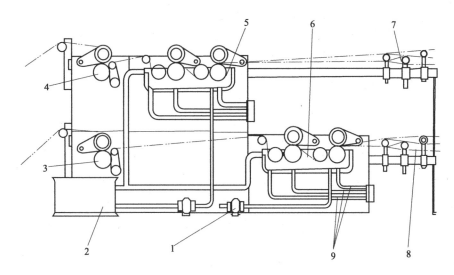

图 4-11 GA301 型浆纱机上浆装置示意图

1—循环浆泵；2—预热浆箱；3—下引纱辊；4—上引纱辊；5—上浆槽；

6—下浆槽；7—上湿分绞棒；8—下湿分绞棒；9—蒸汽管道

采用气动加压。压浆辊自重被提升弹簧抵消，因此，当汽缸内压力为 0.15～0.55MPa 时，压浆辊压力为 0～6000N。可实现两级调压。

在浆纱生产中，由于慢速运行时湿浆纱受挤压时间长，所以压出回潮率小，上浆率偏低。同理，当正常或高速运行时，上浆率偏大，因此造成区域性轻浆和上浆不均。一般新型浆纱机都具有根据车速变化自动调节压浆力的功能，目前有两级调压和无级调压两种类型。

④ 浆槽：全机设有上、下两个浆槽。浆槽的内外层均由不锈钢制成，夹层内填充玻璃纤维保温材料。浆槽的容积为 265L，浆液从浆槽的底部输入，全幅瀑布式溢流方式控制液位，可防止液面结皮产生。三根蒸汽管加热浆液，蒸汽流量可分别控制。

⑤ 预热浆箱：预热浆箱的容积为 250L，内、外层均由不锈钢制造，夹层内填充保湿材料，浆箱底部设有一环形加热管对浆液进行加热。预热浆箱的液位用浮筒控制。

⑥ 循环供浆系统：浆泵由双速电动机经减速器传动，具有两种转速，以适应不同浆液的需要。

⑦ 湿分绞装置：设在浆槽与烘房之间，上、下两层各装三根湿分绞棒，对浆纱进行湿态分绞。湿分绞棒由电动机单独传动，通过旋钮控制可得到两种工作方式，一种是浆纱机主机开动，则湿分绞棒转动，主机停由湿分绞棒停止转动；另一种是湿分绞棒一直在转动，而与浆纱主机的开、停无关。

双浸双压上浆装置适用于吸浆性较差的合成纤维纯纺、混纺纱或高密品种上浆。此外，还有利用浸压辊对上浆辊的侧向加压构成双浸三压、双浸四压等方式的上浆装置。

双浆槽浆纱机一般适用于经纱覆盖系数超过 60% 的高密织物、两种不同纤维而采用不同上浆工艺条件的品种及两种不同颜色的经纱上浆等。

（三）烘燥部分

烘燥装置的任务是去除湿浆纱上的多余水分，达到工艺要求的回潮率，固化浆纱上黏覆的浆液，使其形成黏结内部纤维、贴伏表面毛羽的浆膜。

　　湿浆纱的压出回潮率一般为120%~150%，烘燥后纯棉浆纱的回潮率要求为2%~8%，而涤/棉纱的回潮率仅为2%~3%。因此，大量水分需要在烘燥中汽化，这一方面使浆纱生产能耗很大，另一方面也使浆纱生产速度的提高受到限制。此外，浆纱在烘燥过程中要受较长时间和较长距离的牵引，浆纱原有的弹性和伸长性会受到损失。

　　对烘燥装置的要求有如下几个方面。

　　（1）提高烘燥效率，减少能源消耗，充分利用热能，降低生产成本。

　　（2）浆纱烘燥均匀，浆膜完整，浆纱质量好。

　　（3）烘房各导纱传动机件回转灵活，尽量减少经纱弹性和伸长性的损失。

　　（4）烘房的隔热、排湿性能良好，操作环境良好。

　　（5）烘房结构坚固、耐用、易维护，操作方便等。

（四）车头部分

　　车头引导部分是自浆纱出烘房后到卷绕成织轴前，对其进行一系列辅助性加工、检测及引导作用的各种机构的总和。

　　如图4-12所示为G142型浆纱机的车头部分。浆纱从烘房出来后，先经测湿辊1、张力辊2、打印锤3和蜡辊4进入分纱区，然后浆纱经若干根分绞棒5分层，并越过抬纱棒6，再经伸缩筘7、平纱辊8、测长辊10（计匹表9）、拖引辊11、导纱辊12卷绕到织轴13上。图中14为压纱辊，用来给织轴加压。

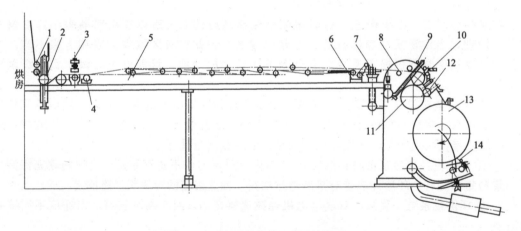

图4-12　G142型浆纱机的车头部分

1—测湿辊；2—张力辊；3—打印锤；4—蜡辊；5—分绞棒；6—抬纱棒；7—伸缩筘；
8—平纱辊；9—计匹表；10—测长辊；11—拖引辊；12—导纱辊；13—织轴；14—压纱辊

1. 测湿装置

　　该装置的作用是检测浆纱的回潮率。测湿的方法很多，在浆纱机上多采用电阻法。传统的做法是用两根金属辊检测全幅浆纱的电阻，以此测得浆纱的含湿程度，并在指针式常规仪表上显示。由于该金属检测装置所得到的信号是全幅内各根浆纱回潮率的最大值，而不是平均值，加之电路简单、精确度低、功能差，现已逐渐被具有多个检测辊的数字仪表或微机化智能仪所取代。

2. 张力辊

　　张力辊主要用来指示被拖引的浆纱片的张力大小和波动情况。张力辊两端的轴承座上有弹簧的作用，浆纱从张力辊下绕过，因张力作用克服弹簧阻力抬起张力辊，经轴芯上的齿杆推动齿轮，带动指针转动。张力波动时，张力辊上下移动，使指针摆动。

3. 上蜡装置

对烘燥后的浆纱进行上蜡，可降低其表面摩擦系数，保护浆膜，减少织造的断头。双面上蜡方式与单面上蜡方式相比，具有涂蜡面积大、贴伏毛羽、软化浆膜效果好的优点。

4. 分纱装置

分纱装置的作用是借助分纱棒分开浆纱，消除粘连。分纱棒也称分绞棒，其根数等于经轴数减1。如图4-13所示为六根经轴，采用 A、B、C、D、E 五根分纱棒的装置，还有1、2、3、4、5、6共6根小分纱棒再将6层纱片分为12层，进一步提高分纱效果，被称为复分纱，主要用于质量要求较高的品种。

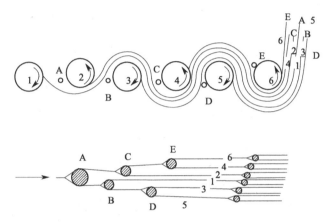

图 4-13　分纱棒的分纱示意图

分纱棒为空心铁管，表面镀铬，两端呈扁平状，便于穿纱。距离烘房最近的第一根分纱棒直径较大，承受的分纱张力最大。也可采用两根可自由回转的细圆辊代替第一分纱棒，以降低分纱棒对浆纱的摩擦作用，减少分纱断头。经轴上机时，在经轴架处放绞线，在车头以绞线为引导穿入分纱棒。

5. 伸缩筘与平纱辊

（1）伸缩筘。伸缩筘的作用是调整纱片的宽度，使之与织轴的幅宽相等，确定纱片卷绕位置与织轴边盘对正，均匀排列浆纱使织轴卷绕匀整，并兼有分纱作用。

伸缩筘采用梳片形式，各梳片插装在可以伸缩的菱形架上。车头前侧有左、右两个手轮，左手轮可调节菱形架及伸缩筘的扩张与收拢，即进行纱片的幅宽调节。右手轮可驱动菱形加及伸缩筘整体移动，即调节整个纱片的卷绕位置。

图4-14所示为几种常见的伸缩筘筘齿排列方式。图4-14（a）、（b）、（c）的两梳片相接处的间隙与梳片内部筘齿间隙不易调整一致，对均匀排列纱线不利；图4-14（d）排列方式较均匀。

（2）平纱辊。平纱辊的作用是使纱片上下做升降运动，可以均匀纱线，减少对筘齿的定点磨损。如图4-15所示，浆纱穿过伸缩筘1，在平纱辊2、3之间穿过，再绕过测长辊4、拖引辊5引向织轴。平纱辊采用偏心罗拉，每转一转使浆纱升降1次。有的浆纱机的平纱装置采用同心平纱辊结构，而伸缩筘由气动装置控制做升降运动。

6. 拖引辊、测长辊与布纱辊

拖引辊牵引全幅浆纱向前运动，是浆纱机主传动的重要机构。测长辊为空心铁辊，紧压在拖引辊表面的纱片上依靠纱片的摩擦而回转计长。布纱辊实际上是一个导纱辊，但兼有确

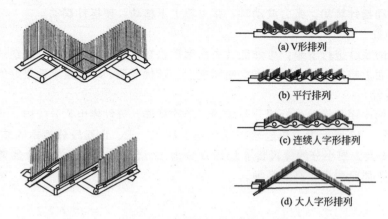

图 4-14　伸缩箱箱齿排列方式

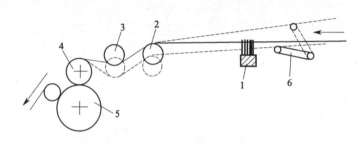

图 4-15　平纱辊及纱片抬起装置
1—伸缩箱；2、3—平纱辊；4—测长辊；5—拖引辊；6—抬纱杆

定纱片对拖引辊的摩擦包围角和分布纱线、提供织轴卷绕的功能。为此，工作中应紧压拖引辊。

　　GA301 型浆纱机车头上设有测长辊、布纱辊的气动加压装置，如图 4-16 所示。正常运转时，测长辊 3、布纱辊 4 由汽缸 1 作用紧压在拖引辊 2 的表面，压紧力可根据品种不同进行调节，以防止经纱打滑。上机时，汽缸活塞反向运动抬起两辊，以方便引纱操作。

　　7. 测长与打印装置

　　该装置的任务是在浆纱过程中测定织轴的卷绕长度，并按工艺要求的墨印长度打印，作为织造落布、整理开剪以及统计产量的依据。

　　(1) 机械式测长与打印装置。图 4-17（a）所示为 G142 型浆纱机测长打印装置。测长辊 1 的轴端齿轮 Z_1（36T）传动平纱辊 2、2′的齿轮 Z_2 和 Z_3（均为 35T）。平纱辊另一端的链轮 Z_2' 和 Z_3' 分别传动 Z_4 和 Z_4'（它们的齿数相同，即 $Z_2'=Z_4$，$Z_3'=Z_4'$）。于是，齿轮 Z_5 和 Z_5'（均为 30T）以同速、反方向回转。双头齿杆 3 上的齿轮 Z_6（15T）在 Z_5 和 Z_5' 之间，可分别与其中之一啮合。双头齿杆另一端的齿轮 Z_7（7T）传动刻度盘齿轮 Z_8

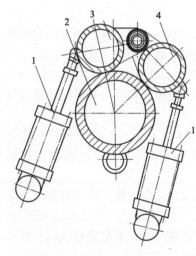

图 4-16　测长辊、布纱辊的
气动加压装置
1—汽缸；2—拖引辊；
3—测长辊；4—布纱辊

（100T）。若测长辊的直径为 11.46cm，则刻度盘每转一转，测纱长度为：

$$L = \frac{Z_8 Z_6 Z_2}{Z_7 Z_5 Z_1} \pi D = \frac{100 \times 15 \times 35}{7 \times 30 \times 36} \times 11.46\pi = 250(\text{cm})$$

因此，刻度盘面的外圈刻有 250 个小格，如图 4-17（b），每个小格代表卷绕纱长 1cm。在刻度盘罩壳上方有一红色箭头标记，作为外圈的指针。

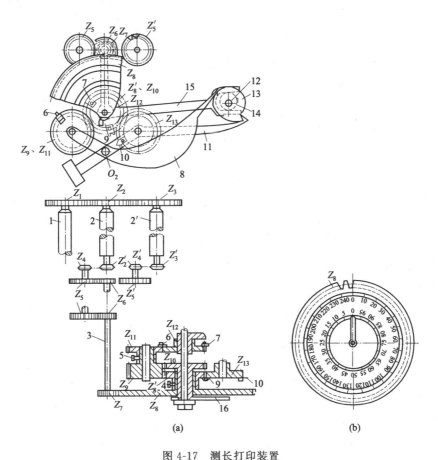

图 4-17 测长打印装置

1—测长辊；2、2′—平纱辊；3—双头齿杆；4、5—螺钉；6、10—凸形撞牙；7、9—凹形撞牙；
8—凸状保持杆；11—重锤保持钩；12—打印轴；13—控制凸轮；
14—换位凸轮；15—叉形杠杆；16—指针

在刻度盘套筒上，还固装着齿轮 $Z_8'(41^T)$，它经过桥齿轮 $Z_9(40^T)$ 传动与指针固装为一体的 $Z_{10}(40^T)$，指针随之转动指示内圈刻度。因此，当刻度盘回转 1 转，指针 16 的转数 n 为：

$$n = \frac{Z_8' Z_9}{Z_9 Z_{10}} = \frac{41 \times 40}{40 \times 40} = 1\frac{1}{40}$$

它比刻度盘多转 1/40 转。所以，刻度盘内圈刻有 40 个小格，每一小格代表卷绕纱长 250cm。当指针沿内圈相对转动 1 周时，卷绕纱长 $2.5 \times 40 = 100\text{m}$，这是测长装置的最大量程。

（2）电子式测长打印装置。GA301 型浆纱机采用电子式测长打印装置，它具有数字显示卷绕长度、电气控制打印和记匹、人工按钮控制打印、满轴时自动降低车速并发出落轴报警信号等功能，具有显示直观、调整方便、检测精度高、运动稳定等优点。

如图 4-18 所示，码盘 4 由测长辊 1 经一对齿轮 2、3(60^T、20^T) 传动。码盘上有十二个等分缺口，消退一缺口随码盘转动进入接近开关 5 的槽内时，接近开关即发出 1 个电脉冲。脉冲频率因码盘转速或浆纱车速不同而异。脉冲信号输入计长计数器进行长度计算，并和长度设定值（即墨印长度设定值）比较。如果不足墨印长，则将信号送长度显示器，用数字显示实际卷绕长度。如果实际卷绕长度已达到设定墨印长度，则驱动电磁进行打印，并由计长计数器向计匹计数器发出"进位"脉冲，由计匹计数器累计匹数。此时，计长计数器和长度显示"清零"并重新计长（图 4-19）。

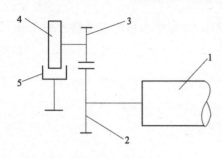

图 4-18 电子式测长打印装置
检测头示意图

1—测长辊；2、3—齿轮；
4—码盘；5—接近开关

同理，计匹计数器将所计匹数与设定匹数比较，若不足，则显示实际卷绕匹数。如已达到设定匹数，则发出落轴信号，同时自动减慢车速，等待人工落轴。

计长、计匹计数器均有断电记忆功能和手动复位按钮。计长计数器为 4 位，计数单位为厘米（cm），最大计长 9999cm。计匹计数器为 2 位，最大计匹 99 匹。打印装置为电磁式。

（五）浆纱机的主传动与伸长调节装置

浆纱机的主传动是指由主电动机对拖引辊、烘筒、上浆辊和引纱辊的传动。浆纱机的传动方式很多，目前比较先进的传动方式的特点是，浆纱速度的变化范围宽广，过渡平滑；经纱伸长控制准确，卷绕张力恒定，并具有自动控制能力。

目前用于新型浆纱机的浆纱速度控制装置主要有，通过直流发电机的输出电压进行无级调速控制的直流电动机；以可控硅进行无级调速控制

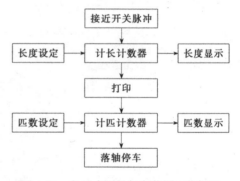

图 4-19 电子式测长打印装置工作框图

的直流电动机；可平滑变速的交流整流子电动机；交流感应电动机配合 PX 识速范围扩大型元级变速器；交流感应电动机配合液压式无级变速器；交流变频调速。如祖克 S432 型浆纱机内直流电动机或微速电动机传动；GA301 型测浆纱机主传动为 JZS2—71—1 型交流整流式电动机；大雅 500 型浆纱初采用电磁滑差离合器与三相交流异步电动机传动等。

图 4-20 为祖克 S432 型浆纱机传动系统，全机由直流电动机 1 或微速电动机 2 传动。正常开车时，直流电动机 1 通过齿轮箱 4 变速分三路传出，一路经一对铁炮 5、一对皮带轮 6、减速齿轮 7 传动拖引辊；另一路经 PIV 无级变速器 8、齿轮箱 9、一对减速齿轮 10 传动织轴；第三路则传动边轴来拖动烘筒、上浆辊和引纱辊运行。速度范围为 2～100m/min。

（六）织轴卷绕装置

1. 织轴卷绕装置的任务

织轴卷绕装置的任务是将拖引辊送出的浆纱以均匀的张力卷绕到织轴上。它应满足以下要求。

（1）织轴卷绕速度与拖引辊的表面线速度应保持一致。

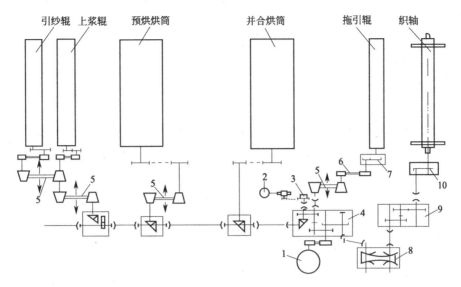

图 4-20　祖克 S432 型浆纱机传动系统

1—直流电动机；2—微速电动机；3—离合器；4—齿轮箱；5—铁炮；

6—皮带轮；7—减速齿轮；8—无级变速器；9—齿轮箱；10—减速齿轮

（2）具有恒功率卷绕的特性，即随织轴卷绕直径的增大，织轴的转速逐渐降低，能保持恒定的卷绕张力。

（3）机械效率高，结构简单，坚固耐用，易于维护。

2. 织轴卷绕装置的分类

按调速机构的不同，织轴卷绕装置可分为以下几种。

（1）块带式无级变速器＋机械反馈的摩擦盘式。

（2）电磁滑差离合器式。

（3）液压无级变速器＋张力反馈式。

（4）重锤式张力自动调节无级变速器式。

（5）直流电动机式。

（6）其他形式。

第七节　上 浆 工 艺

一、上浆工艺配置

根据上浆经纱的原料品种、线密度、织物密度等因素合理选配浆纱工艺。

（一）短纤维上浆

短纤维上浆工艺已有悠久历史，它广泛采用轴经上浆方式。下面介绍几种工艺路线。

1. 纯棉纱上浆

（1）府绸类织物：上浆工艺掌握浸透与被覆并重的原则，宜采用"高浓度、低黏度、高温度、低张力、小伸长、重浸透兼被覆、回潮适中、卷绕均匀"的工艺原则。

（2）斜纹、卡其织物：上浆率可低于同线密度和同密度的平纹织物，上浆工艺偏重于被覆。

（3）贡缎织物：上浆工艺以减磨为主，兼顾浸透，以提高增强作用。

（4）麦尔纱、巴里纱织物：麦尔纱和巴里纱均是稀薄平纹织物，对浆纱要求较高。线密度小的纱应采用小张力、低伸长并相应地降低蒸汽压力和车速的工艺措施，以利于织造。

（5）防羽绒织物：浆纱工艺一般与府绸织物类似，但比府绸织物经密度大时，采用双浆槽浆纱机上浆较好。

（6）灯芯绒织物：上浆工艺要求股线经纱干并或略上轻浆。在并轴过程中，要注意强力、伸长以及经纱纵、横向的张力均匀。

2. 涤/棉混纺纱

以涤 65/棉 35 细布和府绸类织物为例，涤纶是疏水性纤维，上浆后应达到成膜好、耐磨高、伸长小，具有一定的吸湿性，浆纱毛绒贴伏，开口清晰，光滑柔软，能减少静电，有利于织造。上浆工艺应符合"低张力、小伸长、低回潮、匀卷绕，浆液高浓低黏，压浆先重后轻、重浸透兼被覆，湿分绞，保浆膜"的要求。

3. 维/棉混纺纱

维纶的性质近似于棉纤维，强力为棉的 1.5～2 倍，耐热性较棉差。尤其在高温湿态条件下，超过 100℃时就会发生软化和强烈收缩，使纤维弹性损失，强力下降。另外，维纶的耐磨性较差。根据上述特性，浆纱工艺要求以被覆为主，达到耐磨减伸的目的。维/棉混纺纱上浆率与浆纱相似，纯维纱上浆率应比维/棉混纺纱提高 1%～2%，适当降低张力。浆槽及烘房温度应适当降低。

4. 黏胶纤维纱

黏胶纤维具有吸湿性强、湿伸长率高、强力低、弹性差、塑性变形大、纤维表面光滑、纤维间抱合力差等特性，上浆工艺中应注意保持纱的强力和弹性。

5. 丙纶纱

上浆要求成膜好、弹性好、伸长小、光滑耐磨，具有一定的吸湿性，能消除静电以利于织造。

（二）长丝上浆

长丝种类较多，如天然丝、涤纶、锦纶、醋酯纤维等，它们性质各异，必须在掌握纤维材料特性的基础上决定上浆条件和上浆方法。

有捻长丝可以使用轴经浆纱机，但需要采用湿分绞或分层预烘，再将纱层合并，然后烘燥。

加工无捻、少捻或变形丝时，上浆设备多采用整浆联合机。将 800～1200 根长丝从筒子架上引出，无论在浆槽内或烘房内，由于总经根数少，经纱间隔大，预烘除去约 80% 的多余水分形成浆膜，再并合，由烘筒进行最后烘燥。所以浆纱不会粘连，浆膜完整率高。然后把已浆好的浆轴根据织物规格要求，在并轴机上合并卷绕成织轴。整浆联合机是先上浆后并轴，而轴经浆纱机是先并轴后上浆。前者各浆轴在烘燥受热和卷绕张力等方面不可避免地存在着较多差异。因此，并轴时容易产生纱片张力不匀的缺点。

无捻长丝也可以用轴经整经机做成整经轴，采用"轴对轴"上浆，然后再并合卷成织轴。

先并后浆的上浆工艺不适合加工无捻长丝纱，因为纱片密度太大，上浆时邻纱相互粘连难以分开，浆纱质量不好。

（三）色纱上浆

色织物经纱上浆，由于经纱配色比较复杂，又和染色方法有密切的联系，所以上浆技术在某些方面落后于原色纱的上浆技术。在绞纱上浆的基础上，发展成为用轴经式浆纱机上浆和分条整浆联合机上浆。

整经时，将经纱卷绕成纱层薄而松软的经轴，进行经轴染色，脱水后将一定数量的经轴，在一般的轴经浆纱机上并轴和上浆。宽条纹的色织物，需在浆纱机的前筘处，按规定的配色根数将经纱排列好。如为窄条纹，穿综时，再按所规定的配色根数排列经纱。轴经式浆纱机适用花色简单的、大批量生产的织物经纱上浆。

将分条整经轴放在轴经式浆纱机后的轴架上，进行"轴对轴"方式上浆，这是色经上浆的常用方法。但经密过高时应采用双浆槽上浆，否则邻纱互相粘连会造成分纱困难。

采用分条整浆联合机上浆，不但能减少工序，还可以使生产工艺合理化。

二、浆纱主要工艺参数实例

疏水性纤维，上浆的回潮率要小；易伸长的纤维，应避免施加大的张力；强力较弱的纤维，上浆应以增强为主；毛羽多或不耐磨的纱线，上浆应以被覆为主；耐热性差的纤维，以低温上浆为宜；棉纤维表面有棉蜡（棉蜡熔解温度在 $76\sim81℃$），适宜高温上浆。浆纱主要工艺参数及实例见表 4-15。

表 4-15　浆纱主要工艺参数及实例

工艺参数＼品种		14.5tex×14.5tex(40 英支×45 英支) 纯棉府绸	13tex×13tex(45 英支×45 英支) 涤/棉府绸
未熟浆温度/℃		50	—
浓度/°Be		3.2±0.2	—
上浆工艺	浆槽浆液温度/℃	98	95
	浆槽浆液黏度/(Pa·s)	20×10^3	—
	浆液总固体率/%	9	9
	浆液分解度/%	72	—
	浆液 pH 值	8	8
	浸入方式	单浸双压	双浸双压
	浸浆尺寸/mm	423	550
	压浆轴包卷方式	棉绒 2 块、毛毯、细布各 1 块	橡胶压辊
	压浆方式	弹簧加压	气动加压
	湿分绞棒数	3	3~5
	烘燥形式	热风式	热风烘筒联合式
	烘房温度	0.3~0.4MPa 蒸汽压力时为 120℃	0.3~0.4MPa 蒸汽压力时为 120℃
	卷绕速度/(m/min)	30	50
	每缸经轴数	10	9~12
	浆纱墨印长/m	40.7	123.2
浆纱质量	上浆率/%	玉蜀黍淀浆,13 左右	PVA 为主混合浆,10 左右
	回潮率/%	7 左右	3 左右
	伸长率/%	0.7	0.5

第八节　浆纱的质量控制与检验

浆纱的质量直接影响织机的产量和织物的质量，所以，必须按时检验、及时控制浆纱的质量。浆纱质量的指标有上浆率、回潮率、伸长率、毛羽降低率、增磨率、增强率、减伸率、浸透率、被覆率和浆膜完整率等，为了保证浆纱各项质量指标在运转过程中合格稳定，在新型浆纱机上均设有自动控制装置，以保证上浆的质量。常用的自动控制有以下几个方面。

（1）经轴退绕张力自动控制。

（2）压浆辊压力自动调节。

（3）浆槽内浆液温度、烘房温度、蜡槽蜡液温度的自动控制。

（4）浆液液面高度自动控制。

（5）回潮率自动控制。

（6）织轴与拖引辊间的张力自动控制。

（7）织轴压辊压力自动控制等。

一、上浆率的控制和检验

上浆率 S 表示经纱上浆后，浆料的干燥质量对经纱干燥质量之比的百分率。

$$S = \frac{Y_1 - Y}{Y} \times 100\%$$

式中　Y_1—— 浆纱干燥质量，g；

　　Y—— 原经纱干燥质量，g。

（一）上浆率的确定

上浆率偏高，会增加浆料使用成本，虽然浆纱的强力和耐磨性提高了，但浆纱的弹性和伸长率减小了，在织造中断头将增多，而且布面粗糙，影响外观效果。上浆率偏低，则纱线强力和耐磨性都不足，织造时纱线容易起毛，增加断头，影响生产。上浆率与经纱断头的关系如图 4-21 所示。

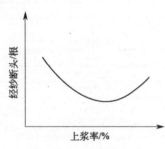

图 4-21　上浆率与经纱断头的关系

上浆率应适当，每一种织物都有最佳的上浆率。确定新产品的上浆率，通常可参考相似品种的上浆率，或者用下面的经验公式计算。

$$S = S_0 K_1 K_2 K_3$$

式中　　S—— 新品种的上浆率，%；

　　S_0—— 选定和新品种相似的上浆率，%；

　　K_1、K_2、K_3—— 经纱线密度、10cm 内每片综的提升次数和经向紧度的修正系数。

$$K_1 = \sqrt{\frac{Tt_0}{Tt}} \quad K_2 = \frac{X}{X_0} \quad K_3 = \sqrt{\frac{\varepsilon_j}{\varepsilon_{j0}}}$$

式中　Tt_0、X、ε_{j0}—— "相似品种"的经纱线密度、10cm 内每片综的提升次数和经向紧度；

　　Tt、X、ε_j—— 新品种的经纱线密度，10cm 内每片综的提升次数和经向紧度。

"相似品种"选择的得当，意味着纤维、浆料、工艺参数及其他影响上浆率的因素变化不大，如有较大的变化时应做相应的修正。

(二) 影响上浆率的因素及其控制

1. 浆液的浓度、黏度和温度

浆液浓度是决定上浆率的最主要因素，在较大范围内改变上浆率时，需改变浆液的浓度。

在浆液温度不变的条件下，浆液的浓度和黏度的关系是，浓度大，黏度也大，浆液不易浸入纱线内部，形成以被覆为主的上浆效果，纱线耐磨性增加，但增强率小，落浆率高，织造时容易断头；浆液浓度小时，黏度也小，浆液浸透性好而被覆差，浆纱耐磨差，织造时易被刮毛而断头。因此，浆液的浓度和黏度与上浆率的高低、浸透与被覆及上浆率均匀的程度均有密切关系。在上浆率相同的条件下，浆液在浆纱上的浸透和被覆，直接影响浆纱的增强和耐磨性。浸透率与被覆率也直接和黏度有关。在浆液浓度相同的情况下，浆液温度低时，浆液黏稠，浸透性差，造成表面上浆；反之，浆槽温度高，浆液流动性好，浸透性好，但是被覆性差，浆纱的耐磨性和弹性都较差。要保证规定的上浆率，必须控制浆液的浓度、黏度和温度。

2. 浸浆长度

浸没辊直径的大小和位置的高低决定了经纱的浸浆长度。浸没辊直径大、位置低，浸浆长度大；反之，浸浆长度小。在其他条件相同的情况下，浸浆长度直接影响上浆率的大小和浆纱质量。如浸浆长度大，浆液浸透条件好，上浆率相对增高；反之，则减小。在生产中，一般不采用通过升降浸没辊的方法来调节上浆率。

3. 浆槽中纱线张力

经纱进入浆液中，如张力较大，浆液不易浸入纱内，上浆偏轻，吸浆也不均匀。为了改善这种情况，设置引纱辊积极拖动经纱输入浆槽，以减小纱线进入浆槽的张力，并稳定浸没辊的位置，从而稳定经纱在浆槽中的张力。

4. 压浆力和压浆辊表面状态

压浆力系指压浆辊与上浆辊间单位接触长度上的压力，一般压浆力为 $17.6 \sim 35.3 \mathrm{N/cm}$。压浆力在 $98 \sim 294 \mathrm{N/cm}$，属于高压压浆范畴。压浆力对上浆率有明显影响，在浆液浓度、黏度及压浆辊表面硬度一定时，压浆力增大，浆液浸透好，被挤压去的浆液也多，因而被覆性差，上浆率偏低；压浆力减小，浸透少而被覆多，上浆率增大，浆纱粗糙，落浆也多。改变压浆辊的加压重量可以调节上浆率的大小，但调节幅度不宜过大，否则会造成浸透与被覆间不恰当的分配。压浆辊压力与上浆率、压出回潮率的关系见表4-16。

表4-16 压浆辊压力与上浆率、压出回潮率的关系

压浆力/N	1441	2636	4332	5762
上浆率/%	11.17	10.12	9.86	9.4
压出回潮率/%	78.18	71.49	69.82	66.84

表4-16中的数据是在浆液黏度为 $13.6 \mathrm{Pa \cdot s}$、浆液含固率为 11.39%、浆液温度为 $90^{\circ}\mathrm{C}$ 的条件下测定的。

压浆辊表面状态与上浆率、浸透和被覆上浆有密切关系。浆纱通过压浆辊和上浆辊，浆液要发生两次分配，第一次分配发生在挤压区，第二次分配发生在出挤压区之后。当浆纱进入挤压区发生第一次浆液分配时，一部分浆液被压入纱线内部，填充在纤维与纤维间的空隙中，另一部分被排除，流回浆槽。

图 4-22 所示为压浆力和挤压区关系的示意图，图中横坐标表示挤压区的大小，纵坐标表示压浆力的大小。曲线 1（实线）表示标准条件下的压浆力和挤压区；曲线 2、3、4（虚线）表示条件变化后的压浆力和挤压区。图 4-22(a) 表示压浆辊表面弹性一致，随压浆力的增大，虽然挤压区有所增加，但单位面积上的压力还是增大。图 4-22(b) 表示压浆力一定，压浆辊表面弹性较好，因压浆辊和上浆辊接触面积大，故单位面积上所受的压力变小。图 4-22(c) 表示压浆力和压浆辊表面弹性均不变，压浆辊直径变大，而挤压区和单位面积上的压力也随之改变。

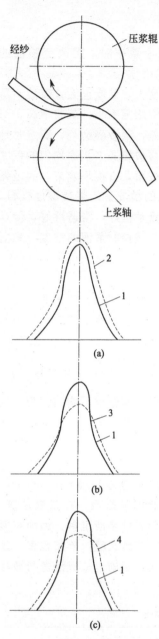

图 4-22　压浆力和挤压区
关系示意图

压浆辊上包覆新绒毯的毛绒长，柔软且弹性好，绒毯包卷也较松，受压后变形能力较大，故挤压区较大，压强小，这样被压入浆纱内部的浆液少，挤压掉浆纱上余浆的能力也差，浆纱表面余浆多。

当浆纱出了挤压区到达出口时，浆纱和压浆辊上包覆的绒毯都解除了压力，恢复了弹性，这样浆液发生了第二次分配。绒毯恢复原形便会吸收浆纱表面所带的浆液，绒毯越新，吸浆越多。

因此，压浆辊上包覆新绒毯对纱线上浆的影响是，上浆较为均匀，被覆不大，有适当的浸透，上浆率较小。在生产中，新绒毯不能包在压浆辊的外层，因为这样会使压浆辊的表面过软，挤压区内浆液较多，压浆辊容易打滑，造成浆纱起毛并增加伸长，损伤浆纱弹性。

旧绒毯毛绒短，坚硬而缺乏弹性，绒毯内含有残余浆液。当浆纱进入挤压区时，旧绒毯变形能力小，挤压区亦小，在同样压浆力下压强较大，易使浆液压入纱线内部，压除浆纱上残余浆液的能力也强，这是第一次分配的情况。当浆纱出挤压区经第二次分配时，旧绒毯对浆液吸收能力差，挤压力不匀，故上浆不匀。使用旧绒毯上浆的结果是，上浆重，不够均匀，被覆好，浸透亦较好。在实际生产中，通常以旧绒毯包在最里层，中间用一块新毯，最外层包以半新绒毯。这种包卷方法既有一定的弹性，也有适当的挤压力，浸透与被覆兼顾，上浆均匀，回潮正常，运转操作方便。用半新绒毯所得上浆率比用新绒毯大，而比用旧绒毯小。

为了使压浆辊表面平整，延长绒毯使用寿命并便于清洗更换，在绒毯外面还要包卷白布。新包布上浆率一般偏低，被覆小而浸透好，浆纱耐磨性较差。旧包布上浆率偏高，上浆不够均匀，浆纱耐磨性好，但弹性较差。半新包布介于两者之间，浸透和被覆均好，上浆率适中，织造经纱断头少。生产实践证明，压浆辊表面的旧包布换成新包布，上浆率会降低1%～2%。

5. 浆纱机速度

浆纱机速度的快慢直接影响浸浆时间和压浆时间。浆纱速度快，一方面浸浆时间短，上浆率降低；另一方面压浆时间缩短，压去的浆液少，被覆好，上浆率增大。在这矛盾的因素中，后者起主导作用，因此浆纱速度提高时，若其他条件不变，则上浆率提高，浸透差而被覆好。速度慢时，获得相反的结果。

为了稳定上浆率，浆纱机速度不宜轻易变动。高压浆纱机均设置了压浆辊自动调压装置，以便根据车速变化自动调节压浆辊加压的量。当车速减慢或爬行时，压浆辊自动减压，以便维持上浆率的稳定。

（三）上浆率的检验

1. 用计算法求上浆率

把浆纱机卷满落下来的织轴称重，扣除空织轴自重，得到浆纱净重，再除去回潮率（用电阻测湿仪测得）的影响，即可求得浆纱干重，然后根据织轴上浆纱总长度、总经根数、经纱线密度和浆纱伸长率计算出原纱干重，即可求得上浆率 S。

$$S=\frac{P-P_0}{P_0}\times100\%$$

$$P=\frac{P_\mathrm{j}}{1-W_\mathrm{e}}$$

$$P_0=\frac{(NL+L_0)m\mathrm{Tt}}{1000\times1000(1+W_\mathrm{s})(1+\varepsilon)}$$

式中　P——织轴上浆纱干燥质量，kg；

P_0——织轴上原经纱干燥质量，kg；

P_j——织轴上浆纱的质量，kg；

W_e——浆纱实测回潮率；

N——每轴绕纱匹数；

L——浆纱匹长，m；

L_0——织轴上了机回丝长，m；

m——总经纱根数；

Tt——经纱线密度，tex；

W_s——原纱公定回潮率，%；

ε——浆纱伸长率，可按工艺要求数值代入。

2. 用退浆法求上浆率

在落轴时，割取全幅约20cm长的浆纱，迅速将其置于取样筒内，称取约10g的纱，在105～110℃的烘箱内烘至恒重，移入干燥皿中冷却约15min，称得 W_0(g)。按规定方法退浆，用指示剂显示退净后，再烘至恒重，得 W_t，则退浆率 J_t 即为上浆率。

$$J_\mathrm{t}=\frac{W_0-\dfrac{W_\mathrm{t}}{1-B}}{\dfrac{W_\mathrm{t}}{1-B}}\times100\%$$

$$B=\frac{W_\mathrm{a}-W_\mathrm{z}}{W_\mathrm{a}}\times100\%$$

式中　W_a——了机时取原纱试样煮洗前干燥质量，g；

W_z——了机时取原纱试样煮洗后干燥质量，g；

B——毛羽损失率，%。

二、回潮率的控制和检验

浆纱所含的水分对浆纱干重之比的百分率，称为浆纱回潮率。浆纱回潮率过大，会引起浆膜发黏，浆纱易粘连在一起，织造时经纱开口不清，易产生跳花、蛛网等次布，断头增加，影响产品质量，浆纱易发霉，与织轴边盘接触处易生锈，还会造成窄幅长码布。浆纱回潮率过小，浆膜粗糙、脆硬，易产生断头。落浆率较大，耐磨性差，浆纱易起毛，增加断头，易出宽幅短码布。因此，应力求避免浆纱回潮率过高或过低，生产中要和织布车间的相对湿度配合好，还应根据季节加以调整，梅雨季节应适当降低浆纱回潮率。

浆纱回潮率大小与经纱原料、线密度、经密及上浆率等因素有关。回潮率通常掌握在棉浆纱 7%±0.5%、黏纤浆纱 10%±0.5%、涤/棉混纺浆纱 2%～3%。

（一）回潮率的控制

1. 烘房温度

温度高，回潮率就小。用改变蒸汽压力、调节烘房温度来控制浆纱回潮率是最关键的。

2. 浆纱速度

在烘房温度不变的情况下，浆纱速度调快，会造成烘燥不足而使回潮率变大，反之则小。用改变浆纱速度的办法来调整浆纱回潮率，会影响浆纱的上浆率及浆液的浸透和被覆，但该办法简便快捷。新式浆纱机上配备了压浆辊压力随车速变化而自动调节的装置，既方便又合理。没有调压装置的浆纱机，一般不宜用改变车速的办法来调整浆纱的回潮率。

3. 排风量

排风量大时，烘房内的空气湿度低，回潮率小。排风量小，则浆纱回潮率大。但排风量过大会降低烘房温度，耗能多且不易烘燥，故排风量应适当。

4. 上浆率

上浆率大时，形成的浆膜阻碍水分蒸发，回潮率易偏高，反之，则偏低。上浆率不匀，则回潮率也不匀。

5. 浆纱横向回潮率不匀

要检查压浆辊两端加压是否一致及压浆辊和上浆辊的接触状态。看烘房内是否有气流紊乱、流量不匀或是否有死角等。

（二）浆纱回潮率的测定

浆纱回潮率的检测是将浆纱湿度变化的物理量转换成可以直接读数的新变量。

1. 电阻法

利用水比纤维导电性能高得多的特点，把浆纱含水量的变化转换成电阻的变化。浆纱从烘房中出来后，经过一对电绝缘测湿辊，连续感应浆纱回潮率的变化，根据测出的电流大小，推算出浆纱回潮率。

2. 电容法

浆纱片从两块平行的极板中通过，因水的电解质常数比空气大 80 倍，所以从测得的电容量可推算出浆纱的回潮率。

3. 微波法

利用浆纱吸收微波的能力随含湿量的变化而变化的原理，可间接地从对微波的吸收量推算出浆纱的回潮率。

4. 红外线法

用红外线热敏组件测出浆纱表面温度，根据浆纱表面温度与含湿量的关系曲线可推算出浆纱的回潮率。

另外，也可用称重法测定回潮率。

三、伸长率的控制和检验

经纱在上浆过程中受到的张力和伸长应控制在适当的范围内，浆纱伸长率过大，不仅会降低浆纱的断裂伸长率，还会增加很多新的弱环，导致过多的织造经纱断头。一般棉纱原有伸长率在7％左右，上浆后浆纱的剩余伸长率降到5％～6％。织机速度愈高，对浆纱伸长要求也愈高，保持剩余伸长与浆料关系也很大，应尽可能选用黏着性好、伸长适当、浆膜柔韧性好的浆料。湿浆纱的伸长或收缩因纤维的种类和纱线的结构而异，黏胶短纤维纱线、涤/棉纱线及股线在干燥过程中会发生收缩，而棉纱几乎不发生收缩。因此，伸长率的设定基准是，当纱线断裂伸长率≤10％时，浆纱时伸长率应控制在该值的10％～15％；当纱线断裂伸长率＞10％时，浆纱时伸长率应控制在该值的30％左右为宜。不同产品浆纱总伸长率的控制范围见表4-17。

表4-17 不同产品浆纱总伸长率的控制范围

纱线种类	伸长率/%	纱线种类	伸长率/%
特细特棉纱	0.7％～1.0％	股线棉纱	−0.1％～0.1％
中特棉纱	0.9％～1.2％	涤/棉混纺纱	1.2％～1.5％
粗特棉纱	1.1％～1.5％	纯黏胶短纤纱	3.0％～4.0％

（一）影响伸长的因素及其控制

浆纱张力与伸长密切相关，张力越大，伸长越大，因此为了保持纱线弹性以满足可织性的需要，应尽量减少张力引起的伸长。

1. 经轴退绕张力

与其他各区相比，经纱退绕时所受的张力较小，一般通过对经轴的制动来控制，在保证突然停车不松纱的情况下，制动力越小越好。整经时，每千米长纱线加放一个纸条，在经轴退绕时通过调节各轴的制动力，使各轴上相应的纸条同时出现，这样可以说明各轴的伸长率是否一致。新式浆纱机在引纱辊到轴架间设有张力自动调节器，使纱片以较恒定的张力进行退绕。

2. 浸浆张力

经纱在高温高湿的情况下受到张力，会产生较大的塑性伸长，通过加装引纱辊，使经纱在浆槽中呈微小负伸长。两只上浆辊之间，最好也具有极微小的负伸长。

3. 烘燥张力

在保证烘燥的情况下，缩短浆纱在烘房内的长度，减少浆纱的迂回曲折，各导辊要灵活并相互平行，烘筒采取积极传动等，可以尽可能减少浆纱伸长，否则会明显地损伤浆纱弹性。

4. 分纱张力

在此阶段应具有一定的张力，以利于分纱并减少浆纱断头。

5. 卷绕张力

为了使织轴紧密平整，应有一定的张力，其张力值在各区段中为最高，因而伸长也较大。新型浆纱机上设有张力控制器，自动调节卷绕张力。

（二）浆纱伸长率的检验

检查浆纱伸长率常用方法有以下两种。

1. 测定仪法

在浆纱机运转时用伸长率测定仪实际测量。

2. 计算法

浆纱机每浆完一缸浆轴，在了机时根据实际长度进行计算。了机时各经轴上残余的白回丝，因长短不等，不便测量长度，故可用称重折合成长度计算。浆纱断裂伸长率 ε 按下式计算。

$$\varepsilon=\frac{[M(NL_p+L_0)+N_mL_p+L_0+L_w]-(L_y-L_b)}{L_y-L_b}\times100\%$$

$$L_b=\frac{W_b\times1000\times1000}{mTt}$$

式中　N——每轴匹数；

L_p——浆纱匹长，m；

L_0——织轴的上了机回丝长，m；

M——每缸浆纱满织轴数，只；

N_m——最后1只织轴上浆纱匹数；

L_w——每缸浆纱浆回丝长，m；

L_y——整经轴原纱长，m；

L_b——整经轴上剩余的白回丝长，m；

W_b——整经轴上剩余的白回丝质量，g；

m——总经纱根数；

Tt——经纱线密度，tex。

四、增强率、减伸率、增磨率、毛羽降低率、浸透率、被覆率和浆膜完整率的检验

控制与检验上浆率、回潮率和伸长率是为了使浆纱达到毛羽贴伏、耐磨和增强的工艺要求。纱线耐磨性的增加和毛羽贴伏往往是一致的，但纱线强度的增加往往会导致伸长率的减小。

增强率和减伸率早已被生产厂作为检验浆纱的质量指标，而毛羽降低率和增磨率却刚刚引起生产厂的注意。近年来迅速发展起来的合成纤维纯纺纱及其混纺纱，具有较高的强度，其强度即使不上浆也能满足织造要求。但是这些纱往往毛羽较多，织造时因毛羽纠缠致使开口不清，或因起毛起球、结构松散、强力不足而断头。因此，通过上浆使毛羽贴伏、耐磨性增加，就成为越来越被重视的工艺要求的内容。

（一）浆纱增强率

上浆后的单根浆纱断裂强度比原纱所增加的强度对原纱断裂强度之比的百分率，称为浆纱增强率（Z）。

$$Z=\frac{P_j-P_0}{P_0}\times100\%$$

式中　P_j——浆纱断裂强度，cN/dtex；

　　　P_0——原纱断裂强度，cN/dtex。

增强率和浆液的浸透有密切关系，浸透率大，增强率增大。浆纱增强率通常为 $15\%\sim30\%$。

（二）浆纱减伸率

浆纱的减伸率是以断裂伸长率的变化来衡量的。断裂伸长率 ε 按下式计算。

$$\varepsilon = \frac{L_j - L_0}{L_j} \times 100\%$$

式中　L_j——纱线拉伸到断裂时的长度，mm；

　　　L_0——被试纱线原长，mm。

上浆后的纱线断裂伸长率的降低值，对原纱断裂伸长率之比的百分率，称为减伸率 J_s。

$$J_s = \frac{\varepsilon_0 - \varepsilon_j}{\varepsilon_0} \times 100\%$$

式中　ε_0——原纱断裂伸长率，%；

　　　ε_j——浆纱断裂伸长率，%。

按国家标准规定，在做单纱断裂强度时，同时记录纱线断裂时的绝对伸长，再按上述公式算出减伸率。浆纱断裂伸长率越小越好，一般以不超过 25% 为宜。

（三）浆纱的增磨率

浆纱摩擦至断裂的次数比原纱增加的次数对原纱磨断次数之比的百分数，称为浆纱增磨率 m。

$$m = \frac{m_j - m_0}{m_0} \times 100\%$$

式中　m_j——浆纱磨断的次数；

　　　m_0——原纱磨断的次数。

（四）浆纱毛羽降低率

10cm 长纱线内单侧长达 3mm 毛羽的根数称毛羽指数。浆纱毛羽指数的降低数，对原纱毛羽指数之比的百分率，称为浆纱毛羽降低率 d。

$$d = \frac{n_0 - n_j}{n_0} \times 100\%$$

式中　n_0——10cm 原纱内单侧长达 3mm 的毛羽根数；

　　　n_j——10cm 浆纱内单侧长达 3mm 的毛羽根数。

毛羽指数反映了纱线毛羽的状况，毛羽降低串反映了浆纱贴伏毛羽的效果。良好的上浆工艺，可使毛羽降低率在 70% 以上，有的高达 90% 以上。

（五）浸透率、被覆率和浆膜完整率

浆液吸附在浆纱上分两部分，一部分浸透到纱的内部，一部分被覆于纱的表面，形成浆膜；浸透的浆液，黏结纤维增加其抱合力，并牢固浆膜，对长丝纱来说，增加了纤维间的集束性。以增强和集束为主的纱线上浆，应以浸透为主；但浸透过多，浆纱弹性损失过大，不利于织造。以增加耐磨性为主的纱线上浆，应以被覆为主；但是浆膜过厚时，浆纱手感粗

糙, 织造时落浆增多, 同样不利于织造。

1. 浸透率 A 和被覆率 B

做浆纱切片, 用显微镜投影仪、面积积分仪测出浆纱截面积 S_1、浆纱未被浸浆部分的截面积 S_2、原纱截面积 S（也可以用直径计算出来）。如果没有面积积分仪, 也可用剪纸称重法, 用质量 g、g_1、g_2, 分别代替 S、S_1、S_2, 但必须采用质地均匀的优级纸。

$$A = \frac{S - S_2}{S} \times 100\% = \frac{g - g_2}{g} \times 100\%$$

$$B = \frac{S_1 - S}{S} \times 100\% = \frac{g_1 - g}{g} \times 100\%$$

2. 浆膜完整率 F

用浆膜包覆浆纱的角度 α 与 360°之比值的百分率表示浆膜完整的程度, 称浆膜完整率, 是浆纱质量的一项重要指标。

$$F = \frac{\sum \alpha}{360°} \times 100\%$$

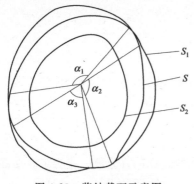

图 4-23　浆纱截面示意图
S—原纱截面积; S_1—浆纱截面积;
S_2—未被浸浆部分的截面积;
α_1、α_2、α_3—被浆膜包覆的
浆纱表面的对应角

浆膜完整率大, 浆纱耐磨性好, 断头少。从图 4-23 浆纱截面示意图上看到的浆膜, 是一定长度浆纱上浆膜的投影, 显然浆纱切片厚度越厚, 浆膜完整率越大。因此, 同样厚度的浆纱切片, 浆膜完整率才能相互比较。浸透率、被覆率同样受切片厚度的影响, 故切片厚度应有标准。

除此之外, 浆纱卷轴质量也应控制和检验, 浆纱卷轴质量以好轴率表示。

$$好轴率 = \frac{检查轴数 - 有疵点轴数}{检查轴数} \times 100\%$$

第九节　浆纱的质量控制与检验

一、浆纱机产量

浆纱机理论生产率 P:

$$P = \frac{60 vm \mathrm{Tt}(1 + W_j)(1 + S)}{1000 \times 1000 \times (1 + W_g)}$$

浆纱机实际产量 P_1:　　　　　$P_1 = P\eta$

式中　v—— 浆纱速度, m/min;

　　m—— 总经根数, 根;

　　Tt—— 经纱线密度, tex;

　　W_g—— 经纱公定回潮率, %;

　　W_j—— 浆纱回潮率, %;

　　S—— 上浆率, %;

　　η—— 浆纱机有效时间系数。

二、浆纱疵点形成原因及影响

1. 上浆不匀产生原因

（1）浆液黏度不稳定。

（2）浆液温度波动。

（3）压浆辊包卷不良。

（4）浆纱车速时高时低。

（5）压浆辊两端压力不一致。

上浆不匀易造成织机开口不清，引起断边、断经，布面起毛起球、折痕、"三跳"、吊经、经缩等织疵。

2. 回潮不匀产生原因

（1）蒸汽压力不稳定。

（2）压浆辊包卷不平或表面损坏。

（3）压浆辊两端加压不均匀。

（4）散热器、阻汽箱失灵。

（5）烘房热风不匀或排湿不正常。

（6）浆纱车速快慢不一等。

回潮不匀易造成织造开口不清。

3. 张力不匀产生原因

（1）经纱千米纸条调节不好。

（2）拖引辊包布包卷不良或损坏。

（3）各导辊或轴不平行、不水平。

（4）轴架加压两端不一致等。

张力不匀造成经断增多且影响织物质量。

4. 浆斑造成原因

（1）浆槽内浆液表面出凝固浆皮。

（2）停车时间过长，造成横路浆斑。

（3）湿分绞棒转动不灵活或停止转动，使湿分绞棒上附有余浆，一旦转动，造成横路浆斑或经纱黏结。

（4）压浆辊包布有折皱或破裂，压浆后纱片上出现云斑。

（5）蒸汽压力过大，浆液溅在已被压浆辊压过的浆纱上。

浆斑会使相邻纱线黏结，导致浆纱机分纱时和布机织造时断头增加。

5. 油污和锈渍造成原因

（1）浆纱油脂上浮。

（2）烘房内导辊轴承中润滑油融化而流到纱上。

（3）排汽罩内滴下黄渍污水。

（4）织轴边盘脱漆，回潮率过高造成锈渍。

（5）有油渍部位或操作不慎、管理不善造成。

油污和锈渍都要增加油污次布。

6. 黏、并、绞造成原因

（1）溅浆、溅水，干燥不足。

(2) 浆槽浆液未煮透或黏度太大。

(3) 经轴退绕松弛、经纱横动、纱片起缕、分绞时扯断，或处理断头没有分清层次造成并、绞。

(4) 挑头（即割取绕纱）操作时，处理不妥善。

黏、并、绞会影响穿经操作，增加吊综、经缩、断经、边不良等织疵。

7. 多头、少头造成原因

(1) 各导辊有绕纱，造成浆纱缺头。

(2) 经纱附有回丝、结头不良等导致浸没辊、导纱辊、上浆辊发生绕纱，至筘齿碰断。

(3) 整经头分配出错，或多或少。

(4) 其他情况中途断纱。

多头和少头都会产生停台和次布。

8. 漏印、流印造成原因

(1) 测长打印装置有故障造成漏印。

(2) 打印弹簧松弛造成流印。

(3) 打印盒绒布损坏。

(4) 印油加得太多等。

漏印、流印影响匹长的正确性，增加匹长乱码。

9. 软硬边造成原因

(1) 伸缩筘位置走动。

(2) 织轴边盘歪斜。

(3) 压纱辊太短或转不到头，两端高低不一致。

(4) 内包布两端太短。

以上情况造成织造时有嵌边或松边，易断头，影响织物的外观质量。

上述影响浆纱质量的几种主要疵点，大多是由机械状态和挡车操作两方面因素引起的，所以必须经常对浆纱机进行维修，对经轴、织轴进行检修，使机器保持整洁良好的状态。

三、新型浆纱技术

20 世纪 80 年代以来，由于无梭织机，特别是喷气织机速度大大提高，最高达 2000r/min，引纬速率 3000m/min。这种大张力、小开口、强打纬、开口频率高的新型织机，对织造选用经纬纱质量要求很高，以保障喷气织机的高效高质量运动，高质量经纬纱必须具有强力高、表面光滑耐磨、毛羽少、抗拉伸、抗摩擦的性质。这些高标准要求推动了浆纱机的技术进步，现代浆纱机已具有自动监控、自动检测传动技术的先进性能，主要表现在以下几方面。

（一）机上经纱张力自动控制

电子计算机对浆纱机张力控制主要分经轴至引纱辊至浆辊及上浆辊至烘房三段。

经轴架采用 H 形双层架，退绕性好，操作方便。各经轴受到计算机控制下的气动加压控制，可进行在线张力调节，使轴与轴之间经纱张力在整经机定长基础上做到退绕张力一致，以减少退绕后回丝的浪费，消除轴与轴之间的片纱张力不匀。

电子计算机对各经轴架上压力的控制，是由主动加压刹车系统完成的，应用专门传感器来实现高质量的张力控制。

经轴架上的经轴是单独制动的。经轴上有电子刹车系统及相应的组合系统，使经轴退绕线速度达到 40m/min 以上，应用电子计算机控制可保证经纱张力恒定。

引纱辊至上浆辊及上浆辊至烘房各段张力控制采用单元变频调速控制，以及各压浆辊引纱辊高质量运行，使分段张力达到精确控制。尤其在双浆槽系统中各经纱张力都得到均匀控制，使进入烘房的各片张力一致。

全部经纱张力都在电子计算机控制下进行分段控制，张力控制十分精确，使经纱伸长及卷绕都能严格符合工艺要求。织轴卷绕硬度在肖氏 55°~60°，并且内外层卷绕张力及密度一致。

(二) 高压上浆技术的应用

高压上浆优点在于通过高压压浆罗拉，使上浆后经纱的水份尽量被压出，从而降低经纱回潮，减轻烘燥负担，即提高车速 40% 左右，又可节约能源，减少蒸汽消耗 30%~50%。20 世纪 80 年代后期，浆纱机压浆力为 20kN 以下，现代浆纱机已达到 40kN。

国内许多纺织厂在高压、高浓、低黏工艺条件下生产，车速由 40m/min 提高到 60m/min，浆后织轴质量提高，经纱毛羽减少约 50%，布机效率由 90% 提高到 95%。

两高一低浆纱新工艺技术主要是设备上必须配有高压上浆的压浆辊等装备。

压浆辊低速运转时（5m/min 及以下）的压浆力为 10kN，高速（100m/min）时压浆力为 40kN，不同速度对应不同的压浆力。但车速达到一定速度后，加压切换成高压状态，即当超过切换速度时，一直保护高速压力，这时压力与车速变化无关。

目前，压浆辊推荐压力范围如下。

(1) 低压：压浆力≤10kN（一般弹簧加压的压力）。

(2) 中压：压浆力 10~20kN，如国内的 GA301 型~GA304 型。

(3) 高压：压浆力 20~40kN，如国外祖克、贝宁格等新型浆纱机。我国浆纱机凡大于 20kN 的压浆辊压力，界定为高压压浆力范围。国外先进浆纱机压力分为 5kN、50kN 及 100kN 的压浆力。

此外，压浆辊平直、完整以及横向压力分布均匀一致是高压上浆的必须条件，浆液温度及液面高度都受电子计算机配备传感器监控。车速不同其压浆力也不同，在 5~50m/min 之间压浆辊压力变化与车速变化相关；但车速超过 50m/min 时，压浆力不再做相应调整，不再与速度变化有关，保护 12kN 的压力。

(三) 双浆槽或多浆槽

在生产低特、高密织物时，由于经纱总经根数多，在一定的烘筒宽度上排列很密，为了使上浆经纱之间保持一定距离，减少毛羽的产生，浆槽及烘房的经纱覆盖系数控制在 60% 以下，新型浆纱机上都配备了双浆槽或多浆槽。

同一品种的纱，分片进入两个浆槽或多个浆槽，带来许多问题，首先是两个或多个浆槽之间的浆液黏度、浓度、温度及液面高度要保持一致，以使片纱之间上浆均匀一致，国内外先进的浆纱机对上述各项指标进行电子计算机控制，还要配备合理的张力监控系统，使经纱之间的张力保护均匀一致。

(四) 湿分绞技术应用

浆后经纱在进入烘房时每片纱还要经过湿分绞以使经纱之间相互不粘连。

湿分绞棒内能以轻度冷却的水,使片纱离开浆槽后立即分为上下层。浆纱机应用这种湿分绞技术使喷气织机纬向减少 20%~30%,经向停台也有下降。湿分绞技术要求如下。

(1)绞棒由耐腐蚀材料制造,如不锈钢、黄铜。

(2)绞棒直径在 38mm 以上。

(3)绞棒转速度在 8~12r/min 之间。

(4)通过湿分绞棒的水温为 15°左右,流量 1.9L/棒·min(0.5 加仑/棒·min)。

(5)绞棒不用时要专门储存,保护好涂在分绞棒上的四氟乙烯涂层,涂层缺损分绞棒不能再用。

(6)国外先进浆纱机上都配有循环水湿分绞棒装备。

(五)烘燥技术

新型浆纱机采用烘筒式烘干,经纱从浆槽经过湿分绞进入烘筒,即预烘烘筒,该烘筒温度适当调低,否则将黏烘筒,使经纱表面毛羽增多,导致浆纱机及织机落浆增多,纬向停台增加。多烘筒烘干方式应进行逐步加温烘燥,使浆液对经纱产生最佳包覆,形成均匀的浆膜。如祖克—米勒—哈科巴浆纱机就是这种形式。

日本津田驹生产的 HS20 系列浆纱机是将浆好的经纱垂直引入烘燥区,浆液沿纱的轴线均匀分布在纱线周围,使形成的浆膜及上浆量比水平引进烘房的方式更为圆滑均匀。

(六)单元传动技术

现代化浆纱机经过电子计算机技术、变频调速技术与浆经工艺的结合形成多单元单独传动系统,各部速度按照计算机软件控制运行,并设有各个张力传感器随时调节经纱张力,多单元工艺同步精确、传动精度高、可靠性强,可实现促长自动控制。目前我国郑纺机 GA308 型等浆纱机都是由电子计算机控制的多单元分别传动系统,像祖克米勒等国外浆纱机已有 8 只电动机的单元传动。

多单元传动方式是由计算机程序控制的,所有单元的电动机传动速度及开停车都是经过电子计算机的设定。

多单元传动还可以精确设定与控制两个浆槽间工艺参数一致,如果将黏胶纤维与醋酸盐长丝纱在同一台浆纱机上并合,分别经过两个不同浆料配方的浆槽上浆,并混并成一个轴,两个浆槽工艺不同但可得到最佳控制。

两种不同性质的纱线在同一台机器上加工,配以不同的浆料使其具有很高的黏附性,并使经纱经过拉伸时受到恒定的张力及伸长。

(七)浆纱的预加湿技术

所谓预湿技术是经纱在上浆前先经过 80~90℃ 热水槽浸渍经纱上的棉蜡、油脂及其他短绒杂质。被热水浸渍后的经纱,经过高压挤压,挤压罗拉压力约 10t,大大减少经纱含水,提高经纱对浆液的亲和力,故高压压水挤压罗拉是预加湿上浆的重要措施。

严格控制浆液浓度,对经纱均匀上浆,使上浆率达到要求是十分重要的,如国外贝宁格、祖克米勒等新型浆纱机。在浆槽里配备了浆液浓度传感器,随时控制浆液浓度。当浆液浓度被稀释到一定水平时,传感器经过电子计算机控制贮浆槽输浆电磁阀,打开输送较浓的浆液,使浆液浓度上升。

纱线在预加湿槽加湿后,浆料仅在纱的表面上浆,被覆情况很好,在显微镜下观察,经纱上浆状况是沿纱的表面呈圆形分布，上浆后的经纱使织机效率提高。

预加湿工艺可以减少浆液的消耗，一般可比传统浆纱机节省浆料 1/3。

预加湿技术是改进上浆质量观念性的突破。早在国外许多新型浆纱机上应用。黏胶长丝纱应用预加湿技术可以改进上浆质量，减少上浆率 20%，使织物无染色条彩。1997 年祖克等公司将预加湿技术应用于短纤维上浆，依靠微电子技术上浆自动控制体系的作用，使预加湿上浆技术要更加完美成熟。

预加湿技术成功之处在于以下几个方面。

(1) 用轻微的高压上浆值达到很好的表面上浆。

(2) 纱的表面开成很好的封闭浆膜。

(3) 预加湿的纱线具有对浆料良好的黏附性。

(4) 这种减少耗浆量、上浆质量显著提高、织机效率提高的预加日光灯处理后，经纱即具有抗磨性能好、毛羽少、强力高，减少了二次产生毛羽的现象。

(5) 应用电子监测系统，可以快速检测经纱上浆程度，可在经纱头几米报告出上浆率，比传统的试验室检测快得多，因此，可以免去离线检测上浆率方法。

(6) 经过预加湿处理的上浆质量好、毛羽减少，经纱密度可提高 120% 以上。新型带预加湿的单浆槽可以取代双浆槽，覆盖系数不受限制，适应多品种纱线。

(八) 浆纱机其他技术进步

(1) 气动自动上落轴配有液压及气动系统，落轴时有自动黏胶纸封头装置，防绘图仪轴纱头紊乱、交叉。

(2) 织轴的大卷绕已有很大发展，经轴直径从 800mm 增至 1000~1600mm，增加卷绕容量，当织轴直径由 1016mm 增至 1270mm 时，纱的容量增加 1.6 倍，经轴直径增加到 1600mm 时织轴容量比 1016mm 直径的织轴容量增加 2.4 倍。

(3) 织机换轴次数明显减少，使停台时间减少，提高了织机运转效率。

(4) 经轴区退绕时配有低压吸尘系统，尤其对中高特纯棉纱的经轴退绕的清洁作用更为明显，从而使产品质量进一步提高，净化了生产环境。

(5) 浆纱机车头织轴卷绕机构配有电子计算机终端显示，并有终端机构与伸缩箱连接，使挡车工容易引入经纱及修复断头。

(6) 电子计算机控制织轴卷绕张力，使经纱始终处于精密的张力控制下，保证织轴卷绕密度均匀，提高了织轴卷绕质量。

郑纺机 GA308 型浆纱机是国内领先并具有国际先进水平，集机、电、仪、气、液一体化的浆纱机，是在吸收消化了国外先进浆纱机的性能特点，结合我国国情研制开发的，已取得用户的满意。其他像盐城纺机 GA338 型浆纱机也比较先进；国外短纤维浆纱机如贝宁格、祖克—米勒、津田驹公司生产的浆纱机都是世界一流，具有高科技水平的浆纱机，机上都配有预加湿系统供用户选配。

四、新型浆纱工艺

21 世纪高科技的浆纱机还在不断取得快速的技术进步，在电子计算机技术、变频调速技术、传感技术、液压技术、气动加压技术与浆纱工艺技术的结合下，现代化的浆纱机已形成机、电、仪、气、液及先进工艺技术相结合一体化的高科技的装备，其中高压上浆、预加湿技术、多单元传动技术以及分段张力控制技术的应用与微电子技术的结合，使现代化浆纱机的性能大大提高，从而保证喷气织机等无梭织机的产量、质量、品种适应性及生产效率得到很大提高。

传统的浆纱方式耗能较多，约占棉纺织厂耗能总量的一半。为降低浆纱的能耗，科学工作者们研究出多种新的浆纱工艺，如高压上浆、干法上浆和泡沫上浆等。它们和一般的浆纱工艺相比，具有浆纱质量好、产量高、降低能耗等优点。

（一）高压上浆

1. 压浆力

常压浆纱机存在压出回潮率大、烘房蒸汽消耗量高、车速低、落浆率高、浆料浪费大等缺点。产生的主要原因是压浆力不足，一般压浆力为 17.6～35.3N/cm。高压上浆刚刚实施时，曾试验采用 392～686N/cm 的压浆力。经过几年实践以后，一般认为 92～294N/cm 的压浆力较为适合。

在相同条件下，压浆力增加，压出回潮率降低。常压浆纱机压出回潮率通常为 130%～150%，而烘后回潮率根据织造工程的要求，随品种的不同而选 2%～7%。因此，大量水分必须在烘房蒸发掉，故能耗大、烘房负担过重、车速提高有困难。而高压浆纱机压出回潮率可降低到 60%～80%，这就大大减小了烘燥负担。

2. 加压方式

高压上浆压浆辊常采用气动杠杆加压。图 4-24 所示为气动杠杆加压结构示意图。

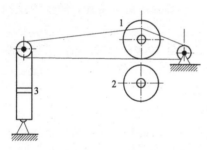

图 4-24　气动杠杆加压结构示意图
1—压浆辊；2—上浆辊；3—汽缸

3. 压浆辊

压浆辊是高压上浆时的关键部件，压浆辊表面的形状及硬度直接影响着浆纱的质量。常压上浆时，压浆辊表面的硬度为肖氏 65 度左右。在高压上浆时，如果压浆辊表面硬度低，由于变形使挤压区增加，浆纱被挤压的时间过长，受压后的变形不能完全恢复，纱的横截面变扁，纱线也容易彼此粘连。一般高压上浆时，压浆辊表面硬度为肖氏 80～88 度。高压上浆中，在压浆辊和上浆辊端部加压时，由于辊的变形使高硬度的压浆辊不能充分与低硬度的上浆辊吻合，会使上浆不均匀。由于压力只能加在辊的两端，辊的变形会使边部经纱承受的压力大，而中部经纱承受的压力较小，因而引起上浆率的横向不匀。

为了使压浆辊在两端受压变形后能和上浆辊均匀接触，其表面应具有一定的锥度，辊的外形呈枣核状，这样在两端受压变弯时，辊的中部依然能和上浆辊正常接触。在压浆辊长 183cm、压浆力为 63896N 时，压浆辊锥度为 1.3/1000，上浆率差异即可消除，效果较好。这种锥度仅适用于既定的压浆力和辊的长度，条件改变以后，效果会受到影响。由于锥状胶辊不易加工，常将压浆辊的芯轴做成中间较粗、两端较细的橄榄状，如图 4-25 所示，将其表面挂胶后即成圆柱状。在两端施加高压后，压浆辊与上浆辊的边端和中部均能均匀挤压经纱。最新式的上浆。上浆辊及压浆辊是由计算机辅助设计的，由于综合考虑了多种因素，上浆效果较好。

4. 浆液含固率

为使浆纱顺利进行，浆液应具有高浓度、低黏度的特性。德国的托特确立了浆液含固率 K、经纱上浆率 B 与经过压浆辊后经纱的吸水率 W_a 之间的关系。

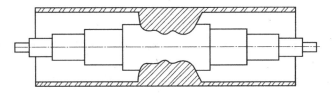

图 4-25　压浆辊芯轴示意图

$$W_a = \frac{B(100-K)}{K}$$

在上浆率分别为 6％、12％及 18％时，吸水率与浆液含固率的关系可用图 4-26 表示。由图 4-26 可见，为了保持恒定的上浆率并降低吸水率，必须提高浆液的含固率。在浆液含固率较低时，其变化对吸水率影响较大。当含固率超过 40％时，其变化对吸水率的影响较小。浆纱中水分蒸发量的变化与含水量的变化大致相同。图 4-27 为美国西点公司的试验结果。要降低水分蒸发量，必须挤压出更多的水分，浆液也同时会被挤压出来。为了保证恒定的上浆率，含固率必须增加。从图 4-27 中还可以看出，加大压浆辊压力，水分蒸发量可降低到常压时的 50％或更低。在提高浆液的含固率时，为了使浆液具有良好的浸透性与成膜性，其黏度不能过高。与常压相比，经过高压上浆的经纱断裂强度无明显变化，毛羽减少，耐磨性能提高，经纱没有压扁，浆纱综合性能有明显的改善。

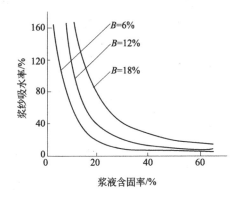

图 4-26　经纱吸水率与浆液含固率的关系

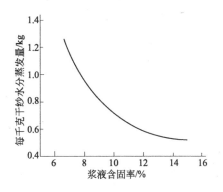

图 4-27　浆液中水分蒸发量与浆液含固率的关系

5. 黏着剂

高压上浆时，浆液要具有高含固量、低黏度、高流动性的特点。对纯棉纱上浆宜采用玉蜀黍淀粉作主黏着剂。煮浆时应注意浆液分解度在 85％以上，否则黏度太大，压浆辊易打滑。还要注意防止浆液凝固而堵塞输浆管路。如采用高压煮浆，既可缩短煮浆时间，又能提高浆液质量。对疏水性合成纤维纱上浆，宜采用具有高浓度、低黏度的变性淀粉与 PVA 的混合浆，或与丙烯酸系浆料的混合浆，混合比视经纱原料、密度、织物组织、织机性能而定。丙烯酸系浆料一般占淀粉用量的 10％～35％，与其他成膜性好的浆料合用，可以使分绞顺利，减少经纱之间的粘连。高压上浆中，助剂的使用与常压上浆无大的区别。

喷气、喷水、剑杆和片梭等新型织机对浆纱质量提出了更高的要求，由于新型织机的车速大大提高，要求经纱强度要高、耐磨性能好、毛羽要少、梭口要清晰等。实践证明，高压上浆的经纱可以满足上述要求，随着新型织机的广泛使用，高压上浆技术的应用将日趋普遍。

（二）干法上浆

传统上浆方法都是将纱引入水溶性浆料制成的浆液中浸泡，而后烘干。这种方法消耗大量的热能，退浆时又带来环境污染。为了解决此类问题，产生了干法上浆，目前已有以下 2 种方式。

1. 溶剂上浆

即采用能溶于某有机溶剂的浆料代替传统的浆液进行上浆。常用的有机溶剂有全氯乙烯或三氯乙烯。有机溶剂的沸点低、比热小、潜热小，烘燥时蒸发溶剂要比蒸发水节能数倍。但是有机溶剂具有易挥发、上浆装置与烘房都需要密闭、溶剂回收设备费用高、浆料价格贵等缺点，故至今尚未推广。目前，在分条整浆联合机上，对长丝进行干法上浆，已投入生产。

2. 热熔上浆

在整经机机头与筒子架之间加装一根回转的罗拉，其上有许多沟槽，每根经纱按次序经过一个相应的沟槽。聚合物固体浆料，以一定的压力压在沟槽罗拉上，罗拉加热到120～150℃使浆料熔化，充满于沟槽底部。纱线从沟槽底部通过，浆料就涂布于经纱表面。当经纱卷到轴上时，熔融浆料已冷凝在纱线表面，因此，既不需要浆槽也不需要烘燥，比传统浆纱机节能约80%，并且取消了浆纱机。

整经速度约600m/min，沟槽罗拉速度约10m/min，由于速度差异使经纱毛羽贴伏，织物性能得到提高。这种方法适合于长丝上浆，可以增加丝的集束性，具有减磨、防静电等作用。

聚合性热熔浆料容易回收，退浆容易，尚未发现对染整有不利的影响。

（三）泡沫上浆

选用一种易成泡沫的较浓的浆液，将空气导入该浆液中，加以机械搅拌而形成泡沫，再把这种泡沫浆到经纱上，这种方法称为泡沫上浆。它和普通上浆方法的区别是，以少量的水分来容纳浆料分子，以泡沫为介质将浆料传递到经纱上。

1. 泡沫上浆的优点和工艺要求

泡沫上浆所用的发泡比在（5～20）:1，泡沫直径在50m左右为宜。泡沫要有一定的稳定性，即泡沫施加到经纱上以前要稳定，加到经纱上之后要能迅速破灭。

泡沫浆液由气体、水、浆料、发泡剂和添加剂等组成。易发泡的浆料很多，低黏度的PVA、丙烯酸浆料、液态聚酯及上述浆料的混合浆都是易发泡的浆料。

2. 泡沫上浆工艺流程

泡沫上浆方法简单，若用老机改造进行上浆，只需在普通浆纱机上加装一套泡沫发生器和一套相应的上浆装置即可。泡沫上浆装置流程如图 4-28 所示。

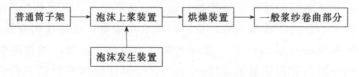

图 4-28　泡沫上浆装置流程示意图

五、浆纱机的发展趋势

新型浆纱机主要向宽幅化、适当高速、自动化和通用化等方向发展。

1. 宽幅化

为了适应宽幅织物的需要，浆纱工作幅宽也应相应地增大，有的浆纱机能浆 3.2m 的织轴，并且采用直径为 800mm 的大卷装。一般 2.2m 以上幅宽的浆纱机，设有同时卷装两个织轴的"双织轴"设备，即宽幅浆纱机若浆狭幅织轴时，可提高产量约 1 倍。

2. 适当高速

轴经式浆纱机目前设计速度多为 100～120m/min，最高可达 240m/min，但一般适用速度为 50～60m/min，发展趋势是以提高浆纱质量为主，而不是追求更高的速度。因为浆纱质量对后工序影响很大，适当高速必须以提高自动化和提高烘干效能为前提，即提高浆纱机速度，必须有相应的自动控制装置和高效能的烘燥装置。

3. 自动化

除继续提高与完善已有的一些自动控制装置，如卷绕张力、浆纱伸长、压浆辊压力、经纱退绕张力、浆纱回潮率等外，上浆率更需要有完善的自动控制装置。目前，正在研究用电子计算机进行控制，以实现各种参数自动控制的要求。

4. 通用化

考虑到 1 台浆纱机浆出的织轴能供应 300～400 台织机，所以，一般纺织厂配置的浆纱机台比较少。但织物品种在不断改变，为了适应多品种的需要，浆纱机应有较强的通用性，其轴架、浆槽、烘燥、卷绕和传动等部件均需标准化和系列化，以便根据产品种类和工艺要求选择组合，构成各种用途的浆纱机。例如，通用性的浆槽应使导纱辊、浸没辊和压浆辊的排列可随意改变，通过变更穿纱方法，得出不同的上浆效果，使之适应各类型纱线的上浆工艺。又如，通用性的烘燥装置，在拆装少量的部件后，即能将烘筒式、热风式、联合式相互转换，以适应不同纱线的上浆。

5. 联合机

采用联合机能缩短工序、降低成本，目前已有整浆联合机、染浆联合机。

6. 节能

目前，多烘筒的发展对节能很有利。新型浆纱机附有热能回收装置。高压上浆、泡沫上浆、热熔上浆等的研究，在很大程度上也是从节能出发的。

目前，国内外对传统浆纱机的改造主要着眼于以下几方面。

(1) 采用可靠的经轴张力调节装置。

(2) 采用双层双浆槽或多浆槽的上浆方式。

(3) 采用高压上浆方法。

(4) 采用湿分绞棒或分层预烘。

(5) 采用余热回收装置。

(6) 采用后上蜡工艺。

(7) 选用更合理的传动系统和卷绕系统。

第五章

穿结经

穿结经是经纱准备的最后一道工序，其质量直接影响织造能否顺利进行。它的任务是把浆轴上的全部经纱按照织物上机图及穿经工艺的要求，依次穿过经停片、综丝和钢筘。

结经，针对前后所织织物的组织、幅宽、密度、总经根数不变的情况，可直接用结经机将新织轴上的经纱与了机后的织物相连接的经纱逐根对结起来，然后将所有结头一同拉过经停片、综丝和钢筘，直至机前。

第一节　综框、钢筘和经停片

一、综框

综框是织机开口机构的一个部件，它使经纱按照一定的浮沉规律上下升降形成梭口。

（一）综框的构造及种类

常见的综框有金属综框和铝合金综框，前者多用于有梭织机。铝合金综框由中空的铝合金型材制成的综框架横梁及金属的综框横头组成。铝合金综框的强度和加工精度较高、质轻，适于高速、宽幅的无梭织机。图5-1为金属综框，综框架由横梁1和综框横头5组成，综框横头5将上下横梁固结在一起。综丝4穿在综丝杆3上，综丝杆横穿在两侧综框横头的小孔内，并在其两端套以铁圈6，以防综丝杆滑出。为了减少综丝杆在开口时的弯曲变形，在横梁和综丝杆上装有综夹2。综夹的数量随综框的宽度变大而增加。

综框有单列式和复列式两大类。单列式指的是每页综框上只挂一列综丝，适于低经密织物。而复列式指的是每页综框上可挂2～4列综丝，适于高经密织物。图5-1为复列式综框上挂两列综丝。

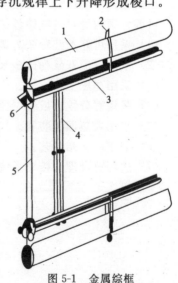

图 5-1　金属综框

1—横梁；2—综夹；3—综丝杆；
4—综丝；5—综框横头；6—铁圈

（二）综丝

1. 综丝的种类

综丝分为钢丝综和钢片综两类，钢丝综一般应用于有梭织机，而钢片综用于无梭织机。钢丝综由两根钢丝并合焊接而成，综丝两端呈环形，称为综耳（图 5-2），中间有综眼（多为椭圆形、六边形等）。为了减少综眼与经纱的摩擦及方便穿综操作，综眼与上下综耳平面一般呈 45°倾斜角（也有呈 30°角的）。

无梭织机使用的钢片综有单眼式和复眼式两种，复眼式钢片综的作用类似于复列式综框。钢片综是由薄钢片轧制而成，耐用性高，综眼形式为四角圆滑过渡的长方形，能有效减少对经纱的磨损。通过在综丝表面喷涂环氧树脂或锦纶 6（也可经镀镍处理），能进一步提高钢丝综的性能，延长其使用寿命。

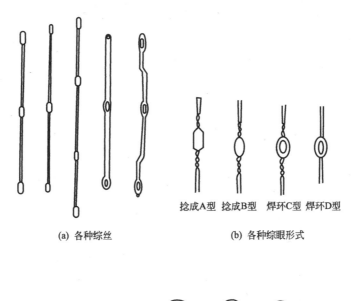

(a) 各种综丝　　　　　　　　　(b) 各种综眼形式

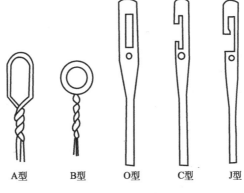

(c) 各种综耳形式

图 5-2　综丝

2. 综丝的细度和长度

（1）综丝细度。即综丝的直径，以钢丝的号数来表示。直径与号数的关系见表5-1。

表 5-1 综丝直径与号数的关系

号数（SWG）	20	21	22	23	24	25	26	27	28	29	30	31	32	34
直径/mm	0.90	0.81	0.71	0.60	0.55	0.50	0.45	0.40	0.38	0.35	0.32	0.30	0.27	0.25

棉织综丝的常用号数为 26、27、28；毛织综丝的常用号数为 22~26，其中 22 为毛毯生产常用，24~26 为精纺、粗纺毛织物生产常用；丝织综丝的常用号数为 26、28、30、32、34；黄麻生产用综丝的号数为 22 和 20。

（2）综丝长度。以综丝两端综耳最外侧的距离为准，随织机类型及梭口高度而定。常用综丝长度见表 5-2。

表 5-2 常用综丝长度

公制长度/mm	260	270	280	302	305	330	343	355	380	405	432	457
英制长度/英寸	$10\frac{1}{4}$	$10\frac{1}{2}$	11	$11\frac{7}{8}$	12	13	$13\frac{1}{2}$	14	15	16	17	18

棉织常用综丝长度有 260mm、270mm 和 280mm 等；多臂机由于综框页数较多，常用 305mm 长的综丝；毛织常用综丝长度有 355mm、380mm、405mm、432mm 和 457mm 等；丝织常用综丝长度为 330mm，绢织常用 280mm；黄麻常用综丝长度为 305mm。

二、钢筘

钢筘是引纬及打纬系统的一个主要部件。钢筘的主要作用是确定织物的经密和幅宽；打纬时将梭口里的纬纱打向织口；在有梭织机上作为梭子飞行的导向，喷气织机上的风道筘作为引纬气流和纬纱飞行的通道。

（一）钢筘的结构

由于织机的类型及织物性质等的不同，钢筘的构造与规格也各不相同。从结构上来说，钢筘有线扎筘、焊接筘和粘结筘等。

线扎筘，也称胶合筘，如图 5-3（a）所示。采用木制扎筘条 1，用经过沥青浸渍的棉线来绕扎筘片。沥青线扎筘加工制作方便，价格低廉。但为了避免沥青污染，提高钢筘质量，现多采用锦纶丝编结筘和环氧树脂胶合筘。前者用锦纶丝代替沥青线，编结后用氯丁胶代替沥青做固着剂；后者用白扎筘线编结筘片，再用环氧树脂做固着剂，外用橡胶布包边。

焊接筘则用钢丝来绕扎，如图 5-3（b）所示。采用碳钢扎筘条 5，用钢丝 6 扎筘，再用锡（锡、铅各半）将碳钢扎筘条 5、筘片 2 及钢丝 6 焊成一体，成为筘梁 7，筘片的密度精确，强度好，坚牢耐用。

粘结筘是用铝合金轧制的 U 形型材，作为上下筘条，将扎好的筘片插入其中，再注入树脂类黏结剂使两者牢固结合，这种筘与无筘帽的筘座配套，一般用于无梭织机。

此外，还有喷气织机所用的专用槽筘，也称为异型筘，如图 5-3（c）所示。该筘片除打纬之外，在筘面上所形成的一条凹槽，可作为引纬气流和纬纱飞行的通道。

筘片的材料为优质碳素钢。棉织与毛织生产对线扎筘和焊接筘均有采用，只是棉织生产普遍以线扎筘为主，毛织生产多采用焊接筘。丝织生产中，由于经丝密度对钢筘的密度精确性要求较高，一般多用焊接筘。

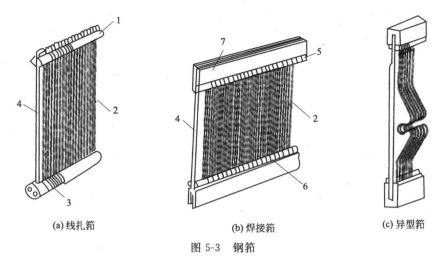

(a)线扎筘   (b)焊接筘   (c)异型筘

图 5-3 钢筘

1—木制扎筘条；2—筘片；3—沥青线；4—筘边；5—碳钢扎筘条；6—钢丝；7—筘梁

(二) 钢筘的规格

钢筘的主要规格包括筘长、筘高和筘号。筘长的选择随织机类型、织物幅宽等因素而定。筘的全高有115mm、120mm、125mm、130mm和140mm等几种，其内侧高度由开口大小决定，应大于经纱在筘齿处的开口高度，无梭织机的梭口高度较小，筘的高度可相应降低。

钢筘筘齿的稀密程度通常以筘号表示，筘号通常有公制和英制两种。在棉、毛、麻织造行业中，公制筘号是指每10cm内的筘齿数，英制筘号是指每2英寸内的筘齿数。筘片厚度随筘号而异。公制筘号 N_m 可按下式计算。

$$N_m = P_j(1 - a_w)/b_d$$

式中　P_j——坯布经密，根/10cm；

　　　a_w——纬纱织造缩率，%；

　　　b_d——地经纱每筘穿入数，根。

每筘齿穿入经纱根数应根据织物的结构和织物条件而定，各类织物的每筘穿入数差异很大。棉织物的每筘穿入数大多为2根/筘、3根/筘或4根/筘；毛织物的每筘穿入数变化较大，粗梳毛织物多为3根/筘或4根/筘，也有2根/筘，精梳毛织物一般中薄型织物为2根/筘、3根/筘或4根/筘，紧密织物为4~7根/筘，也有多达8根/筘或10根/筘；丝织物的每筘穿入数变化也较大，每筘穿入数可以有2根/筘、4根/筘、6根/筘或8根/筘（图5-4）。

三、经停片

经停片是织机经停装置的传感元件。每一根经纱穿入一片经停片，当经纱断头时，经停片由于自重而下落，由此发动断经自停装置（机械式或电子式）使织机停车。有梭织机一般使用机械式断经自停装置，无梭织机一般使用电子式断经自停装置。

经停片的形式如图5-5所示。图5-5（a）为闭口式，用于机械式断经自停装置，图5-5（b）为开口式，用于电子式断经自停装置。闭口式经停片在穿经时，经停片先穿于经停杆上，用穿综钩将经纱引过经停片中部的孔眼。开口式经停片则是在织轴穿好以后，把经纱拉直，然后再将经停片插到经纱上。

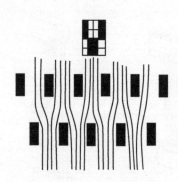

图 5-4 双层筘的筘片排列和经纱穿法

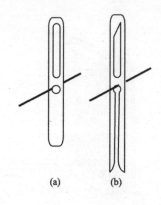

图 5-5 经停片

经停片的尺寸、形式和重量的选择，依据纤维原料、纱线线密度、织机种类和车速等条件而定，一般纱线线密度大，车速快，选用较重的经停片；反之则用较轻的经停片。毛织一般用较重的经停片；丝织用较轻的经停片；长时间大批量生产的织物用闭口式经停片；经常翻改品种且批量较小的用开口式经停片。

无梭织机经停片重量与纱线线密度的关系见表 5-3。

表 5-3　无梭织机经停片重量与纱线线密度的关系

纱线线密度/tex	9 以下	9～14	14～20	20～25	25～32	32～58	58～96	96～136	136～176	176 以上
经停片重量/g	1 以下	1～1.5	1.5～2	2～2.5	2.5～3	3～4	4～6	6～10	10～14	14～17.5

经停片穿在经停杆上的最大允许密度与经停片的厚度有关。每根经停杆上经停片的排列密度用下式计算。

$$P = \frac{M}{m(B+1)}$$

式中　P——每厘米长度中经停片的片数；

M——总经纱根数；

m——经停杆排数；

B——综框上机宽度，cm。

棉织生产中，常采用厚度为 0.2mm 的经停片，每根经停杆上经停片的最大排列密度与纱线线密度的关系见表 5-4。

表 5-4　经停片最大排列密度与纱线线密度的关系

经停片最大排列密度/(片/cm)	8～10	12～13	13～14	14～15
纱线线密度/tex	48 以上	42～21	19～11.5	11 以下

表 5-5　经停片最大排列密度与经停片厚度的关系

经停片最大排列密度/(片/cm)	23	20	14	10	7	4	3	2
经停片厚度/mm	0.15	0.2	0.3	0.4	0.5	0.65	0.8	1.0

不同织机上由于采用不同厚度的经停片，因而经停片的最大排列密度也不同。无梭织机上，每根经停杆上经停片的最大排列密度与经停片的厚度的关系见表 5-5。

第二节　穿　经

穿经的方法有手工穿经、半自动穿经和自动穿经。

一、手工穿经

手工穿经是在穿经架上人工分出经纱，并用穿综钩逐根穿过经停片、综丝，然后用插筘刀将经纱穿过筘齿间隙。穿综钩与插筘刀如图5-6所示。

(a) 穿综钩　　　　　　　　　　　　　　(b) 插筘刀

图 5-6　穿综钩和插筘刀

手工穿经的劳动强度大，生产效率低，每人每小时最多可穿1000～1500根，但穿经质量好，穿经灵活，可适用于任何织物组织，尤其在棉、毛、丝织提花织机上翻改品种时，可由手工在织机上进行穿经。

二、半自动穿经

半自动穿经也称三自动穿经，是由半机械式的三自动穿经机和手工操作相结合来完成穿经工作。在穿经架上安装自动分纱、自动吸经停片器和自动插筘器，可以有效替代部分手工操作，具有自动分纱、自动吸经停片和自动插筘三种自动功能，由此可以减轻工人的劳动强度，提高生产效率，每人每小时可穿1500～2500根纱线。该种穿经方法目前生产中应用较广。但经纱穿过经停片孔眼和综丝眼仍然需要人工来完成。

1. 自动分纱器

图5-7(a) 是自动分纱器的简图，图5-7(b) 是自动分纱器的传动图，图5-7(c) 是自动分纱器微电动机的接线图。

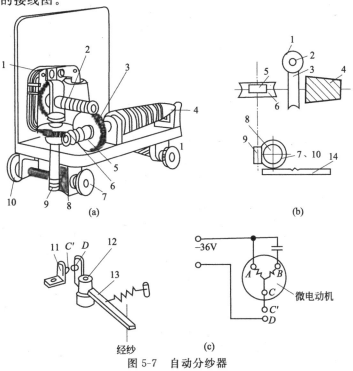

经纱

(c)

图 5-7　自动分纱器

1—微电动机；2、5、9—蜗杆；3、6、8—蜗轮；4—螺旋分纱杆；7—后导轮；
10—前导轮；11—导电触座；12—支轴；13—满纱自停杆；14—导轨；
A、B、C—定子绕组接线端；C'— 触点；D— 触点

自动分纱器放置在两根平行且两端绝缘的扁铁（或角铁）轨道上，其机架用绝缘材料制成。前后导轮的中间部分用绝缘体断开，两导轨通以36V交流电。前导轮10的轮座与微电动机1的定子绕组 A、B 的一端接通，绕组的另一端 C 与导电触座11上的触点 C' 相连接；后导轮7的轮座与满纱自停杆13前端的触点 D 相连接。满纱自停杆活套在支轴12上，后端与拉簧连接。分纱时，在拉簧的作用下，满纱自停杆逆时针转动，使触点 C'、D 接触，于是微电动机便导通转动，通过安装在微电动机轴端的蜗杆2，使蜗轮3转动。于是传动分两路传出，一路使螺旋分纱杆4旋转，另一路通过两对蜗杆蜗轮5、6和8、9，使导轮7、10在导轨14上缓慢滚动，于是小车就载着螺旋分纱杆向着纱片推进。

2. 自动吸经停片器

自动吸经停片器如图5-8所示。1为穿入伸缩杆4上的压簧，2为电磁线圈，当电磁线圈通入低压电时，使伸缩杆4右移吸向线圈壳3，压簧1压缩，同时伸缩杆的右端就带动U形隔磁器5连同磁钢6伸向经停片，从每一列经停杆上各吸出一片待穿纱的经停片。接着电流断开，在压簧的作用下，伸缩杆复位，将被吸住的经停片拖到穿经位置。磁钢6的磁通密度由经停片的厚薄轻重决定，因为磁通密度过大，易吸叠片；磁通密度过小，则吸不出或吸后立刻会掉下。磁通密度可用隔磁器在一定范围内进行调节。

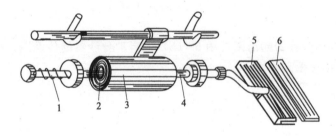

图5-8　自动吸经停片器
1—压簧；2—电磁线圈；3—线圈壳；
4—伸缩杆；5—U形隔磁器；6—磁钢

3. 自动插筘器

自动插筘器如图5-9所示。将电源开关1接通，带动电动机2运转，并由此带动装于电动机输出轴上的蜗杆3转动，同时传动蜗轮5，而蜗轮被压簧4紧压在摩擦盘6上，摩擦盘装于插筘刀轴10（方型轴）的右端，插筘刀8的中央方孔活套于插筘刀轴10上，因此当蜗轮转动时，带动摩擦盘和插筘刀轴旋转，同时带动插筘刀插入筘齿的空隙。由于插筘刀是活套于插筘刀轴上，所以插筘刀既可以随插筘刀轴旋转，又可以沿轴向移动。当插筘刀插入筘齿间隙后，由于插筘刀轴左端限位圆盘11上的凸钉与升降杆12相碰，插筘刀轴10受阻停转，摩擦盘6与蜗轮5之间产生滑移，插筘刀完成一次插筘动作。当挡车工把经纱钩在插筘刀的刀钩上时，顺势把穿综钩碰一下开关7，使电磁吸铁14瞬间通电又立刻断开。通电的瞬间由电磁铁将升降杆12吸下解除了对插筘刀轴10的制约作用，插筘刀立刻又随插筘刀轴一起旋转，将钩住的经纱穿入筘齿，接着再插入下一个筘齿，而此时电磁铁已经断电，升降杆12在拉簧13的作用下又上升，再次制约插筘刀轴10停转，完成第二次插筘动作。如此循环往复进行。

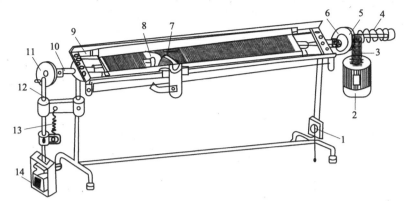

图 5-9　自动插筘器

1—电源开关；2—电动机；3—蜗杆；4—压簧；5—蜗轮；6—摩擦盘；7—开关；
8—插筘刀 9—筘架；10—插筘刀轴；11—限位圆盘；12—升降杆；13—拉簧；
14—电磁吸铁

三、自动穿经

　　自动穿经是由机械进一步替代半自动穿经中的手工操作部分，能自动完成分纱、吸经停片、穿综和插筘等动作，可将织轴上的经纱按工艺要求依次穿入经停片、综丝和钢筘。进一步降低了工人的劳动强度，生产效率也大大提高，自动穿经机每小时可穿经纱 6000 根左右，尤其适用于小批量、多品种的织物生产。但是由于价格较高，其应用并不广泛。

　　自动穿经机的工艺流程如图 5-10 所示。经纱 1 从织轴车 3 上引出后，经导纱辊 4，分别被夹纱辊 5 和夹纱板 6 夹住。张力板 7 紧贴纱片并给纱片一定的张力。海绵球 8 紧压绒布夹板 9，目的是防止取纱时相邻纱线左右移动。捻线辊 10 可逆电动机单独传动，以增加经纱的附加张力，防止纱线松弛纠缠。纱线由分纱器 11 分出，并由穿引针 12 按工艺要求穿过经停片 13 和综丝 14。勾纱钩 15 用来勾拢纱线，然后由插筘刀 16 将经纱头插入钢筘 17 的筘齿。

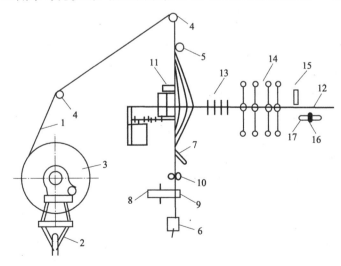

图 5-10　自动穿经机的工艺流程

1—经纱；2—织轴车；3—织轴；4—导纱辊；5—夹纱辊；6—夹纱板；
7—张力板；8—海绵球；9—绒布夹板；10—捻线辊；11—分纱器；
12—穿引针；13—经停片；14—综丝；15—勾纱钩；16—插筘刀；17—钢筘

自动穿经机的穿经动作均由机器完成。穿经机主要机构有传动系统、前进机构、分纱机构、分综机构、穿引机构、勾纱装置和插筘机构。另外由于机械穿经时，经纱穿入钢丝综综眼的准确度较难以控制。所以自动穿经机必须使用钢片综。

穿经机有两种配置方式，一种为主机固定而纱架移动，另一种为纱架固定而主机移动。

第三节 结 经

结经机先将在后梁处剪断的了机经纱与新织轴的经纱自动逐根对接，然后将经纱接头拉过经停片、综丝和钢筘，从而达到正常开车。目前，自动结经机已经在纺织行业得到了广泛应用，其打结速度最高可达到每分钟 600 个，可降低劳动强度，提高生产效率，但经纱的梳理与定位还需要人工完成。自动结经机仅适于织物品种不变的经纱，应用范围受到一定的限制。

一、自动结经机的使用方法

自动结经设备包括固定机架和自动结经机两部分，如图 5-11 所示。固定机架由固定机架座 1、综框支架 2、经停片支架 3、钢筘支架 4、理纱辊 5 和织轴架 8 组成。自动结经机由打结机头 6、活动机架 7 等组成。

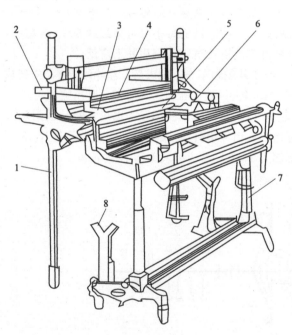

图 5-11　自动结经机和固定机架
1—固定机架座；2—综框支架；3—经停片支架；4—钢筘
支架；5—理纱辊；6—打结机头；7—活动机架；8—织轴架

自动结经机的使用方法分为固定法和活动法两种。

1. 固定法

固定法，指将自动结经机放置在穿经车间进行结经的方法。固定式自动结经机由固定机架、活动机架和打结机头三部分组成。固定机架用来梳理了综框上的经纱及打结后整理、检查经纱。活动机架用来夹持梳理好的上机和了机经纱，而且可调节被夹持的经纱张力，同时还作为打结机头的工作导轨。当上机和了机经纱通过打结机关逐根相互对接完成后，先由理纱辊整理纱片，再由卷纱辊卷取了机经纱，使结头平稳通过经停片、综丝和钢筘。最后将穿好的织轴连同经停片、综框和钢筘一起送至织造车间上机织造。

2. 活动法

活动法，指在布机车间里，自动结经机直接在织机上结经的方法。活动结经法不需要固定机架，也不需要卸下织机的钢筘、综框和经停片。首先确保织机处于综平状态，将了机经纱于织机后梁处割断，卸下旧织轴，装上新织轴。然后将了机纱尾与上机纱头在活动机架上梳理成上下平行的两片纱层，并由打结机头逐一打结，最后将经纱结头拉过经停片、综丝和钢筘，整理后即可开车织造。

二、自动结经机的主要机构

自动结经机的机构复杂精密，整个打结过程需要各个机构之间的良好配合才能完成。自动结经机的机构主要包括挑纱机构、前聚纱钳、压纱和剪纱机构、后聚纱钳和打结机构。打结过程是，首先将新旧经纱分为平行的两层夹牢，挑纱针从上下层中各挑出一根经纱，交给推纱叉送到打结处。前后聚纱钳握住经纱，以确定其位置，然后夹纱器夹纱，剪刀剪去纱头，最后打结。

1. 挑纱机构

挑纱机构如图 5-12 所示。在挑纱凸轮 1 回转时，通过转子 2、摆杆 3、连杆 4、杠杆 5、上下连杆 6 和 6′、上下牵手 7 和 7′、上下杠杆 8 和 8′，使上下挑纱针 9 和 9′运动，以挑取上下层的经纱。上下防冲板 10 和 10′用来防止挑纱针弹回时冲击纱层，避免纱层重叠。

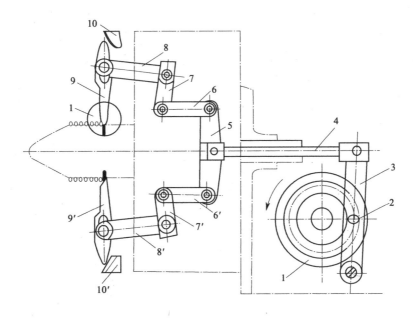

图 5-12　挑纱机构

1—挑纱凸轮；2—转子；3—摆杆；4—连杆；5—杠杆；6、6′—上下连杆；
7、7′—上下牵手；8、8′—上下杠杆 9、9′—上下挑纱针；10、10′—上下防冲板

2. 前聚纱钳

如图 5-13 所示为前聚纱钳的传动图。在前聚纱凸轮 1 回转时，通过转子 2、摆杆 3、连杆 4 和滑块 5，使上下聚纱钳 6 和 6′摆动。当凸轮大半径与转子接触时，前聚纱钳合拢，将经纱聚到一定位置，以便打结。

3. 压纱和剪纱机构

如图 5-14 所示为压纱和剪纱机构的传动图。在前聚纱凸轮 1 回转时，通过剪压连杆 2、单臂杠杆 3、4 和短轴 5，使剪压滑杆 6、剪刀 7 和压纱器 8 往复运动。当剪纱凸轮的大半径向右时，压纱器 8 将由燕尾板 9 汇聚的经纱压在活动压纱头 10 上。聚纱凸轮连杆 11 的端部装有托架 12 和连接板 13，13 上的销钉 a 与活动剪刀铰链。在压纱器压纱后，打结器衔纱，前聚纱钳开启，剪刀闭合，剪断前端经纱。而后端经纱仍由压纱器压住。

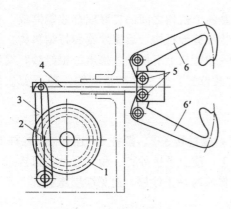

图 5-13 前聚纱钳

1—前聚纱凸轮；2—转子；3—摆杆；

4—连杆；5—滑块；6、6'—上、下聚纱钳

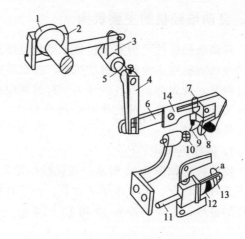

图 5-14 压纱与剪纱

1—剪纱凸轮；2—剪压连杆；3、4—单臂杠杆；

5—短轴；6—剪压滑杆；7—剪刀；8—压纱器；

9—燕尾板；10—活动压纱头；11—聚纱凸轮连杆；

12—拖架；13—连接板；14—活动剪刀

4. 后聚纱钳

如图 5-15 所示为后聚纱钳的传动图。

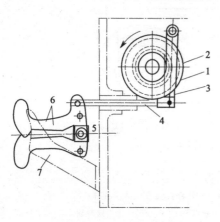

图 5-15 后聚纱钳

1—后聚纱凸轮；2—转子；3—摆杆；

4—连杆；5—滑块；6—聚纱钳；7—后聚纱板

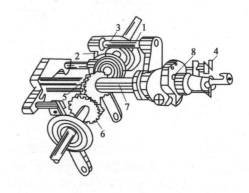

图 5-16 打结机构

1—打结凸轮；2、3—连杆；4—夹纱器座；

5、6—螺旋齿轮；7—套筒 8—键

在后聚纱凸轮 1 回转时，通过转子 2、摆杆 3、连杆 4 及滑块 5，使聚纱钳 6 开闭。在聚纱钳 6 闭合时，把上下层对应的两根经纱聚集在后聚纱板 7 的缺口上。聚纱钳将两根经纱的后端聚拢，便于打结器的夹纱。

5. 打结机构

如图 5-16 所示为打结机构。螺旋齿轮 5、6 驱动固装在一起的套筒 7，夹纱器座 4 由键 8 与套筒 7 相连，因此夹纱器既可以随套筒一起回转，又可以相对套筒滑动。夹纱器的往复运动（滑动）是由打结凸轮 1 通过连杆 2、3 来完成的。

打结过程如图 5-17 所示。活套在打结管 1 上的夹纱器 2 顺时针方向回转，同时向外伸出，夹住经纱，［图 5-17(a)］。夹纱器继续绕打结管回转，并向里运动，经纱在打结管

上成圈［图 5-17(b)］。夹纱器继续回转并向外运动，将经纱交给从打结管内伸出的勒紧针 3
［图 5-17(c)］。夹纱器继续回转并向里运动，脱结针 4 伸出，把纱圈从打结管上脱下形成结
头［图 5-17(d)］。与此同时，取结钩 5 将结子拉紧，然后离开。

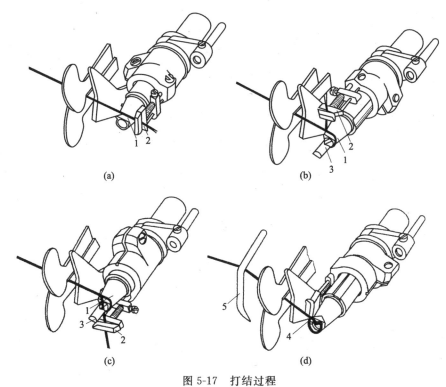

图 5-17　打结过程

1—打结管；2—夹纱器；3—勒紧针；4—脱结针；5—取结钩

第六章

纬纱准备

第一节　有梭织机用纬纱的准备

一、有梭织机用纬纱的形成

根据其加工工艺路线不同，有梭织机用纬纱分为直接纬和间接纬两种形式。直接纬指纬纱纡子由纺部细纱机直接纺成，经定捻后供织机使用。直接纬工艺路线短，加工机台少，生产成本低。间接纬指在细纱机上，将纬纱卷绕成较大的管纱，到织部之后，管纱经络筒、定捻、卷纬加工，重新卷绕成适合梭子使用的纬纱（纡子）。间接纬工艺路线长，加工机台多，生产成本高，但间接纬加工的纬纱质量较高。直接纬一般用于棉纺织厂的中、低档织物生产，间接纬则用于棉纺织厂的高档织物生产和毛织、丝织、麻织、色织生产中。

二、有梭织机用纬纱的准备工序

有梭织机用纬纱准备包括络筒、纬纱定捻和卷纬等工序。

纬纱络筒工序与经纱络筒工序相似，主要目的在于清除纬纱上的杂质、疵点，从而减少织造时的纬纱断头和纬向疵点。

纱线在加捻之后，原先平行伸直的纤维会发生扭曲，特别是强捻纱中纤维的扭曲更大。在自由状态或张力较小状态下，纤维变形恢复的性能使纱线产生退捻和扭缩。在引纬过程中，纬纱承受的张力要比加捻时的张力小，因此容易产生纬缩、脱纬、起圈等现象。不同纤维材料的弹性不同，变形恢复能力也有差异，涤/棉纱的弹性好，反捻力强，产生上述现象的可能性也大。纬纱定捻的目的正在于稳定纱线捻度，从而减少织造过程中的纬缩、脱纬和起圈等弊病。

卷纬的目的是将纱线卷绕成适合有梭织机生产用的纡子，并提高纬纱质量。

在织造过程中，纬纱必须具有适当均匀的张力才能与经纱正确交织。在有梭织机上，纬纱高速退绕时受到的纡子卷装表面及梭子的摩擦阻力是产生纬纱张力的主要原因，因此要使纬纱退绕张力均匀适当。卷纬应满足的要求是，纡子卷装成形良好，卷绕张力均匀适当，尽可能增加纡子的卷绕容量；同时，尽可能除去纱线上的杂质和细节等疵点。卷纬的成形良好，可使纬纱退绕时不易脱圈；纡子容纱量增加，能减少了织机换纬次数，从而提高了织机的生产效率，减少了换纬回丝，减少了由换纬所造成的织机停台和织物疵点。

第二节　无梭织机用纬纱的准备

无梭织造过程中，纬纱由大卷装的筒子纱供应，并且要提高纬纱质量，减少纬向疵点，无需卷纬工序。因此，无梭织机用纬纱准备包括络筒、定捻两个基本工序。纬纱的准备应满足各种不同引纬方式对纬纱的要求。

无梭引纬包括喷气引纬、喷水引纬、片梭引纬、剑杆引纬四种常用引纬方式。不同引纬方式对纬纱有不同的要求。

一、喷气引纬、喷水引纬对纬纱的要求

喷气引纬、喷水引纬为消极引纬，仅靠气流或水流对纬纱的摩擦牵引力将纬纱引过梭口，导致对纬纱缺乏足够的控制能力，易产生退捻、纬缩等疵点；同时由于射流压力不稳或引纬力度不足，纬纱容易出现歪斜、弯曲或轻微的缠结，形成短纬或断纬疵点。喷射引纬入纬率非常高，织造速度快，对纬纱也有一定的损伤。所以，对纬纱提出了比较高的要求。

（1）纱线断裂强度高。大部分纱线的最小强力是由纱线中细弱环节造成的，要减少纬纱断头，就要提高纬纱强力，减少细弱环节，降低单强 CV 值。

（2）纬纱捻度大小适当、稳定性好。选用合理的纬纱定捻方式，提高纬纱定捻效果，减少退捻，提高织物质量，同时可减少由于纱头退捻歪斜、松散造成的纬缩、断纬疵点。同时纬纱捻度大小要适当，喷气引纬不适用强捻纬纱。

（3）条干均匀。纱线粗细直接影响着射流对纬纱的摩擦牵引力。要保证纬纱飞行稳定，必须保证对纬纱施以均匀、稳定的牵引力。因此要求纬纱条干均匀度要好。喷射引纬不适用于不均匀的粗重结子线、花式纱等。

同时原纱条干 CV 值与单纱强力 CV 值之间有正相关。条干不匀会引起强力不匀。在喷气织机上，纱线粗细节是造成经纬纱断头的主要原因之一。

二、片梭引纬、剑杆引纬对纬纱的要求

片梭引纬、剑杆引纬为积极式引纬，引纬过程中片梭和剑杆对纬纱有足够的控制。对纬纱的强力、条干、捻度有强的适应性。对纬纱没有特殊的要求。但要保证织物外观及内在质量，应尽可能清除纬纱疵点，降低强度不匀率。

第三节　纬纱给湿与定捻

一、纬纱给湿与定捻的目的和要求

纬纱定捻的目的在于稳定纱线捻度，从而减少织造过程中的纬缩、脱纬和起圈等弊病。以提高织物质量。对于喷气、喷水引纬来讲，由于属于消极引纬，定捻的目的主要是减少退捻，减少由于纱头退捻歪斜、松散造成的纬缩、断纬疵点。

涤/棉混纺纱因涤纶弹性好，扭捻性强，退解时易生扭结和脱落，造成大量纬缩和脱纬

疵布。故涤/棉混纺纬纱在织机使用前必须进行定捻，而且定捻效果要好，否则，将严重影响织物的质量。

总之，各种纬纱在上机织造之前，都要经过定捻，保证织物质量，提高织造效率。定捻效果的好坏，主要看捻度稳定情况和内外层纱线的捻度稳定是否一致。纬纱捻度的稳定性可用稳定率来表示。测定方法是，将定捻后的管纱引出 1m 长，一端固定，另一端缓慢地向固定端靠近，到纱线开始扭结时，记下两端的距离，按下式计算。

$$捻度稳定率 = [1 - \frac{纱线起扭时两端距离(cm)}{100}] \times 100\%$$

目测法：双手执长为 1m 的纱，两手分开，然后缓慢移近，至两手距离为 20cm 左右时，看下垂纱线的扭结程度，一般以不超过 3～5 转为标准。这种检验方法简单易行，能粗略地鉴别定捻效果。

二、纬纱定捻方法

（一）纱线自然定捻

纱线自然定捻是指纱线在常温、常湿的自然环境中存放一段时间，以稳定纱线捻度的定捻方式。

由于纺织纤维的流变特性，纬纱管在放置过程中，纤维内部的大分子相互滑移错位，各个大分子本身逐渐自动皱曲，纤维的内应力逐渐减小，呈现松弛现象。同时，纤维之间也产生少量的滑移错位，其结果使纱线内应力局部消除，纤维的变形形态及纱线结构得到稳定，从而使纱线捻度达到稳定状态。

影响纱线松弛过程的因素主要有纤维结构、松弛时间、温度、湿度等。一般情况下，化学纤维在高温高湿条件下较易松弛。低捻度的天然纤维纱线在常温、常湿的自然环境中存放一段时间之后，捻度即可得到稳定，纱线卷缩、起圈的现象大大减少，生产中一般在有较高相对湿度的布机车间存放 24～48h。

自然定捻工序短，节省费用，纱线的物理机械性能保持不变，但定捻效果不够稳定，易受环境温湿度条件的影响，适宜于低捻度的纯棉纱线。

（二）纱线给湿定捻

纱线给湿定捻是指纱线在较高回潮率的环境中存放一段时间，以稳定纱线捻度的定捻方式。

适当的纬纱回潮率，有利提高纬纱的强力，稳定纬纱的捻度，增加纱层间的附着力，加大纬纱通过梭眼时的摩擦力，可减少纬缩或脱纬疵布，表 6-1 的测定资料说明了回潮率与脱纬的关系（品种为棉粗平布）。

表 6-1　回潮率与脱纬的关系

纬纱回潮率/%	4.8	6.3	8	9.8
产生脱纬百分数/%	72	15.3	12.2	5.3

由表 6-1 看出，纬纱回潮率过小，会增加脱纬现象。通常由纺厂来的直接纯棉纬纱，其回潮率只有 5%～6%，而适宜的纯棉纬纱回潮率应是 8%～9%，所以纬纱定捻需要增大回潮率。但纬纱回潮率过大会造成坯布的黄色条纹。

纱线给湿后，由于水的润滑性，易使纤维分子间结合松弛，加速纤维内应力减小，使纱线捻度迅速稳定下来。同时，纱线吸湿后，体积增大，比如，棉纱在相对湿度由40%增加到100%的条件下，体积可增加14%左右。因此，适当的纬纱回潮率，可增大纤维间的抱合力，有利于提高纬纱强力，增加纱层间的附着力，加大纬纱通过梭眼时的摩擦力，减少纬缩和脱纬疵布。一般从棉纺厂来的棉纬纱回潮率在5%～6%，经给湿以后，纯棉纬纱回潮率通常控制在8%～9%为宜。

1. 堆存喷湿法

（1）将纬纱纤子放置在纬纱室内，将纬纱室相对湿度提高至80%～85%，经过12～24 h后使用。

（2）用摇头喷雾器将水气直接喷洒在管纱上，3～4 h后使用。

实践证明，棉纱在相对湿度为80%～85%的条件下存放24 h后，纤子表面的回潮率可提高2%～3%左右。在丝织生产中低捻度的天然丝线在相对湿度90%～95%的给湿间内存放2～3天，也可得到较好的定捻效果。

2. 浸水法

把纬纱倒入竹篓或钢丝篓里，在35～37℃的热水中浸泡40～60s，取出后，在纬纱室存放4～5h即可供织机使用。

3. 机械给湿法

用纬纱给湿机将水或蒸汽直接喷洒在纬管纱上进行给湿。

图6-1为毛刷式和喷嘴式给湿机的工艺流程简图。纤子运载于给湿机的倾斜帘子上，在帘子上方用喷嘴或毛刷将水或溶有浸透剂的溶液喷洒到纬纱上，对纬纱给湿。纤子一边随帘子前进，一边受到给湿，然后跃落到纱筐内。

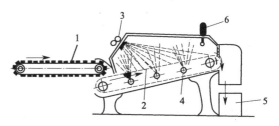

图6-1 纬纱给湿机

1—竹帘；2—铜条帘；3—喷雾器；
4—蒸汽阀；5—储纱柜；6—温度计

有时，在给湿液中添加浸透剂，以加速水分向管纱内部浸透，常用的浸透剂有棉籽油、肥皂、土耳其红油、拉开粉、食盐、浸透剂M等。

机械给湿定捻的设备简单，定捻效果较好，但半成品储量较大，坯布上易产生水渍档和色档。

给湿定捻在生产中应用较广，不同纱线的定捻工艺、定捻效果有所不同。

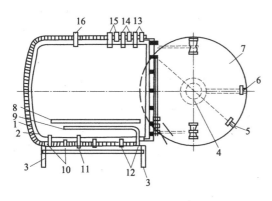

图6-2 热湿定捻锅

1、2—箱外体、内筒；3—座架；4—手轮；5—压紧钢；6—固定箍；7—箱盖；8—导轨；9—加热管；10—排水阀；11—疏水器；12—进气口；13—压力表；14—温度计；15—安全阀；16—真空泵接头

（三）纱线热湿定捻

在热和湿共同作用下，纬纱定捻效率大大提高。化纤纱及棉与化纤混纺纱弹性较好，常温下纱线捻度不易稳定，尤其是捻度较大的纱线，宜采用给湿、加热的方法稳定纱线捻度。热湿定捻通常采用筒子纱定捻，有时

也可采用纬管纱定捻。为了减少筒子内外层纱线的定捻差异和黄白色差，可采用如图6-2所

示的热湿定捻锅,定捻时,纬纱置于锅内,先将锅内抽真空,然后通入蒸汽,让热、湿充分作用到纱线内部。

热湿定捻有高温和低温两种,前者温度一般为 80～90℃,定捻时间可短些;后者温度一般为 45～60℃,定捻时间可长些。

生产中有时采用简易蒸纱室对纬纱进行热湿定捻。将纬纱堆放在一个封闭的房间,通入蒸汽至一定温湿度,然后密封一定的时间即可。

热湿定捻效果良好,半成品流通快,对强捻纱、混纺纱、化纤纱较为适合,但生产成本较高。试验资料表明,经过热湿定捻的纱线,物理性能有所变化。纱线的回潮率增大而均匀;毛羽有所减少;强力有下降趋势,定捻温度越高,强力下降幅度越大;由于纤维膨胀,纱线会产生热收缩,细度有所增加,如涤纶的热定捻缩率一般为 1.0%～1.5%。

第七章

开 口

第一节 开口运动的目的和开口机构的分类

一、开口运动的目的

开口运动的目的是使穿入综眼的经纱上下分开，形成梭口，以供纬纱引入。为实现织物组织所规定的经、纬纱交织规律，必须在每次引纬之前将从织轴上引出的经纱片按组织点的要求分成上下两层，形成一个纬纱通过的空间通道——梭口。这种使经纱上下分开的运动叫开口运动，它是由开口机构来完成的。开口机构应当具备两个基本作用，一是使综框（或综丝）作升降运动，以将全幅经纱分开形成梭口；另一个作用则是根据织物组织所要求的交织规律，控制综框的升降顺序。

开口机构要适应多品种和高速化生产的需要，应具有结构简单、性能可靠、调节方便和管理容易的特点，并能做到"清、稳、准、小"四个字，即要做到梭口开清、综框运动平稳、开口时间与梭口高度准确、经纱摩擦与张力小。因此，对开口机构有以下要求。

(1) 结构简单，工作准确，对织物组织的适应性要广，便于调节和管理。

(2) 形成的梭口要清晰，梭口的左右高度一致，以利于梭子通过。

(3) 综框运动要平稳，没有晃动和振动。

(4) 准确地形成一个完全组织中的各个梭口，与其他机构的时间配合合理。

(5) 开口过程中尽量减少经纱的损伤，不使经纱受到过大的张力和摩擦。

(6) 适应高速运转的要求。

二、开口机构的分类

开口机构的种类很多，按照其对织物组织的适应能力可分为以下三种类型。

1. 简单开口机构

一般有凸轮开口机构和连杆开口机构，可控制 2～8 片综，这类开口机构的特点是构造简单，适于高速运转，不易或不能改变织物组织。

2. 多臂开口机构

由纹板控制各片综框独立运动，适于织造一完全组织内经纱根数较多的变化组织及联合组织等，一般控制 16～32 片综；适用于色织线呢、花呢等织物。

3. 提花开口机构

不用综框，由提花机构按照织物组织单独控制经纱的升降。因其适用组织的数目几乎不受限制，故可以织制复杂的大花纹如风景、人物及任何不规则的图案；适用于丝织及一般大花纹的毛巾、毛毯及装饰类织物的织造。

第二节　开口的基本理论

一、梭口的概念

梭口的尺寸通常以梭口高度、深度来衡量。如图 7-1 所示，开口时经纱随综框做上下运动时的最大位移 C_1C_2 称为梭口的高度，用 H 表示，从织口 B 到经停架小导棒 D 之间的水平距离为梭口的深度，它由前部深度 L_1 和后部深度 L_2 组成。梭口的前半部 BC_1C_2 是梭口的前面部分，梭子或其他载纬器即从这里通过并纳入纬纱，完成经纬纱的交织。

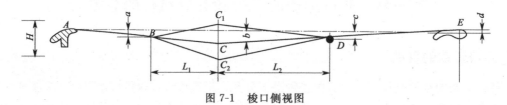

图 7-1　梭口侧视图

为了使梭口前部的下层经纱与箱座走梭板表面在底座处于后正点附近位置时的倾斜状态一致，织口位置应设计得比胸梁低，而比综平时的综眼位置高，综平时的综眼 C 位于 AB 的延长线上。同时，综平时的综眼又处于 DE 的延长线上，经停架中导棒位量 D 随后梁高度的改变而改变。胸梁高低、织口位置、综平位置一旦确定，一般不再改变，故在实际生产中所进行的经纱位置线的调整，确切地说是改变后梁的高低位置。

经纱位置线指织机上，当经纱处于综平位置时，经纱自后梁经过经停片导棒、综眼到织口所经过的路线，简称经位置线。经位置线的设计与布面风格、断经等有关。如果后梁抬高，上下两层经纱张力差异较大，张力小的那层经纱打纬时容易左右相对滑动。交织点经纱曲波大，交织清晰、丰满，具有府绸风格。如果后梁抬高过大，下层张力过大，容易造成断经，上层张力过小，织造时容易产生三跳疵点。

如果经停片导棒和后梁处在 AB 直线的延长线上，经位置线将是一条直线，则称为经直线。经直线是经位置线的一个特例，此时形成的是等张力梭口。

过胸梁上表面所作的水平线称为经平线，是用来衡量后梁位置高低的一条参考线。

二、开口方式

开口方式是指开口过程中经纱的运动方式，由开口机构中传动综框的机件运动决定。不同类型的开口机构，在开口过程中形成梭口的方式不完全相同，按开口过程中经纱的运功特征共分为三种方式，分别是中央闭合梭口、全开梭口和半开梭口，如图 7-2 所示。

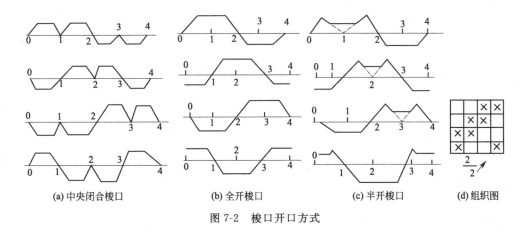

(a) 中央闭合梭口　　(b) 全开梭口　　(c) 半开梭口　　(d) 组织图

图 7-2　梭口开口方式

1. 中央闭合梭口

这种开口方式要求不论该综框的经纱下一次开口是否保持在原来的位置，都必须回到综平位置，然后再根据下一梭口要求由综平位置出发向上、下两个方向分开形成所需梭口，如图 7-2(a) 所示。

中央闭合梭口的开口方式使开口过程中所有经纱的张力基本相同，且变化规律也一致，便于通过后梁的摆动进行调节。由于经纱每次都能回到综平位置，故挡车工处理断头很方便。但中央闭合梭口的开口方式增加了经纱受拉伸和摩擦的次数，可能增加纱线的断头，且形成梭口时，所有经纱都在运动，梭口不够稳定，对引纬不利。某些毛织机和丝织机的多臂开口机构或提花开口机构常采用这种开口方式。

2. 全开梭口

与中央闭合梭口相比，这种开口方式仅要求下一次开口时经纱要变换位置的综框上升或下降到新位置，而其他经纱所在的综框保持静止不动，如图 7-2(b) 所示。

全开梭口的开口方式使开口过程中经纱受拉伸和摩擦的次数减少，有利于降低经纱的断头数，且形成梭口时，只有部分经纱在运动，梭口较稳定，对引纬有利。但由于经纱没有统一的综平时刻，故在织造非平纹组织的织物时需专门设置平综装置，以利于处理经纱断头。凸轮、多臂和提花三种开口机构均可采用全开梭口的开口方式。

3. 半开梭口

这种开口方式介于中央闭合梭口与全开梭口之间，凡下一次开口时经纱要变换位置的综框上升或下降到新的位置，而留在下层的经纱保持不动，但留在上层的经纱则稍微下降然后再上升，如图 7-2(c) 所示。部分多臂开口机构采用半开梭口。

三、梭口清晰度

当梭口满开时，梭口前部上下层经纱或位于同一平面，或位于不同的平面，可形成三种不同清晰度的梭口，如图 7-3 所示。

1. 清晰梭口

当梭口满开时，梭口前半部所有的上层经纱和所有的下层经纱各自位于同一平面，如图 7-3(a) 所示。在其他条件相同的情况下，清晰梭口的前部具有最大的有效空间，引纬条件最好；但是当综框页数较多或综框间距较大时，后几页综框的梭口高度过大，以至于相应的经纱伸长过大，易产生断头。

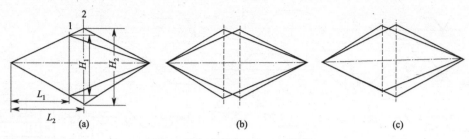

图 7-3　梭口清晰度（1，2 前后综）

2. 不清晰梭口

为了缓解清晰梭口的缺点，通常将后几页综框的梭口高度适当减小，形成不清晰梭口。当梭口满开时，梭口前半部所有的上层经纱和所有的下层经纱各位于不同的平面，如图 7-3（b）所示。虽然这种梭口中各页综框动程差距缩小，经纱张力比较均匀，但其前部有效空间小，对引纬极为不利，易造成经纱断头、跳花、轧梭及飞梭等织疵或故障。

3. 半清晰梭口

在实际生产中除特殊情况外，一般不采用不清晰梭口，而采用半清晰梭口，即当梭口满开时，梭口前半部所有的上层经纱不位于同一平面，而所有的下层经纱位于同一平面，如图 7-3（c）所示。

比较上述三种清晰程度不同的梭口，清晰梭口适合任何引纬方式，如梭子（含片梭）、剑杆、喷气或喷水。尤其应用喷水引纬系统时，它显得特别重要，因为由喷水所引入的纬纱可能碰击经纱所形成的纱层，当经纱十分平整时就不会发生织疵。从综框动程和经纱张力的观点来看，不清晰梭口中后综的开口高度比较小，这对织造是有利的，轻微的不清晰梭口还有利于减少断头。对于剑杆织机，剑头沿着梭口底层运动，因此以下齐上不齐的半清晰梭口为宜。

四、经纱的拉伸变形

在形成梭口的过程中，经纱受到拉伸、弯曲和摩擦等机械作用，其中包括以下几方面。

（1）当综框使经纱分开形成梭口时，经纱受到拉伸。

（2）在织口处、综眼中及绞杆处（或经停架处），经纱受到弯曲。

（3）在综眼内、绞杆表面（或经停架处），经纱受到摩擦；在经纱之间、经纱和综丝、经纱和筘齿间也都有摩擦。每形成一次梭口，这些作用就重复一次。经纱上的任一区段在通过自绞杆到织口的工作区时经受这些作用的次数是很多的，以中平布为例约为千次以上。

1. 梭口高度对经纱伸长的影响

在梭口的前后部长度一定的情况下，经纱由于开口而产生的伸长变形与梭口高度的平方成正比，也就是说，开口过程中，经纱的张力与梭口高度的平方成正比，梭口高度的少量增加也会引起经纱张力的明显增大。生产实践证明，不适当地增加梭口高度，会导致经纱断头率急剧增加。梭口高度不仅对经纱断头率有很大影响，而且对织物质量和引纬条件也有很大影响。合理地确定梭口高度，是保证织造顺利进行和提高织机生产率及织物质量的重要条件。为了减少经纱的伸长变形和断头，在保证引纬顺利进行的条件下，应尽量降低梭口高度。

2. 梭口后部深度对拉伸变形的影响

梭口后部深度增加，拉伸变形减小，反之拉伸变形增加。在生产实际中应视加工纱线原料和所织制织物的不同而灵活掌握。例如真丝强力小，通常把丝织机的梭口后部深度放大。而在织造高密织物时，则应将梭口后部深度缩短，通过增加经纱的拉伸变形和张力使梭口开清。

3. 后梁高低与拉伸变形的影响

后梁的高低会对梭口上下层经纱张力的差异有影响，该影响可通过以下三种情况分析。

（1）后梁位于经直线上。此时上下层经纱张力相等，形成的是等张力梭口。

（2）后梁在经直线上方。此时下层经纱张力大于上层纱线张力，形成的是不等张力梭口。

（3）后梁在经直线下方。此时下层经纱张力小于上层纱线张力，形成的是不等张力梭口，但这种情况在实际生产中并不能应用。

工厂常采用的是第二种形式，这种不等张力梭口在生产中有助于打紧纬纱及消除筘痕。

五、开口工艺

1. 开口周期

织机主轴每一回转，综框运动使经纱上下分开，形成一次梭口，织入一根纬纱所用的时间称为一个开口周期。在一个开口周期中，经纱随时处于不同的位置和状态。可据此把梭口的形成分为三个时期，即开口时期、静止时期和闭合时期，如图7-4所示。

2. 开口运动的工作圆图

把一次开口运动的三个时期按曲柄所在位置标示在曲柄圆图上即为开口运动的工作圆图。

（1）开口时期：经纱离开综平位置而上下分开到梭口满开为止，此时经纱的张力随梭口的开放而增加。

（2）静止时期：梭口满开之后，经纱在梭口的上线和下线位置保持静止，以便引纬器顺利通过梭口。

（3）闭合时期：经纱自满开位置回到综平位置，在此期间经纱的张力随梭口闭合而减小。

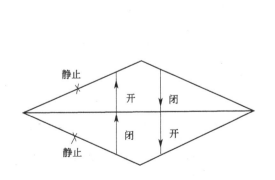

图7-4 开口时经纱运动的三个时期

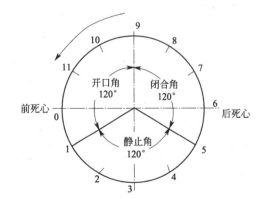

图7-5 开口运动的工作圆图

在织机运转过程中，主轴每一回转，经纱运动就经历以上三个时期，完成一次开口运动。即每引入一根纬纱后，梭口即按开口、静止、闭合的规律，一次次形成新的梭口。三个时期的长短，可用在织机主轴一回转所占角度来表示，如图7-5所示。在闭合和开口时期内，综框处于运动状态，所以，闭合角和开口角之和便是综框的运动角。

3. 开口周期图

在直角坐标系中以主轴回转角度为横坐标，梭口形成的高度为纵坐标，绘出梭口在织机主轴回转时间内的经纱运动的状况。图7-6中将经纱运动作为等速运动，梭口高度作为对称处理。

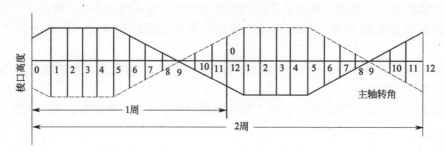

图7-6 开口周期示意图

4. 综平时间

上下运动着的经纱交错平齐的瞬间，即为综平时间，也称开口时间。标志着开口时间的迟早。

5. 开口循环

生产中，当织入的纬纱开始循环时，开口运动根据织入的纬纱数完成若干个开口周期，即完成一个开口循环。

6. 开口循环图

在若干次开口之后，重复出现综框位置相同的梭口的过程为一个开口循环。图7-7所示是一个 $\frac{1}{2}$ 右斜纹组织的开口循环图。图中表示了第一片综的开口情况，由三个开口周期图组成。

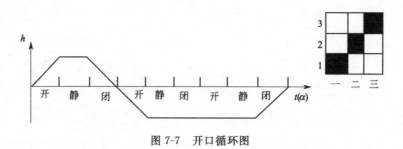

图7-7 开口循环图

第三节 简单开口机构

开口机构是织机五大机构之一，是形成织物所必需的重要机构。它的任务是根据织物组织的要求，依次将穿入各页综框上的经纱分成上下两层以形成梭口，待纬纱引入后将梭口闭合，使经、纬纱形成交织状。开口机构一般是由提综装置、回综装置和综框升降的控制装置所组成。因此，织物的组织是由开口机构确定的。简单开口机构可分为凸轮开口机构和连杆开口机构，只能用于织造一些简单组织如平纹、斜纹、缎纹等织物。其中凸轮开口机构是应用最广泛的。

凸轮开口机构按其机构可分为消极式和积极式凸轮开口机构，按安装的位置不同又可分为内侧式和外侧式凸轮开口机构。

共轭凸轮开口机构以一对共轭凸轮控制一页综框的升降；等径凸轮则以一个凸轮起控制综框升降的作用；沟槽凸轮是在转子运动轨迹的两侧作包络线，使凸轮形成能双向推动转子的沟槽，从而控制综框的升降。它们都是每片综框独立强制升降，不用顶部吊综装置，可不用顶梁。

一、凸轮开口机构

图 7-8(a) 所示是平纹凸轮，它的外缘轮廓由若干段弧线所围成，这些弧线分别对应梭口的开口、静止和闭合三个阶段。其大半径圆弧线 $\overset{\frown}{AB}$ 和小半径圆弧线 $\overset{\frown}{CD}$ 分别对应综框（经纱）在下方和上方形成开口过程中的静止阶段，称为静止弧线；连接大、小半径圆弧的弧线 $\overset{\frown}{AD}$ 和 $\overset{\frown}{BC}$ 使综框（经纱）由上方位置过渡到下方位置和由下方位置过渡到上方位置，前者称下降弧线，后者称上升弧线。在下降弧线和上升弧线上必有两个综平点 E 和 F，这表明，凸轮每一回转，受它控制的一组经纱依次经历上方静止（$\overset{\frown}{CD}$ 弧线）、闭合（$\overset{\frown}{DE}$ 弧线）、综平（E）、开口（$\overset{\frown}{EA}$ 弧线）以及下方静止（$\overset{\frown}{AB}$ 弧线）、闭合（$\overset{\frown}{BF}$ 弧线）、综平（F）、开口（$\overset{\frown}{FC}$ 弧线），共完成两次开口动作，如开口周期如图 7-8(b) 中的实线所示，受另一凸轮控制的另一组经纱的运动情况如图 7-8(b) 中的虚线所示。

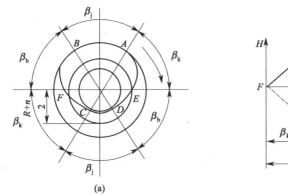
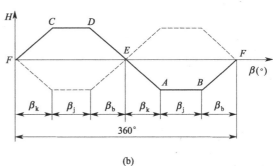

图 7-8 平纹凸轮及开口周期图

由此可见，凸轮一回转，开口两次，对应一个梭口的变化周期，对应主轴回转两转，经纱依次形成织物的一个纬向组织循环次数 R_w 所包含的所有梭口，凸轮转过的角度为

$$\beta = \frac{360}{R_w} S$$

式中　R_w——组织循环纱线数；

　　　S——组织点飞数。

(一) 消极式凸轮开口机构

无梭织机上的消极式凸轮开口机构如图 7-9 所示，对应于每一页综框在开口凸轮轴上有一只凸轮，当开口凸轮 1 转向大半径时，通过凸轮杆 2、钢丝绳 3 使综框向下运动；而当凸轮转向小半径时，在回综弹簧 5 的作用下通过吊综杆 6 使综框向上运动。

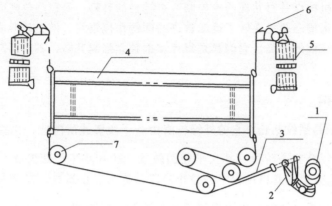

图 7-9　消极式凸轮开口机构
1—开口凸轮；2—凸轮杆；3—钢丝绳；4—综框；
5—回综弹簧；6—吊综杆；7—滑轮

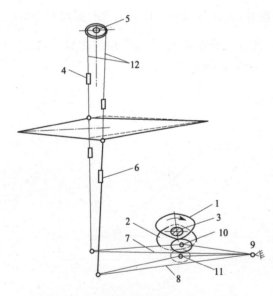

图 7-10　吊综装置的消极式凸轮开口机构
1、2—凸轮；3—中心轴；4—第一页综框；5—吊综辘轳；
6—第二页综框；7、8—踏综杆；9—支点；10、11—踏
杆转子；12—吊综皮带

所用回综弹簧的刚度和初始拉伸量应根据织物品种的不同加以选择，经纱张力越大，所选用弹簧的刚度也越大。

有些织机上的消极式凸轮开口机构是利用吊综装置进行回综的。图 7-10 所示为织制平纹织物时所采用的内侧凸轮（踏盘）式开口机构，凸轮 1 和 2 固定在中心轴 3（底轴）上，两者的大半径相差 180°。第一页综框（前综）4 通过吊综皮带 12 与吊综轴上半径小的吊综辘轳 5 相连。第二页综框（后综）6 通过吊综皮带 12 与吊综轴上半径大的吊综辘轳 5 相连。这两页综的下端分别与踏综杆 7 与 8 相连，踏综杆可绕支点 9 摆动，踏综杆中部装有踏板转子 10 和 11。

当凸轮 1（或 2）大半径转到下方时，压下其踏板转子 10（或 11）使踏综杆 7（或 8）带动综框向下运动，同时使吊综轴逆（或顺）时针转动，带动第二（或第一）页综上升，形成一次梭口。下一次梭口则靠另一只凸轮驱动。调整凸轮在轴上的固定位置可改变综平时间。

(二) 积极式凸轮开口机构

无梭织机上的积极式凸轮开口机构中的凸轮一般均为共轭凸轮，分别由主、副凸轮驱动

综框的升和降，且凸轮机构位于织机墙板外，故也称之为外侧式共轭凸轮开口机构。如图 7-11 所示，在共轭凸轮轴 1 上最多装有 10 组（或 14 组）共轭凸轮 2、2′，每组的两只凸轮控制一页综框，凸轮转动驱动转子 3、3′使转子臂与摆杆 4 一起往复摆动，然后通过连杆 5、双臂杆 6、推拉杆 7、角形杆 8 和 8′、传递杆 9 和 9′以及竖杆 10 和 10′，使综框 11 在其导架中升、降，完成开口运动。

外侧式共轭凸轮在无梭织机上应用很普遍，它具有以下特点。

（1）位于机器外侧，便于拆装、检修。

（2）综框的升降均处于积极控制之中，有利于高速。

（3）凸轮基圆半径可适当放大，减小了凸轮压力角。

（4）共轭凸轮置于油浴之中，润滑良好而减轻了磨损。

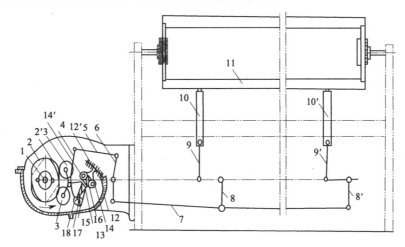

图 7-11 外侧式共轭凸轮开口机构

1—共轭凸轮轴；2、2′—共轭凸轮；3、3′—转子；4—摆杆；5—连杆；6—双臂杆；
7—推拉杆；8、8′—角形杆；9、9′—传递杆；10、10′—竖杆；11—综框；
12、12′—定位弹簧；13—V 形杆；14、14′—转子；15—平衡轴；16—受制块；
17—偏心盘；18—V 形杆支承

二、连杆开口机构

凸轮开口机构能按照工艺要求的综框规律进行设计，所以工艺性能好，但凸轮容易磨损，制造要求和成本高，因此在织制简单的平纹织物时，连杆开口机构能满足高速和机构简单的要求。连杆开口机构主要有六连杆开口机构、偏心连杆式开口机构等。

（一）六连杆开口机构

如图 7-12 所示，由织机主轴按 2：1 传动比传动的辅助轴 1，其两端装有相位差为 180°的开口曲柄 2 和 2′，通过连杆 3 和 3′与摇杆 4 和 4′连接，摇杆轴 5 和 5′分别装有提综杆 6 和 6′，又通过传递杆 7 和 7′与综框 8 和 8′相连，这样当辅助轴 1 间歇转动时，提综杆 6 和 6′便绕各自轴

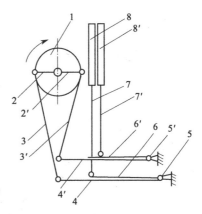

图 7-12 六连杆开口机构

1—辅助轴；2、2′—开口曲柄；3、3′—连杆；4、4′—摇杆；5、5′—摇杆轴；6、6′—提综杆；7、7′—传递杆；8、8′—综框

心作上、下摆动，两者的摆动方向正好相反，因此综框 8 和 8′作平纹组织所需的一上一下的开口运动。

六连杆开口机构中，综框处于上下位置时没有绝对静止时间，相对静止时间则由曲柄和连杆的长度以及各结构点的位置而定，不能像凸轮开口机构那样可以按需要来设计，而只能在一定的范围内进行选择，因此，这种开口机构仅适用于加工平纹织物的高速喷气织机或喷水织机。

（二）偏心连杆式开口机构

日本的喷水织机如 ZW 系列、LW 系列在织造平纹织物时常用此类开口机构，可以装备 2、4、6 页综框。偏心连杆式开口机构属于曲柄连杆式开口机构，它与四连杆机构的作用原理相同。其结构如图 7-13 所示，综框 1、2 通过球形轴承连杆 4 连接在提综杆 5、6、9 上，提综杆和摇轴 7 固结成一体。摇杆 3 的一端固结在摇轴 7 上，另一端通过轴承与连杆相连，连杆与曲柄圆盘 8 连接，曲柄圆盘 8 固装在开口轴上。当开口轴经曲柄、齿轮传动而作回转运动时，曲柄圆盘 8 随之转动，通过球形轴承连杆 4 使综框作上下升降运动，穿于综框的经丝便开成梭口。为了使四页综框分别作上下运动而形成平纹梭口，左右机架的开口轴通过两套曲柄、连杆、摆轴和提综杆等零件传动，分别呈上下配置状态，即使得 1、3 页综框上升时，2、4 页综框在下降的位置。综框架都采用铝合金材料，两边安放在导轨中，可加油润滑。综框中央有上下夹片，使综框运动平稳，适应织机高速运转。这种偏心连杆式开口机构俗称摇摆式开口机构，没有绝对静止时间，但有较长的近似静止时间，使水射流与纬纱有充分时间通过梭口。

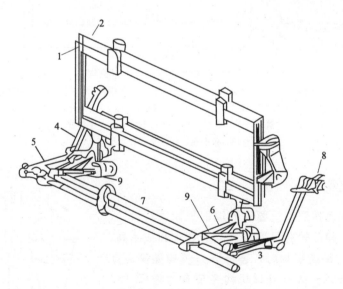

图 7-13　偏心连杆式开口机构

1、2—综框；3—摇杆；4—轴承连杆；5、6、9—提综杆；7—摇轴；8—曲柄圆盘

第四节　多臂开口机构

凸轮开口机构由于受凸轮结构方面的限制，只能用于生产组织循环比较小的简单织物，织物组织循环大于 8 时，需要用多臂开口机构来生产。多臂开口机构能在较大范围内改变织

物组织，用于制织小花纹织物。它所能控制的综框数目一般在 25 页综以内，多的可达 32 页
至 43 页综。

多臂开口机构的工作原理不同于凸轮开口机构，在凸轮开口机构中，综框的升降运动和
升降次序由凸轮来控制，而多臂开口机构的综框升降运动由拉刀和拉钩来控制，综框的升降
次序则由花纹机构来控制。多臂开口机构形式很多，在我国棉织生产中广泛采用的是双拉刀
复动式单花筒多臂开口机构。而各类先进的无梭织机如剑杆织机等一般采用瑞士史陶比尔公
司生产的各种新型多臂机，尤其随着织机高速和自动化的发展，各类电子多臂机应用日益
广泛。

下面选择几种常见的多臂开口机构进行讨论。

一、消极式拉刀拉钩式多臂开口机构

1. 提综和回综

图 7-14 所示是在国产有梭织机上采用的往复式机械多臂开口机构，随装在织机中心轴 1
（由织机主轴以 1：2 速比传动）上开口曲柄 2 的回转，通过连杆 3、三臂杆 4，使摇轴 5 往
复转动（这是一个空间连杆机构）。再经双臂杆 6、拉刀连杆 7 和 8，使上、下拉刀 9 和 10
在滑槽中作往复直线运动（这是一摇杆滑块机构）。每一提综单元有一只平衡杆 13，其上、
下两端分别为上下拉钩 11、12 的回转支点。上、下拉钩 11、12 处在拉刀 9、10 的上方。当
上、下拉钩一旦下落到拉刀的运动轨迹上时，拉刀向左运动将带动相应的拉钩也向左运动，
平衡杆与提综杆 14 的铰接点便向左运动，提综杆绕支轴 23 逆时针转动，并克服回综弹簧
27 的拉力实现提升综框 26。中心轴每一回转（主轴两转），上、下拉刀便各作一次往复运
动，方向相反，形成两次梭口。为了使后综动程大于前综动程，形成清晰梭口。拉刀运动
时，其后端（控制后综）的动程较前端（控制后综）大。

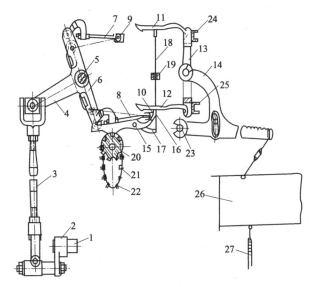

图 7-14 往复式机械多臂开口机构

1—中心轴；2—开口曲柄；3—连杆；4—三臂杆；5—摇轴；6—双臂杆；7、8—拉
刀连杆；9、10—拉刀；11、12—上、下拉钩；13—平衡杆；14—提综杆；
15—小轴；16、17—弯头、平头重尾杆；18—竖针；19—导栅；20—八角花筒；
21—纹板；22—纹钉；23—支轴；24、25—斜撑挡；26—综框；27—回综弹簧

2. 提综控制装置

综框的升降顺序是由提综控制装置决定的，借助八角花筒 20、纹板 21、弯头重尾杆 16、平头重尾杆 17、竖针 18 等实现对综框的选择。根据纹板图在纹板上植纹钉 22，每块纹板上有两排错开的纹钉孔位。第一排孔位控制平头重尾杆 17，平头重尾杆通过竖针 18 作用于上拉钩，当上拉刀由右侧向左侧运动时，可带动上拉钩向左运动，即第一排孔位上最靠机前的一个孔控制最前一页综的第一次梭口，第一排孔位上靠机前的第二个孔控制第二页综的第一次梭口……第二排孔位控制弯头重尾杆 16，弯头重尾杆作用于下拉钩，当下拉刀由左侧向右侧运动时，为其空程，待第一次梭口完成后；它从右侧向左侧运动，可带动下拉钩向左运动，即第二排孔位上最靠机前的一个孔控制最前一页综的第二次梭口，第二排孔位上靠机前的第二个孔控制第二页综的第二次梭口……

若处于工作位置上的纹板孔位上植有纹钉的话，相应重尾杆的尾部被抬起，拉钩落下到拉刀的运动轨迹上，等待被拉动，实现提综。反之，若处于工作位置上的纹板孔位上没植纹钉的话，相应重尾杆的尾部落在纹板上，拉钩仍保持在拉刀的运动轨迹上方，不进行提综。一个提综循环的所有纹板按序连接成链，由八角花筒 20 传动。织机中心轴每转过一转，花筒转 1/8 转，调换一块纹板，由这块纹板上纹钉状态决定下两纬的开口次序。综平时间的调整通过改变开口曲柄在中心轴上的位置实现。

3. 纹板及纹板制备

纹板的结构如图 7-15 所示，每块纹板上有两列纹钉孔，成错开排列，第一、二列纹孔分别对准弯头重尾杆和平头重尾杆。每列纹孔控制一次开口，纹孔列数应等于组织循环纬纱数的整数倍，此外，因为花筒是八角形的，纹板的总数应不小于 8 块（16 纬）。

纹板制备是指根据纹板图的要求在纹板上植纹钉的操作。图 7-15 是 $\frac{2}{1}\frac{2}{3}$ 复合斜纹的纹板图和纹钉植法，图中黑点表示植有纹钉，圆圈表示不植纹钉的孔眼。虽用 4 块纹板即可进行织造，但纹板总数至少需 8 块，故要重复一个纬纱循环数。

4. 多臂开口机构的特性

综框运动在最高位置无静止时间，但运动速度较慢；而在最低位置时有静止时间，这是由于拉刀与拉钩之间存在间隙的缘故。故综框的运动为半开口形式。综框运动的速度是两端慢、中间快，即梭口满开时速度慢，综平前后速度快，这是符合开口和引纬要求的。

综框在开始提升或下降至最低位置时，速度是突然变化的，此时加速度很大，会引起冲击和振动。这是由于拉刀钩起或脱离拉钩时，已具有或还具有相当速度的缘故。

但织机速度提高时，拉刀与拉钩往往配合不当，造成应该向上提升的综框没有提升，或不该向上提升的综框反而提升，出现全幅性的跳花织疵。这是由于拉钩非

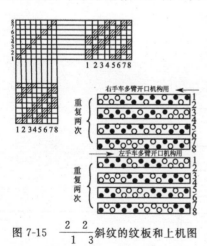

图 7-15 $\frac{2}{1}\frac{2}{3}$ 斜纹的纹板和上机图

强迫运动的缘故。综框静止时间短，一般不适合织制宽幅织物。

二、积极式拉刀拉钩多臂开口机构

目前织机上使用较多的是如图 7-16 所示的多臂开口机构，它属于积极复动式全开梭口

高速多臂机，由提综、选综和自动找纬三部分组成。

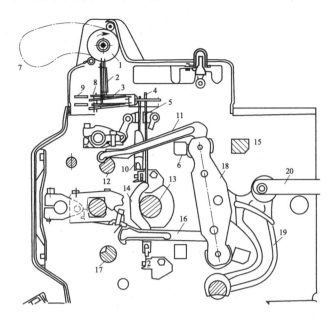

图7-16 STAUBLI 2232多臂开口机构

1—花筒；2—探针；3—横针；4—竖针；5—竖针提刀；6—复位杆；7—塑料纹纸；
8—横针抬起板；9—横针推刀；10、14—上、下连杆；11、16—上、下拉钩；
12、17—上、下拉刀；13—主轴；15—定位杆；18—平衡杆；19—提综杆；20—连杆

1. 提综装置

如图7-16所示，综框的提升由上下拉刀12和17、上下拉钩11和16控制，综框的下降由复位杆6推动平衡杆18而获得。拉刀与复位杆等组成一个运动体。两副共轭凸轮装在凸轮轴的两边，主副凸轮分别控制上下拉刀12、17和复位杆6作往复运动。当上拉刀12由右向左运动时，上拉钩落下与下拉刀的缺口接触而被上拉刀拉向左边，与拉钩连接的平衡杆18即带动提综杆19绕轴芯逆时针方向转动，通过连杆20等使综框上升。如上拉钩未落下，拉钩与拉刀不接触，则综框下降或停于下方。下拉刀17与下拉钩16等工作情况亦然。

拉刀在带动拉钩之前，能作一定量的转动，消除与拉钩之间的间隙，拉刀的这种转动避免了拉钩受到的冲击，则刚能适应织机的高速运转。

2. 选综装置

选综装置由花筒、塑料纹纸、探针和竖针等组成，如图7-16所示。塑料纹纸7卷绕在花筒1上，靠花筒两端圆周表面的定位输送凸钉来定位和输送。纹纸上的孔眼根据纹板图而定，有孔表示综框提升，无孔表示综框下降。当纹纸相应位置有孔时，探针穿过纹纸孔伸入花筒1的相应孔内。每根探针2均与相应的横针3垂直相连接，横针抬起板8上抬时，相应的横针3随之上抬，在横针的前部有一小孔，对应的竖针4垂直穿过。在竖针4的中部有一突钩，钩在竖针提刀5上。当横针推刀9向右作用时，推动抬起的相应横针3向右移动，此时竖针的突钩与竖针提刀5脱开，同竖针4相连的上下连杆10或14就下落，穿在上下连杆10与14的下中部长方形孔中的上下拉钩11或16即落在上下拉刀12或17的作用位置上，拉钩11或16随拉刀12或17由右向左运动，而提起综框。反之，纹纸上无孔时，探针2、

横针 3 和竖针 4 随即停止运动，此时竖针的突钩与竖针提刀 5 啮合，于是上下拉钩 11 与 16 脱离上下拉刀的作用位置，此时综框停在下方不动。

三、电子式多臂开口机构

当所织织物的纬纱循环较大或经常更换织物品种时，纹纸（纹板）的制备是一项既费时又繁琐的工作。此外，机械式选综继置的结构比较复杂，不利于对信号作高速阅读，一定程度上影响到整个机构的高速运转。事实上，纹纸（纹板）状态（有孔、无孔或有钉、无钉）是典型的二进制信号，非 0 即 1。选综装置读入该二进制信号，并经放大后输出二进制控制逻辑（如突钩与提刀的啮合或脱开）。因此，选综装置可等效成逻辑信号处理和控制系统。电子多臂开口机构正是基于这种思路，随着计算机控制技术的发展而发展起来的。各种电子多臂开口机构的提综装置可以不同，但电子控制基本原理却是完全一样的。

1. 提综装置

多臂机上有若干个提综单元，每一个提综单元控制一页综框。对应每一提综单元，在多臂机主轴上都装有一只驱动盘、一只偏心盘组件和一只偏心盘外环杆，如图 7-17 所示。

图 7-17(a) 中的驱动盘通过花键套装在多臂机主轴 1 上，随其非匀速回转。驱动盘的外廓上有两个凹槽 2，这两个凹槽相隔 180°，其作用类似于往复式多臂机中的拉刀。偏心盘组件如图 7-17(b) 所示，它活套在多臂机主轴上，其上有凸块杆回转轴 3、凸块杆 4 和凸块杆弹簧 5，在凸块杆弹簧的作用下，凸块杆上的凸块 6（其作用类似于往复式多臂机中的拉钩）有嵌入驱动盘凹槽的趋势。在偏心盘组件上还有两个相对的保持槽 7 和 8（用来定位），分别受左保持臂 9 和右保持臂 10 作用。若凸块杆上的凸块未嵌入驱动盘凹槽内，偏心盘组件上的保持槽则被保持臂转子压作，偏心盘组件保持静止，相应的综框也保持静止；若凸块杆上的凸块嵌入驱动盘凹槽内，偏心盘组件将随驱动再一起转过 180°，即对应于织机主轴的一转，综框运动使凸块位置改变，组织点发生改变。在形成下一梭口时，需视该页综框下一梭口的情况，若综框要改变位置，则凸块杆上的凸块仍嵌在驱动盘凹槽内，偏心盘组件将随驱动盘一起再转过 180°，综框回归到一次梭口形成前的位置；若下一次梭口时该页综框位置不变，则凸块杆上的凸块抬离驱动盘的凹槽，同时偏心盘组件上的保持槽被转子压住，偏心盘组件保持静止，综框也就保持在一次梭口形成后的位置。

偏心盘组件的转动使综框改变位置是通过偏心盘外环杆实现的。如图 7-17(c) 所示，偏心盘外环杆 11 活套在偏心盘上，偏心盘外环杆与提综杆 12 铰接，通过提综杆使综框上升或下降。

凸块杆上的凸块是否嵌入驱动盘凹槽内，由提综选择装置的动作决定，而提综选择装置又是根据纹板图决定的提综顺序动作的，其中包括电子控制装置。

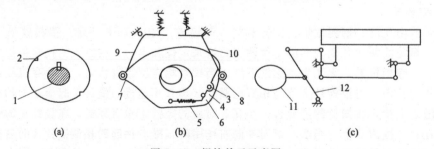

图 7-17 提综单元示意图

1—多臂机主轴；2—凹槽；3—回转轴；4—凸块杆；5—凸块杆弹簧；6—凸块；
7、8—保持槽；9、10—左、右保持臂；11—外环杆；12—提综杆

2. 选综装置

如图 7-18 所示,多臂机主轴转一转时,其上另
有一组共轭凸轮通过转子臂控制电磁铁摆架上下往
复摆动两次,对应地形成两次梭口。电磁铁摆架上
有压针 1 的回转支点,压针受其上弹簧的作用,使
其上端离开电磁铁 2。在电磁铁摆架上摆过程中,
电磁铁的得电、失电状态对应于下一纬提综顺序的
变化,进而决定压针的位置。若电磁铁得电,则电
磁铁的吸力克服压针弹簧的作用力将压针吸住,压
针下部处于右侧位置;若电磁铁失电,则压制受其
弹簧的作用,压针下部处于左侧位置。在紧接着的
电磁铁摆架下摆过程中,压针下部处于右侧位置,

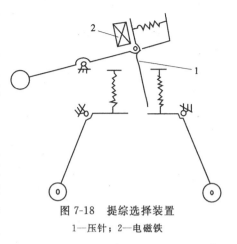

图 7-18　提综选择装置
1—压针;2—电磁铁

则压右侧保持臂;若压针下部处于左侧位置,则压左侧保持臂。即形成每一次梭口时,若电
磁铁不吸合,左侧保持臂向外转动,而右侧保持臂静止;反之,电磁铁吸合,左侧保持臂静
止,而右侧保持臂向外转动。

第五节　提花开口机构

当需要织制复杂的大花纹组织(如各种图案、风景、人像等)织物时,必须采用提花开
口机构。提花开口机构的主要特点是由综线控制经纱,可实现每根经纱独立上下运动。提花
开口机构由提综执行机构和提综控制两大部分组成,前者是由提刀、刀架传动竖钩,再通过
与竖钩相连的综线控制经纱升降形成所需的梭口;而后者是对经纱提升的次序进行控制,有
机械式和电子式两种方式。机械式是由花筒、纹板和横针等实现对竖钩的选择,进而控制经
纱的提升次序,而电子式是通过微机、电磁铁等实现对竖钩的选择。

提花开口机构的容量即工作能力是以竖钩数目的多少来衡量的,竖钩数也称为口数。提
花开口机构的常用公称口数有 100、400、600、1400、…、2600 等,实际口数较公称口数略
多。100 口的提花开口机构一般只用于织制织物的边字。

与多臂开口机构一样,提花开口机构也有单动式和复动式、单花筒和双花筒之分。复动
式双花筒提花开口机构由于机构的运动频率较低,因此适应织机的高速运转。

提花开口机构所形成的梭口可分为中央闭合梭口、半开梭口和全开梭口三种形式。低速
提花开口机构多采用中央闭合梭口和半开梭口,而高速提花开口机构多采用全开梭口。

一、单动式提花开口机构

单动式提花开口机构由织机的主轴直接传动,主轴一回转,刀架升降一次,形成一次梭
口。以 TK212 型提花机构为例,它属于中央闭合梭口、单动式单花筒提花开口机构,整个
机构由提综装置和传动装置组成。

(一) 提综装置

图 7-19 为单动式单花筒提花开口工艺机构简图。经纱穿过综丝 1 的综眼,综丝下端吊
有重锤 2,上端与通丝 3 相连接。通丝 3 穿过目板 4 的孔眼与首线 5 相连接。首线 5 穿过底
板 6 的孔眼,挂在竖钩 7 下端的弯钩上。每根首线悬吊的通丝根数取决于织物组织的完全循

环纱线根数，一般不超过 8 根。在刀架 8 中设有若干把提刀 9 （图中是 4 把），提刀位于竖钩钩头附近。当横针 10 将竖针推向左侧时，刀架 8 向上运动就由提刀 9 将竖钩 7 以及与竖钩 7 相连的首线 5、通丝 3、综丝 1 拉上，这样穿在综眼中的经纱就被提升，形成上部梭口；而未被提起的竖钩 7 在重锤 2 作用下，随底板的下降而沉于下方，这样穿在综眼中的经纱就下降形成梭口。

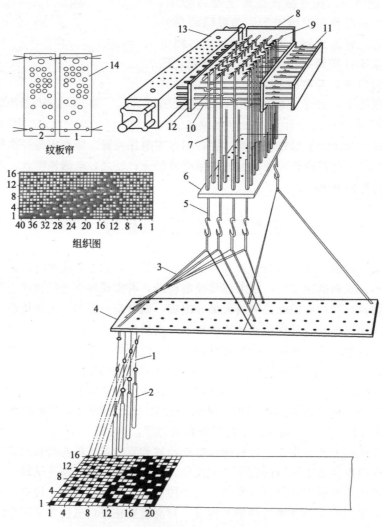

图 7-19　单动式单花筒提花开口工艺机构

1—综丝；2—重锤；3—通丝；4—目板；5—首线；6—底板；7—竖钩；
8—刀架；9—提刀；10—横针；11—弹簧；12—横针板；13—花筒；14—纹板

（二）花纹控制装置

花纹控制装置的作用是管理经纱的升降次序。如图 7-19 所示，从机前看，最左边一列的竖钩紧靠最上面一行横针弯曲部分，中间部分的各列竖钩从左向右分别紧靠自上而下相对应的每行横针弯曲部分，最右边的一列竖钩紧靠最下面一行横针弯曲部分。在每根横针的右端有一小弹簧 11，在弹簧的作用下，横针便能推动竖钩靠近提刀。横针的左端略伸出横针板 12，在横针板前面有花筒 13，在花筒上套有纹板 14。这样，在花筒移进横针板时，横针由于弹簧的作用进入纹板和花筒的筒眼中，这些横针就处于静止状态，与静止横针相对应的竖钩钩头则在提刀之上，当提刀上升时，相应的竖钩和经纱即被提起。如果纹板上对应横针处无孔眼时，纹板即把横针推向右方（后退），同时带动竖钩也向右移动，使其离开提刀，于是相应的竖钩和经纱便停留在下方。因此纹板上有孔处即表示与其相对应的竖钩、经纱上升，无孔处即表示与其相对应的竖钩、经纱停留在下方。花筒每次转过90°，刀架向上提升一次，形成一次梭口，引入一根纬纱。织物完全组织中的纬纱根数即为所需的纹板块数。

（三）传动装置

TK212型提花机传动系统如图7-20所示。织机主轴1经圆锥齿轮2、4传动竖轴3，再经一对圆锥齿轮（图上未绘出）传动短轴5，其传动比为1∶1，使主轴的回转数和提花机刀架升降数相对应。开口曲柄8装在短轴5上，通过连杆9与双臂杠杆10的一端相铰连，双臂杠杆10的另一端与升降齿杆11相铰连。当开口曲柄8回转时，双臂杠杆10即以双臂杠杆轴12为回转中心传动升降齿杆11，使刀架6随之作升降运动。扇形双臂齿杆13里侧与升降齿杆11相啮合，外侧与固装在底板7旁边的齿条14相啮合。当升降齿杆11和刀架6上升时，扇形双臂齿杆13以轴15为回转中心转动，使底板7下降，反之则上升。因此，当刀架6上升时，挂在提刀上的竖钩随之上升，使经纱也上升形成梭口的上层；而未挂在提刀上的竖钩则在重锤作用下随底板下降，使经纱也下降，形成梭口的下层。引纬之后，刀架6下降，底板7上升，上下两层经纱在中间闭合，从而完成一次开口动作。显然，单动式提花机提刀的运动频繁，不利于织机高速。

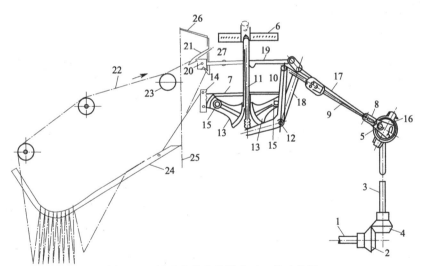

图7-20 单动式单花筒提花开口传动简图

1—主轴；2、4—圆锥齿轮；3—竖轴；5—短轴；6—刀架；7—底板；8—开口曲柄；9、17—连杆；10—双臂杠杆 11—升降齿杆；12—双臂杠杆轴；13—扇形双臂齿杆；14—齿条；15—扇形双臂齿杆轴；16—偏心盘；18—摆杆；19—花筒传动轴；20—花筒；21—花筒拉钩；22—纹板；23—纹板导轮；24—托架；25—绳子；26—转杆；27—花筒倒转拉钩

当与短轴5固装在一起的偏心盘16转动时，连杆17作往复运动，使摆杆18以双臂杠杆轴12为回转中心摆动，从而传动花筒传动轴19和花筒20作往复运动。由于花筒拉钩21的作用，使花筒转过90°，调换一块纹板。纹板22是沿着纹板导轮23前进的，转到下面的纹板由连接铁丝搁在托架（轨道）24上。在需要倒转花筒时，只要拉动绳子25，通过转杆26和花筒倒转拉钩27，即可使花筒作倒方向回转。

二、复动式提花开口机构

(一) 复动式半开梭口提花机

图 7-21 为复动式单花筒提花机示意图，相间排列的两组提刀 1、2，分别装在两只刀架上。织机主轴回转两转，两组提刀交替升降一次，控制相应的竖钩 3、4 升降。竖钩的数目是相同容量单动式提花机的两倍。每根通丝 7 由两根竖钩通过首线 5、6 控制，而这两根竖钩受同一根横针 8 的控制。因此，两只刀架的上升都可使通丝获得上升运动，并能连续上升任何次数。如上次开口竖钩 3 上升，竖钩 4 在下方维持不动，则竖钩 3 下方的首线和全部通丝将随着竖钩 3 上升；若下次开口中这组通丝仍需上升，则竖钩 3 下降而竖钩 4 上升，在平综位置相遇，继续运动时首线和通丝即随竖钩 4 再次上升，竖钩 3 下面的首线将呈松弛状态，所以形成的是半开梭口。复动式双花筒半开梭口提花机中，一根横针控制一根竖钩，所有横针分成两组，由两只花筒分别控制。两只花筒轮流工作，通常一只花筒管理奇数纬纱时经纱的提升次序，而另一只则管理偶数纬纱时经纱的提升次序。

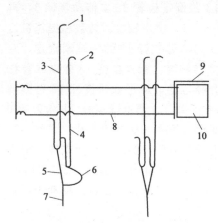

图 7-21　复动式单花筒提花机

1、2—提刀；3、4—竖钩；5、6—首线；

7—通丝；8—横针；9—纹板；10—花筒

(二) 复动式全开梭口提花机

全开梭口提花机与半开梭口提花机的不同之处是，当要求经纱连续形成梭口上层时，由于停针刀和竖钩上的停针钩相互作用，使位于上层的经纱维持原状不动。一般全开梭口提花机上多采用 U 形竖针，但在工作过程中易产生变形和抖动，造成动作失误，从而影响车速的进一步提高。

1. U 形竖针运动原理

图 7-22(a) 为纹板对应位置有孔时，由提刀 2 带动竖针 4 上升。随着提刀 2 上升至最高位置，与竖针 4 相连的经纱形成梭口的上层，此时提刀 1 降至最低位置。如经纱在下一纬需再次提升，仍由对应位置有孔的纹板控制，使竖针 4 上的停针钩 6 停在停针刀 5 上，竖针 4 及相连的经纱不下降，形成全开梭口，如图 7-22(b) 所示。如果经纱在下一纬需下降。则由对应位置无孔的纹板控制，此时横针 3 推动竖针 4，使停针钩 6 与停针刀 5 脱开，竖针 4 即随提刀 2 下降。如图 7-22(c) 所示，横针 3 对竖针 4 的作用持续到两提刀 1、2 呈平齐状态，此时竖针 4 避开提刀 1 的上升运动，继续随提刀 2 下降，如图 7-22(d) 所示。当提刀 1 提升到最高位置时，竖针 4 随提刀 2 而下降至底板，经纱处于梭口下层，如图 7-22(e) 所示。显然 U 形竖针在工作过程中，由于横针的作用，会产生弯曲、变形和磨损，在织造厚重织物时更为严重，最终影响提综能力和织机车速的提高。

2. 双钩单根式竖针工作原理

图 7-23(a) 为前一次开口结束时的情形，上提刀 D 降至最低位置，而下提刀 C 升至最高位置，竖针 1、4 的下端 a 靠在底板 A 上，与它们相连的经纱处于梭口的下层，竖针 2、3 因它们的下片颚 c 被下提刀 C 钩住而处于最高位置，与它们相连的经纱处于梭口的上层。在图 (a) 中接下来的一块纹板已进入工作位置，新纹板上对应横针Ⅰ、Ⅱ的位置上有孔，因

而横针Ⅰ、Ⅱ不推动对应的竖针1、2，而新纹板上对应横针Ⅲ、Ⅳ的位置上无孔，故横针Ⅲ、Ⅳ推动对应的竖针3、4向右（图中竖针与竖针隔栅E之间的间隙变大）。在图7-23(b)中，梭口正在变换，随上提刀D上升，竖针1因其上片颚d被上提刀D钩住而随上提刀向上运动；竖针2的停针钩b受停针刀B的作用仍使竖针保持在最高位置；竖针3因其停针构b被推离停针刀B而随下提刀C下降，竖针上的凸部e与隔栅E作用确保上片颚d避开向上运动的上提刀D；竖针4因其上片颚d被推离上提刀D而保持在下方位置。在图7-23(c)中，上提刀D上升至最高位置，下提刀C下降至最低位置，竖针1、2因它们的上片颚d被上提刀D钩住而随上提刀升至最高位置，而竖针3、4的下端a靠在底板A上，处于最低位置，形成了新的梭口。

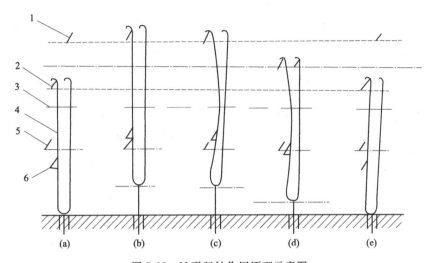

图7-22　U形竖针作用原理示意图

1、2—提刀；3—横针；4—竖针；5—停针刀；6—停针钩

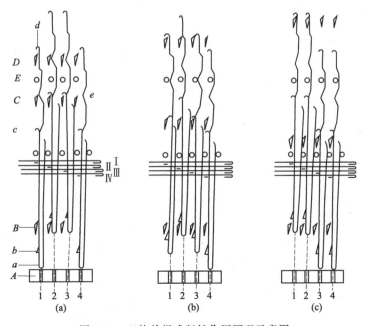

图7-23　双钩单根式竖针作用原理示意图

3. 单根回转式竖针的运动原理

图 7-24 所示为史陶比利 CR 型，提花机的单根回转式竖针作用原理示意图，与其他结构的竖针相比，这种回转竖针工作过程中不产生震动，承载能力较大，可以适应高速运转。每根回转竖针上有 4 个钩（1、2、3、4），停针钩 3 与底钩 4 同向，上钩 1 相对底钩 4 向右呈 45°，而下钩 2 则向左呈 45°，回转竖针的工作过程分为五个阶段。图 7-24(a) 表示回转竖针的底钩贴在底板 D 上，竖针位于最低位置，经纱位于梭口下层，上提刀 A 和下提刀 B 分别做上、下移动；图 7-24(b) 表示竖针顺时针方向转过 45°，上钩 1 与上升的上提刀 A 相垂直而被提升，同时，下钩 2 也同方向转过 45°而避开了下提刀 B 下降，此时经纱位于梭口的上层；图 7-24(c) 表示上提刀 A 下降，竖针逆时针方向转过 45°，停针钩 3 停在停针刀 C 上，竖针随上提刀略有下降；图 7-24(d) 表示竖针继续逆时针方向回转 45°，下钩 2 与上升的下提刀 B 垂直而被再次提起；图 7-24(e) 表示竖针随下钩 2 下降，竖针顺时针方向转过 45°，底钩 4 停在底板 D 上。

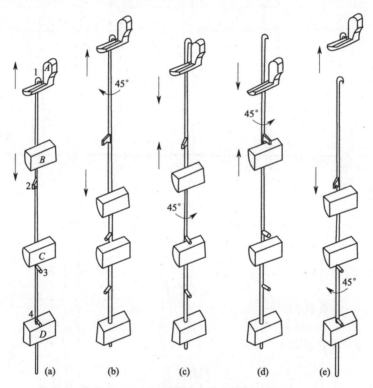

图 7-24　单根回转式竖针作用原理示意图

三、电子式提花开口机构

在最新的提花开口机构中废除了机械式纹板和横针等控制装置，而用电磁铁来控制首线的上下位置。图 7-25 为以一根首线为提综单元的电子提花机开口的工作原理示意图。提刀 g、f 受织机主轴传动而作速度相等、方向相反的上下往复运动，并分别带动用绳子通过双滑轮 a 连在一起的提综钩 c、b 作升降运动。图 7-25(a) 表示提综钩 b 在最高位置时被保持钩 d 钩住，提综钩 c 在最低位，首线在低位，相应的经纱形成梭口下层，这是前次开口结束时的情形。此时，按织物组织图，电磁铁 h 得电，保持钩 d 被吸合而脱开提综钩 b，提综钩 b 随提刀 f 下降，提刀 g 带着提综钩 c 上升，首线维持在低位；图 7-25(b) 表示提刀 g 带着

提综钩 c 上升至保持钩 e 处，由于电磁铁 h 不得电，提综钩 c 被保持钩 e 钩住，这时提综钩 b 处于低位，这是第一次开口；图 7-25(c) 表示提综钩 c 被保持钩 e 钩住，提刀 f 带着提综钩 b 上升，首线被提升，第二次开口开始；图 7-25(d) 表示提综钩 b 被升至保持钩 d 处时，电磁铁 h 不得电，保持钩 d 钩住提综钩使首线升至高位，相应的经纱到梭口上层位置。电子提花机的经纱升降规律由微机通过电磁铁控制，响应速度快，能适应织机高速运转的要求，并且可以把复杂的花纹组织存储在电脑中，甚至在机器运转状态下修改花型，这是目前设计最为先进的提花机构。

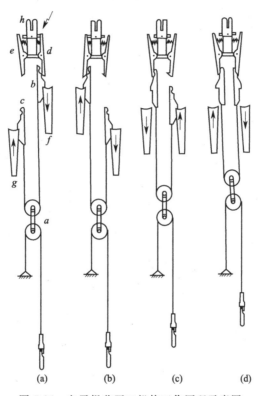

图 7-25 电子提花开口机构工作原理示意图

第八章

引 纬

梭口形成之后，通过引纬将纬纱引入梭口，以和经纱交织形成织物。

引纬是指通过各种载纬器或介质将纬纱引入由经纱构成的梭口中，实现经、纬纱交织，形成织物。引纬必须和经纱的开口相互配合。引纬是由引纬机构来完成的。通常根据引纬方式的不同，分为有梭引纬与无梭引纬，无梭引纬又分剑杆引纬、片梭引纬、喷气引纬和喷水引纬四种。

第一节　有梭引纬

一、梭子

梭子一般用优质木材或塑料制成。为了减少运动过程的阻力，梭子外形呈流线型，表面要求光洁耐磨、不起毛刺，两头镶有圆锥形钢质梭尖以耐冲击。梭子内腔的形状和大小，因纬纱补给方式和织机类型不同而有所差异。图 8-1 为梭子的结构示意图。

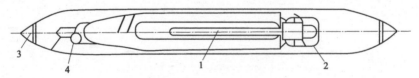

图 8-1　梭子结构示意图

1—梭芯；2—纡子座；3—梭尖；4—导纱磁眼

二、有梭引纬工艺过程

（一）引纬特点

将装有纬纱管的梭子通过梭口引入纬纱，这种引纬方式结构简单，调节方便，能以连续的纬纱形成完整而光洁的布边，便于后部加工；织物质量稳定，适应性广；但容易造成轧梭、飞梭等故障，投梭机构消耗动力多，机物料消耗大，噪声大，有效引纬利用率低，限制了车速的提高。

（二）引纬过程

梭子不仅是有梭织机的引纬器，也是其载纬器，有梭织机上纬纱卷装呈管纱形式容纳在梭腔内，称之为纤子。有梭织机的两侧各装有一套投梭机构和制梭装置，引纬结束后梭子制停在其梭箱中。

引纬开始时，依靠织机上投梭机构对梭子加速，梭子加速到最高速度（12m/s 左右）后脱离投梭机构，呈自由飞行状态进入梭口，在飞越梭口后到达对侧的梭箱并同时受到制梭装置的作用，制停在对侧梭箱中，完成第一次引纬。下次引纬则由对侧的投梭机构将梭子发射到梭口中，并在梭子返回到这一侧梭箱的同时受到制梭装置的作用，制停在这一梭箱中，完成第二次引纬。重复上述两次引纬过程，梭腔中纤子上的纬纱不断被引入梭口。

（三）工艺参数选择及调整

正确确定投梭时间和投梭力，对织机的正常运转、提高产质量、减少机物料和动力消耗十分重要。

1. 投梭时间

投梭时间是指静态条件下，投梭转子与投梭鼻开始接触的时间，织机的投梭时间以主轴曲柄所在的位置来表示。生产多以此时钢筘到胸梁内侧的距离来表示。投梭时间主要决定梭子进出梭口的时间。投梭时间过早，梭子入梭口时钢筘距离织口近，钢筘处梭口高度较小，梭子入梭口时挤压较大，对边部经纱摩擦剧烈，易引起边经断头；同时，梭口的清晰度也较差，易在进口侧产生跳花等疵点；且梭子入梭口时间过早时，底层经纱容易上托梭子前端，使梭子飞行不稳。投梭时间过迟，梭子可利用的飞行时间减少，出梭口时挤压度增加，在出梭口处易造成断边、跳花、夹梭尾等疵点。

确定投梭时间的原则是，在进出口处不出现跳花、断边、走梭平稳的条件下，以采用较早的投梭时间为好。这样延长了梭子通过梭口的时间，因而可以使用较小的投梭力。

确定投梭时间应综合考虑与开口时间的配合、织物种类、织机转速、筘幅等因素，还应当考虑投梭机构弹性变形的影响。因为影响梭子运动的因素多而且多变，因此确定投梭时间应通过反复试验。

2. 投梭力

投梭力在工艺上是指击梭时期皮结（或投梭棒）的最大静态位移。它决定梭子脱离皮结时所得到的速度。

若开口时间和投梭时间不变，投梭力太小时，梭子飞行速度较低，出梭口挤压度大，易造成出口侧断边、跳花等疵点；投梭力太小时，梭子不易打到头，造成下次投梭力不足而轧梭；投梭力过小时，纬纱张力不足，会造成无故关车，甚至当梭子投向开关侧时会碰纬纱叉，影响其正常作用。投梭力过大时，会增加动力和机物料消耗，还经常引起梭子回跳量增加，影响下一次投梭的投梭力。

确定投梭力的原则是，在梭子飞行正常、定位良好、出口侧挤压度不致过大的条件下，投梭力宜小一些。确定投梭力还应当考虑投梭棒的质量、皮结的新旧、织物种类、织机转速、筘幅大小、开口时间以及投梭时间等因素。生产中常通过观察梭子出梭口的挤压情况，用手触摸皮结、皮圈，看梭子定位等方法来判断投梭力是否适当。

3. 投梭机构的调整

在生产中，投梭力用皮结的动程表示。改变投梭侧板后支点的高度，可以调节投梭力的大小。投梭时间则用在皮结刚移动时，钢筘与胸梁的距离表示，这是因为钢筘的前后位置与主轴的位置具有确定的对应关系。变化投梭转子在投梭盘上的位置，可以改变投梭时间。调整时应先调整投梭力，后调整投梭时间。

三、有梭引纬机构及其工作原理

（一）投梭机构

图 8-2 所示是一种常见的下投梭机构。在织机的中心轴 1 上固定了接有投梭转子 3 的投梭盘 2。中心轴回转时，投梭转子在投梭盘的带动下，打击投梭侧板 5 上的投梭鼻 4，使投梭侧板的头端绕侧板轴突然下压，通过投梭棒脚帽 6 的突嘴使固结在其上的投梭棒 7 绕十字炮脚 10 的轴心作快速的击梭运动。投梭棒旋转，借助活套在其上部的皮结 8 将梭子 9 射出梭箱，飞往对侧。梭箱由梭箱底板 21、梭箱后板 22、梭箱前板 23、梭箱盖板 24 组成，它是击梭和制梭阶段梭子运动的轨道。十字炮脚固定在摇轴上，因此投梭棒能够随同筘座 25 一起摆动。击梭过程结束之后，投梭棒在扭簧 11 的作用下回退到梭箱外侧。在投梭棒打击过程中，当梭子达到最大速度后便脱离皮结进入自由飞行阶段。

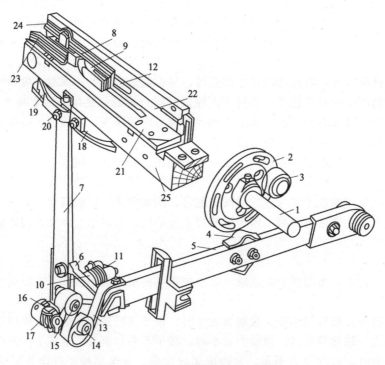

图 8-2　有梭织机的投梭和制梭装置

1—中心轴；2—投梭盘；3—投梭转子；4—投梭鼻；5—投梭侧板；6—投梭棒脚帽；
7—投梭棒；8—皮结；9—梭子；10—十字炮脚；11—扭簧；12—制梭板；13—缓冲带；
14—偏心轮；15—固定轮；16—弹簧轮；17—缓冲弹簧；18—皮圈；19—皮圈弹簧；
20—调节螺母；21—梭箱底板；22—梭箱后板；23—梭箱前板；24—梭箱盖板；25—筘座

投梭棒和皮结活套，在投梭棒绕十字炮脚轴心作旋转运动时，皮结能沿梭箱底板相对于筘座作直线的击梭运动。出于皮结是活套的，因此击梭之前皮结的定位不十分准确，这种引纬机构只能用于自动换梭织机。

除下投梭机构外，有些有梭织机还采用中投梭机构或上投梭机构。

（二）制梭机构

一般情况下，梭子从投梭机构所获得的全部动能中，约有15％的能量消耗于梭子飞过梭口时所遇到的各种阻力，还有约85％的剩余能量由制梭装置在短暂时间之内吸收并使梭子平稳地停留在梭箱一定位置，这个过程叫制梭过程。

通常对制梭装置有如下要求。

（1）制梭动程宜大些，这样有利于缓和制梭过程，减少因纡子骤停造成纬纱崩脱。

（2）梭子定位要准确，尽可能减少回跳。换纡式自动织机梭子定位的准确性要高于换梭式自动织机。

（3）制梭缓冲装置宜选用低噪声材料制造。

（三）自动补纬装置

当纬纱即将用完时，及时补充纬纱卷装，是由自动补纬装置完成的。自动完成补纬运动的织机称为自动织机。自动补纬装置分为自动换纡和自动换梭两大类。自动换纡是由纡库中的满梭子替换空纡子，自动换梭是由梭库中的满梭子替换梭箱中的空梭子。由于换纡过程较换梭过程难以控制，现在的自动织机基本上都采用自动换梭装置。自动换梭装置由探纬诱导和自动换梭两大部分组成。

第二节 剑杆引纬

剑杆引纬以剑杆头作为引纬器夹持纬纱，利用剑杆的往复运动将纬纱引入并使之穿越梭口，使经纬纱交织成织物。剑杆的往复引纬动作很像体育中的击剑运动，剑杆织机因此而得名。

剑杆引纬为积极引纬方式，不仅纬纱受到剑杆的积极控制，且携带纬纱的剑杆的运动也受到引纬机构的积极控制。因此，剑杆引纬方式稳定可靠，并能减少织物纬缩等疵点和引纬过程中的纬纱退捻现象；该引纬方式对纬纱的要求较低，不仅能用于各种常规纱线的引纬，也能应用于一些线密度小、强度小的纱线和弱捻纱线以及强捻纱线的引纬，还能应用于花式纱线的引纬，并且剑杆引纬具有较强的纬纱选色功能。

一、剑杆引纬工艺过程

不同型号的剑杆织机，其引纬工艺过程有所不同，现以我国生产的G234—J型刚性剑杆织机为例，说明引纬的工艺过程，如图8-3所示。

（1）送纬剑1和接纬剑2均处于织机的两侧，送纬剑握持纬纱3，将新纬引入梭口。

（2）送纬剑将纬纱移入梭口，与此同时接纬剑也向梭口内运动，准备接过纬纱。

（3）送纬剑与接纬剑在梭口中央相遇，进行纬纱交接。

（4）接纬剑接住纬纱并后退，将纬纱引出梭口，送纬剑也同时后退。

二、引纬工艺参数

（一）剑杆动程

为了达到规定的布幅，保证剑杆正常的引纬以及纬纱交接，剑杆应有一定的动程。

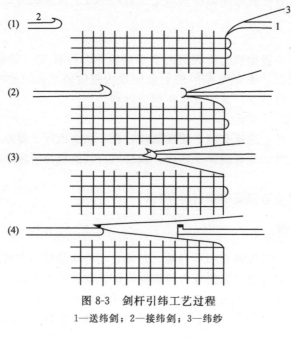

图 8-3　剑杆引纬工艺过程

1—送纬剑；2—接纬剑；3—纬纱

$$S = B + a + b + c$$

式中　S——两剑总动程；

B——穿经筘幅；

a——接纬剑退足时剑头离边纱第一筘的距离（空程）；

b——送纬剑退足时剑头离边纱第一筘的距离（空程）；

c——两剑接纬冲程。

空程是剑杆织机必不可少的，恰当的空程有利于送纬剑在进梭口前正确地握持纬纱，有利于接纬剑出梭口后适当握持纬纱和释放纬纱。但空程过大，必然增加剑杆动程，这样会增加织机占地面积和剑杆运动速度与加速度，从而增加机构地负荷和磨损。一般而言，在满足剑杆正确握持和释放纬纱、顺利形成布边的前提下，空程以小为宜。

剑杆动程的调整，一般可通过调整导剑轮直径或引剑机构中曲柄、连杆长度，以改变导剑轮角来实现，后者一般适合于微量调节。

（二）引纬工艺参数

1. 剑头进出梭口时间

剑头进出梭口时间视机型、筘座型式不同而不同。如 SM92/93 型、GTM 型、C401/S 型等均为分离筘座共轭凸轮打纬机构，送纬剑剑头进梭口时间以剑头头端到达钢筘边铁条的时间为准。以 SM92/93 为例，其调整方法是，将剑带置于剑带轮上，松开带轮与轴的紧固螺钉，织机主轴转到 64°±1°时，转动带轮使剑头进到钢筘边铁条处，然后紧固带轮与轴的紧固螺钉。同样，接纬剑调到 63°±1°时，剑头到达第一只筘导齿位置再固紧剑带轮与轴的紧固螺钉。

2. 交接纬纱时间

筘座的筘幅中央都有标记，借此标记调整剑头在梭口中央交接纬纱的时间，分度为180°时是交接纬纱的时间，送纬剑头应进到筘幅中央标记的某一位置。SM92/93 型规定剑头头端应处在标记线上；GTM 型织机应处于超过标记 50mm±6mm 处；C401/S 型织机应超过标记 38～40mm 处。调整的方法是，调整传剑机构的往复动程，点动或慢速转动织机，观察剑头深入梭口是否符合上述要求，若伸进的动程达不到规定位置，则应放大往复动程，反之则减小动程。

3. 剪纬时间

剑杆剪纬时间一般是指送纬剑从选纬指上握持待引纬纱后，剪纬装置将待引纬纱另一端剪断的时间。显然，对双纬叉入式无此参数。

4. 接纬剑开夹时间

当纬纱由送纬剑引出梭口后，接纬剑的夹持器应及时打开并释放纬纱，接纬剑退出梭口时夹纱器碰到开夹器即失去夹持力而把纬纱释放掉，该过程所经历的时间称为开夹时间。开夹时间迟则出梭口侧纱尾长，反之则短，以纱尾长短合适为宜。

三、引纬方式的分类

（一）按剑杆配置分

按剑杆配置，剑杆织机可分为单剑杆引纬和双剑杆引纬。

单剑杆引纬机构简单，单因剑杆动程至少等于织物穿经筘幅，剑杆往复运动动程大，既不利于高速，又不利于宽幅，故应用已经很少；双剑杆引纬则相反。

双剑杆又可分为单侧供纬（一根剑杆为送纬剑；另一根剑杆为接纬剑）、双侧供纬（两根剑杆均既是送纬剑又是接纬剑）。双侧供纬的双剑杆织机，两侧均需筒子座、张力装置、储纬装置等，机件较多；且剑头既是送纬剑，又是接纬剑头，故剑头较为复杂；而且两剑杆既是送纬剑又是接纬剑，其运动规律选择较为困难。因此，双侧供纬双剑杆织机应用不多。应用最多的是单侧供纬双剑杆织机。

（二）按纬纱交接方式分

按纬纱交接方式，剑杆织机可分为叉入式、夹持式、交付式三种引纬方式。

1. 叉入式

叉入式又称杜瓦斯式，它是将筒子上引出的纬纱穿挂在送纬剑 1 剑头上，将其推引至梭口中央，然后交由接纬剑 2 钩住，再将纱引出梭口。这种方式既可每次引入双纬，又可引入单纬，如图 8-4(a) 所示。由于纬纱与剑头摩擦，易损伤纱线和剑头，尤其是双纬引入时或单纬引入的前段，纬纱的速度为剑杆速度的两倍，纱线受力更大。因此，叉入式一般只适用于强力较高、耐磨性较好的纱线。

2. 夹持式

夹持式又称德雷珀式，它是将纬纱夹持在送纬剑 1 剑头钳口上，引至梭口中央后钳口张开，将纬纱交由接纬剑 2 剑头钳口夹持并引出梭口，如图 8-4(b) 所示。这种方式的优点在于剑头和纬纱间无摩擦滑移，不损伤纬纱和剑头，纬纱速度等于剑杆速度。但其剑头结构复杂，并需专门机构来控制剑头钳口的开闭动作。

3. 交付式

交付式是将纬纱夹持在送纬剑杆 1 头端的夹持器剑头上，送纬剑将夹持着纬纱的夹持器剑头送至梭口中央，然后将纬纱连同夹持器剑头一起交付给接纬剑 2，再由接纬剑将其引出梭口，如图 8-4(c) 所示。这种方式比较适合于纱头难以握持、易于退捻或不允许退捻的纬纱引纬，但它另需一套机构将夹持器剑头送回。

4. 喷气式

喷气式采用两根空心剑杆，纬纱3先引入送纬剑1内，由送纬剑和压缩空气送到梭口中央，然后在梭口中央交给接纬剑2，接纬剑空心杆内具有负压，由接纬剑和负压空气将纬纱引出梭口。如图8-4(d) 所示。喷气式剑杆由利于提高剑杆织机的车速、降低空气用量，但因既有剑杆引纬机构，又需气流引纬装置，故引纬部分机构复杂。

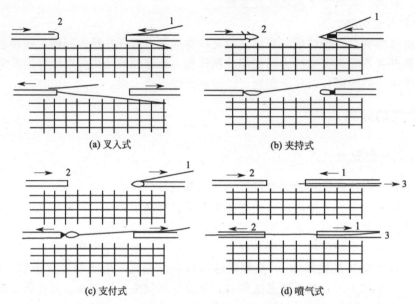

(a) 叉入式　　　　　　　(b) 夹持式

(c) 支付式　　　　　　　(d) 喷气式

图 8-4　引纬的纬纱交接方式

1—送纬剑；2—接纬剑；3—纬纱

四、典型的剑杆引纬机构及其工作原理

1. 意大利史密特SM92/93型剑杆织机引纬机构

SM92/93型织机采用双剑杆、单侧供纬、夹持式、分离筘座挠性剑杆引纬机构，机构简图如图8-5所示。共轭凸轮2固装在主轴1上，当主轴1回转时，通过共轭凸轮2推动转子，使摆臂3作往复摆动，通过连杆4使扇形齿轮5往复摆动，再经齿轮6、锥齿轮7和8，使导剑带轮9往复摆动，从而带动剑带和剑头10作往复移动。

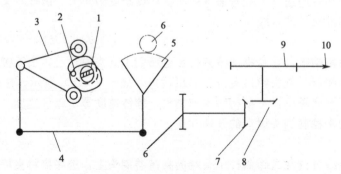

图 8-5　SM92/93型剑杆织机引纬机构

1—主轴；2—共轭凸轮；3—摆臂；4—连杆；5—扇形齿轮

6—齿轮；7、8—锥齿轮；9—导剑带轮；10—剑头

这种引纬机构采用共轭凸轮作驱动部件，剑杆的运动规律主要由凸轮外廓曲线决定，其运动规律易于选择。并且剑杆在织物外侧运动的空程减小，剑杆空程小，有利于减小剑杆动程，减少构件磨损，节约占地面积。但凸轮加工要求较高，凸轮压力角也较大，对凸轮材质要求较高。

2. 意大利范美特 C401/S 型剑杆织机引纬机构

C401/S 型剑杆织机属于单侧供纬、双剑杆、夹持式、分离筘座挠性

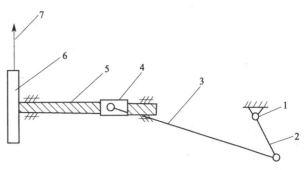

图 8-6　C401/S 型剑杆织机引纬机构

1—曲柄轴；2—曲柄；3—连杆；4—滑套
5—螺旋杆；6—剑带齿轮；7—剑头

剑杆引纬机构。剑杆由曲柄滑块、变节距螺旋齿杆传动，故有螺旋桨之美称。机构组成如图 8-6 所示。

织机主轴通过同步齿轮、齿形带使剑杆驱动曲柄轴 1 回转，通过曲柄 2、连杆 3，使螺

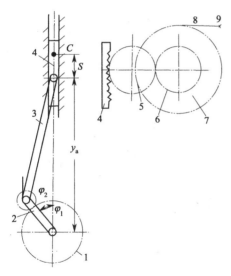

图 8-7　LT102 型剑杆织机引纬机构

1—主轴；2—曲柄；3—连杆；4—齿杆
5、6—齿轮；7—带轮；8—剑带；9—剑头

旋杆滑套 4 作往复移动，滑套内的转子推动螺旋杆 5 作正反向旋转摆动，并带动剑带齿轮 6 作正反向旋转摆动，从而使剑带和剑头 7 往复移动完成引纬任务。其剑杆的运动规律由螺旋杆的螺旋、螺纹曲线形状确定，适当设计螺旋杆参数可获得较理想的剑杆运动规律。为了保证剑杆运动的稳定性，该织机在筘座上设置有单面导钩的导剑板，剑杆和剑带前边沿导剑板导钩运动，后边沿钢筘运动。

这种引纬机构紧凑，高速适应性好，调节方便，但螺旋杆加工制造困难，剑杆及钢筘易磨损。

3. 日本丰田 LT102 型剑杆织机引纬机构

日本丰田 LT102 型剑杆织机采用挠性钢带双剑杆、单侧供纬、夹持式剑头、分离筘座式引纬机构，如图 8-7 所示。

安装在主轴 1 上的曲柄 2 随主轴转动，经过连杆 3、齿杆 4、齿轮 5 和 6，传动导剑带轮 7 摆动，通过导剑带轮驱动剑带 8 和剑头 9 作左右往复运动而完成引纬动作。该机构采用曲柄滑块机构，结构简单，加工制造方便，调节容易。但因采用钢带作剑带，不但运转时惯性大，噪声较高，而且钢带的加工要求较高，筘座和织机速度也受到了限制。

第三节　片梭引纬

片梭织机的引纬方法是用片状夹纱器将固定筒子上的纬纱引入梭口，这个片状夹纱器称为片梭。片梭引纬的专利首先是在 1911 年由美国人 POSTER 申报，着手研制片梭织机是在 1924 年，从 1924 年起由瑞士苏尔寿（SULZER）公司独家研制，到 1953 年首批片梭织机正式投入生产使用，这使得片梭织机成为最早实现工业化的无梭织机。

一、片梭织机的引纬过程

片梭织机引纬系统主要包括筒子架、储纬架、纬纱制动器、张力调节装置、递纬器、片梭、导梭装置、制梭装置、片梭回退机构、片梭监控机构、片梭输送机构等。

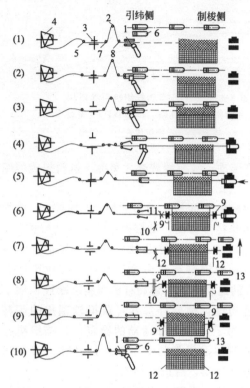

图 8-8　片梭织机的引纬过程

1—递纬器；2—张力调节杆；3—纬纱制动器；4—筒子；
5、7、8—导纱器；6—片梭；9—边纱钳；10—剪刀；
11—定中心器；12—钩边针；13—输送链

片梭织机的引纬过程可分为 10 个阶段，如图 8-8 所示。

（1）纬纱从筒子 4 上引出，经导纱器（5、7、8）、纬纱制动器 3 和纬纱张力调节杆 2，递纬器与制动器之间的纬纱被绷紧。引纬箱内的盛梭盒翻转，使片梭 6 由垂直位置转向水平位置，梭夹打开钩把梭夹的钳口打开。

（2）片梭已翻转到引纬位置，这时张开的梭夹钳口对准递纬夹的钳口，准备接纳纬纱。

（3）梭夹钳口闭合，握住纬纱，递纬器的钳口张开，完成纬纱从递纬器到梭夹的交接。纬纱制动器 3 开始上升，张力调节杆 2 开始下降，片梭 6 做好了向梭口飞行的准备。

（4）投梭以后，片梭带着纱线向接梭箱方向飞行，纬纱从筒子上退绕下来，此时纬纱制动器 3 已上升到最高位置，完全解除对纬纱的制动，张力调节杆则降到水平位置。

（5）片梭 6 在制梭侧被制动后依靠片梭回退器（图中为绘出）将片梭推回到靠近布边处，其目的是使钩入布边的纬纱头的长度控制在最低限度内（1.2～1.5cm）。这时纬纱制动器 3 压紧纬纱，张力调节杆 2 略为上升，以便将片梭回退后多余的纬纱拉紧。同时递纬器 1 移动到布边处并张开钳口，准备夹持左侧剪断的纬纱头。

（6）定中心器 11 向前靠近纬纱，将纬纱推到递纬器钳口的中心线上。两只边纱钳 9 则在布边夹持住纬纱。

（7）递纬器 1 的钳口第二次闭合夹住纬纱张开的剪刀 10 上升到纬纱处，准备剪断纬纱。

（8）剪刀 10 在递纬器 1 和边纱钳 9 之间剪断纬纱，制梭箱内的片梭钳口再次被打开，释放所夹持的纬纱头。同时，制梭起的片梭被推到输送链 13 上，再由输送链送回引纬侧。

（9）递纬器 1 握持着纬纱向左移动，纬纱制动器 3 忍压紧纬纱，张力调节杆 2 上升，张紧由于递纬器回退而释放的纬纱。两只边纱钳 9 与钢箱一起运动，将纬纱打入织口，而剪刀 10 自投梭线位置下降。

（10）递纬器 1 再次回到最左侧位子，即与梭夹发生纬纱交接的位置。张力调节杆 2 上升到最高位置，使纬纱保持张紧。边纱钳 9 所夹持的纬纱头被两侧的钩边针 12 钩入已梭口，在下次打纬时形成布边。与此同时，在引纬侧又有一只片梭开始从输送链 13 向投梭位置翻转。

周而复始地执行上述步骤，就是片梭引纬的全部过程。

二、片梭引纬工艺参数及调整

片梭引纬由各种机构的运动时间精确配合投梭时间、投梭力和制梭力来进行。

（一）主要引纬机构时间的配合

片梭织机利用片梭引纬，引纬时间主要通过设定夹纬器进出梭口及交接纬纱时间、投梭时间、剪纬时间及梭夹开夹时间等参数而实现。

1. 夹纬器进出梭口及交接纬纱时间

片梭飞入梭口后，递梭器上、下夹闭合。此时，对于单色纬片梭织机，织机的主轴刻度盘在 90°；对于多色纬片梭织机，织机的刻度盘在 70°。

2. 投梭时间

PC 系列片梭织机的投梭时间为 120°，也有的 PC 系列片梭织机的投梭时间为 110°。

3. 剪纬时间

片梭织机在引纬侧靠近布边处，装有剪刀与定中片。一般来说，剪刀已调节到垂直位置，在 358°±2° 之间必须剪断纬纱。调换剪刀时，必须复查剪纱时间，在递纬夹与边纱钳确实握持住纬纱以后，才能切断纬纱。

4. 梭夹开夹时间

片梭被推回到靠近右侧布边处后，梭夹打开机构打开梭夹，以释放纬纱头。在时间配合上必须注意，只有右侧钩边机构的边纱钳把纬纱夹住以后，才能释放纬纱；否则，将造成右侧布边缺纬及纬缩。开夹时间在主轴 25°，此时，梭夹的钳口被打开 1~1.5mm。

片梭织机以投梭时间作为其他运动的参考时间，可通过调节投梭凸轮来调节投梭时间。油箱状态影响投梭时间，油箱中油液处于冷却状态时，投梭时间为 118°~120°；织机开车约 1h，油箱中油液呈湿热状态时，投梭时间为 120°~122°（对标准投梭时间为 120° 的织机而言）。

（二）投梭力与制梭力

投梭力由扭轴直径和扭轴扭转角确定。首先，根据片梭引纬速度选用相应直径的扭轴；然后，在正常范围内调节扭轴扭转角。当扭转角到达最大值时，片梭若未及时进入制梭装置，应降低织机车速；当扭转角到达最小值时，片梭速度仍太高，则应选用较小直径的扭轴。

制梭力由制梭脚的高低位置控制，制梭通道间隙越小，制梭力越大。目前，在片梭引纬中实现自动调整制梭力，其具体控制过程可参照相关参考书目。

三、片梭结构及特点

片梭引纬以带有梭夹的片梭作为引纬器夹持纬纱，在击梭作用下，片梭在梭口内导梭片方向控制下将纬纱引入并飞越梭口，使经纬纱交织成织物。

片梭结构如图 8-9 所示。片梭由梭壳 1 及装在梭壳内的梭夹 2 组成，两者用铆钉 3 联结，梭壳前端呈流线型，有利于片梭的飞行。梭夹用耐疲劳的优质弹簧钢制成，梭夹两臂的端部组成一个钳口 5，钳口之间有一定的夹持力，以确保夹持住纬纱。

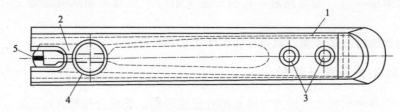

图 8-9 片梭的结构

1—梭壳；2—梭夹；3—铆钉；4—圆孔；5—钳口

片梭引纬的特点是，片梭引纬为积极引纬方式，梭口内的纬纱张力可精确调整，能有效减少纬缩等疵点和纬纱退捻现象，同时，纬纱的夹持和释放是在两侧梭箱内静止状态下进行，失误较少；片梭引纬具有高速、宽幅的优点，特别适用于门幅较宽的装饰织物及特种织物加工；片梭引纬能满足各种原料包括天然纤维、化学纤维、纯纺或混纺短纤纱、化纤长丝、金属丝以及各式花式纱线的引纬要求；片梭引纬具有较好的纬纱选色功能，能进行2~6色任意换纬，能用于多色装饰织物和毛织物的加工。

四、片梭引纬的分类和特点

片梭引纬可按照投梭动力、投梭方向进行分类。不同的片梭引纬方式具有不同的特点。

（一）投梭动力

片梭引纬按投梭动力分为扭轴式、扭簧式和气动式三种。

扭轴式是通过扭轴转动投梭，首先给扭轴加扭，使其储存一定的扭转弹性势能，投梭时依靠扭轴释放此势能驱动片梭，如瑞士苏尔寿的片梭织机等。

扭簧式是对弹簧加扭，依靠弹簧回复势能驱动片梭，如特克斯特玛（Textima）织机等。

气动式则是利用压缩空气驱动片梭，如美国克劳顿与劳而斯公司生产的片梭织机。

扭簧式较为简单，但投梭力较不稳定，耐久性也比较差，气动式较复杂；而扭轴式性能做好，应用最为普遍。

（二）投梭方向

片梭引纬按投梭方向分为单侧投梭和双侧投梭两种。

单侧投梭的片梭是从一侧投向另一侧，进入对侧的片梭必须依靠输送片梭装置将片梭送回，以便在此投梭。采用此种方式一般同时配备多把片梭，一把片梭投射，其余作引纬准备。

单侧投梭片梭引纬机构简单，应用较多。双侧投梭片梭引纬目前仅见于美国片梭织机上。

五、片梭引纬机构和工作原理

（一）扭轴式片梭引纬机构

图 8-10 所示为苏尔寿的扭轴式片梭引纬机构示意图。该机构的工作过程可分为三个时期。

1. 加扭时期

投梭凸轮 1 装于投梭轴上，由传动轴经一对圆锥齿轮传动。当凸轮 1 转向大半经时，通过转子 2 使摆杆 3 绕芯轴 4 逆时针摆动，并经连杆 5 与摇臂 6 使扭轴套筒连同扭轴 8 顺时针扭转，使扭轴储存投梭所需的扭转势能。此时投梭棒 7 及击梭滑块 11 外移到准备投梭位置，摆杆 3 摆到芯轴 4 与两铰链点位于同一位置，发生自锁。

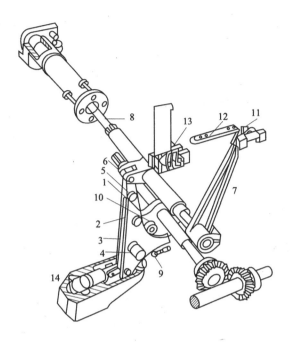

图 8-10 扭转式片梭引纬机构示意图

1—凸轮；2—转子；3—摆杆；4—芯轴；5—连杆；
6—摇臂；7—投梭棒；8—扭轴；9—螺钉；10—转子；
11—击梭滑块；12—片梭；13—导梭片；14—油压缓冲容器

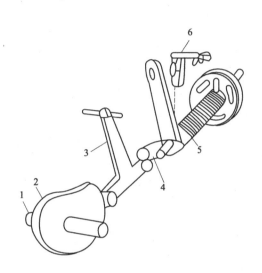

图 8-11 扭簧式引纬机构示意图

1—凸轮轴；2—凸轮；3—三臂杆；
4—双臂杆；5—弹簧；6—保持钩

2. 投梭时期

当投梭凸轮继续回转时，转子 10 与摆杆 3 上的弧形部分接触，使摆杆微量回退，自锁被解除，扭轴 8 便在其弹性恢复力矩作用下，使投梭棒 7 迅速摆回，由滑块 11 将片梭击出。

3. 缓冲时期

为了吸收投梭机构的剩余能量，防止扭轴产生扭振，在摆杆下设有油压缓冲容器 14。在击梭末尾，油压缓冲器起缓冲作用。

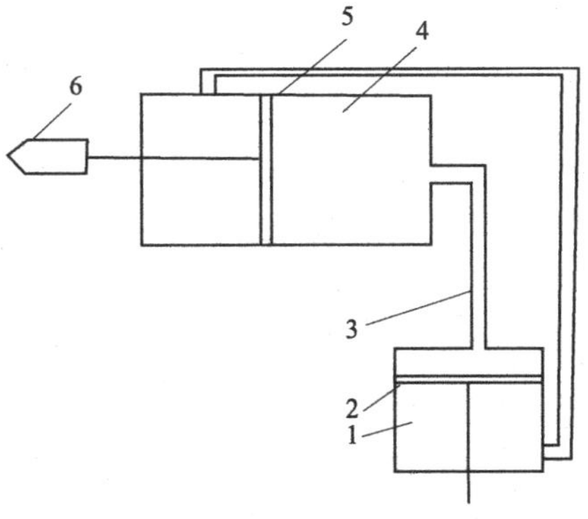

（二）扭簧式片梭引纬机构

图 8-11 为 Textima 的 4405 型片梭织机用扭簧式引纬机构示意图。凸轮 2 绕凸轮轴 1 等速回转，通过三臂杆 3、双臂杆 4 使弹簧 5 加扭，扭转一定角度后被保持钩 6 钩住，而存储弹性能。释放保持钩 6 利用弹簧回复力矩完成击梭。

图 8-12 气动式引纬机构示意图

1、4—汽缸；2、5—活塞；3—管道；6—片梭

（三）气动式片梭引纬机构

图 8-12 所示为 Novostav 片梭织机气动式引纬机构工作原理简图，投梭轴转动通过曲柄连杆机构使压缩气缸 1 的活塞 2 往复移动，压缩空气经管道 3 进入投梭气缸 4，推动击梭活塞 5 将片梭 6 驱动。

上面三种类型的片梭引纬系统中，苏尔寿的扭轴式引纬系统最为成熟可靠，是我国引进最多的机型。

第四节 喷气引纬

喷气织机的引纬方法是用压缩气流牵引纬纱，将纬纱带过梭口。

一、喷气引纬工艺过程

喷气引纬是利用喷射成束的气流对纬纱的作用力，推动纬纱飞越梭口。典型的喷气引纬工艺过程如图 8-13 所示，其引纬工艺过程可分为以下三个阶段。

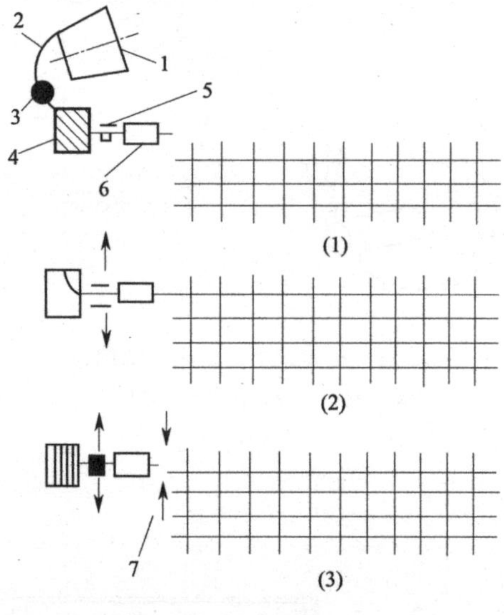

（1）纬纱 2 从筒子 1 上退解下来后，经过张力装置 3，由测长储纬装置 4 测量并储存至一定长度后，经夹纱器 5 夹持引入喷嘴 6 中，准备引纬。

（2）夹纱器打开，释放纬纱，主喷嘴喷气，纬纱在气流作用下穿越梭口。

（3）夹纱器夹住纬纱，主喷嘴亦停止喷气，剪刀 7 剪断纬纱纱尾，测长储纬装置再次工作，准备下一次引纬。

图 8-13 喷气引纬的工艺过程
1—筒子；2—纬纱；3—张力装置；4—测长储
纬装置；5—夹纱器；6—喷嘴；7—剪刀

二、喷气引纬的特点及分类

喷气引纬的优点是车速高、机物料消耗少；缺点是对纬纱控制差，对纬纱要求高。喷气织机的价格较低，为相同装备水平的剑杆织机价格的 80%～90%。喷气引纬产量高、质量好，适宜大批量单色织物的生产，经济效益好。管道式喷气引纬适宜进行需求量极大的中档和部分高档织物的中速生产，经济效益明显。

喷气引纬一般根据喷嘴数目、气流控制方式进行分类，不同的织机具有不同的特点。

（一）喷嘴数目

喷气引纬根据喷嘴数目可分为单喷嘴引纬和多喷嘴接力引纬两种。单喷嘴引纬系统仅有一个用于喷射引纬的喷嘴，而多喷嘴引纬系统除了将纬纱引入梭口的主喷嘴外，在梭口中还有许多沿纬纱通道方向依次设置的辅助喷嘴。单喷嘴引纬系统的优点是，结构简单，造价低廉，空气耗量少；其缺点是，单织机布幅受到限制，引纬速度不高，引纬速度不稳定,不适应宽幅、高速的需要。多喷嘴引纬系统的优缺点与单喷嘴引纬系统相反。

(二)气流控制方式

喷气引纬根据气流控制方式可分为管道片式、异形筘式和空芯剑杆式三种。

1. 管道片式

单片管道片如图8-14所示。图8-14(a)为单喷嘴引纬用管道片,在管道片上方留有纬纱脱出的缝隙;图8-14(b)为多喷嘴引纬用带辅助喷嘴的管道片,图中箭头指示处为辅助喷气气流通道和喷嘴。若干管道片沿纬纱方向依次排列安装在筘座上,两相邻管道片之间留有间隙,供经纱上下升降移动。管道片式引纬不需价格昂贵的异行筘,造价较低;但因管道片的厚度及其对经纱的摩擦作用,不太适应高密细特织物的生产;又因打纬时管道片必须退至布面之下,而使打纬机构摆动角度大,打纬点高,织机震动大,不太适应厚重织物生产,不适应高速生产。

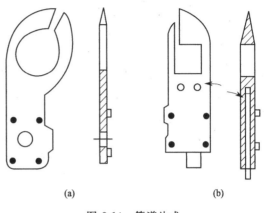

(a)　　　　　　(b)

图 8-14　管道片式

2. 异形筘式

异形筘是相对于普通钢筘而言的,其与普通钢筘主要区别在于筘片形式上,如图8-15所示。异形筘式引纬的特点与管道片式引纬相反。

图 8-15　异形筘式

3. 空芯剑杆式

导流部件是两根刚性管状空芯剑杆,一根喷气送纬,一根吸气接纬。空芯剑杆式引纬的优点是,对气流的控制作用最好,引纬耗气量最小;其缺点是,既有剑杆引剑机构,又有喷气引纬装置,结构复杂,且喷气、剑杆配合要求较高。

三、典型喷气引纬机构的组成和工作原理

1. 日本津田驹 ZA 系列喷气引纬系统

日本津田驹 ZA200 型喷气引纬系统如图8-16所示。ZA系列喷气织机采用多喷嘴、异形筘引纬系统。纬纱从筒子1上退解下来,经张力装置2、导纱器3、供纱辊4,由测长罗拉5预先测量好供一次引纬用的纬纱长度,再由储纬喷嘴6送到储纬器7储纬。引纬时,控制纬纱飞行的夹纱器8打开,纬纱便被主喷嘴9喷射的气流引入位于梭口中的异形筘的气导槽10,在主喷嘴气流及辅助喷嘴11气流的作用下,纬纱飞越梭口,完成一次引纱任务。

ZA系列喷气织机可采用不同形式的测长储纬装置,如上述罗拉式测长气流储纬、鼓式测长储纬、FDP式测长储纬等形式,使用辅助喷嘴,可织幅宽范围大大增加,但也使得耗气量剧增。因此,为降低耗气量,ZA系列织机采用了分组依次供气方式。

比利时毕加诺 PAT A 型喷气织机、瑞士苏尔寿 L500 型喷气织机引纬系统与此类引纬

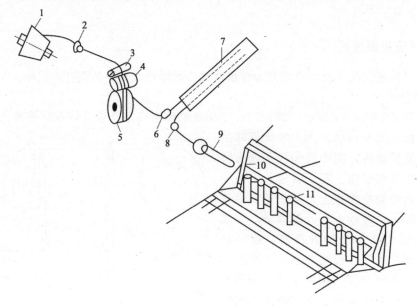

图 8-16 ZA200 织机喷气引纬系统

1—筒子；2—张力装置；3—导纱器；4—供纱辊；5—测长罗拉；6—储纬喷嘴；7—储纬器；

8—夹纱器；9—主喷嘴；10—气导槽；11—辅助喷嘴

系统相似，仅测长储纬有所不同。

2. Jettiss 喷气引纬系统

　　Jettiss 喷气引纬系统简图如 8-17 所示。该织机采用多喷嘴、管道片式引纬系统。纬纱从筒子 1 上引出，经导纱器 2、压纱轮 3、测长盘 4，由储纬喷嘴 5 喷射的气流送入储纬器 6 内储存，再经导纱器 7、夹纱器 8 进入主喷嘴 9 中，在主喷嘴的喷射气流和管道片内辅助喷嘴的喷射气流作用下，沿管道片 10 穿越梭口，完成一次引纬任务。该织机引纬系统中的管道片现已由异形筘及辅助喷嘴代替。

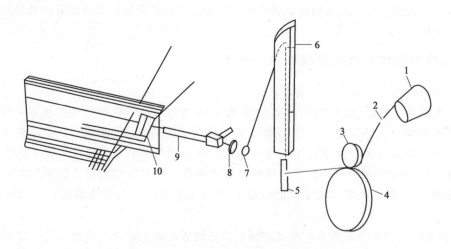

图 8-17 Jettiss 织机喷气引纬系统

1—筒子；2、7—导纱器；3—压纱轮；4—测长盘；5—储纬喷嘴；

6—储纬器；8—夹纱器；9—主喷嘴；10—管道片

四、喷气引纬工艺参数及调整

(一) 喷气引纬工艺参数

喷气引纬工艺参数,主要包括气源控制参数(如压力)、喷射气流控制参数(如喷气时间)、纬纱控制参数(如夹纱时间、剪纬时间)等。

1. 始喷角 α_1

始喷角指喷嘴开始喷气的时间所对应的主轴位置角。单喷角引纬的始喷角主要由气压机机械参数决定;以凸轮推动的活塞式气压机为例,出气阀弹簧压力越大,始喷角越大,开始喷气时间越晚;由于弹簧调节比较麻烦,一般通过改变凸轮安装位置来调节,改变始喷角大小。多喷嘴引纬的始喷角由机械阀或电磁阀开启时间决定。

2. 始飞角 α_2

始飞角指纬纱开始飞行时间所对应的主轴位置角。由于喷气引纬速度很快,一般情况下,纬纱开始飞行时间由夹纱装置或储纬测长装置的开启时间决定。

正常情况下, $\alpha_2 > \alpha_1$,即喷气在前,纬纱飞行在后;将 $\alpha_2 - \alpha_1$ 称为先导角,先导角大,利于伸直纬纱头端和加速纬纱启动,但纬纱易解捻,耗气量增加。一般先导角以 $5° \sim 20°$ 为宜,当纬纱(如股线)启动慢时,应加大先导角;反之,纬纱易解捻断头(如单纱)时,应减小先导角。

在多喷嘴织机上,辅助喷嘴开始时间也应比纬纱头端到达该组辅助喷嘴位置的时间早,以减小纬纱飞行迎面阻力和稳定纬纱飞行速度。

3. 压纱角 α_3

压纱角指纬纱飞越梭口后,夹纱器或储纱器等夹纱装置夹持纬纱的时间所对应的主轴位置角。始飞角一定,压纱角大小决定着纬纱实际飞行时间的长短。将 $\alpha_3 - \alpha_2$ 称为纬纱自由飞行角,纬纱自由飞行角大,有利于降低纬纱飞行速度,降低喷射气流压力,但对开口、打纬的配合不利。

4. 终喷角 α_4

终喷角指喷嘴结束喷气的时间所对应的主轴位置角。对多数喷嘴按力引纬而言,终喷角是指出梭口侧最后一组喷嘴结束喷气的时间。

一般情况下, $\alpha_4 > \alpha_3$,即压纱在前,结束喷纱在后;将 $\alpha_4 - \alpha_3$ 称为强制飞行角,强制飞行角大,利于握持伸直纬纱头端,获得良好的布边,防止出梭口侧产生纬缩等疵点,但耗气量较大。在满足引纬需要的前提下,强制飞行角以小为宜。

5. 剪纬时间 α_5

剪纬时间指剪纬装置剪断纬纱的时间所对应的主轴转角。机械凸轮式剪纬装置可通过改变凸轮安装位置来改变剪纬时间。剪纬时间早,纬纱较短;反之则长。一般剪纬时间应选在综平之后、经纬纱夹紧之时,以便经纱握持纬纱。

(二) 喷气引纬主要参数的调整

喷气引纬参数的调整,视机器型号、幅宽等不同而有所不同,但基本内容和方法比较接近,以日本津田驹 ZA 系列喷气织机为例作简要说明。

1. 引纬时间和主喷嘴喷气时间角的调节

引纬时间随纱线种类、筘幅、开口时间和织机转速等而异,标准时间见表 8-1 和

表8-2。

表 8-1 储纬箱型标准时间表

公称箱幅/cm	夹纱时间/(°)		飞行角度/(°) ±10°	主喷喷射时间/(°)	
	开放	闭合		始喷	终喷
150	110	250	140	100	220
170	105	250	145	95	220
190	100	250	150	90	220
210	80	250	170	70	220
230	75	250	175	65	220
250	75	250	175	65	220
280	70	250	180	60	220

表 8-2 SDP 型标准时间表

公称箱幅 /cm	纱线脱离储纬销时间/(°)	主喷嘴喷射时间/(°)		公称箱幅 /cm	纱线脱离储纬销时间/(°)	主喷嘴喷射时间/(°)	
		始喷	终喷(±10°)			始喷	终喷(±10°)
150	110	100	220	230	75	65	220
170	105	95	220	250	75	65	220
190	100	90	220	280	70	60	220
210	80	70	220				

2. 主喷嘴部分参数调节

（1）安装位置：

水平位置：主喷嘴尖和边剪固定刀片间的空隙为 3mm，边剪移动刀片和第一片箍间有 1mm 间隙。

前后位置：喷嘴的中心线应与钢箍平行。

高度：主喷嘴中心线应与箍的导气槽中心平行。

（2）喷气时间：名义箱幅为 190cm 时，夹纱定时为 100°开始、250°关闭；主喷嘴喷气时间为 90°开始、220°±10°结束。

喷气时间的确定除应考虑机型外，还应考虑纱线种类、织机车速、穿经箱幅等。车速快、箱幅大时，应加大喷气时间；纬纱为股线时，喷气时间应长，用单纱纬时喷气时间可小些。另外，若夹纱器开启太快，主喷嘴喷气时间结束早时，仅靠辅助喷嘴喷气时纬纱飞行，会使纬纱速度降低而产生短纬；若夹纱器关闭太迟、喷气时间长时，会吹断纬纱。

采用 SDP 型储纬器时，通过调节机械凸轮，将主喷始喷时间定于储纬器开启前 20°左右，主喷嘴先导角在 15°～30°间调节，主喷角始喷角为 180°±1°。

（3）主喷嘴压力：名义箱幅为 150～190cm 时，主喷角压力为 2.5×10^5 Pa（2.5kgf/cm²）。当箱幅为 280～330cm 时，压力为 3.5×10^5 Pa（3.5kgf/cm²）。当织机车速增加时，纬纱出梭口时间推迟，应增大主喷嘴供气压力。若主喷嘴气压太高，气流对纬纱作用力大，易吹断纬纱；若气压太低，纬纱难以顺利通过梭口，且会引起纬纱测长不准，产生短纬、松纬、出梭口侧布边松弛等疵病。

3. 辅助喷嘴部分参数调节

辅助喷嘴喷气推引纬纱，纬纱应在气流中稍上方飞行。

（1）安装位置：如图 8-18 所示。第一个辅助喷嘴定位于离钢箍定位标记 15mm 处，第二个及以后辅助喷嘴间距为 80mm，但出梭口侧最后几个辅助喷嘴的安装距应适当减小，具体数值视箱幅而异。探纬头到定箍记号距离为 3～5mm，最后一个辅助喷嘴至探纬头的间距为 30～50mm。

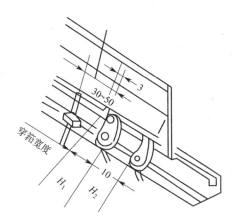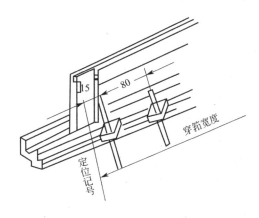

图 8-18 辅助喷嘴的安装位置

（2）时间：第一组辅助喷嘴的喷气时间：始喷角比主喷嘴始喷角早 10°，即辅喷嘴始喷角比主喷嘴始喷角早 0°～20°；该组辅助喷嘴协助主喷嘴使纬纱飞行，其喷射时间比其他各组辅助喷嘴长。

最后一组辅助喷嘴喷射角：始喷角较纬纱头端到达的时间早 20°左右，最大终喷角以经纱移动至辅助喷嘴口处的时间为准，若纬纱不松，可减小始喷角，以降低耗气量。

其余辅助喷嘴组的喷气时间：始喷角较纬纱头端到达时间早 20°，喷气时间角标准为60°，视纱线种类、织造条件等进行调整。

（3）辅助喷嘴压力：调整好主喷嘴压力后，再调整辅助喷嘴压力。名义筘幅为 150～190cm 时，压力为 5×10^5 Pa（5kgf/cm²）。辅助喷嘴压力过高或过低，同样会影响纬纱飞行状态、耗气量等因素。

第五节 喷 水 引 纬

喷水织机是继喷气织机问世后不久出现的又一种无梭织机，1955 年在第二届国际纺织机械展览会上第一次展出样机。喷水织机和喷气织机一样，同属于喷射织机，区别仅在于喷水织机是利用水流作为引纬介质，通过喷射水流对纬纱产生摩擦牵引力，将固定在筒子上的纬纱引入梭口。

目前，喷水织机的主要厂商和机型有捷克因维斯塔（Investa）H-U 型、HARB 型、OK 型，日本津田驹（TsudaKoma）ZW 型，日本日产（Nissan）LW 型，意大利梅特尔（Meterr）JH 型，瑞士鲁蒂（Ruti）的 W 型，沈阳纺织机械厂 GD 型等。

一、喷水引纬工艺过程

喷水引纬是利用喷射成束的水流的作用力，推动纬纱飞越梭口。其引纬工艺过程如图 8-19 所示。纬纱 1 从筒子 2 上退绕下来，经测长装置 3 测长，并送到储纬器 4 储存，再经夹纬器 5 进入喷嘴 6。引纬用水流经稳压水

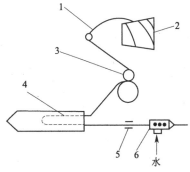

图 8-19 喷水引纬工艺过程
1—纬纱；2—筒子；3—测长装置；
4—储纬器；5—夹纬器；6—喷嘴

箱，并在水泵作用下变为压力水流，经喷嘴喷射，将纬纱引入梭口，完成引纬任务。

二、喷水引纬的特点及分类

（一）喷水引纬的特点

喷水引纬的优点：水流的黏性相对较大，比气流对纬纱的摩擦牵引力大，能增加纱线的导电性能，喷水引纬车速高，可织织物幅宽大，噪声低、动力消耗少，特别适合于合成纤维等疏水性纱线的织造，但不适用于亲水性纤维的纱线的织造。

喷水引纬的缺点：引纬选色功能较差，最多只能配置两只喷嘴进行混纬或双色纬织造；为消极引纬方式，纬纱在飞过梭口时张力小，无控制，经纱开口状态对纬纱质量影响很大，容易产生缩纬、纬纱折返等织物疵点；需配备专门的水处理设施，耗水量大，含浆料的废水对环境有一定的污染，需进行污水净化处理；经喷水织机加工后的织物要进行脱水、烘燥处理，增加了后处理过程。

（二）喷水引纬的分类

喷水引纬可按照喷嘴数目、喷嘴引纬顺序和引纬方向进行分类，不同引纬方式各有其特点。

1. 按照喷嘴数目分类

喷水引纬按照喷嘴数目可分为单喷嘴、双喷嘴和多喷嘴引纬。

（1）单喷嘴引纬。单喷嘴引纬的织机上只有一只喷嘴，仅用于织一种纬纱的织物。国内外生产的织机多数都属于这一种。如我国沈阳纺织机械厂生产的 GD761 型、日本津田驹 ZW200 型、日本日产 LW41—4 型和 LW52—4 型、意大利 JG100 型等型号的喷水织机。

（2）双喷嘴引纬和多喷嘴引纬。双喷嘴和多喷嘴引纬的喷水织机上由两只或多只喷嘴，可用于两种纬纱混纬或多种纬纱织造。需要特别强调，多喷嘴喷水引纬不同于多喷嘴喷气引纬，喷水引纬的多喷嘴均为主喷嘴，需安装在织机同一位置上，在引入一纬时仅一只喷嘴起作用。

单喷嘴喷水引纬机构简单，设备造价低，但品种适应范围小，双喷嘴和多喷嘴则相反。

2. 按照喷嘴引纬顺序分类

喷水引纬按照喷嘴引纬顺序可分为顺序引纬和任意引纬。

（1）顺序引纬。喷水织机的各喷嘴只能按顺序依次喷射引纬，如日产 LW52 型等。

（2）任意引纬。喷水织机的各喷嘴可根据要求任意改变喷射引纬顺序，如日产 LW54 型。

顺序引纬只能用于一纬一交换的混纬或纬纱排列次序固定的品种的织造，引纬机构较为简单，任意引纬则相反。

3. 按照引纬方向分类

喷水引纬按引纬方向可分为单向引纬和双向引纬。

（1）单向引纬。喷嘴装于织机的一侧，从一侧喷水引纬到另一侧。上面所列举的织机都属于这一类。

（2）双向引纬。在织机中设有两个喷嘴，喷嘴向织机两外侧方向喷射水流，一般可由程序控制喷嘴旋转以改变喷射方向。如捷克 OK－HS 型等。

单向引纬机构简单，但水流和纬纱飞行路线长。双向引纬则相反，更能适应宽幅织物的织造。

三、喷水引纬机构的构造和工作原理

图 8-20 为日本津田驹 ZW 型喷水引纬系统的组成示意图。经过处理的水经稳压水箱 1、进水管 2 进入水泵 3，在水泵凸轮 4 作用下变成压力水，再经出水管 5 进入喷嘴 6，由喷嘴 6 将水流连同纬纱喷入梭口。泵踏板 7 起脚踏辅助引纬作用，以供试喷或因断纬等停台处理后人工操纵引纬水泵之用，待射流正常后开车。其他型号的喷水织引纬系统的组成基本相同，仅其水泵、喷嘴等的形式不同。

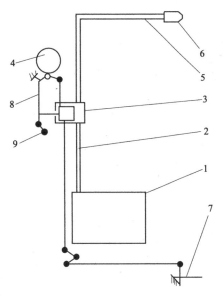

图 8-20　喷水引纬系统
1—稳压水箱；2—进水管；3—水泵；
4—凸轮；5—出水管；6—喷嘴；
7—泵踏板；8—连杆；9—限位螺母

（一）稳压水箱

稳压水箱的作用是为水泵提供水源，并起到稳定水位、消除水中气体和进行最后过滤。其示意如图 8-21 所示。从水塔送来的水流，通过分配管道从进水孔进入稳压水箱 1。水箱内有一自动开关，它由浮球 3 和进水阀 5 等构成，当液面达到规定水位时，在浮球的作用下关闭进水阀 5，反之则开启进水阀 5。过滤网 2 起杂质过滤作用。

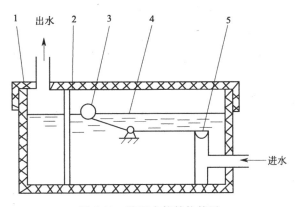

图 8-21　稳压水箱结构简图
1—稳压水箱；2—过滤网；3—浮球；4—液面；5—进水阀

（二）水泵（喷射泵）

常用的喷射泵有卧式弹簧柱塞泵和立式弹簧柱塞泵两种。日本 LW 型、ZW 型织机均采用卧式泵，原理相同，安装方向不同。

ZW 型织机所用喷水水泵的结构如图 8-22 所示。凸轮 3 安装在织机左墙板外侧的副轴上，并随副轴作逆时针方向转动，当凸轮从小半经转到大半经时，通过角形杠杆 1 和连杆 2 拖动柱塞 8 向左运动，弹簧内座 6 连同弹簧 5 一起向左运动，弹簧 5 被压缩，水流同时从稳压箱中被吸入到缸套 7 内。当凸轮从大半经转向小半经的瞬间，角形杠杆 1 被迅速释放，柱塞 8 在弹簧 5 的作用下向右运动，对缸套内的水流加压，从出水阀 9 流出。

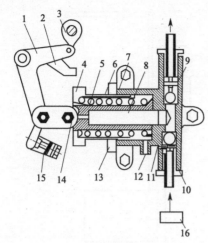

图 8-22　喷水水泵

1—角形杠杆；2—连杆；3—凸轮；4—弹簧座；5—弹簧；6—弹簧内座；7—缸套；8—柱塞；9—出水阀；10—进水阀；11—泵体；12—排污口；13—调节螺母；14—连杆；15—限位螺栓；16—稳压水箱

LW 型织机的引纬水泵的作用原理与 ZW 型完全不同。仅安装方向和机件形状有所不同。H—U 型喷水织机则采用立式泵，柱塞按铅垂方向安排，柱塞向下吸入水流，在弹簧作用下柱塞向上时对水流加压，压力水流经压力阀流出水口供应给喷嘴。

（三）喷嘴

常用的喷嘴有开放型环状喷嘴和封闭型环状喷嘴两种。图 8-23 为 ZW 型和 LW 型喷水织机开放型喷嘴结构示意图。压力水流从进水管进入喷嘴体 3，通过内腔有六个小孔的整流器整流，以减少射流的涡流状态，提高集束性，而射流经过喷嘴口时能携带从导纬管 1 中心穿过的纬纱前进。该环状喷嘴的口径可根据纬纱线密度与品种进行调节，即依靠螺纹调节导纬管底部滚花的圆形口，就可改变喷嘴口的环状面积。

H—U 型喷水织机采用封闭型环状喷水嘴，它与开放型喷水嘴的最大差别是喷嘴加装了封闭罩壳，提高了射流质量，克服了开放型喷嘴集束性较差、耗水量较多的缺点。

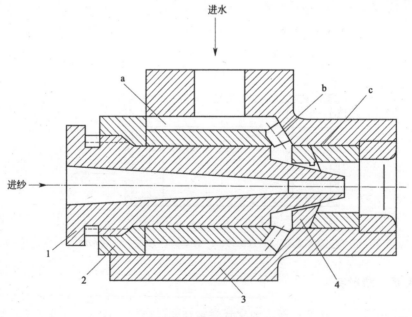

图 8-23　喷嘴结构

1—导纬管；2—喷嘴座；3—喷嘴体；4—衬管；
a—环状通道；b—小孔；c—环状缝隙

四、喷水引纬工艺参数选择和调整

喷水引纬工艺参数和喷气引纬相似，为了减少重复，下面仅对其不同点和调整方法作些说明。

1. 喷水时间（引纬时间）

喷水时间的控制参数包括始喷角、始飞角、先行角等。喷水时间的选择应根据机型、织物品种、开口的迟早、车速的高低而定。一般地，ZW、LW 型织机在 85°～95°，H—U 型在 115°～125°。下面仅以始喷角作说明，其他的与喷气引纬相似。

始喷角指水泵凸轮的工作点从大半径转入小半径瞬间的曲柄角度。在柱塞式喷射泵织机上，可用凸轮大半经的顶点与柱塞连杆转子开始接触的主轴位置角表示。始喷角大，喷水时间迟。

始喷角的调节方法是，转动主轴，使主轴等于工艺规定的喷水时间，此时将水泵凸轮的大半经顶点、凸轮轴中心以及转子中心调整到一条直线上，然后旋转螺栓，固定凸轮。

2. 引纬水量

引纬水量是指喷水织机每引一根纬纱所需要用水的体积或重量，用 Q 表示。引纬水量是由水泵的柱塞直径、泵凸轮大小半径之差、角形泵连杆的长短臂长度之比及活塞动程决定。其计算式为：

$$Q = \frac{\pi D^2 S}{4} \times 10^{-3}$$

式中　D——柱塞直径，mm；

　　　S——柱塞动程，mm。

对织机使用厂来说，一般柱塞直径是不变的，而调节的方法是改变柱塞动程。在工艺设计中，水量的大小常用柱塞动程表示。动程大，水量大；动程小，水量小。

水量的调节，即柱塞动程的调节可改变柱塞连杆转子与水泵凸轮相接触的位置来改变柱塞动程。一般在水泵凸轮的圆周设有水量动程的标记，转动凸轮，使其标记数（工艺上设定的动程）与转子相接触，然后调节螺栓，使标记与转子中心位置相吻合即可。

确定水量应考虑纬纱的种类和粗细，织物的幅宽，织机的车速等因素。纬纱粗、车速高、幅宽大、纤维光滑，水量要大，反之则小。一般每引一纬用水 2g 左右。

3. 引纬水压

引纬水压指喷射水流的压力。水压大小主要取决于柱塞的直径、柱塞弹簧的刚度以及初始压缩量。一般来说，柱塞的直径、弹簧的刚度为定值，故水压就由初始压缩量决定。弹簧初始压缩量大，喷射时水压就大，反之，水压降低。

确定水压，主要取决于纱线种类、织物幅宽、织机车速等因素，纱线粗、车速高、幅宽大时水压应高，反之则低。

4. 喷射角

喷射角是指喷嘴轴线与水平线之间的夹角，用 ϕ 表示。当 $\phi = 0°$ 时为水平喷射；当 $\phi > 0°$ 时为仰角喷射。

5. 喷嘴开度

环形喷嘴体与喷针（导纬管）的间隙称为喷嘴的开度。喷射水流的形状由喷嘴的开度决定，开度小，喷射水柱细而长；开度大，喷射水柱粗而短。

喷嘴的开度随纱线的种类、筘幅、车速以及水泵塞动程等的不同而不同。一般粗纬纱的喷嘴开度要比细纬纱的大。转动喷针（导纬管）可调整喷嘴开度。

第九章

打 纬

在织机上由引纬器引入梭口的纬纱，与织口尚有一定的距离，必须借助于筘座上的钢筘将其推向织口与经纱形成交织，当筘座后退时打入的纬纱可能会发生后退位移，经几次随后的打纬，这一纬纱才稳定下来与经纱共同形成织物，这种将纬纱推向织口的运动被称为打纬运动，在织机上打纬运动是由对应的打纬机构来完成的。

第一节 打纬机构概述

一、打纬机构的主要作用

（1）用钢筘将刚引入的纬纱打向织口，使之与经纱交织。

（2）通过钢筘确定经纱排列密度和织物的幅宽。

（3）在有梭织机和部分剑杆织机、片梭织机上，钢筘与其他构件一起构成导纬机件，起着使引纬器顺利通过梭口的作用；在采用异形筘的喷气织机上，钢筘可以起到防止气流扩散的作用。

二、打纬机构的工艺要求

为了实现理想的打纬运动，打纬机构应满足如下的机械和工艺上的要求。

（1）在保证引纬顺利进行的条件下，应尽可能使筘座的摆动动程小，以减少钢筘对经纱的摩擦和织机的振动。

（2）在具有足够打纬力的条件下，应尽量减轻筘座的重量和减小筘座运动的最大加速度，从而减少织机的振动和动力消耗。

（3）打纬运动是沿织机的前后发生的运动，而引纬运动是沿织机的左右方向的运动，这就要求打纬与引纬运动间配合协调，以确保引纬顺利进行。

（4）钢筘摆动到后止点应有一定的静止时间，以利于引纬器顺利通过梭口。

（5）打纬机构的构造应坚固、简单，调节方便，操作安全。

三、打纬机构的分类

1. 按筘座的机械结构分

打纬机构按筘座的机械结构可分为连杆式和凸轮式两种。连杆式由于筘座在后方位置无绝对静止的时间，对引纬不利，但其结构简单，加工制造方便；凸轮式则相反。用于织机上的连杆式打纬机构按构件数目分，又可作如下分类。

（1）四连杆打纬机构：主要用于有梭、喷气、喷水、剑杆织机上。

（2）六连杆打纬机构：为了增加筘座在后止点附近的相对静止时间，以适应高速、宽幅的要求，采用六连杆打纬机构。一般用于喷气、剑杆织机上。

（3）八连杆打纬机构：其在后方位置相对静止时间更长，有利于引纬，在前方位置可获得两次打纬运动，有利于打紧纬纱，一般用于特宽重型织机。

2. 按钢筘的运动方式分

打纬机构按钢筘的运动方式可分为往复式和旋转式。往复式除可用于有梭织机和无梭织机上外，还可用于分段打纬的多梭口织机上；旋转式只用于多梭口织机和某些织带机上。

3. 按钢筘形式分

打纬机构按钢筘形式可分为普通筘式和异形筘式两种。异形筘式只用于喷气织机，普通筘式在有梭织机和几种无梭织机上均有采用。

4. 按其打纬动程分

打纬机构按其打纬动程可分为恒定动程式打纬机构和变化动程式打纬机构，前者用于普通织机上，后者用于毛巾织机上。

5. 按钢筘的运动性质分

打纬机构按钢筘的运动性质可分为间歇式和连续式。间歇式打纬只发生在织机主轴一转中的某一角度内，而连续式打纬则在主轴整个回转中进行。所以，间歇式用于间歇引纬的有梭织机和各种无梭织机上，连续式用于连续引纬的多梭口织机上。

第二节　曲柄连杆打纬机构

一、四连杆打纬机构

1. 国产 GA615 型有梭织机四连杆打纬机构

国产 GA615 型有梭织机为四连杆打纬机构，如图 9-1 所示。

织机主轴 1 为一根曲轴，其上有两只曲柄 2（也称曲拐）。连杆 3（也称牵手）一端通过分式结构的轴柄与曲柄 2 连接，另一端通过牵手栓 4 与筘座脚 5 相连接，筘座脚通过托脚 10 固定在摇轴 9 上。

当织机主轴 1 回转时，曲柄 2 随之转动，通过连杆 3 的作用使筘座脚 5 以摇轴 9 为中心作前后方向的往复摆动。当筘座脚 5 向机前摆动时，则由钢筘 7 将纬纱打向织口。

在有梭织机上，钢筘 7 的上部插入筘帽 6 中，筘帽 6 的两端固定在两个筘座脚 5 上。钢筘 7 的下部，为防止轧梭（梭子滞留在梭口内）对织物和有关机件造成的损坏，而采用所谓的游筘方式固定。即轧梭时，钢筘下部可绕上支点向机后翻转，不再强行打纬。若筘座向前运动到一定位置（引纬已完成）时，梭子并未滞留在梭口中，而是正常进入梭箱，则在此之后，钢筘下部被相应的部件自动固定，以承受即将开始的打纬过程作用于钢筘上的力。在无梭织机上，钢筘都是下端固定的，故不设置筘帽。

四连杆打纬机构具有结构简单、加工制造方便、维修保养简便等特点，是织机中使用最广泛的一种打纬机构。在各种有梭织机、喷气织机、喷水织机和剑杆织机中均有使用。但喷气织机在打纬时管道和辅助喷嘴必须退到布面之下；当曲柄在后止点附近时，管道和辅助喷嘴应处于上下两层纱的中间。因此，用于喷气织机上的四连杆打纬机构，须采用缩短牵手和筘座脚的长度，增加筘座摆动角度，使筘座在最前位置时，管道和辅助喷嘴退到布面之下；筘座在最后位置时，管道和辅助喷嘴位于两层经纱的中间，且使筘座有一定的相对静止时期，以利于纬纱顺利飞过。同时还应减轻筘座重量，适应织机高速。

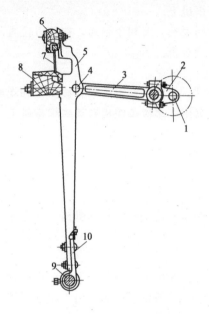

图 9-1　GA615 型有梭织机打纬机构

1—织机主轴；2—曲柄；3—连杆；4—牵手栓；
5—筘座脚；6—筘帽；7—钢筘；
8—筘座；9—摇轴；10—托脚

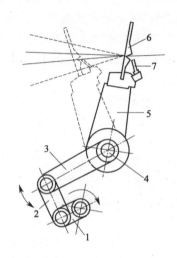

图 9-2　喷气织机四连杆打纬机构

1—曲柄；2—牵手；3—摇杆；
4—摇轴；5—筘座脚；
6—异形钢筘；7—辅助喷嘴

2. 喷气织机四连杆打纬机构

图 9-2 所示为喷气织机采用的短牵手四连杆打纬机构。

当织机主轴回转时，曲柄 1 随之转动，通过牵手 2 的作用使摇杆 3 以摇轴 4 为中心摆动，固定在摇轴 4 上的筘座脚 5 随之作前后方向的往复摆动。当筘座脚 5 向机前摆动时，则由异形钢筘 6 将纬纱打向织口。

3. 变动程式毛巾织机打纬机构

在制织毛巾织物时为了形成毛圈，打纬终了时钢筘不是每次都打到织口位置处，而是按毛巾组织需要，使钢筘的打纬动程作周期性的变化。毛巾织机的打纬机构也采用四连杆打纬机构，如图 9-3 所示。该机构又称变动程式四连杆打纬机构或小筘座脚式毛巾织机打纬机构。是一种常见的毛巾织机打纬机构。这种打纬机构将筘帽 7 装在小筘座脚 13 上，小筘座脚 13 既可随筘座脚 4 一起摆动，进行短动程的打纬，也可相对筘座脚 4 转过一定角度，使筘帽 7 前倾，从而使钢筘 8 的打纬动程增加，进行长动程的打纬。

若制织的是三纬毛巾，其工作过程是，当织机主轴 1 回转时，曲柄 2 通过牵手 3 带动筘

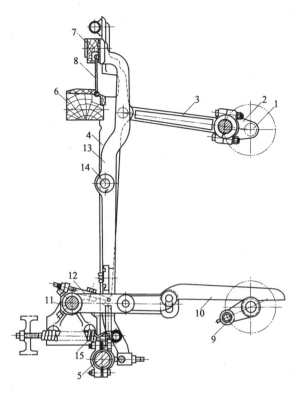

图 9-3　变动程式毛巾织机打纬机构

1—织机主轴；2—曲柄；3—牵手；4—筘座脚；5—摇轴；6—筘座；7—筘帽；8—钢筘；
9—起毛曲柄转子；10—摆杆；11—摆杆轴；12—起毛撞嘴；13—小筘座脚；14—转轴；15—弹簧

座脚 4 以摇轴 5 为中心往复摆动，并用钢筘 8 推动纬纱，这与普通的四连杆打纬机构相
同，通过这种短动程打纬将图 9-4 中的第一、第二根纬纱 1′ 与 2′ 推到离织口一定距离处。
当织第三根纬纱 3′ 时，在起毛曲柄转子 9 的作用下，摆杆 10 上抬，经摆杆轴 11 将起毛撞
嘴 12 抬起，撞击小筘座脚 13 的下端，使小筘座脚 13 除了随筘座脚 4 一起摆动外，同时
又以转轴 14 为中心，克服弹簧 15 的作用，相对于筘座 6 转过一个角度。此时，装在小筘
座脚 13 顶部的筘帽 7 使钢筘 8 的上端向机前倾斜，将 1′、2′、3′ 三根纬纱一起打向织口，
这样的打纬称为长动程打纬。由于毛巾织物中有地经纱 1、2 和起毛经纱 A、B，它们绕
在各自的织轴上，因此长动程打纬时，纬纱 2′、3′ 便夹住张力较小的起毛经纱（消极式送
经）沿着张力较大的地经纱（调节式送经）滑行，使起毛经纱卷曲形成毛巾的毛圈，突
出于织物表面。

　　变动程式毛巾织机打纬机构可通过改变起毛撞嘴的前后位置来调节打纬动程。长、短动

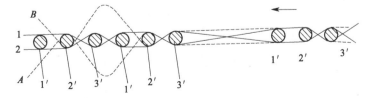

图 9-4　三纬毛巾组织结构的形成

1、2—地经纱；A、B—起毛经纱；1′、2′、3′—纬纱

程的差越大，则毛圈高度越高。

起毛曲柄转子所在的辅助轴与织机主轴的转速比由毛巾组织结构决定，制织三纬毛巾时，转速比为 1：3；制织四纬毛巾，则转速比为 1：4。

变动程式毛巾四连杆打纬机构是利用钢筘动程作周期性变化来形成毛圈的，其筘座结构一般比较复杂，整体刚性差。瑞士苏尔寿毛巾织机采用恒动程式打纬机构，即采用每次打纬终了时钢筘位置不变的打纬机构，而织口位置则根据毛巾组织的要求作周期性改变。该机构中织口移动装置与筘座机构相分离，从而简化了筘座结构，提高了打纬机构的刚性。

二、六连杆打纬机构

四连杆打纬机构在后死心附近筘座无静止时间，且相对静止时间较短，而且达到后死心的时间较迟，因而对引纬和织机高速不利。所以，在宽幅、高速的喷气和剑杆织机上，采用六连杆打纬机构。图 9-5 为六连杆打纬机构示意图。

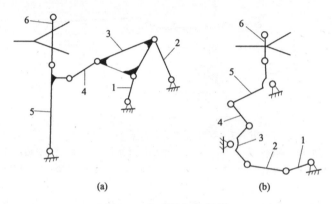

图 9-5 六连杆打纬机构
1—曲柄；2、3、4—连杆；5—筘座；6—钢筘

当曲柄 1 回转时，通过连杆 2、3、4，使筘座 5 与钢筘 6 往复摆动，完成打纬动作。喷气织机采用六连杆打纬机构后，在后止点附近筘座运动比四连杆机构更为缓慢，筘座在后止点的相对静止时间增加到 75°～80°，而四连杆打纬机构只有 10°左右。这样就有利于主喷嘴对准导气装置，提高车速，增大幅宽，降低气流速度，节约气耗。同时，筘座在前止点有较大的加速度，有利于打紧纬纱。目前，毕加诺 PAT—A 型喷气织机和丰田 JAT 型喷气织机都采用六连杆打纬机构。

第三节 凸轮式打纬机构

一、共轭凸轮打纬机构

在无梭织机上，因为车速提高，允许载纬器通过梭口的时间更少，所以必须设法进一步提高可引纬角，方能保证引纬的顺利进行。而共轭凸轮机构可按照工艺要求来实现筘座的运动规律，故是目前在高速无梭织机上应用较多的打纬机构。

图 9-6 所示为片梭织机的共轭凸轮打纬机构。当主轴 1 回转时，主凸轮 2 推动转子 3，带动筘座脚 4 以摇轴 5 为中心按逆时针方向摆向机前，使筘座 6 上的钢筘 7 进行打纬。此

时，转子 8 在双臂摆杆作用下紧贴副凸轮 9。打纬完毕后，副凸轮 9 推动转子 8，使筘座脚按顺时针方向向机后摆动，此时转子 3 又紧贴主凸轮。两凸轮如此相互共轭来完成往复运动。

由于筘座脚的运动受凸轮控制，因此可根据工艺要求安排静止时期，以适应片梭运动的需要；而且由于共轭凸轮作用，筘座脚回程也是积极传动，这就有利于高速化。因此，除片梭织机的共轭凸轮打纬机构外，许多喷气、剑杆织机也都采用共轭凸轮打纬机构。并且根据上述特点，如用共轭凸轮打纬机构来改造通常有梭织机的打纬机构，这也将会取得积极的效果。但制造时对主副凸轮共轭的加工精度要求较高，否则将使机械振动增大，效率降低，反而达不到高速的目的。

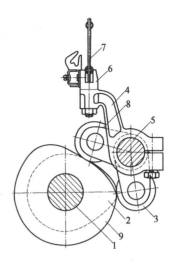

图 9-6　共轭凸轮打纬机构
1—主轴；2—主凸轮；3—转子；
4—筘座脚；5—摆轴；6—筘座；
7—钢筘；8—转子；9—副凸轮

二、圆筘片打纬机构

曲柄连杆打纬机构和共轭凸轮打纬机构的筘座脚均作往复摇摆运动，这对进一步提高织机速度极为不利，为此，在高速织带机上采用圆筘片打纬机构，如图 9-7 所示。

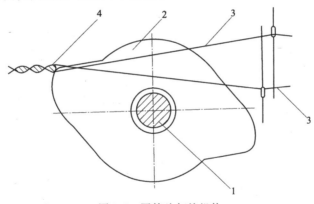

图 9-7　圆筘片打纬机构
1—主轴；2—圆筘片；3—经纱；4—纬纱

在织机主轴 1 上直接装上圆筘片 2，圆筘片与圆筘片之间放入垫圈，经纱 3 嵌在圆筘片的缝隙中。在圆筘片大半径作用下纬纱 4 便被推向织口。

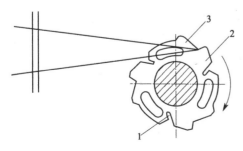

图 9-8　旋转筘式打纬机构
1—纬纱导槽；2、3—打纬凸部

由于打纬机构的往复运动变为回转运动，所以，织机速度得以大大提高。但采用圆筘片打纬机构后，织物的经密不够均匀，经纱的断头率也有增加。

三、螺旋式打纬机构

随着多梭口织机的出现，新型的打纬机构也随之产生，螺旋式打纬机构是其中之一。它根据连续打纬的原理，在引纬机构的密切配合或结合下不断地将纬纱推向织口。

图 9-8 为一种旋转筘式打纬机构，它由许多打

纬圆片组成，圆片由垫片等距离隔开，螺旋形地装在轴上。纬纱在引纬过程中进入纬纱导槽，然后由第一个打纬凸部 2 进行打纬，将纬纱推到织口，而后又经第二个打纬凸部 3 再一次进行打纬，并将纬纱打紧，构成织物。这种旋转筘式打纬机构，圆片一转可以打纬三根，这样可以降低圆片的转速，并以较小的力将纬纱打紧。康梯斯（Contis）多梭口织机上的旋转筘就是这种类型，经试用效果良好。

图 9-9 所示为另一种形式的螺旋式圆筘片打纬机构，圆筘片一转，打一根纬纱。各个圆筘片 1 螺旋形地固装于轴 2 上，中间由垫片等距隔开。经纱 3 穿过两相邻的圆筘片 1 之间的空隙，并形成梭口 4。每个圆筘片 1 上有打纬凸部 5，在开口运动连续向前进行中，纬纱 6 就被圆筘片 1 的第一个打纬凸部 5 推到织物 7 的织口 8 处。当轴 2 继续旋转时，第二个打纬凸部 5 再打纬一次。为了接纳纬纱 6，每个圆筘片上有一个凹槽 9。轴 2 上所有圆筘片 1 的相对位角相互逐渐偏转，当轴 2 转动时，打纬凸部 5 就形成一个运动着的螺旋面 10，而圆筘片上的开口槽则形成一个运动着的螺旋槽 11。在两圆筘片之间还装有纳纬片 12，纳纬片上有纳纬片凸部 13，它的作用也是用来接纳纬纱 6 的。

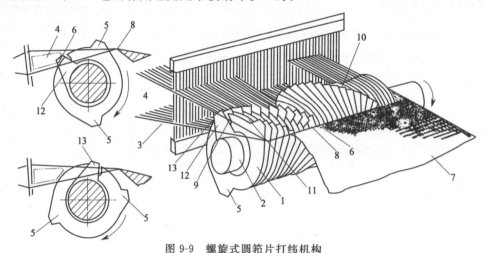

图 9-9　螺旋式圆筘片打纬机构

1—圆筘片；2—轴；3—经纱；4—梭口；5—打纬凸部；6—纬纱；7—织物；
8—织口；9—凹槽；10—螺旋面；11—螺旋槽；12—纳纬片；13—纳纬片凸部

在多梭口织机上，除了利用螺旋形分布的圆筘片进行连续打纬外，还有螺旋形分布的共轭凸轮传动转子和打纬片进行连续打纬的机构，如吕蒂（Ruti）R6000 型多梭口织机上用的就是这种型式。

▰▰▰ 第四节　打纬与织物的形成 ▰▰▰

用钢筘将新引入的纬纱推向织口，使之与经纱交织形成织物，是一个极其复杂的过程。在打纬过程中经纱的上机张力、后梁高低、开口时间等打纬工艺条件，对织物形成过程具有决定性的影响。

一、打纬期间经纬纱的位移

（一）打纬阻力

在开口机构平综以后，梭口逐渐开放，经纬纱开始互相屈曲抱合而产生摩擦作用，因而开始出现阻碍纬纱移动的阻力。随着移动阻力的出现，经纱张力亦稍稍增加，但此时钢筘至织口的距离还相当大，这种相互屈曲和摩擦的程度还不显著。随着纬纱被推向织口，经纬纱之间相互屈曲和摩擦的作用逐渐增加。当纬纱被钢筘推到离织口一定距离时，阻力显著增长，此时即为"打纬开始"。此后，随着纬纱被推向织口，阻力急剧增加，织口被推向前方，钢筘到最前位置时阻力达到最大，此时为"打纬终了"。对于不同的织物品种，因经、纬纱交织时作用激烈程度不同，故打纬开始时间也不同。而钢筘到前止点位置是不随织造条件改变而变化，所以，打纬终了时间是不变的。

打纬过程中钢筘所受到的最大阻力称打纬阻力。打纬阻力 R 由两部分组成：

$$R = F + E$$

式中 F——经纬纱互相抱合挤压而产生的摩擦阻力；

E——经纱伸长和弯曲而造成的弹性阻力。

在整个打纬过程中摩擦阻力和弹性阻力所占的比例是在变化的，在打纬的开始阶段，摩擦阻力占主要分量，随打纬的进行，经纱对纬纱的包围角越来越大，纬纱之间的间距越来越小，弹性阻力迅速增加，对于大多数织物而言，弹性阻力往往超过摩擦阻力。

在生产实践中，影响打纬阻力的因素是多方面的，可归纳如下。

1. 织物组织及结构

织物的经纬纱线密度大、经纬密高时，打纬阻力增大，但纬密的影响远大于经密，即高纬密织物比高经密织物更难于打紧纬纱。织物的紧度愈高，则打纬阻力也愈大；此外，当织物的经纬纱线密度比、经纬向紧度比愈接近于1时，打纬阻力也愈大。实际生产中常使织物的纬密小于经密、纬纱的线密度大于经纱的线密度，其主要原因之一就是为了使织物易于织造，同时也有利于提高织物产量。在其他情况相同而织物组织不同时，打纬阻力也不相同。如织造平纹织物时，因经纬纱交织点多，纱线间相互的阻力大，故打纬阻力也大；而织造斜纹、缎纹织物时，经纬纱交织点少，打纬阻力也小。

2. 经纬纱性质

织物的经纬纱表面毛糙、摩擦系数大时，则打纬时摩擦阻力也大；经纬纱的刚性系数愈大，交织时不容易屈曲变形，经纬纱之间的正压力增加，因而打纬阻力增大。实际上，经纱刚性系数的影响远小于纬纱刚性系数，这是因为在打纬期间纬纱的屈曲程度相当剧烈，因此，在生产中，常力求纬纱要比较柔软、易于屈曲，以改善打纬条件，使纬纱易于织入。当然，也有例外的情况，如为了获得特殊的外观，要求织物中纬纱挺直而很少屈曲，无疑这种织物是比较难织造的。刚性系数对打纬阻力的影响要大于摩擦系数的影响。

3. 织造工艺参数

(1) 开口时间：开口时间的迟早，决定着打纬时梭口高度的大小，而梭口高度的大小，又决定着打纬瞬间织口处经纱张力的大小。开口时间早，打纬时织口处经纱张力大，交织过程中，经纬纱的相互作用加剧，打纬阻力相应增加；反之则小。对于某一具体织物，开口时间过早或过迟都是不利的，要通过试验，选择最合适（打纬阻力最小）的开口时间。

(2) 后梁位置：后梁位置的高低决定着打纬时上下层经纱张力的差异状况，如采用高后梁的不等张力梭口，因为上下层经纱张力有差异，纬纱较易于织入，从而减小了打纬阻力，这对于紧密难织的织物是适宜的。但后梁过高将会造成上层经纱张力过于松弛，梭口不清，下层经纱张力过大等缺点，引起跳花、跳纱或断经。此外，后梁高低位置的确定，还要考虑织物的外观要求。

(3) 经纱上机张力：经纱上机张力是指综平时的经纱静态张力。上机张力大，则打纬时经纬纱的相互作用加剧，打纬阻力有所增加。但加大上机张力后，打纬区显著减小，从而减小了打纬终了时的经纱张力峰值。

（二）打纬阻力与纱布张力差的关系

仅从一次打纬过程来看，一根纬纱自打纬开始至打纬终了的移动也是一个复杂的过程，可以用以下的方式模拟说明。图 9-10 所示为打纬期间经纬纱相互作用的力学模型。

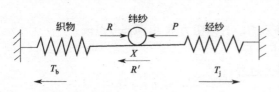

图 9-10　打纬时纬纱和经纱的运动

T_j—沿织物方向作用的经纱张力；T_b—织物张力；
R—打纬阻力；P—打纬力；X—经纱与纬纱的接触点

根据力学平衡原理，取纬纱为脱离体，则 $R=P$。

如取经纱和织物为脱离体，则 $R'=T_j-T_b$。

因为 $R=R'$，所以：$R=T_j-T_b$。

当钢筘作用于纬纱并使纬纱向前移动时，在经纬纱之间就产生了打纬阻力 R，以阻止纬纱对经纱的相对运动。在打纬开始之前经纱张力 T_j 等于织物张力 T_b。打纬开始以后，随着纬纱向前移动，打纬阻力 R 显著增加。当 $R>T_j-T_b$ 时，则 $T_b+R>T_j$，此时经纬纱一起移动。经纬纱一起移动的结果使经纱受到拉伸，经纱张力 T_j 增大，而这期间织物却受压，使织物张力 T_b 减小，纱布张力差 (T_j-T_b) 逐渐增大。随着打纬过程的进行，便出现 $R<T_j-T_b$，纬纱就沿经纱作相对移动。这样，经纱在其本身的张力作用下回缩，而使经纱张力 T_j 减小，织物张力 T_b 增加，(T_j-T_b) 随即下降，同时随着纬纱相对于经纱向前运动，打纬阻力 R 显著增大，便又出现 $R>(T_j-T_b)$ 的状态，经纱便又重新和纬纱一起移动，这种移动又引起经纱张力 T_j 的增大和织物张力 T_b 的减小，随后又将出现纬纱相对经纱的移动。上述现象不断重复出现，一直到打纬终了为止。

因此，在打纬过程中，经纬纱的运动性质不断发生变化，即纬纱与经纱的一起移动和纬纱相对于经纱的相对移动是交替重复发生的。而纬纱相对于经纱的相对移动使织物获得一定的纬密，但纬纱相对于经纱的相对移动只有当织口处经纱与织物的张力差大于打纬阻力时才能实现，这个张力差的造成主要有赖于经纬纱的一起移动。

二、织物形成过程和织物形成区

在打纬终了时，一根纬纱被钢筘推向前方，通过前方的经纱交叉压迫相邻的前一根纬纱，使之前进，再推动以前各根纬纱依次前进。如图 9-11(a) 所示。由于钢筘的推动，新打入的纬纱 O 依次压迫其前面的纬纱 A、B、C…逐根前进，而位置在前的纬纱与经纱之间作用比位置在后的纬纱强烈，因此，各根纬纱在经纱上前进的距离是逐渐减小的。在打纬终了时由于筘的推挤，各根纬纱之间的中心距离 OA<AB<BC……各根纬纱前面的经纱交叉角小，后面的经纱交叉角大；位置处于后面的纬纱其经纱交叉角小，位置处于前面的纬纱其经纱交叉角大。但在移动中的各纬纱前后的经纱交叉角都大于位置已稳定的纬纱 X 前后的经纱交叉角。此时织口已被推到最前，织物张力最小，经纱张力最大。

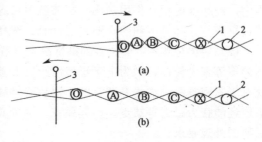

图 9-11　织物形成区内的纬纱运动

当钢筘后退时,钢筘对织口的压力逐渐消失,织口后退至经纱与织物的张力平衡为止。钢筘继续后退离开织口,纬纱在经纱压力的作用下被排挤向后退出,如图 9-11(b) 所示。各纬纱的中心距离 OA>AB>BC…,各纬纱前面的经纱交叉角大,后面的经纱交叉角小。但在移动中的各纬纱前后的经纱交叉角都小于位置已稳定的纬纱 X 前后的经纱交叉角。

在钢筘的推动作用下,每一根纬纱都是前进的距离大于后退的距离,使纬纱得以在经纱上逐渐前进。位置愈在前的纬纱,与经纱之间的作用愈强烈,移动的阻力也愈大,其移动的距离就愈小,至离织口一定距离为止就不再发生相对移动,如图中的纬纱 X。织物获得了稳定的结构。

从以上过程说明每一根纬纱是几次打纬之后到离织口一定距离时才获得稳定的位置。即织物的稳定结构是在一定的区域内逐渐形成的。在这个区域内,纬纱都在相对经纱向前移动。当钢筘离开织口,自最后打入的一根纬纱到不再作相对移动的那一根纬纱为止的区域,称为织物形成区。

在织物形成区内,经纬纱的交织结构是不均匀的,经纬纱依然发生着相对移动。而在织物形成区以外,织物结构在机上基本稳定,但确定的结构要在织物下机去除张力之后才能获得。

织物形成区的大小用织物形成区内纬纱根数来表示。一般平布、府绸等打纬阻力较大的织物,织物形成区为 2~4 根。斜卡类织物的织物形成区为 0 根。对于最厚重的织物,经纱张力很大,且经纱的刚性系数很大时纬纱不会反拨,如帆布、条绒。因为对纬纱反退的摩擦阻力已经大于经纱向外排挤纬纱的力量。对于纬向紧度很小的轻薄织物织物,形成区为 0 根,织物的形成以每一根纬纱的一次打入而告结束。

三、打纬区

在打纬过程中,自打纬开始钢筘通过新纬纱推动织口至打纬终了织口被推动的距离叫"打纬区",以织口移动的距离来表示。

织口并非只是在打纬时移动。织机运转时,在主轴一转的周期中,织口的位置随着经纱和织物张力的变化而移动。只有当织物和经纱的张力处于平衡时,织口才能静止在一定位置。图 9-12 中,线段 0—1 表示综平后梭口逐渐张开,经纱张力增大,织口向机后移动。线段 1—2 为织口在钢筘推动下向织机的前方移动,它在纵坐标上的投影即为打纬区宽度。线段 2—3 是在筘离开之后,织

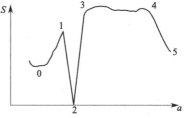

图 9-12 织口位移

口因经纱的伸长恢复和梭口张开经纱张力增加而向后移动。线段 3—4 是综框的静止时期,织口无明显位移,只由于送经而略有波动。线段 4—5 为梭口闭合时期,经纱张力逐渐减小,织口向机前移动。

严格地说,由于综框的前后位置不同,因而织口的移动周期是以曲柄一转为小周期,而以一个开口循环为大周期。大周期中的各小周期的波形基本相同,但梭口满开时的位移值则不同,这对平纹织物的织口位置来说特别明显。

在生产实际中,打纬区的大小,即织口移动的大小,对织造生产能否顺利进行有很大影响。如果织口的前后移动超过综丝在综条上的前后摆动及综丝发生弯曲变形的范围,打纬时将产生经纱在综眼内的摩擦移动。织口移动愈大,这种摩擦作用也愈剧烈,在多次作用下,将使纱线的结构被破坏,造成断头。

打纬区过大时，自织口到卷布辊一段织物在打纬时跳动剧烈，甚至使工艺无法进行。在使用筘式经纱保护装置的织机上，甚至会把钢筘推出而停车。因此，过大的打纬区对织造生产是有害的。

打纬区是由于打纬阻力大于经纱张力和织物张力之差而产生的，即是打纬终了时的经纬纱的"一起移动"。而纬纱与经纱作"一起移动"的条件是 $R \geqslant T_j - T_b$。使打纬阻力 R 增加的因素都会使打纬区增大，而可以减小打纬阻力及增加打纬时经纱张力与织物张力差的措施都可以使打纬区减小。在织造生产中，影响打纬区大小的主要因素有织物组织与结构、纱线的性质、织造工艺参数。

（一）织物组织与结构

织物的组织不同，则织物中经纬纱交织点不同，在其他条件相同的情况下，经纱交织点多的，打纬阻力大，打纬区也大。经浮点多而交错次数少的组织，打纬阻力小，打纬区也小。织物的经、纬向紧度大的，打纬阻力也大，则打纬区大。纬向紧度对打纬区的影响更为明显。织物的纬向紧度大的如纬密大、纬纱粗，则打纬阻力大，打纬区大；反之当织物的纬向紧度小时，打纬区小。提高织物的紧度和纬密都会使打纬区增大。当织物纬密提高到一定程度时，打纬区会迅速增大，致使经纱断头猛增，织造无法正常进行。

（二）纱线的性质

经纱与织物的刚性系数愈大，则打纬过程中织口移动量愈小；纬纱刚性系数愈小，则打纬阻力下降，织口移动量也随之缩小，因而打纬区缩小。经纬纱摩擦系数和抗弯强度大的纱线，打纬阻力也大，故打纬区大。而纱线与织物的刚性系数是随其所受张力大小而变化，张力愈大，则刚性系数愈大。同时，纱线的刚性系数、摩擦系数和抗弯强度取决于纤维原料的性质、纱线的线密度、捻度、纬密及回潮率等。因此，在设计织物时，应合理确定经纬纱的性质，以求改善打纬条件，使设计的织物更易于织造。

（三）织造工艺参数

1. 上机张力

上机张力是影响打纬区的重要因素，实际生产中常用调节上机张力来控制打纬区大小。上机张力大，打纬时经纱张力大，增加了打纬时经纱与织物的张力差，同时，上机张力大，则经纱和织物的刚性系数增大，打纬过程中织口移动量减少，因而打纬区减小。反之上机张力小，打纬区大。但上机张力增加到一定程度后，打纬区的缩小并不明显。实际生产中，对于各种织物都应确定适当的上机张力，以求织造顺利进行。

2. 开口时间

开口时间早，打纬时经纱张力大，经纱的刚性系数增大，并使打纬终了时的前梭口角增大，经纱对纬纱的交叉包围角也增大，使打纬时纬纱容易向前移动而不易反拨后退，促使织口移动量减小，故打纬区也小；反之若开口时间迟则打纬区大；当综平打纬时，打纬区最大。

3. 后梁高度

采用高后梁不等张力梭口时，上下层经纱张力差异大，纬纱较易于织入，使打纬阻力减小，故打纬区减小。但在确定后梁高低位置时，要同时考虑织物外观的要求。

一般棉织物的打纬区不应超过 6mm，中平布的打纬区应当掌握在 2～3mm，调整参数以掌握打纬区大小时，还应当考虑对其他运动的影响。

四、打纬角

打纬终了时，钢筘的平面与织物的夹角 ω 称为打纬角。在理论上，若打纬角为 90°时，打纬力的作用方向与织物的方向相同，打纬力完全作用在织物方向，没有无效分力，打纬力最大。但是，在这种情况下，上、下层经纱的包围角相等，打纬阻力也最大。

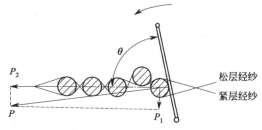

为了减小打纬阻力和使布面丰满，一般采用不等张力梭口和锐角打纬配合的工艺。如图 9-13 所示。打纬力 P 的方向略倾向于松层经纱。打纬力 P 分解成沿织物方向的分力 P_2 和垂直于织物方向的分力 P_1。P_2 使纬纱沿织物方向前移时，P_1 则使纬纱压向松层经纱使其作较大的弯曲，并减小纬纱对紧层经

图 9-13　打纬角与不等张力梭口的配合

纱的压力。这样就减小了阻力，使纬纱容易打紧。但如打纬角过小，则打纬时织口将向下沉。在 GA611 型织机上打纬角为 82°～84°，移动摇轴的前后位置和改变边撑的高低，可以使打纬角稍有改变，但这将影响前部梭口的高度及走梭板倾角与经纱的配合关系，还会使织机产生振动。所以一般不宜作这样的调整。

第十章

卷 取

在织造生产中，纬纱被打入织口形成织物之后，必须不断地将这些织物引离织口，卷绕到卷布辊上，这种卷取的动作称之为卷取运动。而完成卷取运动的机构就是卷取机构。

第一节 卷取机构概述

一、卷取机构的作用与要求

1. 卷取机构的作用

（1）将织好的织物引离织口，并卷绕成一定的卷装形式。

（2）控制织物的纬密和纬纱在织物内的排列。

2. 对卷取机构的要求

（1）必须连续且有规律地将织好的织物引离织口，同时卷绕到卷布辊上。

（2）附有能随意卷进或退回织物的装置以及因纬纱停车时的防稀路装置。

（3）能随不同织物的要求而变化纬密。

（4）卷装良好，并有一定的卷装容量。

二、卷取机构的类型

卷取机构的类型较多，按机构的运动性质划分，可分为消极式卷取机构和积极式卷取机构两大类。

1. 消极式卷取机构

在消极式卷取机构中，消极式卷取机构每织入一纬就卷取相当于一根纬纱直径的织物长度。从织口处引离的织物长度不受控制，所形成织物中纬纱的间距比较均匀。这种机构比较陈旧，但适宜于纬纱粗细不匀的织物加工，如废纺棉纱、粗纺毛纱等织造加工，所形成的织物具有纬纱均匀排列的外观。一般棉织机不采用消极式卷取机构。

2. 积极式卷取机构

在积极式卷取机构中，从织口处引离的织物长度由卷取机构积极控制，所形成的织物中纬纱同侧间距相等，这种卷取机构依靠主轴回转，强制卷取一定长度的织物，梭口中无论有无纬纱织入，它始终卷取一定长度织物。但纬纱间距却因各纬纱的粗细不匀而异，在条干均匀的纬纱织制时，织物可以取得均匀外观，加工提花织物也能取得比较规整的织物图形。

第二节　间歇式卷取机构

典型的积极式间歇式卷取机构，即国产 i511 型、1515 型、GA606 型及 GA615 型有梭织机采用的七轮间歇式卷取机构。1515 型、GA615 型织机的七轮卷取机构就属于积极式间歇式卷取机构，该机构由卷取装置和织物卷绕加压装置组成。

一、卷取机构及工作原理

图 10-1 为七轮间歇式卷取机构示意图。在导钩脚固装着开关侧的筘座脚 1 上，导钩脚上固装着一只卷取指 2，卷取指的前端套在卷取杆 3 下端的导沟内，卷取杆中部有一轴芯，并以此将卷取杆装于开关侧墙板内侧，卷取杆的上端活套着卷取钩 4。保持钩 16 与卷取钩相对，它们都搁在卷取锯齿轮 5 上，锯齿轮的下方设有一只防退钩 14，正常情况下始终钩住锯齿轮。与锯齿轮同轴上，装有标准齿轮 6。标准齿轮与变换齿轮 7 啮合，变换齿轮装在小齿轮 8 的芯轴上。小齿轮 8 与过桥齿轮 9 啮合，过桥齿轮与过桥小齿轮 10 固装在一起，过桥小齿轮又与刺毛辊齿轮 11 啮合。刺毛辊外表包有刺毛铁皮，织物经导布辊绕过刺毛辊，将打纬后形成的织物卷绕在卷布辊上。

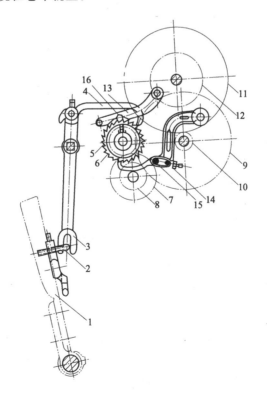

图 10-1　七轮间歇式卷取机构

1—筘座脚；2—卷取指；3—卷取杆；4—卷取钩；5—卷取锯齿轮；6—标准齿轮；7—变换齿轮；
8—小齿轮；9—过桥齿轮；10—过桥小齿轮；11—刺毛辊齿轮；12、13、15、16—保持钩；14—防退钩

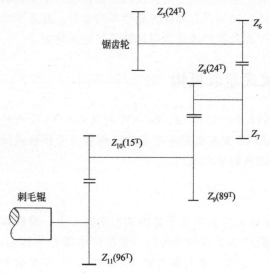

图 10-2　间歇式卷取机构的传动轮系

二、纬密计算与变换齿轮

织机主轴回转一周，织入一根纬纱，卷取杆往复摆动一次，通过卷取钩带动棘轮转过一定齿数（1 齿），然后再经轮系 Z_5、Z_6、…、Z_{11}，驱使卷取辊转动，卷取一定长度的织物。

根据轮系传动原理（图 10-2），当锯齿轮转过一转时，刺毛辊的转数为：

$$\frac{Z_6}{Z_7} \times \frac{Z_8}{Z_9} \times \frac{Z_{10}}{Z_{11}}$$

因此，刺毛辊所卷取织物的长度为：

$$\pi D \times \frac{Z_6}{Z_7} \times \frac{Z_8}{Z_9} \times \frac{Z_{10}}{Z_{11}}$$

式中　　　Z_6、Z_7——齿轮 6、7 齿数；
Z_8、Z_9、Z_{10}、Z_{11}——齿轮 8、9、10、11 的齿数；
D——刺毛辊直径。

织物纬密是指单位长度 10cm 内所织入的纬纱根数，则织机上卷取机构所卷织物的机上纬密 P_w' 就可按下式进行计算。

$$P_w' = \frac{\text{锯齿轮转过一转织入的纬纱根数}}{\text{锯齿轮转过一转刺毛辊所卷织物的长度}} \times 10$$

$$= \frac{\dfrac{\text{锯齿轮齿数}}{\text{每织入一纬锯齿轮转过的齿数}}}{\text{锯齿轮转过一转刺毛辊所卷织物的长度}} \times 10$$

若每织入一纬锯齿轮转过一齿，则卷织物的机上纬密 P_w' 为：

$$P_w' = \frac{\text{锯齿轮齿数}}{\text{锯齿轮转过一转刺毛辊所卷织物的长度}} \times 10$$

$$= \frac{Z_5 Z_7 Z_9 Z_{11}}{Z_6 Z_8 Z_{10} \pi D} \times 10$$

式中　Z_5——锯齿轮的齿数。

在上述机构中，齿轮齿数 Z_5、Z_8、Z_9、Z_{10}、Z_{11} 和直径 D 均为固定常数，于是可以得到，改变齿轮的齿数 Z_6、Z_7，可以实现织物的纬密调节。当 $Z_5 = 24^T$，$Z_8 = 24^T$，$Z_9 = 89^T$，$Z_{10} = 15^T$，$Z_{11} = 96^T$，$D = 12.83$cm 时，则

$$P_w' = \frac{Z_5 Z_7 Z_9 Z_{11}}{Z_6 Z_8 Z_{10} \pi D} \times 10 = 141.3 \frac{Z_7}{Z_6} \text{（根/10cm）}$$

由上式计算所得的机上纬密是织物在织机上具有一定张力条件下的纬密。考虑到织物下机后经向张力缩小，则织物收缩，纬密增加，因此下机纬密（或称实际纬密）的计算必须将下机缩率计入。

$$P_w = \frac{141.3}{1 - a\%} \times \frac{Z_7}{Z_6} \text{（根/10cm）}$$

从上式可看出，织物下机纬密与标准齿轮 7 的齿数成正比，与标准齿轮 6 的齿数成反

比，而下机缩率越大，则织物的下机纬密增加越多。织物的下机缩率可用下式表示。

$$a\% = \frac{P_w - P'_w}{P_w} \times 100\%$$

生产中织物的下机缩率通常由计算下机纬密后再用上式确定。织物的下机缩率系随织物的原料种类、织物组织和密度、纱线线密度、经纱上机张力以及车间温湿度等因素而异。一般细纺的下机缩率约为1%，平布约为2%，卡其、府绸约为3%，灯芯绒、平绒约为4%。实际上，由于车间温湿度、刺毛辊直径和上机张力的差异，即使同类型织机加工同规格织物，其实际纬密也不尽相同。

【例1】 织制96.5cm　16tex×19tex　482根/10cm×275.5根/10cm府绸，织物的下机缩率为3%，如标准齿轮6为37^T，问变换齿轮7的齿数应为多少？

解： 织物的下机缩率为3%，则

$$P_w = 145.7\frac{Z_7}{Z_6}（根/10cm）$$

$$Z_7 = \frac{P_w Z_6}{145.7} = \frac{275.5 \times 37}{145.7} = 70^T$$

实际上，工厂中由于齿轮配备种类少，往往要将变换齿轮和标准齿轮同时变换。

【例2】 织制29tex×29tex彩条斜纹被单布，织物纬密为212.5根/10cm，下机缩率为3.5%，问变换齿轮和标准齿轮的齿数应为多少？

解：
$$P_w = \frac{141.3}{1-a\%} \times \frac{Z_7}{Z_6}（根/10cm）$$

即
$$212.5 = \frac{141.3}{1-3.5\%} \times \frac{Z_7}{Z_6}$$

则
$$\frac{Z_7}{Z_6} = 1.45$$

当$\frac{Z_7}{Z_6}$齿数比选用$\frac{42}{29}$或$\frac{55}{38}$时，

$$P_w = \frac{141.3}{1-3.5\%} \times \frac{42}{29} = 212.06$$

$$P_w = \frac{141.3}{1-3.5\%} \times \frac{55}{38} = 211.9（根/10cm）$$

经验算上述两齿数比皆能满足要求。

第三节　连续式卷取机构

新型织机通常采用积极式连续式卷取机构，在织造过程中，织物的卷取工作连续进行。在无梭织机上，普遍采用连续式卷取机构。连续式卷取机构是通过织机的主轴提供动力，使织机上卷布辊匀速转动，同时根据织物的纬密确定主轴与卷布辊的合适传动比。连续式卷取机构改变纬密有两种不同的方式，即变换齿轮调节和无级变速器调节。

一、变换齿轮调节纬密的连续式卷取机构

（一）TP500型剑杆织机的连续式卷取机构

TP500型剑杆织机的连续式卷取机构采用变换齿轮调节纬密的方式，它用两对变换齿

轮进行纬密调节，其结构如图 10-3。

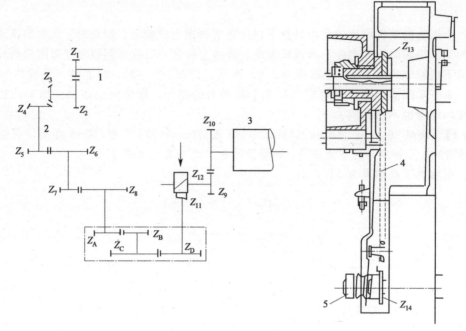

图 10-3　TP500 型剑杆织机的卷取机构
1—主轴；2—侧轴；3—卷取辊；4—链条；5—摩擦离合器

随着织机主轴 1 的回转，通过 Z_1、Z_2、Z_3、Z_4，使送经侧轴 2 回转，再经齿轮 Z_5、Z_6、Z_7、Z_8 和 Z_A、Z_B、Z_C、Z_D，以及蜗杆 Z_{11}、蜗轮 Z_{12} 和变速齿轮 Z_9、Z_{10}，最终使卷取辊 3 回转。卷取辊表面包覆增摩材料，通过摩擦传动使织物不断引离织口。链轮 Z_{13} 固装在卷取辊的另一端，同时通过链条 4 传动链轮 Z_{14}，再经摩擦离合器 5 使卷布辊回转。当织物达到一定张力时，卷布辊便不能卷取织物，此时摩擦离合器打滑，确保了卷布和卷取运动的协调。

根据图 10-3 得到 TP500 型织机的机上纬密为：

$$P'_w = \frac{Z_2 Z_4 Z_6 Z_8 Z_B Z_D Z_{10} Z_{12} \times 10}{Z_1 Z_3 Z_5 Z_7 Z_A Z_C Z_9 Z_{11} \pi D} = i \frac{Z_B Z_D}{Z_A Z_C}$$

式中　i——传动比 (145.22)；

　　　πD——卷取辊周长 (558.92mm)。

该机构中虽然用了两对齿轮，但每台织机仅需备有变换齿轮 10 种共 12 个，可以使用少量的齿轮即可得到各种不同纬密的织物，纬密范围在 19.2～1111.7 根/10cm 之间。

（二）PAT 型喷气织机的卷取机构

PAT 型喷气织机的卷取机构属连续积极式卷取机构，采用变换齿轮调节织物纬密。织机主要卷取传动机件油浴在卷取齿轮箱内，摩擦少，性能可靠。

PAT 型喷气织机的卷取机构如图 10-4 所示，由卷取齿轮箱、9 只齿轮、一对蜗轮蜗杆、表面有糙面橡胶的卷取辊、撑幅辊、压布辊、导布辊和卷布辊组成。

PAT 型喷气织机的卷取机构可织造的机上纬密范围为 17～1340 根/10cm。PAT 型喷气织机的卷取机构能积极连续卷取，纬密稳定，性能可靠。织机倒转时卷取机构同步倒转，挡车方便，织造质量有保证。恒力矩卷取的卷取辊使布辊上织物内外松紧一致，且力矩可调，可满足不同织物采用不同张力卷布的要求。卷取机构的握持摩擦包围角大，卷取力大，有利于织物从织口引出，尤其是高密织物。PAT 型织机的摩擦式张力控制机构能实现等张力卷取。

二、无级变速器调节纬密的连续式卷取机构

根据织机上加工品种不同，每台织机需分别配备不同的变换齿轮，这给正常生产带来极大的不便。为避免这种情况，在一些织机上从主轴到卷取辊的传动链中配置了无级变速器，利用无级变速器中的主、从动轮工作直径的变化，使卷取辊获得不同的转速，从而实现纬密调节。

SM—92 型剑杆织机的卷取机构，如图 10-5 所示。纬密调节范围为 30～800 根/

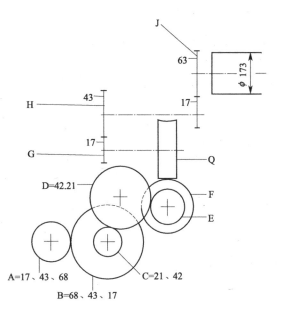

图 10-4 PAT 型喷气织机的卷取机构
A、B、C、D—标准齿轮；E—纬密交换齿轮；
F—蜗轮；Q—蜗杆；G、H、J—齿轮

10cm，通过无级变速器实现纬密调节。同时，该机构设有任意卷取或退回织物的调节装置。

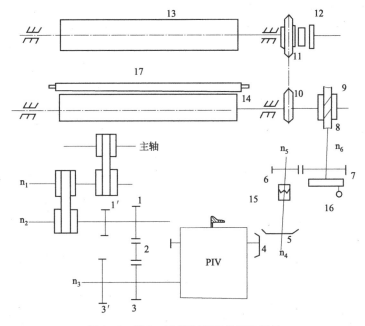

图 10-5 SM—92 型剑杆织机卷取机构
1、2、3、6、7—齿轮；4、5—伞齿轮；8—蜗杆；9—蜗轮；10、11—链轮；12—摩擦离合器；
13—卷布辊；14—卷取辊；15—联轴节；16—卷取手轮；17—压辊

织机主轴传动多臂机轴 n_1，再传动轴 n_2，经齿轮 1、2、3 传动 PIV 无级变速器的输入轴 n_3，输出轴 n_4 又经伞齿轮 4、5，齿轮 6、7，蜗杆 8、蜗轮 9，匀速传动表面包

覆砂皮布的卷取辊 14，送出的织物靠压辊 17 与砂皮布之间的摩擦力，经卷取辊 14，卷绕到卷布辊 13 上。卷布辊由链轮 10 与 11 经摩擦离合器 12 而转动。随着卷布辊直径的逐渐增大，摩擦离合器便产生相应的滑移，且滑移现象逐渐增加，使织物保持一定的张力，卷绕到卷布辊 13 上。此机构最大卷布直径可达 500mm。其调节非常简单，只要调节 PIV 无级变速器，使指针指在相应的读数上即可，但要对调节后的纬密进行验证，以确保织物纬密正确。

综上所述，连续式卷取机构具有以下优点。

(1) 品种适应性好，使用少量不同齿数的变换齿轮，就能织制很广的纬密范围，且满足纬密偏差不大于设计规格的 1% 的要求。

(2) 变换齿轮储备少，而无级变速器式卷取机构还可不用储备齿轮。

(3) 卷取连续，运动平稳，满足了当前织机高速运转的要求。

第四节 电子式卷取装置

电子式卷取装置一般应用在新型无梭织机上。电子式卷取装置是近年来发展起来的一种新型卷取装置，它克服了机械式间歇卷取和机械式连续卷取机构的不足，目前在新型织机上应用非常普遍。

现以 JAT600 型喷气织机的原理框图为例介绍电子卷取的特点，如图 10-6 所示。

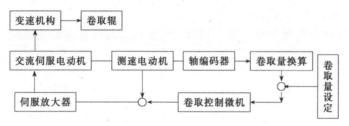

图 10-6　电子卷取的原理框图

由于控制卷取的计算机和织机主控制计算机实现了双向通讯，可获知织机的状态信息，其中包括织机主轴信号的变化信息。据织机主轴一转的卷取量输出一定的电压，通过伺服放大器对信息放大，驱动交流伺服电动机转动，再经变速机构，传动卷取辊，实现工艺设计的织物纬密。测速电动机实现伺服电动机转速的负反馈控制，伺服电动机转速可用输出电压代表，根据与计算机输出的转速给定值的偏差值，调节伺服电动机转速。卷取辊轴上的旋转轴编码器用来实现卷取量的反馈控制。经卷取量换算后，旋转轴编码器的输出信号可反映实际卷取长度，将之与由织物纬密换算出的卷取量设定值进行比较，根据偏差大小来控制伺服电动机启动和停止。由于本系统采用了双闭环控制系统，所以它可实现无级调节卷取量大小精密调节，适应了各种织物纬密要求。

电子式卷取机构的优点有以下几方面。

(1) 不需要变换齿轮，省略了大量变换齿轮的储备和管理，同时翻改品种改变纬密变得十分方便。

(2) 纬密的变化是无级的，能准确地满足织物的纬密设计要求。

(3) 织造过程中不仅能实现定量卷取和停卷，还可根据要求随时改变卷取量，调整织物的纬密，形成织物的各种外观特色。如在织纹、产品颜色、织物手感及紧度等方面产生独特的效果。

第五节　边　撑

织物形成过程中，纬纱以直线状被引入织口，继而梭口发生变换，纬纱受到经纱的包围作用而产生屈曲，导致布面发生横向收缩，进而使布边部分产生较大的倾斜，导致边经纱容易断头不利于织造的顺利进行。因此，必须安装边撑，以减少边经纱的倾斜所造成的边经纱断头。

边撑针刺的粗细、长短及密度与织物的种类、经纬纱的密度、纱线线密度有关。一般，织制粗而不密的织物时，会选用粗、长和密度小的针刺；而织制细而密的织物，则应选用细、短和密度大的针刺，这是选择边撑针刺的基本原则。

边撑通常分为针刺式边撑、圆盘式边撑和全幅边撑三种，其中针刺式边撑根据其对织物作用程度的不同，又可分为刺辊式和刺环式边撑两种。

一、针刺式边撑

1. 刺辊式边撑

刺辊式边撑如图 10-7 所示。它由边撑盒座 1、刺辊 2 和边撑盒盖 3 构成。在盒座上有可供绒屑落下的缝隙。植有螺旋状排列的刺针。当织物在边撑盒内前进时，刺辊上的针刺刺入布身，带动刺辊回转，使织物的织口保持张紧状态，从而实现伸幅的目的。织物的伸幅方向决定了刺辊上刺针的螺旋方向。

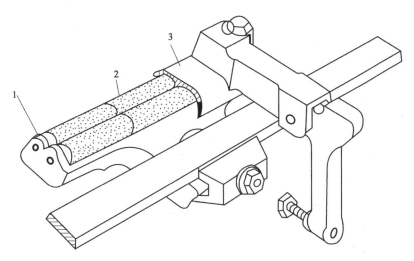

图 10-7　刺辊式边撑
1—边撑盒座；2—刺辊；3—边撑盒盖

刺辊式边撑的刺辊，可分为木刺辊、铁刺辊和空心铁刺辊三种。刺辊呈锥状，外侧直径大，内侧直径小。生产中可根据纱线粗细、经纬纱的密度来选择。铁刺辊根据针刺的粗细，可分为粗刺、中刺、普细刺、特细 A 刺和特细 B 刺五种，一般粗厚织物选用中粗刺，细薄织物选用细刺。空心铁刺辊根据针刺的粗细，可分为中刺、普细刺、特细 A 刺和特细 B 刺四种。在织制特细织物时，为防止产生边撑疵产生，可在刺辊外包铁砂布或套胶管的办法。

在装配时应注意刺辊的左右手，织机右侧的刺辊为左螺旋；左侧的为右螺旋，以保证撑开布幅。刺辊式边撑由于其握持力小，通常用于轻型及中型织物的生产工艺上。

2. 刺环式边撑

刺环式边撑如图10-8所示。它由刺环5、刺环座4、斜垫圈2、螺丝杆1组成。刺环及端部刺环座上，刺环座两端装有斜垫圈及端部刺环座3，上述部件的孔眼均套在边撑盒螺丝杆1上，而边撑盒螺丝杆固定在边撑盒座6上。每个刺环上通常植有两行刺针，最靠织机外侧的刺环植有三行刺针，以加强伸幅能力。织物从上面绕过边撑的刺环，由针刺使织物向外撑开，张紧织物。

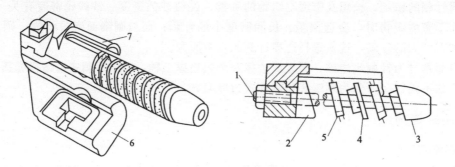

图 10-8　刺环式边撑

1—边撑盒螺丝杆；2—斜垫圈；3—端部刺环座；4—刺环座；5—刺环；6—边撑盒座；7—边撑盒盖

根据所加工织物的纬向收缩程度，边撑上的刺环数可做相应的变化，必要时还可采用两根平行排列的边撑，以满足对织物的伸幅要求。刺环式边撑由于其伸幅作用大，故厚重织物通常选用此型式的边撑。

二、圆盘式边撑

图 10-9 所示为圆盘式边撑。圆盘座 2 固装在边撑托座 1 上，圆盘座自身又固装着轴芯 O_1，圆盘 3 活套在 O_1 上，圆盘边缘呈锥形，其上植有两排针刺。圆盘左面装有一弧形闸 4，弧形闸上有两个倾斜槽口 A 和 B，织物布边从 A 处进入，从 B 处出来，中间以针刺作用。弧形闸平板上的长槽孔可调节弧形闸和圆盘间的距离，此距离由螺钉 5固定。

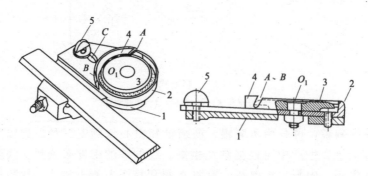

图 10-9　圆盘式边撑

1—边撑托座；2—圆盘座；3—圆盘；4—弧形闸；5—螺钉

圆盘式边撑仅撑开布边，而对布身几乎没有影响，其撑幅力很小，故圆盘式边撑一般用于轻薄的织物。

三、全幅边撑

全幅边撑结构如图 10-10。这种边撑由槽形底座 1、滚柱 2 和顶板 3 构成，槽形底座 1 和顶板 3 以螺栓相连。织物 4 从底座 1 和顶板 3 的缝口处进入，绕过滚柱，再从缝口处出来。钢筘后退时，在经纱张力作用下，滚柱抬高从而张紧织物。打纬时，由于钢筘对织口的作用力，织物会微有松弛，在重力作用下滚柱自然下落，且在织物被再次拉紧前进行卷取。与针刺式边撑相似，全幅边撑的滚柱上刻有螺纹，织机右侧就选用左螺纹，而左侧选用右螺纹，以实现撑幅作用。

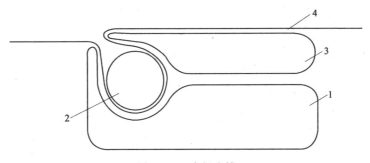

图 10-10　全幅边撑
1—槽形底座；2—滚柱；3—顶板；4—织物

全幅边撑一般用在要求织物完全不受边撑影响的场合，如降落伞布、高档薄型毛织物及高档丝织物。通过使用无针刺的全幅边撑，可实现此要求。全幅边撑还可控制织口位移，减少打纬时的织口移动，降低经纱的断头率。

第十一章

送 经

在织造生产中，随着织物的形成，卷取运动使刚刚形成的织物不断被引离织口，这就必须从织轴上放出相应长度的经纱，并保持一定经纱张力，保证织造的连续进行。这种送出经纱的运动叫送经运动。完成送经运动的机构叫送经机构。

第一节　送经机构概述

一、送经机构的要求

为使织造生产顺利进行，送经机构应满足如下要求。

（1）根据需要均匀送出满足织造所需长度的经纱。

（2）给经纱符合工艺要求的上机张力，并保证从满轴到空轴的加工过程中保持张力均匀。

（3）在主轴一回转中，送经运动应与卷取等运动协调配合。

（4）经纱送出量要求符合不同纬密织物的生产需要。

二、送经机构的类型

送经机构的种类较多，按照不同的特点分类不同。

1. 按送经作用原理分

（1）消极式送经机构。在这类送经机构中，没有传动机构传动织轴，经纱从织轴上退绕出来是依靠经纱张力对织轴的牵引作用来实现的。这种送经机构不能维持经纱张力的均匀而渐趋淘汰，曾用于送经均匀性要求不高的某些帆布、毛巾、药用纱布的织机。

（2）积极式送经机构。该送经机构由专门机构从织轴上积极送出固定长度的经纱，送出经纱长度事先确定，而没能根据织物的卷取量自动调节，送经张力不匀，现很少采用。

（3）调节式积极送经机构。该送经机构是由轮系积极传动织轴送出经纱，送经量可由经纱张力大小自动调节。生产中，根据经纱张力的变化，通过张力调节系统调节，使轮系回转变快或变慢，从而调节织轴上经纱送出长度，维持张力稳定，经纱实现均匀退绕。棉织机上一般都使用这种送经机构，其张力均匀性和送经量都能满足棉的织造要求。

其中，调节式积极送经机构又可分为机械式和电子式两种送经形式，机械式送经由织机主轴传动，由送经量调节和送经执行两大部分，均为机械装置；而电子式送经由单独的送经电动机传动送经装置，由经纱张力检测、送经量控制和送经执行三部分组成。

2. 按织轴回转方式分

（1）间歇式送经机构。该送经机构的经纱送出量发生在织机主轴一回转的某一特定时刻；

（2）连续式送经机构。该送经机构的经纱送出量均匀地分布在主轴一回转的整个周期内。

第二节 机械式积极送经机构

目前，机械式积极送经机构种类繁多，应用相对成熟、性能优越的主要有内侧式、外侧式、摩擦离合器式和无级变速式等送经机构，其送经精度较高，调节范围较广，动态特性也较好。

一、内侧式积极送经机构

GA611 和 GA615 系列织机采用内侧式送经机构，其由经纱送出装置和经纱张力调节装置组成。

（一）经纱送出装置

1. 构造

经纱送出装置也称织轴回转装置，图 11-1 为内侧式积极送经机构。当筘座脚向机后摆动时，通过调节杆导架 18、调节杆 17 和撑头杆 15，使撑头 16 撑动摩擦锯齿轮 12 按顺时针方向转动一个角度。摩擦锯齿轮 12 再传动送经伞轮 13 和 14、送经侧轴 6 上的送经蜗杆 8、送经蜗轮 9、送经轴上的送经小齿轮 4 及织轴边盘齿轮 5 回转，从而使织轴 1 也转过相应角度。与此同时，送经蜗杆 8 转动后，送经蜗轮和送经蜗杆的自锁作用解除，经纱也可拖动织轴 1 回转。这样，就可放出一定量的经纱。而随着筘座脚向机前方向摆动，撑头杆上端的撑头沿逆时针方向在摩擦锯齿轮上滑过一定齿数，这时虽然经纱也有拖动织轴回转的趋势，但蜗轮和蜗杆的自锁作用使得织轴回转受到制约，停止经纱送出，保证了经纱具有一定张力，满足了织造生产的需要。

撑头杆上的三爪撑头长度不同，彼此相差为锯齿轮齿距的 1/3。这样的设计保证了撑头撑动送经锯齿轮的回转角度符合织造所需的经纱长度，空转误差小。为避免撑头撑动送经锯齿轮时送经锯齿轮发生惯性回转，在此装置中设置了摩擦制动装置。摩擦制动盘 19 活套在摩擦锯齿轮轴 10 上，在制动盘和锯齿轮之间垫厚毡一块，以增加相互间的摩擦系数。摩擦制动盘上的叉形凸杆正好嵌入锯齿轮轴托架凹档中，因此摩擦制动盘本身不可回转。制动盘弹簧 20 位于锯齿轮托架和制动盘之间，其弹力使得制动盘能够紧压住锯齿轮。锯齿轮轴紧圈使锯齿轮轴保持正常位置，并使送经伞轮正常啮合。当锯齿轮经撑头撑动而回转时，摩擦阻力限制了它的惯性回转，保证了送经长度的准确。

该装置中还设有手动织轴倒转装置。在需要人工倒卷或放出经纱的时候，用脚踏下踏脚杆 21，摩擦锯齿轮轴向外侧移动，送经伞轮 13、14 脱开，掀下手轮，斜轴 22 下端的伞轮

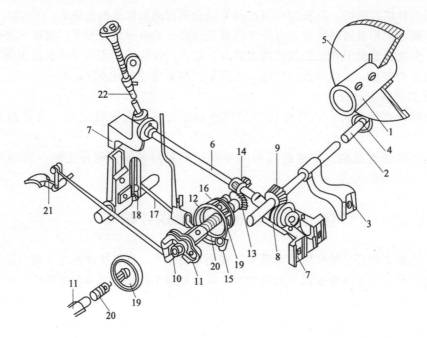

图 11-1　内侧式积极送经机构

1—织轴；2—送经轴；3—送经轴中托架；4—送经小齿轮；5—织轴边盘齿轮；6—送经侧轴；

7—送经侧轴前后托架；8—送经蜗杆；9—送经蜗轮；10—摩擦锯齿轮轴；11锯齿轮轴托架；

12—摩擦锯齿轮；13、14—送经伞轮；15—撑头杆；16—撑头；17—调节杆；

18—调节杆导架；19—摩擦制动盘；20—制动盘弹簧；21—踏脚杆；22—斜轴

和送经侧轴前端的伞轮啮合，这时旋转手轮，则织轴回转，收紧或放出经纱，满足操作要求。

2. 送经量的计算

送经量是指织造中，织机主轴一回转时，从织轴上送出的经纱长度。因经纱在织造中受拉伸而伸长，经纬纱交织使织物长度缩短，织物下机后再经下机收缩成织物长度。这样每次送经量 L_j 应大于在织物中一根纬纱所占的经向长度 L_b，而织物中一根纬纱所占的经向长度又是织物下机纬密的倒数。因此理论上有这样的关系：

$$L_b = L_j(1 - a_j\%)$$

$$L_b = \frac{100}{P_w}$$

式中　L_b——织入一根纬纱所占的经向长度，mm；

　　　$a_j\%$——经纱对成布的缩率，其大小随织物品种不同而异，一般在 2%～16% 范围内；

　　　P_w——下机纬密，根/10cm；

　　　L_j——每纬送经量。

则：

$$L_j = L_b/(1 - a_j\%) = 100/P_w(1 - a_j\%)(mm)$$

又有：

$$L_j = L_b/(1 + a_1\%)(1 - a_2\%)(1 - a_3\%)$$

式中　$a_1\%$——经纱在织造过程中的伸长率；

　　　$a_2\%$——经纱在机上交织的收缩率；

$a_3\%$——织物的下机收缩率。

其综合结果为 $a_j\%$，即为织物设计要求的经缩。

GA611 和 GA615 系列织机的内侧式送经机构的送经轮系如图 11-2 所示，则该机构的每纬送经量为：

$$L_j = \frac{mZ_7 Z_{10} Z_{13}}{Z_6 Z_8 Z_{11} Z_{14}} \pi D (\text{mm})$$

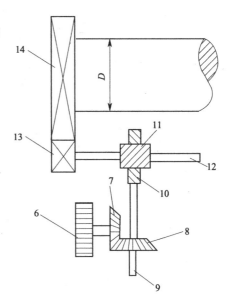

式中　m——锯齿轮每次被推动的齿数；

　　　Z_6——锯齿轮 6 的齿数（50^T）；

Z_7、Z_8——圆锥齿轮 7、8 的齿数（30^T）；

　　　Z_{10}——蜗杆 10 的线数（2^T）；

　　　Z_{11}——蜗轮 11 的齿数（17^T）；

　　　Z_{13}——送经齿轮 13 的齿数（23^T）；

　　　Z_{14}——织轴边盘齿轮的齿数（116^T）；

　　　D——织轴卷绕直径（mm）。

则：$L_j = \dfrac{m \times 30 \times 2 \times 23}{50 \times 30 \times 17 \times 116} \times 3.1416 D$ (mm)

$\quad\quad = 0.00147 mD$ (mm)

图 11-2　内侧式送经机构的送经轮系
6—锯齿轮；7、8——对圆锥齿轮；9、12—连杆；
10、11—蜗杆、蜗轮；13—送径齿轮；
14—织轴边盘齿轮

由上述送经量的计算可知以下几方面。

(1) 织物品种确定以后，每纬送经量是一定值，则织轴的绕纱直径 D 与每次锯齿轮转过的齿数 m（或锯齿轮转过的角度）成双曲线关系。因此为保证每纬送经量均匀，每织一纬锯齿轮转过的齿数应随织轴绕纱直径的减少而逐渐增加。

(2) 织物品种确定以后，可据以上公式算出满轴时锯齿轮每次送经应转过的齿数 m，以确定调节杆前端在导槽中的初始位置。

(3) 当织物纬密改变时，送经量自然也应改变。纬密大，送经量小，锯齿轮转过的齿数较少，反之亦然。这个关系在从满轴到空轴时都如此。

由于受 GA611 和 GA615 系列织机送经机构的限制，锯齿轮的最小回转量 m_{min} 为 1/3 齿，最大回转量 m_{max} 为 5 齿。因此，该机构送经量变化范围为：

$$L_{jmin} = 0.00147 m_{min} D_m = 0.00147 \times \frac{1}{3} \times 485 = 0.238 \text{mm} ;$$

$$L_{jmax} = 0.00147 m_{max} D_k = 0.00147 \times 5 \times 114 = 0.838 \text{mm}$$

式中　D_m——满轴时的织轴卷绕直径，mm；

　　　D_k——空轴时的织轴卷绕直径，mm。

若高密织物 $a_j = 16\%$（为使最大纬密留有余地，取 7%），低密织物 $a_j = 2\%$，则可织纬密变化范围应为：

$$P_{wmax} = \frac{100}{L_{jmin}(1 - a_j\%)} = \frac{100}{0.238(1 - 7\%)} = 451.8 \text{ 根/10cm}$$

$$P_{wmin} = \frac{100}{L_{jmax}(1 - a_j\%)} = \frac{100}{0.838(1 - 2\%)} = 121.8 \text{ 根/10cm}$$

也就是说该机型织机纬密适应范围为 122～452 根/10cm。假使所织织物纬密不在此范围内应改变轮系传动比，以满足织造要求。生产中使用的方法有：改变 Z_7、Z_8 的齿数；或者改变 Z_{10} 的线数。

（二）经纱张力调节装置

织造中为使经纱张力保持稳定，应使送经量随经纱张力变化能实现自调。织造中，送经量与张力大小是相互关联的两个参数。在送经量过大或过小时，张力必然会发生相应的变化。而随着张力大小的变化，张力调节装置和织轴回转装置共同作用，送经量大小发生改变，从而保证了送经量和经纱张力的稳定。一般，只要能保持经纱张力的相对稳定，其送经量的大小也就基本能满足要求了。

1. 构造

经纱张力调节装置由张力扇形杆、扇形制动器杆、活动后梁等组成。其结构如图 11-3 所示。

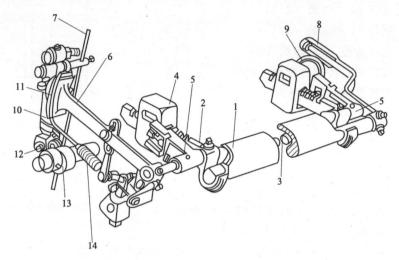

图 11-3　内侧式送经机构的经纱张力调节装置
1—后梁；2—张力重锤杆；3—后杆；4—张力重锤；5—后杆托架；6—张力扇形杆；
7—送经运动连杆；8—平稳运动杆；9—平稳运动凸轮；10—张力制动杆；11—扇形制动器；
12—制动器杆滑轮；13—弯轴凸轮；14—制动器杆弹簧

在两侧墙板的后上方装有后杆托架 5，后杆 3 与后杆托架相固接。在后杆的两端装有张力重锤杆 2，其前臂为锯齿形，以便于悬挂张力重锤 4，后梁 1 搁在张力重锤杆后端的弯头内，能自由回转。在后梁的一侧装有平稳运动杆 8，其前端搁在平稳运动凸轮 9 上。当加工平纹织物时，由于平稳运动凸轮的作用，通过平稳运动杆使后梁发生摆动，调节由于开口运动而引起的经纱张力变化。后杆的中间部分设计为曲柄形状，避免了和后梁的直接接触。后杆的一侧固装着张力扇形杆 6，前端与送经运动连杆 7 相连，经运动连杆的下端与调节杆上的重锤相连。这样，当后梁所受的张力发生变化时，可通过相应的机件使调节杆作上下运动，从而调节每织一纬锯齿轮被撑过的齿数，调节送经量的数值大小。张力制动杆 10 上装着扇形制动器 11。扇形制动器 11 的凹面与张力扇形杆 6 的凸面相吻合。张力制动杆 10 的上端活套在墙板的短轴上，下端套有制动器杆弹簧 14，并装有制动器杆滑轮 12，此滑轮与弯轴凸轮紧密接触。

2. 片梭织机张力调节装置

经纱张力调节装置如图 11-4 所示。在织机两侧各装有一个张力弹簧 3 与摆动臂杆 4，摆动后梁 5 就装在摆动臂杆 4 的轴座中。张力弹簧 3 作用于以固定后梁 6 为摆动中心的摆动臂杆 4 上，使摆动后梁有上摆的趋势，使经纱获得张力。

织机左侧的摆动臂杆 4 上，用螺钉 7 固定控制臂杆 8。连杆 9 上的长槽 9a，控制臂杆 8

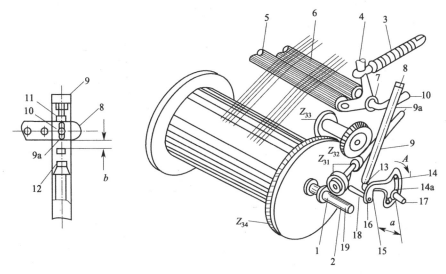

图 11-4　片梭织机经纱张力调节装置

1—斜面凸轮；2—转子；3—张力弹簧；4—摆动臂杆；5—摆动后梁；6—固定后梁；7—螺钉；
8—控制臂杆；9—连杆；9a—长槽；10、11、12—销子螺钉；13、17—限位螺钉；14—扇形槽架；
14a——弧形槽；15—销轴；16—短臂；18—短轴；19—转子臂杆；
Z_{31}—蜗杆；Z_{32}—蜗轮；Z_{33}、Z_{34}—齿轮

的端部有销子螺钉 10 伸入长槽 9a 中。连杆 9 上端有两只限位螺钉 13 和 17，分别位于控制臂杆 8 的上下两端。它们之间保持一定间隙 b，间隙 b 的大小可调。

连杆 9 下端用销子螺钉 11 与扇形槽架 14 连接。扇形槽架 14 以装在短臂 16 上的销轴 15 为中心摆动时，弧形槽 14a 可沿位置固定的销子螺钉 12 滑动。弧形槽 14a 到销轴 15 中心距离 a 是不等的，即在圆弧形槽的下部，距离 a 较小，而在圆弧形槽的上部，距离 a 较大。因此，当扇形槽架摆动时就迫使销轴 15 移位，使短臂 16 转动。与短臂 16 一体的是短轴 18 及转子臂杆 19、转子 2。

当摆动后梁 5 感应到较大的经纱张力时，摆动后梁下降，控制臂杆 8 上升，连杆 9 也上升，扇形槽架 14 就做箭头 A 方向的摆动。距离 a 增大，使短臂 16 与短轴 18 按箭头方向转动，转子就向主动摩擦盘上的斜面凸轮 1 靠近，主、被动摩擦盘的啮合时间增加，送经量增大，经纱张力自动平衡。

反之，当摆动后梁感应到较小的经纱张力时，摆动后梁上升，控制臂杆 8 下降，作用过程正好相反，送经量减小，经纱张力也会自动平衡。

3. 张力调节

在织造中，张力调节系统本身始终会保持力矩平衡状态。经纱张力的波动，使经纱对后梁的压力产生变化，这就会使调节系统原有的力矩平衡状态破坏，而获得新的力矩平衡。这个过程中，吊杆的高低位置会随着变化，撑头撑动锯齿轮的齿数也发生相应变化，从而完成送经量的调节，以及经纱张力变化的调节。当织轴处于满轴时，经纱对后梁的包围角较小，织轴转速较低，这时吊杆的位置也较低，则锯齿轮每次被撑动的齿数也较少。随着织造的进行，织轴直径逐渐变小，经纱对后梁的包围角不断加大，这时若织轴转速不变，送经量便逐渐减小，经纱张力逐渐增大，结果会使吊杆逐渐上升，从而增加锯齿轮转过的齿数，织轴转速加快，以维持经纱送出量稳定和经纱张力大小恒定。

为控制主轴一回转过程中经纱的张力波动，由扇形制动器 11 来控制张力调节的时间。

在经纱张力需要调节的时候，由弯轴凸轮 13 向机前方向推动制动器杆滑轮，使制动器离开张力扇形杆，实现经纱张力的调节。当弯轴凸轮的小半径与制动器杆滑轮相对时，制动器杆弹簧 14 使制动器与张力扇形杆前端抱合，从而停止经纱张力调节。

经纱的上机张力是指综平时经纱的静态张力，其大小随织物品种改变而改变。在确定经纱上机张力大小时，应考虑利于经纱断头率的降低，利于形成比较清晰的梭口，利于打紧纬纱及获得外观风格优良的织物。一般，织制紧密度较小的织物时，应用较小的上机张力，反之亦然。生产中经纱上机张力的大小是否合适，应视上轴开车织制时织物幅宽是否符合要求而定。生产中，张力过大会织成狭幅长码布，张力过小则会织成宽幅短码布。这可根据张力大小的需要调节张力重锤在张力重锤杆上的前后位置，也可改变张力重锤的只数或重量。若移动张力重锤的位置仍不能满足要求，则要调整吊杆位置使调节杆抬高，送经量增加，降低经纱张力，确保织造顺利进行。

4. 送经机构和云织

云织是指布面纬密出现一段稀一段密的现象，织物纬密不符合工艺要求。造成送经不匀的原因有：送经制动装置失效；送经蜗轮、蜗杆啮合不正常，回转不灵活；送经轴、送经侧轴回转不灵活；送经锯齿轮撑头磨损；张力扇形杆上下跳动；织轴盘片齿轮与送经轴齿轮啮合不良；织轴回转不匀或有跳动等。这些原因都可能使送经机构不能正常运动而造成送经量和经纱张力的周期性变化，导致打纬时经纱张力变化而出现云织疵点。要解决云织疵点应加强机构重点部位的检修，做好日常的清洁工作，保证设备运转状态良好。

二、新型织机送经机构

1. 片梭织机送经机构

苏尔寿片梭织机上采用的送经机构为摩擦离合器式积极送经机构，由摆动后梁式的经纱张力调节装置及摩擦离合器式的自动送经装置组成。本装置在织造过程中不需人工调节，能保持经纱张力基本恒定。摩擦离合器式的自动送经装置如图 11-5 所示。

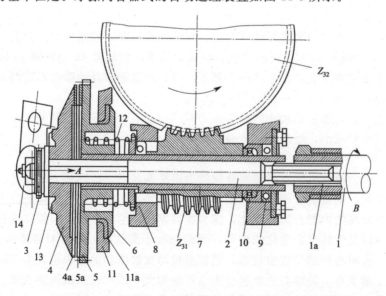

图 11-5 片梭织机摩擦离合器式的自动送经机构

1—侧轴；2—轴；3—镳形螺杆；4—主动摩擦盘；5—被动摩擦盘；6—制动盘；7—套筒；8—轴承；9—支承；10—止推轴承；11—托架；12—止推轴承；13—托架；14—弹簧；15—斜面凸轮；16—转子；1a—花键孔；4a、5a、11a—摩擦垫片

该装置由侧轴 1 传动，侧轴 1 的后部有花键孔 1a。轴 2 后端依靠楔形螺杆 3 固装有主动摩擦盘 4。轴 2 的前端装有花键，伸入到侧轴的花键孔 1a 中，靠花键使侧轴 1 与轴 2 连接。主摩擦盘 4 与轴 2 除能随轴 1 转动外，还能沿轴向作前后移动，此时轴 2 的前端就在花键孔 1a 中作轴向滑移。被动摩擦盘 5 与制动盘 6 为一体，靠花键与套筒 7 联结并一起回转，同时也可以在套筒 7 的花键上作轴向滑移，套筒 7 依靠托架中的两只轴承 8 与 9 支承，可在轴承中自由回转。轴 2 则通过套筒 7 的圆孔并自由回转。蜗杆 Z_{31} 固装在套筒 7 上，并与蜗轮 Z_{32} 啮合。在经纱张力作用下，蜗杆 Z_{32} 有按箭头方向回转的趋势，为防止 Z_{31} 前移，在蜗杆前端的托架中有止推轴承 12。在主动摩擦盘 4 与被动摩擦盘 5 的接触面上铆有铜丝石棉质地的摩擦垫片 4a 和 5a。托架上方铆有摩擦垫片 13a。

弹簧 14 有把制动盘库推向后方的趋势，当主动摩擦盘 4 与被动摩擦盘 5 脱离时，制动盘 6 紧靠于摩擦垫片 13a 上。此时，被动摩擦盘 5、套筒 7 及蜗杆 Z_{31} 均处于静止状态，送经装置处于被制动状态，不能送出经纱。

主动摩擦盘 4 的外侧装有斜面凸轮 15。当斜面凸轮 15 与转子 16 接触时，主动摩擦盘 4 向 A 方向（即前方）移动，与被动摩擦盘啮合，把后者向前推移，同时制动盘 6 与摩擦垫片脱开，解除制动，使经轴送出经纱。

织机运转时，主动摩擦盘 4 与轴 2 同时回转。主动摩擦盘 4 每回转一周，斜面凸轮 15 就与转子 16 接触一次。主、被动摩擦盘的啮合时间取决于转子 16 与斜面凸轮 15 的接触时间，接触时间越长，送经量就越多。转子 16 的位置由张力调节装置决定。

2. 剑杆织机送经机构

无级变速式送经机构通常都用于剑杆织机上，如图 11-6 所示，经纱从织轴上退绕下来，经过后梁 1，其上的加矩通过摆杆 2、感应杆 3 和弹簧杆 4 与重锤

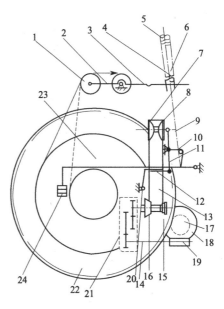

图 11-6　无级变速式送经机构

1—后梁；2—摆杆；3—感应杆；4—弹簧杆；
5—螺母；6—弹簧；7、8、15、16—锥形轮；
9—轴；10—角形杆；11—拨叉；12—连杆；
13—橡胶带；14—拨叉；17—送经齿轮；
18—蜗轮；19—蜗杆；20—轴；21—变速轮系；
22—织轴齿轮；23—重锤杆；24—重锤

24 经重锤杆 23 产生的力矩相平衡。此机构经纱张力主要是通过重锤产生的张力力矩来调节，调节螺母 5 和弹簧 6 起缓冲调节的作用。

无级变速式送经机构的送经执行部分由四只锥形轮构成的无级变速器实现，四只锥形轮分别为 7、8、15、16，其中 7、8 为两只主动轮，7 固装在轴 9 上，8 由花键活套在轴上，可沿轴向移动，主动轮由织机主轴传动。两只主动轮通过橡胶带 13 传动两只被动锥形轮 15、16，这样与被动锥形轮同轴的变速轮系 21 的输入轴，由变速轮系传动轴 20、蜗杆 19、蜗轮 18、送经齿轮 17，最后传动织轴齿轮 22，使得经纱从织轴上均匀送出。而被动轮 15 也是固装在轴上，16 同样活套在轴上。主动锥形轮 8 由拨叉 11 控制，被动锥形轮 16 由拨叉 14 控制。

当经纱张力小于正常值时，感应杆 3 沿顺时针方向摆动，经弹簧杆 4、角形杆 10 使得拨叉 11 顺时针方向回转，这样主动锥形轮 8 离开主动锥形轮 7，则主动锥形轮传动半径减小，同时，连杆 12 使得拨叉 14 沿逆时针方向摆动，可动的被动锥形轮 16 向被动锥形轮 15

靠近，这时被动锥形轮传动半径增大，这种增大与主动锥形轮传动半径的减小呈差动关系，实现了传动比的改变和橡胶带的正常传动。这样，织轴回转量减小，经纱张力增加，又恢复到正常状态。相反，当经纱张力大于正常值时，感应杆 3 逆转，经弹簧杆 4、角形杆 10 使得拨叉 11 逆时针方向回转，可动主动锥形轮 8 压向主动锥形轮 7。这时，主动锥形轮传动半径增大，连杆 12 使得拨叉 14 顺时针转动，可动的被动锥形轮 16 离开被动锥形轮 15，被动锥形轮传动半径减小，织轴回转量则增大，经纱张力下降，机构又恢复至正常状态。

3. 喷水织机送经机构

喷水织机的机械式送经机构如图 11-7 所示。织机转动时，凸轮轴 1 通过 V 形皮带传动 ZERO—MAX 型变速箱 5 的输入轴，经变速器内部机构作用变速后，由输出轴输出，再经变换齿轮 A 与变换齿轮 B，经伞齿轮传动，由蜗轮蜗杆成的送经齿轮箱 8 变速后，由送经小齿轮传动经轴转动，送出比较稳定的经丝。

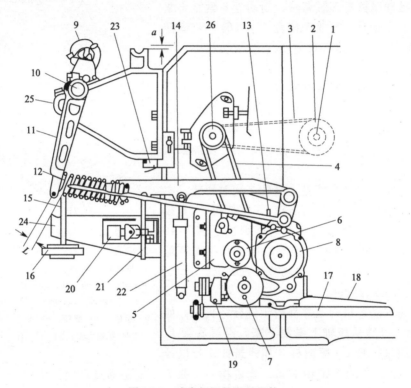

图 11-7　喷水织机的送经机构

1—凸轮轴；2—送经驱动皮带盘；3—V 形皮带 A；4—V 形皮带 B；
5—ZERO—MAX 型变速箱；6—变换齿轮 A；7—变换齿轮 B；8—送经齿轮箱；9—后梁辊；10—导辊轴；
11—舒张臂；12—舒张弹簧；13—弹簧杆；14—控制杆；15—重锤杆；16—重锤；17—蜗杆；18—送经侧轴；
19—蜗轮；20—活塞；21、22—连杆；23—螺母；24、25—固定架；26—皮带盘

经丝上机张力由后梁辊 9 通过舒张臂 11、舒张弹簧 12、张力杆 13、重锤臂 14、重锤杆 15 及重锤 16 等形成。当经丝张力增大或减小时、经丝对后梁辊的压力发少变化，使后梁辊转动一个角度；通过舒张臂，经舒张弹簧，使张力杆转动一个角度，连接在 ZERO—MAX 变速箱上的控制杆随之转动一个角度，经无级变速器内部机构的变速，使输出轴的线速度加快或减慢，从而经变换齿轮 6 与 7 及送经齿轮箱 8 和送经小齿轮的作用，使经轴转速相应加快或减慢，送出的经丝量增多或减少，从而保持经丝张力的

恒定。

织造时,织轴从满轴退至空轴的过程中,或经丝张力增大时,都会增加对后梁辊9的作用力,后梁辊9将以导辊轴10为支点作逆时针方向回转,通过舒张臂11的作用,使无级变速器的外控制杆14发生转动,增加了变速器的输出轴转速,通过齿轮传动使织轴转速随之增加,从而使经丝张力保持稳定。Zero-Max机械式无级变速器5是此送经机构的核心,它由织机曲轴皮带盘26经橡胶带传动其输入轴,经齿轮、蜗杆、蜗轮与齿轮,将转速传给织轴,送出一定量的经丝。

4. 喷气织机送经机构

如11-8所示为ZA202型喷气织机送经机构示意图。由主轴传动的皮带轮1传动Zero—Max无级变速器2,输出轴O_2经变换齿轮3和4、伞轮5和6、离合器7、蜗杆8、蜗轮9、齿轮10和11传动织轴12送出经纱。蜗杆轴上制动盘13的摩擦制动作用对经纱传动起制动和自锁作用。脚踏板14伸向机前,需人工操作调节送经时,可通过脚踏板使离合器7脱开,再摇动手轮使织轴回转。

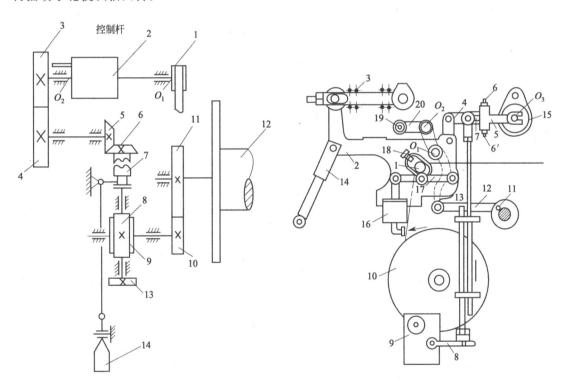

图 11-8　ZA202型喷气织机送经机构
1—皮带轮;2—无级变速器;3、4—变换齿轮;
5、6—伞轮;7—离合器;8—蜗杆;9—蜗轮;
10、11—送经齿轮;12—织轴;
13—制动盘;14—脚踏板

图 11-9　ZA202型经纱张力自动调节和补偿系统
1—后梁;2—张力架;3—弹簧;4、12—连杆;
5—T形联动杆;6、6′—调节螺钉;7—长杆;
8—控制杆;9—无级变速器;10—织轴;11—曲柄;
13—摇杆;14—缓冲装置;15—托架;16—反冲气缸;
17—顶杆;18—限位螺钉;19—固定套筒;20—摆杆;
O_1—张力架转动轴;O_2—张力补偿摆动中心轴;O_3—轴

图 11-9 为ZA202型经纱张力自动调节和补偿系统。张力架2活套在轴O_1上。张力弹簧3给张力架以顺时针向转矩,而经纱通过后梁1给张力架以逆时向转矩,调节张力弹簧3可调节经纱上机张力。若送经张力增大,两转矩失去平衡,张力架产生逆时向转动,从而带

动连杆 4 和 T 型联动杆 5 一起以轴 O_3 为中心做顺时向转动。T 型连动杆 5 上有调节螺钉 6 和 6′，长杆 7 的上、下碰头对应上、下调节螺钉。若张力足够大，使脉动幅度上升大于间隙时，螺钉推撞升降长杆 7 和控制杆 8 上升，使无级变速器 9 的输出速度增加，直到张力回落到设定值为止，以适应均匀送经的需要，从而起到自动调节作用。

第三节 电子送经装置

电子送经是近几年发展成熟的一种新型送经技术，目前在新型织机中得到广泛应用，它极大地减少了送经机构的机件，同时其工作性能优异。在电子送经中，织轴的转动由送经执行部分的送经电动机传动，它受送经量控制部分的控制。送经量的控制部分是根据设定值和经纱张力的检测值进行控制的。通过送经电动机的转速和转向的控制，送出所需的经纱并维持大小适宜的经纱张力。与机械式送经机构一样，电子送经也是采用活动后梁作为经纱张力的感测单元，所不同的是它采用了非电量电测手段，将后梁的不同位置信号转变为电信号，再由电子技术或微机技术对电信号进行相应的处理，根据信号处理结果控制经纱送出速度，以确保张力恒定。

一、电子送经原理

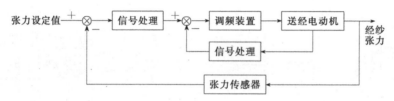

图 11-10 电子送经系统原理

电子送经的原理如图 11-10 所示。正常时，张力传感器对经纱张力大小信号进行检测，输出模拟量，再通过模/数转换器，使之变成数字信号，经处理后与预设定值进行比较、处理，再经数/模转换器的作用，得到模拟信号，将此信号传给调频装置，实现送经电动机转速变化的要求。为解决交流电动机特性偏软的问题，此系统中增设了测速校正反馈装置，改善了送经电动机工作的稳定性。

二、送经机构

电子式送经机构可分解为经纱张力信号采集系统、信号处理和控制系统、织轴放送装置三个组成部分。

1. 经纱张力信号采集系统

图 11-11 所示为电子送经机构的经纱张力信号采集原理简图。

活动后梁 1 在经纱 2 和弹簧 3 的作用下处于平衡状态。一旦经纱张力发生波动，后梁及铁片 4 和 5 的位置随之变化，当传感器 6 被铁片 4 遮挡时，就输出电信号，控制送经电动机的回转。当经纱张力的变化超出设定范围时，铁片 4 或 5 将遮挡传感器 7，使电路产生织机停车信号。

图 11-12 为另一种形式的应变片式张力传感器，安装在后梁与经停片之间或织口与卷取辊之间。经纱或织物 3 压迫在传感器横杆 1 上，所产生的压力使其下方的应变片张力传感器 2 产生微量的变形，从而转换为经纱张力变化信号。

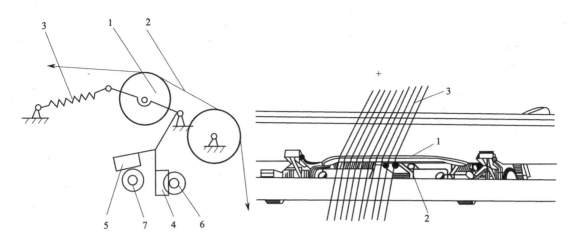

图 11-11　经纱张力信号采集原理简图　　　　图 11-12　直接检测应变片式张力传感器

2. 信号处理和控制系统

图 11-13 表示经纱张力采集、处理和控制原理。当经纱张力大于预定数值 F_0 时，铁片对接近开关的遮盖程度达到使振荡回路停振，于是开关电路输出信号 V_1。F_0 的数值由调整张力弹簧刚度和接近开关安装位置来设定。信号 V_1 经积分电路、比较电路处理，当积分电压 V_2 高于设定电压 V_0 时，则输出信号 (V_2-V_0)，通过驱动电路使直流送经伺服电动机转动，织轴放出经纱。输出信号 (V_2-V_0) 越大，电动机转速越高，经纱放出速度越快。当 $V_2<V_0$ 时，电动机不转动，织轴被锁定，经纱不能送出。

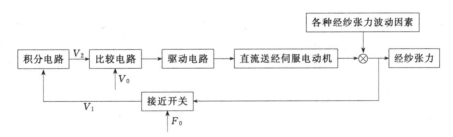

图 11-13　经纱张力采集、处理和控制原理

3. 织轴放送装置

织轴放送装置包括交流或直流伺服电动机及其驱动电路和送经传动轮系。送经传动轮系由齿轮、蜗轮、蜗杆和制动阻尼器构成，如图 11-14 所示。执行电动机 1 通过一对齿轮 2 和 3、蜗杆 4、蜗轮 5 而起减速作用。装载蜗轮轴上的送经齿轮 6 与织轴边齿轮 7 啮合，使织轴转动而送出经纱。

三、经纱张力感应装置

经纱张力信号的检测方式通常有位置检测和受力检测两种。

1. 后梁位置检测方式

后梁位置检测方式以接近开关判别后

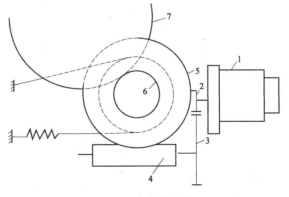

图 11-14　织轴放送装置

梁位置，进而间接地对经纱张力信号进行判断、采集，是典型的后梁位置检测方式。他的经纱张力采集系统工作原理和机械式送经机构基本相同，即利用经纱张力与后梁位置的对应关系，通过监测后梁位置控制经纱张力。如图11-15 所示。

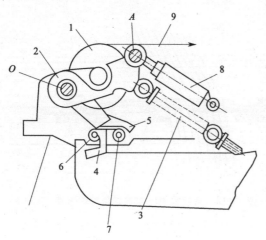

图 11-15　接近开关方式经纱张力采集系统
1—后梁；2—后梁摆杆；3—张力弹簧；4、5—铁片；
6、7—接近开关；8—阻尼器；9—经纱；
A—阻尼器与后梁摆杆铰接点

从织轴上退绕出来的经纱 9 绕过后梁 1，经纱张力使后梁摆杆 2 绕 O 点沿顺时针方向转动，对张力弹簧 3 进行压缩。通过改变弹簧力，可以调节经纱上机张力，并使后梁摆杆位于一个正常的平衡位置上。织造过程中，当经纱张力相对预设定值增大或减小时，后梁摆杆从平衡位置发生偏移，固定在后梁摆杆上的铁片 4、5 相对于接近开关 6、7 做位置变化。

接近开关是一种电感式传感器。当铁片 1 遮住传感器感应头时（图 11-16），由于电磁感应使感应线圈 2 的振荡回路损耗增大，回路振荡减弱。当铁片遮盖到一定程度时，耗损大到使回路停振，此时晶体管开关电路输出一个信号。

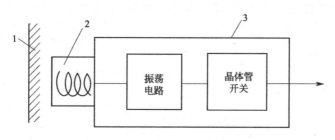

图 11-16　接近开关原理
A—阻尼器与后梁摆杆铰接点
1—铁片；2—感应线圈；3—接近开关

铁片 4 遮盖接近开关 6 的感应头时，开关电路输出一个信号，送经电动机回转，放出经纱。在正常运转时，铁片 5 总是在接近开关 7 的上方，若经纱张力过大超出允许范围，铁片 5 就会遮盖接近开关 7，开关电路输出信号，命令织机停车。当张力小于允许范围时，铁片 4 会遮住接近开关 7，也使织机停车。

后梁摆杆根据经纱张力变化，不断调整铁片 4 与接近开关 6 的相对位置，使送经电动机时而放出经纱、时而停放，让后梁摆杆始终在平衡位置上下做小量的位移，经纱上机张力始终稳定在预设的上机张力附近。

由于后梁系统具有较大的运动惯性，当经纱张力发生变化时，后梁系统不可能及时地做出位移响应，于是不能及时地反映张力的变化并匀整经纱张力。这是后梁位置检测方式的弊病。

在高经纱张力或中、厚织物织造时，开口、打纬等运动引起经纱张力快速、大幅度的波动，会导致后梁跳动，造成打纬力不足，织物达不到设计的密度，并影响经纱张力调节的准确性。为避免这一缺点，在后梁系统中安装了阻尼器 8（图 11-15）。阻尼器的两端分别与机架和后梁摆杆铰接。由于阻尼器与后梁摆杆铰接点 A 的运动速度平方成正比，因此，开口、打纬等运动造成的经纱张力大幅度、高速度波动不可能引起阻尼器工作长度相应的变化。阻尼器如同一根长度固定的连杆，对后梁摆杆、后梁起到了强有力的握持作用，阻止了后梁跳动。但是，对于织轴直径减小或某些因素引起的经纱张力慢速的变化，阻尼器几乎不产生阻尼作用，不影响后梁摆杆在平衡位置附近做相应的偏移运动。

2. 后梁受力检测方式

后梁受力检测方式与后梁位置检测方式相比，后梁受力检测方式的经纱张力采集系统工作原理有了明显改进。一种较简单的、利用应变片式经纱张力信号采集系统如图 11-17 所示。经纱 8 绕过后梁 1，经纱张力的大小通过后梁摆杆 2、杠杆 3、拉杆 4，施加到应变片传感器 5 上。这里采用了非电量电测方法，通过应变片微弱的应变来采集经纱张力变化的全部信息，相对于通过后梁系统的位置（位移）来感受经纱张力变化。它的优点是可以十分及时地反映经纱张力的变化。

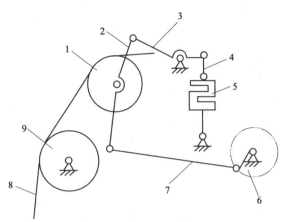

图 11-17 应变片式经纱张力信号采集系统
1—后梁；2—后梁摆杆；3—杠杆；4—拉杆；
5—应变片传感器；6—曲柄；7—连杆；
8—经纱；9—固定后梁

曲柄 6、连杆 7、后梁摆杆 2 组成了平纹织物织造的经纱张力补偿装置，对经纱开口过程中经纱张力的变化进行补偿调节。改变曲柄长度，可以调节张力补偿量的大小。

在经纱张力快速变化的条件下，阻尼器 11 对后梁摆杆起握持作用，阻止后梁上下跳动，使后梁处于"固定"的位置上。但是，当经纱张力发生意外的较大幅度的慢速变化时，后梁摆杆通过弹簧 12 的柔性连接可以对此做出反应。弹簧会发生压缩或变形恢复，后梁摆杆会适当上、下摆动，对经纱长度进行补偿，避免了经纱的过度松弛和过度张紧。

四、经纱送出装置

织轴放送装置包括交流或直流伺服电动机、驱动电路和送经传动轮系。

由电动机特性曲线可知，直流伺服电动机的机械特性较硬，线性调速范围大，易控制，效率高，比较适宜于用做送经电动机。但直流电动机使用电刷，长时间运转产生磨损，需要经常维护。在低速转动时，由于电刷和换向器易产生死角，引起火花，电火花将干扰电路部分正常工作。

交流伺服电动机无电刷和换向器引起的弊病，但它的机械特性较软，线性调速区小，为此，在电动机上装有测速发电机，检测电动机转速，并以此检测信号作为反馈信号，输入到驱动电路，形成闭环控制，保证送经调节的准确性。

送经传动轮系由齿轮、蜗轮、蜗杆和制动阻尼器构成，如图 11-18 所示，电动机 1 通过一对齿轮 2 和 3、蜗杆 4、蜗轮 5，起到减速作用。装在蜗轮轴上的送经齿轮 6，与织轴边盘齿轮 7 啮合，使织轴转动，送出经纱。为了防止惯性回转造成送经不精确，在送经执行装置中都含有阻尼部件。

电子送经机构常采用交流伺服电动机、开关磁阻电动机和直流毛刷电动机。目前，喷气织机的电子送经机构中还增加了停车时间记录装置（以 5min、10min 为一个单位），在织机开车时，电子送经机构自动卷紧织轴，使经纱张力达到织机开车所需的数值，可以有效地防止开车稀密路疵点。

Picanol 公司的 PAT 型喷气织机和 GTM 型剑杆织机均采用（间歇式或连续式）电子送经机构。连续式电子送经装置是根据传感器检测到的后梁位置，无级地改变直流送经电动机的速度来保证织造过程中经纱张力平均值的恒定。间歇式电子送经装置是根据传感器检测到的后梁位置信号的有无，控制三相交流送经电动机转动或不转动，来保证经纱张力平均值的稳定。

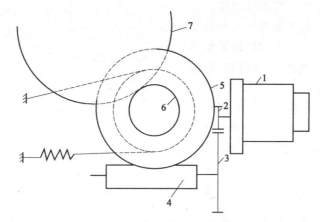

图 11-18　电子送经的织轴驱动装置

1—电动机；2、3—齿轮；4—蜗杆；5—蜗轮；6—送经齿轮；7—织轴边盘齿轮

第四节　双轴制送经

一、高低式双轴送经

高低式双轴送经主要用于制织由两种送经量不一样的经纱（地经和花经）构成的织物。一般上轴采用机械式消极式送经机构，其是通过摩擦制动的方式产生满足经纱织造要求的张力。下轴采用机械式积极送经机构。高低式双轴送经常在制织以下各种织物时使用。

（1）在织造花纹织物时，考虑到地经和花经的交织规律的差异，地经和花经的成布缩率自然也不一样。当地经交织点多时，成布缩率大；花经交织点少，成布缩率小。若地经和花经从同一织轴引出，势必会引起经纱张力不匀，开口不清晰，不能顺利生产。因此，这样的情况必须采取双轴制送经。尽管有时地经和花经组织相同，或差异不大，但若地经和花经的纱号相差很大时，其成布缩率也有明显差异，这种情况也须用双轴制送经。

（2）在织造毛巾类织物时，由于毛圈突出于地组织表面，毛经的每纬送经量会大于地经的送经量，因此地经张力比毛经张力大，为此必须采用双轴制送经。在加工像丝绒类织物、地毯类织物时，也应采用双轴制送经。

（3）在织造泡泡纱织物时，虽然泡经和地经的织物组织相同，或泡经与地经的交织点差异不大，但由于泡经要求起泡的特殊要求，其送经量就应比地经大，为保证泡泡的效果，通常泡经的送经量为地经送经量的 13 倍，所以泡经张力很小，地经张力较大，故需用双轴制送经。

二、并列式双轴送经

在公称筘幅大于 2300mm 以上的宽幅织机上，由于整经机及浆纱机加工的幅宽限制，故常采用并列式双轴送经。双轴送经的有机械式送经机构、电子式送经机构，结构形式有以下几种。

（1）一套机械式送经机构通过周转轮系差速器来控制两只织轴，协调两只织轴的经纱送出量。

（2）使用两套电子式送经机构，分别独立地控制两只织轴，这种形式常用于厚重织物的加工。

（3）一套电子式送经机构通过周转轮系差速器来控制两只织轴的经纱送出量。在轻薄、中厚织物加工时采用这种形式。

为使织造中两织轴上经纱张力保持一致，不但要求两织轴卷绕直径一致，卷绕松紧一致。而且常采用周转轮系差速器来进行自动调速，以实现两轴张力一致。

一般织机的双织轴装置目前都采用齿轮差速器，常见的有圆锥齿轮差速器和圆柱齿轮差速器两种。图 11-19 是圆锥齿轮差速器的结构图。从对周转轮系的计算可知，并列两织轴的转速之和为一常量，等于蜗轮转速的两倍，即：

$$n_1 + n_2 = 2n_3$$

在绕纱直径相同的情况下，若两织轴上的经纱张力相同，它们的转速也相同，即：$n_1 = n_2 = n_3$。而当两织轴上的经纱张力不等时，差动装置会使经纱张力较大的织轴转速增加，同时经纱张力较小的织轴转速降低，始终满足两并列织轴的转速之和等于蜗轮的转速，从而实现经纱张力均匀的要求。

根据周转轮系的工作原理，任何引起作用在两控制中心轮轴上的力矩发生的变化都将导致织轴转速的变化。因此，除经纱张力外，受织轴卷绕密度、卷绕直径及机械状态等因素的影响，也可能造成两织轴经纱送出量的不一致，从而出现不同步了机现象，造成浪费。根据实际经验，为使同一台织机的并列的两织轴具有尽可能接近的参数，除了严格控制织轴绕纱长度和卷绕直径一致外，两织轴浆纱应相继浆出，以减少由于浆纱工艺变化而带来的差异。同时，应保证两织轴边盘之间的距离相等。

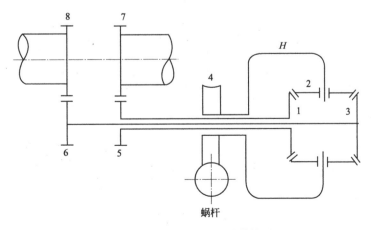

图 11-19 圆锥齿轮差速器结构图

1、3—中心轮；2—行星轮；4—蜗轮；5、6、7、8—齿轮

由于两织轴的传动路线不一致，传动链上机械状态的差异也同样会造成不同步了机。当某一织轴的传动链上发生不管是何原因的阻滞，差动装置将会把该信号作为该织轴上经纱张力过大来处理，加快该织轴的转速，造成经纱送出量的差异。

生产实践表明，有良好的机械状态保证，同时能严格控制浆纱工序的质量差异，则在织造过程中两织轴送出的经纱不会存在明显张力差异，经纱的了机长度差异自然也会控制在较小的允许范围内。

第十二章

织机辅助装置

除了直接参与织造的主要机构以外，织机上还装设了辅助装置。随着人们对纺织产品的要求越来越高，现代织机上辅助装置也是十分重要和不可缺少的。此类装置主要包括经纬纱保护装置、多色供纬装置和传动装置等。它们的作用一方面要满足正常织造的需要，另一方面则是为了提高产品质量、增加花色品种、简化人工操作，以及防止织机零件损坏和人身伤害事故的发生。例如：保护装置是用来当经纱和纬纱断头及轧梭时防止在织物上造成织疵。本章主要介绍织机上几个重要辅助装置的组成、工作原理和特点，并对技术要求等作扼要的讲解。

对辅助装置的基本要求有如下几方面。

（1）动作准确，停车及时，保证安全，满足产品质量和花色品种的要求。

（2）与织机的主要运动配合合理，有效地保证织机正常运转和高速要求。

（3）构造简单，使用与维修方便。

（4）适应现代纺织技术的发展要求。

第一节　断纬自停装置

断纬自停装置是用于防止纬纱断头时在织物上形成织疵的机构。当纬纱断头或梭子内的纬纱用完而未补充时，织机就会停止正常运转。在现代织机上多采用电气式装置，在传统有梭织机上则采用机械式装置。它们的基本原理是相同的，即在引纬过程中，通过一定的纬纱传感器（或机件），检测纬纱是否断头，如果出现纬纱异常，将立即发动关车。

一、电气式断纬自停装置

电气式断纬自停装置主要由纬纱检测器、停车装置和自动找纬装置三部分组成。该装置的工作原理在不同的现代织机上多有不同，现就几种织机的纬纱检测器和自动找纬装置分别介绍如下。

（一）纬纱检测器

1. 片梭和剑杆织机的纬纱检测器

片梭和剑杆织机的引纬方式均属载纬器引纬，引纬过程中，纬纱受到载纬器的积极控

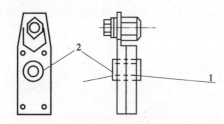

图 12-1 压电陶瓷传感器的纬纱检测
1—纬纱；2—导纱瓷眼

制，可在引纬线路上装置纬纱传感器，由它检测纬纱是否断头。纬纱传感器外形如图 12-1 所示，它的中部为用压电陶瓷做成导纱瓷眼 2，纬纱 1 穿入其中，在引纬时只要纬纱运行正常，纬纱张力对压电陶瓷的压力就被变换成电信号，根据这个检测信号可对纬纱断头与否进行判断。

因织造过程中纬纱的运动是间歇性的，即从纬纱引入开始到引纬结束，只占织机主轴一回转中的一定角度，而其他时间是不运动的，故不可采用全面检测。因此，只在引纬期间的特定时刻（通常是引纬即将结束，但纬纱仍有一定运行速度时）作为纬纱检测信号的有效时间，即规定在织机主轴一定角度范围内，由织机主轴上的角度传感器发出时间信号，被称为同步信号，将纬纱检测信号与同步信号相"与"，就可判别出纬纱是否断头，即在发出同步信号时，纬纱传感器必须有纬纱检测信号输出，否则，纬纱就发生了断头。

多色纬织制时，每一只储纬器上引出的纬纱都要穿入一只这样的传感器。

2. 喷气织机的纬纱检测器

（1）纬纱检测机构。喷气织机利用气流对纬纱的牵引作用将纬纱引入梭口。在剑杆、片梭织机上所用的压电陶瓷纬纱传感器，因对纬纱有一定的附加张力作用，不适合于喷气织机使用，需采用与纬纱不接触式的检测方式。

喷气织机上采用的是光电式探纬装置，传感器由一组红外发光管和光敏管构成，在只用一只纬纱传感器检测时，正常引入的纬纱应在织机主轴一定的时间角通过传感器，使光路受到遮盖，传感器相应地输出正常信号，若纬纱断头或引纬不正常，则在规定的时刻光路未受到遮盖，传感器将输出纬停信号，发动关车。

在一些喷气织机上检测纬纱的传感器有两只（WF、WWF），构成所谓的"双探纬"，如图 12-2 所示，传感器均安装在出口侧，在筘座上与筘座一起运动。第一只纬纱传感器 WF 安装在出口侧的边经纱与废边经纱之间，第二只纬纱传感器 WWF 安装在废边经纱的外侧，距第一只纬纱传感器 100～200mm 处，用同步闪光仪观察，纬纱头端与第二只传感器之间的距离大约是 30mm，如果这个间距过大或过小，均会造成空关车。正常引纬时，第一只纬纱传感器内在探纬时刻应有纬纱，而第二只纬纱传感器内没有纬纱，当纬纱断头或引纬不良时，这种状态被改变，如断纬或引入的纬纱过短，则第一、第二只纬纱传感器内均无纬纱。如引入的纬纱过长，则第一、第二只纬纱传感器内均有纬纱。一旦第一或第二只纬纱传感器处出现纬纱的状态异常，将立即发动关车。

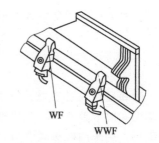

图 12-2 喷气织机上纬纱检测

同样要根据引纬时间设置主轴同步信号，因喷气织机光电式纬纱检测装置是利用引入的纬纱切断光路判别纬纱，故同步信号可安排在引纬完成的时刻。

（2）纬纱自动处理装置。新型高档喷气织机装有纬纱启动处理系统。当纬纱在织口内出现故障而造成停车时，织机能自动除去断纬，并自动重新启动。纬纱自动处理装置结构如图 12-3 所示，其主要动作包括以下几方面。

① 织口内产生纬纱故障；

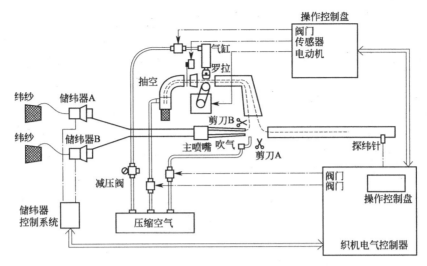

图 12-3　纬纱自动处理装置结构图

② 电磁剪刀 A 不动作，不剪纱；

③ 储纬器释放一根纬纱，并由吹气喷嘴将纬纱吹入上部的废纱抽空通道；

④ 织机定位停车在综平位置（300°左右）；

⑤ 织机反转到后心位置（180°）；

⑥ 上、下罗拉夹持纬纱（由传感器探测）；

⑦ 电磁剪刀 B 动作，剪断纬纱，并由罗拉拉出断纬；

⑧ 断纬测长机构同步对纬纱进行测长；

⑨ 若断纬被全部拉出。则织机反转至综平位置（300°左右），织机再启动，正常运行；

⑩ 若断纬未被全部拉出，则织机再次定位在后心位置（180°），等待挡车工处理。

3. 喷水织机的纬纱检测

喷水织机以带有一定量电解质的水作为引纬介质。被引入梭口的纬纱浸润在水中，于是产生一定的导电性能。喷水织机利用这一纬纱导电原理，采用电阻传感器检测方式的纬纱断头自停装置。电阻传感器检测元件如图 12-4 所示。电阻传感器 2 上装有两根互相绝缘的电极 1（探纬针）组成，其标准间距为 6mm，最大可调整到 9mm。整个探纬器安装在钢筘右侧（纬纱出口侧），处于加固边和废边之间，探针与筘面应保持平行。电极位置对准钢筘 3 的筘齿空档。引纬工作正常时，纬纱能到达筘齿空档位置；梭口闭合后，处于筘齿空档处的一段纬纱被织物边经纱和假边经纱所夹持，随着钢筘将纬纱打向织口，张紧的湿润纬纱将电极导通；引纬工作不正常时，筘齿空档处无纬纱，于是电极相互绝缘。对应于电极的导通和绝缘，电阻传感器发出纬纱到达（高电平"1"）或纬纱未达（低电平"0"）的检测信号。微处理器在织机主轴某一角度区域中，对电阻传感器输出的检测信号进行积分、平均，并据此判断纬纱的飞行

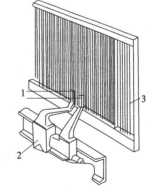

图 12-4　电阻传感器检测元件

状况。引纬工作不正常时，微处理器按照判断结果，通过驱动电路和电磁制动器执行织机的停车动作。

因喷水织机引纬时有飞溅的水雾，若使用喷气织机上所用的光电式纬纱检测装置则难以

判别光路切断是否为断纬所引起，因而不能正确地检测纬纱。

喷水织机上的纬纱检测器由两根互相绝缘的探针（探纬脚）组成，它的标准间距为 6mm，最大可调整到 9mm，整个探纬器安装在钢筘右侧（纬纱出口侧）边上，处于加固边和废边之间，探针与筘面要保持平行。这种装置的纬纱检测原理如图 12-5 所示，（a）为检测装置，（b）为信号原理图。探纬针输出信号的构成为：含水的纬纱信号 A，飞散水的信号 B，其他信号被采用设置同步信号等方法除去。利用信号 A 与信号 B 的电平不同，可通过设置鉴别电平加以识别。若设定电平小于 B，将造成断纬不关车的情况。若设定电平大于 $A+B$，将出现正常引纬纱时空关车的情况。为避免出现这两种情况，设定的鉴别电平应高于 B，但低于 $A+B$。

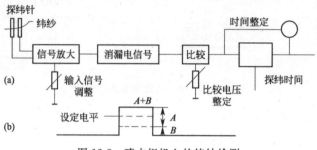

图 12-5 喷水织机上的纬纱检测

同样的道理，喷水织机上也要根据引纬时间设置主轴同步信号，方能与纬纱检测信号一道确定纬纱是否发生断头。

（二）自动找纬装置

在织造过程中，断纬自停装置探测引纬是否正常的最后时刻一般安排在引纬将要结束或已经结束时。一旦探测到断纬，停车装置即使立即切断电动机对织机主轴的传动并对织机主轴进行制动，织机也不可能立即停下来，机械离合与制动所需的时间较电磁离合与制动的时间更长。织机在指定位置上停止时梭口内已经缺少 1 纬或 2 纬，因开口、选纬、送经和卷取在停车前仍在运行，故梭口状态、色纬、织口位置等都不对应于断纬所在的梭口。

断纬自停后，一方面要使与梭口内纬纱有关的织机状态倒回到发生断纬所处梭口的状态，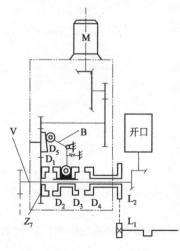即开口、选纬装置都得倒回，以便引入正确的纬纱；另一方面还要使织口退回到正常织造的位置，即卷取、送经装置也得倒回，才能避免开车后在织物上造成横档织疵。有些织机上送经不倒回，依靠经纱张力调节装置调节。这种停车后使梭口和织口退回到发生断纬时所处位置的过程被称为找纬（也称之为对梭口）。

在有梭织机上找纬操作是依靠挡车工的人工操作完成的，劳动强度大，处理断头所需的时间长，且要求挡车工有较高的操作水平，一旦操作不当，就会在织物表面形成纬纱间距不匀的疵点，即横档疵点，这是影响织物质量的主要原因之一。

在一些先进的无梭织机上发展了自动找纬装置，大大地

图 12-6 DA40 型找纬装置

简化了挡车工的操作，再辅之以微机控制的送经装置，可从根本上消除横档疵点，下面介绍这种装置的工作原理。

图 12-6 所示为史陶勃列公司制造的 DA40 型找纬装置，

它自成一体，可视织机的需要进行安装，在 DA40 型找纬装置中，爪形离合器 D_2 与正常传动离合器 D_3 固结在一起，它可在拨叉杆 B 的推动下沿花键轴 V 左右滑动。而爪形齿盘 D_4 与链轮 L_2 为一体，活套在轴 V 上，爪形齿盘 D_1 与齿轮 Z_7 一体，也活套在轴 V 上。

织机正常运行时，爪形离合器 D_1 与 D_2 脱开，D_3 与 D_4 啮合。织机主轴的动力经链轮 L_1 和 L_2、离合器 D_3 和 D_4 传动轴 V，轴 V 的左侧传动送经、卷取和选纬装置，其右侧传动开口机构。

当发生断纬时，织机主轴被制停，DA40 型找纬装置的找纬电动机开始启动，经一系列齿轮，使爪形齿盘 D_1 回转，端面凸轮 D_5 开始转动，将推动拨杆 B 绕支点按顺时针方向摆动，将 D_2、D_3 推向左侧，于是 D_3 和 D_4 脱开，而 D_1 和 D_2 啮合，由找纬电动机驱动，单独传动开口、送经、卷取和选色装置倒转。当轴 V 倒转一周，受弹簧作用，D_2、D_3 右移，D_1、D_2 脱开，而 D_3、D_4 重新啮合，织机主轴传动开口、送经、卷取和选色等装置正转，同时又绝对保证这些装置与织机主轴的原有相位关系，维持原有的运动时间配合。在找纬过程中，织机主轴处于被制动状态，保持不动，故打纬、引纬机构也保持不动。

二、机械式断纬自停装置

机械式断纬自停装置主要在有梭织机上采用，有边侧纬纱叉机构、织口探纬针式纬停装置和中央纬纱叉机构等形式。

在有梭织机上，使用效果较好的纬停装置是织口探针式，又称为点啄式。尤其在制织斜纹织物时可以有效地防止由于断纬而造成的"百脚"织疵。如图 12-7 中（a）所示。

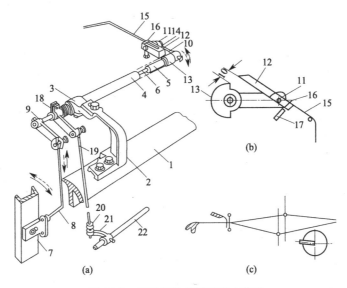

图 12-7　织口探针式稀弄防止装置

1—胸梁；2—托脚；3—三套管支持；4—外套管；5—中套管；6—机头轴；7—筘座脚；8—摆杆；9—摇臂
10—摆架；11—芯子；12—撑头；13—碰头；14—孔眼；15—钢针；16—压杆；17—弹簧；18—中套管摇臂
19—关车直立杆；20—停机箍；21—停机杆推臂；22—停机轴

在换梭侧胸梁上边撑盒处装有托脚 2，托脚上装有三套管支持 3。外套管 4 和中套管 5、机头轴 6 穿在中套管中。机头轴由筘座脚 7 的摇摆运动，通过摆杆 8 和摇臂 9 而作一定角度的摆动。摆架 10 固装在机头轴上，随机头轴摆动。摆架上装有芯子 11，撑头 12 活套在芯子上，由于撑头重量偏于前部，故有下落在碰头 13 上的趋势。撑头中部有孔眼 14，钢针 15

的尾部插于孔中。压杆 16 由于弹簧 17 的作用把钢针压住,这样使钢针能作一定范围的左右摆动,以免产生"针路"。当筘座向前运动时,钢针插入织口附近的经纱层中。若梭口中有纬纱,则打纬时纬纱压住钢针的头端,使撑头在芯子上转动而离开碰头,如图 12-7(b) 所示。筘座脚向机后摆动时,撑头不能撑动碰头。当梭口中无纬纱时,由于撑头的自重偏于前部,当筘座前进时,撑头落在碰头 13 的凹口内,当筘座后退摆架上抬,如图 12-7(a) 虚线箭头所示方向转动时,撑头就撑动固装于中套管 5 上的碰头 13,因此,中套管转动,使固装于其左端的中套管摇臂 18 通过压杆 16 上的停机箍 20 下压停机杆推臂 21,使停机轴转动而使织机停车。

第二节 断经自停装置

在织机运转中,当任何一根经纱断头时,使织机立即停车的装置称为断经自停装置,简称经停装置。织机上装有经停装置就可以防止织物上缺经、经缩及蛛网等疵点的产生,提高织物质量,同时可以减轻挡车工的劳动强度,增加看台能力,提高织机的生产率。

断经自停装置一般由两部分组成:检测部分及控制与执行部分。按检验与控制的原理不同可分成两大类型。电气式与机械式。电气式断经自停装置利用电气原理检测经纱是否断头,并由电子装置或微机控制来驱动执行机构,实施关车,无梭织机多采用这种类型;在传统有梭织机上,通常采用机构方式来检测经纱是否断头,再传动执行机构,实施关车,这就是机械式断经自停装置。也可以在原有机械式的基础上,控制部分改进为电子装置。

一、电气式断经自停装置

(一)电气式经纱检测与控制

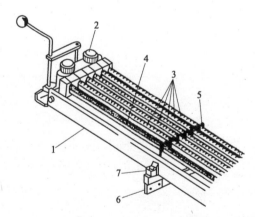

图 12-8 电气式经纱断头监测
1—经停架;2—电路接头;3—经停杆;
4—绝缘杆;5—电极杆;6—经停体;7—经纱

电气式经纱检测通常有两种方式:电路接触式与光电式。接触式检测利用下落的经停片导通电路,发出断经停号;光电式则利用下落的经停片遮断光路,发出信号,现介绍无梭织机上采用的一种电气式经纱断头监测,如图 12-8 所示,经停架 1 上可安装 6 根经停杆 3,经停杆 3 穿入经停体 6 上部的长孔中,经纱 7 则穿在经停片下部开口的圆孔中。当经纱 7 断头或过度松弛时,经停体 6 下落,使经停杆 3 和电极杆 5 导通,产生停经信号,发动关车。

(二)微电脑控制断经自停

图 12-9 为微电脑控制断经自停的工作原理。断经信号经计数器转换为微处理器的中断申请信号,微处理器接受该信号后,即转入对从另一路进入的断经信号作采样和判断,这将持续一段时间(如 GTM 型织机为 29ms);若断经信号一直维持在这段时间内,则微处理器就按照设定的停车主轴位置角和内存中记录的上一次经停制动角,在相应的主轴角度发出停车指令,接通驱动电路,电磁制动器就将织机制停在预定的位置上。因制动片的磨损,实际制动

时间角将逐渐加长，为稳定停车位置，如上所述，微处理器能够作出修正。该形式制停方法不会对偶发的经停片短暂跌落现象作出误断，因而可以避免无故关车。

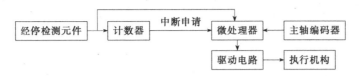

图 12-9　微电脑控制断经自停的工作原理

二、机械式断经自停装置

我国传统织机 1515 型织机采用机械式断经自停机构，如图 12-10 所示：

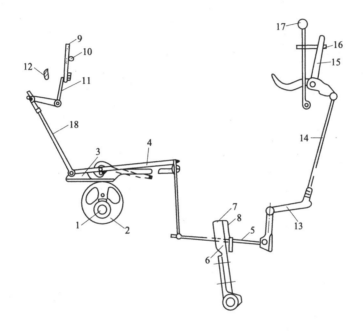

图 12-10　1515 型织机的经停装置

1—底轴；2—经停凸轮；3—联合杆；4—变换杆；5—经停杆；6—经停杆箍；7—筘座脚
8—卷取指挂脚；9—经停片；10—支持棒；11—摆动齿杆；12—固定齿杆；13—V 形杆
14—连杆；15—直立停杆机；16—开关拨杆；17—开关柄；18—连杆

其工作原理是，每一根经纱上穿有一片经停片，当经纱断头时，经停片下落，被摆动齿杆探知，由筘框脚通过杠杆系统发动关车。在底轴 1 上装有经停凸轮 2，它随着底轴回转时，以自重落在经停凸轮上的联合杆 3 便作上下摆动，因而与联合杆以弹簧联系的变换杆 4 也随之作上下摆动。回复杆的前端与发动关车的机件相连。无经停片落下时，变换杆 4 随着联合杆以前端的铰链点为轴心上下摆动，其后端通过连杆 18 及摇臂等的传动，使摆动齿杆 11 在经停片下方往复摆动于两个固定齿杆 12 之间而不受阻碍。同时，经停杆箍 6 在筘座脚 7 上的卷取指挂脚 8 的缺口中自由通过不受阻碍，织机正常运转。

当有一根经纱断头时，经停片 9 下落，阻碍摆动齿杆的摆动，使其不能摆到接近固定齿杆的位置，即能通过经停杆箍的位置变化，发动关车。

当穿入前两排经停片的任何一根经纱断头时，经停片失去经纱张力的支持，落入摆动齿杆和固定齿杆之间而被夹住，摆动齿杆不能摆到最前位置，变换杆也不能继续上升，但经停凸轮的大半径仍然使联合杆继续向上运动，变换杆只能以其后端为轴心向上摆动，前端上抬，使经停杆箍被提到卷取指挂脚的缺口上方。当筘座脚向后摆动时，就向后推动经停杆箍，于是经停杆向后拉动 V 形杆 13，通过连杆 14 使直立停机杆 15 向前拨动开关拨杆 16，使开关柄 17 脱离开车缺口，弹回关车位置，织机停车。

当穿入后两排经停片的经纱断头时，摆动齿杆受阻，不能摆到其最后位置，因而变换杆也不能继续随联合杆降到最低位置。但联合杆因本身重量仍随着凸轮大半径向下而继续下降，变换杆以后端为轴心向下摆动，使经停箍降至卷取指挂脚缺口的下方，在筘座向后摆动时，同样推动经停箍而使织机停车。

这种经停机构，构造简单，调节方便，使用也比较灵敏，但容易轧坏经停片。对于宽幅织机常因摆动齿杆两端摆动动程不一致而造成距传动侧较远的一端断经不关车。有的工厂在宽幅织机上把经停机构摆动棒的传动部分改装在中间，效果较好。当机构调节不当、分纱不匀、经停架上飞花堆积、齿杆弯曲或机件磨损时，容易断经不关车。在织机转速较高时，会因经停片跳动，变换杆跳动、联合杆不能与经停凸轮经常保持接触等原因而发生无故关车。

经停架的高度，在织平布时应使经停架吊臂至墙板上边距离为 25.4mm，如图 12-10 所示。改换品种时此高度应按经位置线要求，使平综时后综综眼至后梁托纱点的连线与经停架上的中支持棒表面浮接；当后综在下梭口满开时，后综综眼引至中支持棒表面的直线应与前支持棒浮接。这样可以减小前后综在下时的经纱张力差异。经停架的位置太低时，经停片跳动严重；经停架的位置太高，等于抬高了后梁，并对经纱增加了附加张力。

第三节　多色供纬装置

许多织物在织制过程中需要同时使用两种或两种以上不同的纬纱，以达到设计要求的效果。

例如：使用不同颜色的纬纱以形成配色的条格织物；使用不同线密度的纬纱形成纬向凸条或表里配比不同的多重组织；使用不同捻向的纬纱形成隐条、隐格，用不同捻度的纬纱形成起趋效果等。从而丰富了织物品种。

在新型引纬的剑杆、片梭、喷气等织机上，使用选色机构以实现多色供纬；在传统的有梭织机上，则使用多梭装置以实现多色供纬。

一、剑杆织机的多色供纬

剑杆织机的多色供纬有多种形式，包括机械式选纬、光电选纬、电磁选纬和电脑选纬。它们的基本原理大体相同。

（一）机械式选纬装置

由多臂机带动的选纬装置是一种常见的机械式选纬装置。它的特点是机构工作可靠，结构简单，但要占用一些多臂机的综框连杆。它常常利用多臂机的最后几页综框连杆，由纹板纸上有无指令孔来控制。当综框连杆左右拉动时，通过钢丝绳拉动选纬杆上、下移动，从而进入或退出工作位置，实现选纬动作。

图 12-11 所示，包覆有纹板纸 1 的花筒 2 与纹针 3 构成了选纬信号机构。当纹板纸上无

指令孔时，纹针上抬，顶起选纬控制刀 4 至虚线位置。相反，纹板纸上有指令孔时，纹针落入花筒，选纬控制刀下降，其缺口 a 恰好位于双臂摇杆 5 上端的转子作用线上（实线位置）。凸轮 6 从小半径转为大半径时与转子 7 接触，使双臂摇杆作逆时针旋转，推动选纬控制刀左移，进而带动上端固装有选纬杆的摇杆 8，使选纬杆进入工作位置。反之，当凸轮由大半径转为小半径时，则选纬杆作回程运动，退出工作位置。

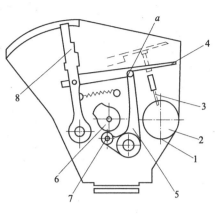

图 12-11　花筒选纬装置

　　电子多臂机的应用，使这种机械式选纬装置发展成为电脑选纬装置。在电脑选纬装置中，选纬信号机构为微电脑控制中心，取消了多臂机的纹板纸、纹针和花筒，机构大为简化，更改纬色循环十分方便，同时选纬装置的高速适应性也得到了提高。

（二）电磁式选纬装置

　　图 12-12 为 GTM 型剑杆织机的一种电磁式选纬装置的选纬执行机构。电磁铁 1 根据选纬信号机构发出的指令信号断电或通电，使受其作用的撑头 2 上翘或下摆。在凸轮 3 回转时，通过转子 4 使杠杆 5 绕 O_1 轴摆动。由于压缩弹簧 6 的作用，O_1 轴暂时保持静止。当撑头下摆顶住杠杆上端 a 时，凸轮的转动便迫使其下端 O_1 轴向右移动，从而克服压缩弹簧的作用力使横动杆 7 右移，带动选纬杆 8 绕 O_2 轴进入工作位置，完成选纬动作。

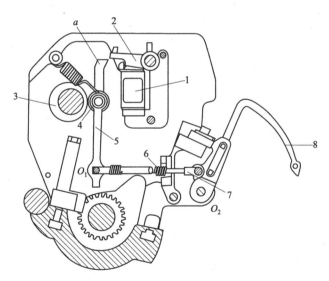

图 12-12　GTM 型剑杆织机的选纬执行机构

1—电磁铁；2—撑头；3—凸轮；4—转子；5—杠杆；6—压缩弹簧；7—横动杆；8—选纬杆；O_1、O_2—轴

　　电磁铁作为选纬执行元件，起到了机电结合的桥梁作用，使光电选纬和电脑选纬得以实现，从而简化了机构，改善了选纬装置的性能。

（三）光电选纬信号装置

　　光电选纬信号装置如图 12-13 所示。它由光电管 1、红外发光二极管 2、纹板纸 3、纹板

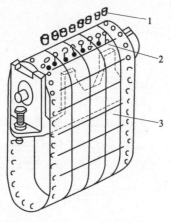

图 12-13　光电选纬信号机构

纸间歇运动机构及开关电路等组成。纹板纸上若有指令孔，则由发光二极管发出的光束穿过指令孔被光电管所接收，经开关电路处理后使电磁铁导通。相反，无指令孔则不导通。

纹板纸上共有八列（纵向）指令孔，每列控制一根选纬杆的工作状态，而每行（横向）指令孔则对应一纬的选纬动作。指令孔的行、列间距要准确，以保证引纬装置正常工作。

在光电选纬信号机构中，由于革除了纹针及其提升、下降等往复机械运动，使选纬装置结构简化，工作速度提高，适应织机高速化。

新型的电脑选纬装置以电脑程序控制电磁铁的通、断电，这不仅使信号机构极大地简化，纬色循环更改十分方便，而且控制程序可以在织机上直接输入，也可由中央控制室经电缆和双向通讯接口输入到电脑中，这就为实现车间生产现代化的集中管理创造了条件。

随着织机技术的不断发展，除上述几种典型的选纬装置外，还出现了其他多种型式，这些选纬装置都具有纬纱任意配色循环的功能。在使用中，频繁引入的纬纱应穿在靠近剪纬装置的选纬杆导纱孔中。为避免纬纱之间相互纠缠，织物中相邻的不同纬纱应尽可能穿入相互间隔的选纬杆导纱孔内。

二、片梭织机的选纬

1. 多色选纬

片梭织机的引纬装置中有一个递纬器座，其工作面呈弧形，刻有多个滑槽，每个滑槽中可放置一只递纬器，每一只递纬器夹持一根纬纱。选纬与混纬是通过递纬器座的摆动，把选中的安放在滑槽中的多个递纬器中的一个移动到引纬位置，使递纬器的钳口与片梭的钳口正对，递纬器的钳口打开而片梭的钳口闭合；片梭击出，引纬完成，在剪断纬纱之前，递纬器从最左位置移动到剪刀附近，递纬器的钳口被打开后闭合夹持住纬纱，纬纱被剪断后，递纬器又退回到最左位置。所以，其选纬的实质是控制递纬器座的摆动。每一种纬纱要配置一套储纬器、张力补偿、纬纱制动器和一只递纬器。

片梭织机配备有双色、四色和六色等多种选纬机构，多利用多臂机的最后几种综框连杆来驱动。现介绍其中一种四色选纬机构的工作原理。如图 12-14 所示。

片梭织机 1430 型多臂机的第 22 片提综杆通过竖连杆 2、轴 3、蓄能器 4 驱动双臂杆 6 绕芯轴 O_1 转动，双臂杆 6 的右端经销钉 B 与综合杆 5 的一端联结；多臂机的第 21 片提综杆通过竖连杆 $2'$、轴管 $3'$、蓄能器 $4'$ 驱动双臂杆 $6'$ 绕芯轴 O_1 转动，双臂杆 $6'$ 的左端经销钉 A 与综合杆 5 的另一端联结。综合杆 5 的中部 C 与连杆 10 的上端铰链，连杆 10 的下端 K 与固装在变换轴后端的杠杆 11 铰链，在变换轴前端固装扇形杆 12，其前端做成锥形齿轮（一部分）15，可与锥形齿轮 14 啮合。锥形齿轮 14 与递纬器座 17 及定位器 16 固装在一起，可绕锥形齿轮 14 的芯轴转动。递纬器座 17 上有四个燕尾形滑槽（a、b、c、d）用来放置四个递纬器滑杆。当第 21、22 提综杆对应的纹板纸孔位上没有孔时，提综杆处于低位置，这时 c 滑槽处在引纬位置；纹板纸孔位上有孔时，对应的提综杆被提起，能量存储在蓄能器 4($4'$) 中，一旦定位器 16 的锁定被解除，能量释放，驱动递纬器座 17 向上或

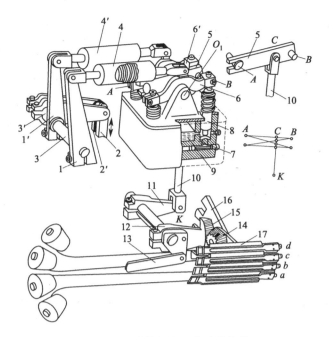

图 12-14 片梭织机四色选纬机构

1、1′—杠杆；2、2′—竖连杆；3—轴；3′—轴管；4、4′—蓄能器；5—综合杆

6、6′—双臂杆；7—缸体；8—缓冲活塞；9—油液；10—连杆；11—杠杆；

12—扇形杆；13—控制杆；14、15—锥形齿轮；16—定位器；17—递纬器座

向下摆动，使某一燕尾形滑槽摆动到引纬位置。递纬器座 17 的位置与纹板纸信号的关系如图 12-15 所示。

在变换轴前端还固装一杠杆，其下端与控制杆 13 铰链，控制杆 13 的另一端与固装在一轴上的曲柄的下端铰链，轴上还固装有齿块，分别作用于纬纱张力补偿器和纬纱制动器的凸轮轴，使其向左或向右移动到选定的纬纱对应的纬纱张力补偿器和纬纱制动器的转子处，使之发生作用。定位器 16 的作用是使递纬器座 17 及控制杆定位准确，并使引纬期间递纬器座 17 被锁定。

2. 自动寻纬装置

P7100 片梭织机可配置自动寻纬头装置，如图 12-16 所示。为了寻找断纬，可将手柄 1 从位置Ⅰ转到位置Ⅲ，然后转到位置Ⅱ，此时自动寻纬头装置发生以下动作。

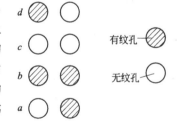

有纹孔

无纹孔

第21片   第22片
提综臂杆 提综臂杆

图 12-15 递纬器座的位置与纹板纸信号的关系

（1）手柄 1 从位置Ⅰ转到位置Ⅲ，开关凸轮 2 推动限位开关 3（图 12-17），限位开关 3 与齿轮装置 6 的电磁离合器啮合，这时齿轮装置 6 和侧轴 7 互相连接。

（2）当手柄 1 转到位置Ⅲ时，离合器 8 脱开。这时侧轴 7 与主机脱开，可以自由转动。

（3）当手柄Ⅰ从位量Ⅱ转到位置Ⅲ，限位开关 3 进入第二级位置，使电动机 4 启动；电动机 4 通过齿轮装置 6 传动侧轴 7。

（4）电动机 4 的上方有换向开关 5，换向开关可置于三种位置。

① 位置 0：电动机 4 的供电被切断。

② 位置 1：电动机 4 使侧轴 7 反转（与织机运转时的方向相反）。

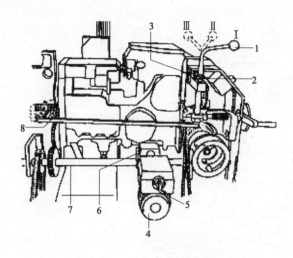
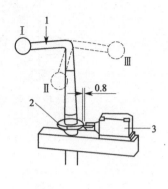

图 12-16　自动寻纬头装置　　　　　　　　图 12-17　限位开关

③ 位置 2：电动机 4 使侧轴 7 正转（与织机运转时的方向相同）。

（5）侧轴 7 刚好转动一周后，离合器 8 自动啮合，手柄 Ⅰ 从位置 Ⅱ 自动回复到位置 Ⅰ。与此同时，开关凸轮 2 使限位开关 3 回复原状，于是齿轮装置 6 的电磁离合器脱开，侧轴 7 和齿轮装置 6 不再连接，同时电动机 4 的供电被切断。

三、喷气织机的选纬

1. 选纬装置

喷气织机可以配备四色或六色选纬机构。现介绍一种四色选纬机构，如图 12-18 所示。

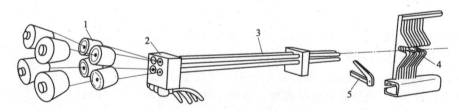

图 12-18　喷气织机四色选纬机构
1—定长储纬器；2—摆动主喷嘴；3—喷管；4—风道筘；5—剪刀

四个摆动主喷嘴 2 集中地安装在筘座上，由四个电磁阀分别控制它们的喷射时间，四根喷管 3 共同对准风道筘 4 的入口。四根纬纱由四个定长储纬器 1，经过四个固定主喷嘴，引入到各自对应的摆动主喷嘴 2 中，形成四套相互独立的引纬装置。在织机微电脑或电子电路控制下，按预定的程序，各套引纬装置相继投入工作，引入预定的纬纱。

几根喷管同时对准风道筘的引纬槽，必然会给引纬工作带来一定的不利影响，因此实际使用中多于四色的选纬机构比较少见。

2. 储纬装置

喷气织机一般采用定鼓式定长储纬器。典型的定鼓式定长储纬器结构如图 12-19 所示。纬纱 1 通过进纱张力器 2 穿入电动机 4 的空心轴 3，然后经导纱管 6 绕在由 12 个指形爪 8 构成的固定储纱鼓上。摆动盘 10 通过斜轴套 9 装在电动机上，电动机转动时摆动盘不断摆动，将绕到指形爪上的纱圈向前推移，使储存的纱圈规则、整齐地紧密排列。储纱时，磁针体 7 的磁针落在上方指形爪的孔眼中（图中以虚线表示），使小张力的纬纱在该点被磁针"据持"，阻止纬纱退绕，并保证储纱正常进行。5 是测速传感器。

四、混纬

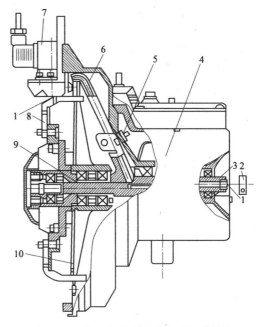

图 12-19　典型的定鼓式定长储纬器结构

　　无梭织机在制织单色织物时，常常利用其选色功能强的优势，用两只相同纱线的筒子交替向梭口引入纬纱，以减少纬纱粗细不匀而造成的纬档织疵，提高产品质量，这种方法称为混纬。多数无梭织机可以应用选纬机构来混纬，也有的无梭织机设有专门的混纬机构，现介绍一种剑杆织机上使用的典型混纬机构，如图 12-20 所示为混纬凸轮 1 旋转时，其大小半径控制滑动杆 2 左右移动，经连杆 3 使两根穿有同种纬纱的选纬杆 4 绕轴 O_1 做交替的上、下摆动，从而轮流带引各自的纬纱进入或退出引纬工作位置，达到混纬目的。

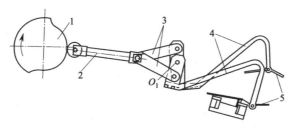

图 12-20　剑杆织机的混纬装置

1—混纬凸轮；2—滑动杆；3—连杆；4—选纬杆；O_1—轴

第四节　织机的传动

　　织机的传动包括启动、制动装置以及以织机主轴到各运动机件之间的连接。有的织机上还设有慢车及倒车装置。织机的传动装置对于织机的运转性能及产品质量有着密切关系。织机的传动装置应满足下列要求。

　　（1）启动迅速，在第一次打纬时，车速应就达到或接近正常运转速。

　　（2）制动有力、平稳、快捷，停车位置准确，以利于操作和重新启动。

　　（3）操纵方便，既有正常启制动，也可进行某些特殊操作，如慢车、点动等。

　　（4）结构紧凑，性能稳定可靠，便于维修。

一、织机传动的类型

　　织机的传动方式可分为两大类：直接传动和间接传动。

1. 直接传动

直接传动方式是由电动机通过皮带或齿轮直接传动织机主轴（再传动到其他机构）。这种方式是用电动机的开关来操纵织机的开、停。它没有离合器，但配有制动器。这种传动方式，结构简单，但主制动负荷大，以往主要用于窄幅轻型有梭织机、喷气织机以及某些剑杆织机。近年来，由于出现了超启动力矩电机，这种传动方式又得到了成功应用。

2. 间接传动

间接传动方式是电动机通过离合器来传动织机主轴（再传送到其他运动机构）。在正常运转情况下，电动机一直在转动，通过操纵离合器来实现织机的启动或制动。这种传动方式的优点在于，一直转动着的电动机与离合器的转子和皮带轮储蓄着能量，可以加快启动过程。制动时，也不必承担这些机件的惯性，减轻了制动负荷。因而这种传动方式被广泛应用。但这种方式也存在机构复杂、摩擦片容易磨损、织机停车时电机空转等缺点。

在有的织机上还配备有慢车及找纬装置。这种织机除主电动机之外，还配备有小功率的低速电动机，可使织机以低速正转或反转，当发生经停或纬停时，低速电动机可按预定方式驱动织机有关机构，进行找断纬、对织口等操作。

二、无梭织机的传动与启动、制动

（一）无梭织机的传动系统

各种无梭织机的传动系统各不相同。对于剑杆织机而言，目前绝大多数高性能剑杆织机均采用间接式传动，从电动机到主轴的传动链中含有离合制动装置，如图 12-21 所示。电动机 1 通过皮带 3 传动电磁离合制动器 5，继而传动织机主轴并带动织机的各个执行机构协调工作。在正常运转情况下，电动机总是在回转，以操纵离合器与制动器的接合和脱离来控制织机的启动或制动。所以这种机构能够使织机迅速地启/制动，同时改善电动机的运行特性。在这种传动方式下，启动织机时，一直在转动的电动机和离合器的传动盘以及皮带轮、飞轮 2 和 4 储蓄着较大的动能，可以加快织机的启动过程，对电动机力矩的启动也没有特殊要求。因此可采用标准定型的电动机；制动时亦可不承担这些机件的惯性。从而减轻制动器的负荷。

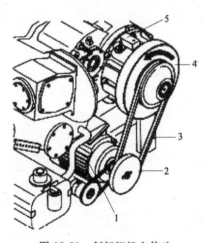

图 12-21　剑杆织机主传动

（二）无梭织机的启动与制动

无梭织机在运转中的启动或制动，是由各种检测装置发出检测信号，经微电脑控制中心处理后，在设定的主轴位置角度上发出制动或启动信号。主轴位置信号由主轴编码器产生，或由主轴位置传感器产生，其控制工作原理如图 12-22所示。

图 12-22　无梭织机的启动、制动工作原理图

启动、制动机构的执行装置是电磁离合器、电动机和电磁制动器等。电磁离合器和电磁制动器有多种结构形式，图 12-23 所示为常见的电磁离合器和电磁制动器结构。

微电脑控制中心发出织机启动、制动信号，输入到驱动电路，使离合器线圈 1 或电磁制动器线圈 3 通电。当织机启动时，电磁离合器线圈通电，电磁制动器线圈断电，安装在皮带轮 6 上的转盘 5 与固装在传动轴 7 上的摩擦盘 4 快速吸合，电动机通过皮带轮带动织机回转。当织机制动时，电磁制动器线圈通电，电磁离合器线圈断电，传动轴上的摩擦盘迅速与转盘 5 脱离，与固定不动的制动盘 2 吸合，实施强迫制动。制动后，织机在慢速电动机的带动下回转到特定的主轴位置（一般为主轴 300° 位置）停机。

织机停机时，电动机仍带动皮带轮 6 旋转，皮带轮具有较大的质量，起到飞轮作用，可以存储一定能量。在织机启动第一转过程中，皮带轮释放能量，使织机速度迅速达到正常数值。

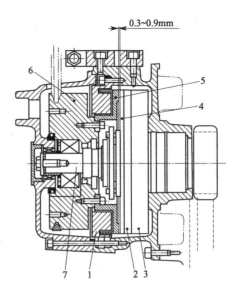

图 12-23 常见的电磁离合器和电磁制动器结构

1—离合器线圈；2—制动盘；3—制动器线圈；
4—摩擦盘；5—转盘；6—皮带轮；7—传动轴

为保证电磁离合器和电磁制动器正常工作，摩擦盘和转盘之间的间隙应控制在 0.3～0.9mm。

新一代的高速无梭织机采用新型启动、制动机构，它由图 12-24 所示的电磁制动器和超

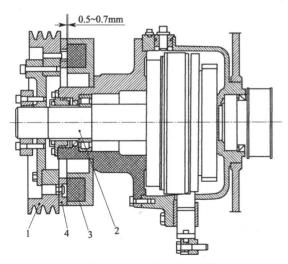

图 12-24 电磁制动器的结构

1—皮带轮；2—传动轴；3—制动器线圈；4—制动盘

启动力矩电动机组成。织机开车时，电动机启动，通过皮带轮 1 直接带动传动轴 2，使织机回转，由于电动机启动时力矩为正常数值的 8～12 倍，因此，织机在启动第一转就能达到正常车速。织机停车时，电动机关闭，大容量电磁制动器线圈 3 导通，吸合制动盘 4，并经皮带轮 1 将传动轴迅速制停。采用这种新型启动、制动机构，能使织物开、关车横档疵点进一步减少，织机停车位置正确。

三、有梭织机的传动与启动、制动

（一）有梭织机的传动系统

国产有梭织机的传动系统如图 12-25 所示，织机整体靠一台电动机传动。电动机电源接通后，挡车工操作开关手柄，使装在织机主轴一端的摩擦离合器结合，带动主轴回转。主轴通过一对齿轮传动中心轴，主轴转两转，中心轴转一转。再由中心轴传动其他机构，或由主轴通过曲柄、牵手传动打纬机构，再带动其他机构。

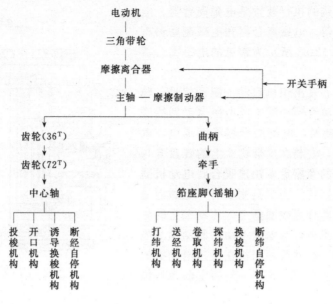

图 12-25　有梭织机的传动系统

（二）启动、制动机构

开车时，电动机通过三角皮带直接传动活套在主轴上的皮带轮，转动的皮带轮压向与主轴固装在一起的离合器。在离合器的外圆锥面上固装着摩擦片，在皮带轮与离合器的摩擦作用下，使主轴随之转动。

关车后，开关手柄向机内侧移动，通过接头芯子、开关臂、启动连杆、启动拉杆、启动臂等机构，使三角皮带轮与离合器脱离接触，从而使主轴回转。而此时的三角皮带轮依然在转动，这样织机再次启动时，电动机及三角皮带轮的动能将传递给主轴，使织机启动迅速而有力。

高速运转的织机，在开车、关车后会有惯性回转，较大的惯性回转对织造过程有害。因此，织机上装有制动机构。

第十三章

织造参变数

纱线的种类、线密度和品质以及半成品的质量等条件不相同，织物结构和生产工艺不相同，可生产出不同品种、不同风格的织物。为了适应不同产品的要求及纱线、半成品的质量特征及其他工艺条件，应当合理地确定织造参变数，才能生产出合格的产品，以保证工艺过程的顺利进行，提高织机的生产效率，并减少物料的消耗。

第一节　织造参变数的分类和要求

一、织造参变数的分类

织造参变数是指织机上一些主要机件的规格和相对位置，可以分为固定参变数和可调参变数两类。

1. 固定参变数　指织机各主要部件构成其能够运转的基本条件，在织机设计和机台平装时已确定，一般在运转和生产过程中不作调整。固定参变数如胸梁高度、筘座高度、筘座摆动动程、打纬机构的偏心率、钢筘和走梭板的弧度及钢筘与走梭板的夹角等。

2. 可调参变数　当织制的织物品种不同、纱线及半成品条件不同，或织机的转速及其他工艺条件不同时，应根据不同的要求和不同的条件而改变一些机件的安装规格和相对位置，叫可调参变数。可调参变数应在上机前加以确定，上机时统一调整。

可调参变数的项目比较多，主要有：经位置线、梭口高度、综平时间、开口机构种类、引纬工艺、上机张力、纬密变换齿轮等。其中，影响经纱在织造过程中的伸长和张力，从而影响织物结构及品质，且在上机时必须确定其大小的织造参变数，称为上机工艺参数。

二、织造参变数的要求

织造参变数对生产的关系非常密切，在选择和确定这些参数时，应综合考虑织物品种的特点及其对工艺的要求，原纱和半成品的质量、机械本身的条件等因素。首先应当满足主要方面的要求，同时也要兼顾其他的因素。确定最适宜的织造参变数，以保证最佳的工艺过程，并保证产品的优良质量，是工艺技术工作最重要的内容。在多机台的生产中，应使织造同一产品的机台工艺参变数一致。

合理的工艺参变数应达到下列要求。

(1) 使织物得到最佳的物理机械性能。

(2) 使织物的外观效应充分体现出织物的风格特征。

(3) 减少断头率，提高生产效率。

(4) 减少织疵，提高下机质量。

(5) 降低机物料消耗。

第二节　经纱的上机张力

适当的经纱张力是开清梭口和打紧纬纱形成织物的必要条件。经纱在织造过程中所具有的张力主要由上机张力和织造张力两部分组成。上机张力是指综平时的静态张力，是经纱在各个时期所具有的张力的基础，应当在上机时作为工艺参数加以确定。在运转着的织机上，经纱所受的张力自织轴到织口是逐渐增加的。自综框到织口区间内的经纱张力要比织轴到后梁区间内的经纱张力增加一倍以上。

开口过程中经纱所受的张力是上机张力和经纱因开口运动而增加的张力之和。而在织物形成时的经纱张力则包括上机张力、打纬时的开口张力与打纬阻力而产生的张力三部分之和。

织造过程中经纱张力呈周期性变化，张力高峰一般出现在打纬终了时，但稀薄织物的张力高峰则出现在梭口满开时。

一、经纱上机张力与织造过程及织物质量的关系

上机张力对织造过程和织物的内外在质量的影响是多方面的。

（一）上机张力与织造过程的关系

上机张力与织造过程的关系首先可以体现在上机张力对经纱断头率的影响。随着上机张力的逐渐增大，开始阶段，由于开口清晰度提高，纱线的粘连断头减少，总断头逐渐下降，当张力达到某一数值时，总断头极少（最佳值）。如再继续加大张力时，经纱的疲劳断头显著增加，经纱总断头开始上升。其最佳值是随织物品种、原纱条件以及浆纱质量而变化的，可以这样说，张力大小的损益点，就是机上的最佳张力值。如图 13-1 所示，T_c 为最佳张力值，可以在实践中探索确定。

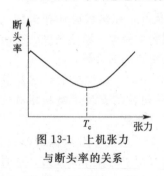

图 13-1　上机张力
与断头率的关系

在织造过程中，上机张力过小，在打纬时经纱在综眼中发生过多的往复移动，发生磨损与阻塞，造成断头增加；打纬后纬纱回退多，纬纱不易打紧。小而不匀的经纱张力造成开口不清，使"三跳"织疵增加。但是，上机张力过大，会使纱线疲劳，强力降低，造成大量断头，使织造无法顺利进行。

（二）上机张力与织物外观风格的关系

过小的上机张力不能改善经纱张力不均匀的状况，最终使布面稀疏不平，影响织物外观的丰满，破坏了经纱在织物中的均匀性，布面不平整，出现条影。但是，过大的上机张力也

会破坏经纱的条干均匀，使细节增多，整幅经纱过分紧张也将影响经纱排列的均匀，使布面不丰满并增加长而深的条影。见表13-1、表13-2。

表13-1　细平布不同上机张力的比较

品　种	单纱上机张力/mN	布面条影数增减/%	成布外观质量评定
19tex×16tex	155.8	100	条影较少，狭而淡，分布较均匀，布面平整、丰满
283根/10cm×271.5根/10cm	198	116.1	条影有增加，阔而显，布面不丰满，有稀瘦之感
18tex×18tex	104.9	—	布面粗疏，很不平整
311根/10cm×307根/10cm	161.7	—	布面平整丰满好

表13-2　15tex×15tex 府绸织物不同上机张力的比较

项　目 \ 单纱上机张力/mN(g)	133.3(13.6)	175.4(17.9)	201.9(20.6)	234.2(23.9)	321.4(32.8)
经向张力分布	分布不匀	分布略匀	分布均匀	分布均匀	分布均匀
树皮皱	全幅树皮皱	树皮皱多	皱多、平整较差	皱少、平整好	皱少
布面条影	少、细、淡	少、细、淡	多、阔、短、深	多、细、短、匀	多、细、长、深
手感	粗硬	硬	软	软	软

（三）上机张力与物理机械性能的关系

上机张力对织物的物理机械性能有明显的影响。当上机张力增加后，在织物形成时经纱的屈曲程度减少而纬纱的屈曲程度增加，使经纱缩率减少，纬纱缩率增加，匹长增加而布幅变窄；反之，匹长变窄而布幅增加。

在一定范围内，织物的经向强力随着上机张力的增加而增加。但是过大的上机张力会使织物的经向强力下降。织物的经向断裂伸长随上机张力的增加而减少，纬向断裂伸长随上机张力的增加而增加。但纬向的织物强力和断裂伸长的变化并不明显。

当上机张力增加时，经纱的屈曲程度减少，经纬纱同时显露于织物的表面，并且也由于经纬纱的相互作用力增加，使纤维不易松散，因而提高了耐磨性能。反之，当上机张力很小时，织物的表面不平整，经纱凸出较多，耐磨性能较差。

较小的上机张力，使经纱的屈曲程度很大，经纱较多凸出织物表面，对府绸和斜卡类织物表面颗粒或纹路的突出有利。

经纱的上机张力对织物的物理机械性能的影响可归纳为表13-3、表13-4。

表13-3　上机张力对织物的物理机械性能的影响

项　目	上机张力大	上机张力小
经纱缩率	减小	增大
纬纱缩率	增大	减小
经向断裂伸长	降低	增加
纬向断裂伸长	增加	降低
经向强力	增加	减小
纬向强力	增加	减小
布长	增加	减小
幅宽	减小	增加

表 13-4　30tex×30tex 府绸织物不同的上机张力

项　目	单纱上机张力/mN(克力)	147 (15)	— 196 (20)	235.2 (24)	323.4 (33)	470.4 (48)
织物强力 /N（千克力）	经向	521.5 (52.3)	517.4 (52.8)	503.7 (51.4)	521.4 (53.2)	494.9 (50.5)
	纬向	513.5 (52.4)	497.8 (50.8)	506.7 (51.7)	516.5 (52.7)	520.4 (53.1)
织物伸长 /%	经向	12.8	11.8	11.7	10.5	7.9
	纬向	11.3	11.2	11.3	11.5	11.8
经纱断头/（根/台·h）		0.24	0.31	0.37	—	0.48
平磨度/次		192.4	195.5	—	207.1	211.1
经纱缩率/%		6.83	—	6.54	6.24	—
在机布幅/cm		91.8	—	91.5	91.2	—
布面条影		较差	较差	最好	差	最差

　　表 13-1～表 13-4 都是改变经纱上机张力的试验结果。

　　从以上几组试验结果中可以看出，当其他工作条件不变而配置不同的上机张力时，对织物的外观和内在质量都有一定的影响。虽然品种不同，但它们的变化规律基本上是一致的。上机张力适当时，织物的外观质量及内在质量均好。过大或过小的上机张力均能使织物外观质量恶化。

二、上机张力的确定原则及控制

　　上机张力，其大小对经纱的断头率、梭口的清晰度、打纬顺利与否、织物外观效应等将产生显著影响，它是贯穿整个织造过程的工艺参数。因此，为了使工艺过程顺利进行，提高生产效率，并能使织物获得良好的内在和外观质量，应当采用适当的上机张力。

　　适当的上机张力，能使断头率降至最低，并可使织物具有较好的外观效应和物理机械性能。确定织物经纱的上机张力，应根据织机类型、织物的结构及其质量要求，既考虑到工艺进行顺利，也要考虑织轴的质量及经纱张力是否均匀。

（一）依据纱线质量及织造工艺确定张力的原则

　　(1) 经纱密度较大，或经纱毛羽多时，要适当加大上机张力，以利于开清梭口。

　　(2) 纬密较大，或经纱交错次数多的织物，应适当加大上机张力，以利于打紧纬纱。

　　(3) 纱线细，上机张力要小些；纱线粗，上机张力大。

　　(4) 上、下层经纱张力差异大的情况下，上机张力要大些，防止上层经纱松弛，开口不清。

　　(5) 经纱质量不好或上浆质量不好，上机张力应小些。

　　(6) 准备工序的经纱张力比较均匀，上机张力可小些，以保护经纱条干。经纱张力不均匀时，应适当加大上机张力，以求开清梭口和布面匀整。

（二）依据织机类型及机构确定张力的原则

　　(1) 有梭织机通常采用"大梭口，小张力"工艺，而无梭织机需要的梭口高度比有梭织机的梭口高度小，因而多需要采用"小梭口，大张力"工艺。

　　(2) 对于织造宽幅织物的片梭织机、剑杆织机宜采用较大上机张力，这是由于经纱张力中央大两侧小，若将上机张力过于降低，织机两侧经纱必然开口不清。

（3）喷射织机属于消极式引纬，采用大张力上机，可提高梭口的清晰度，使引纬顺利进行，减少织疵的产生。

此外，经纱上机张力还应随打纬结构的形式不同而改变。如非分离筘座的连杆打纬织机，因连杆打纬动程大，前方梭口长，因此配置"大梭口，较小张力"的工艺，这与采用分离筘座的共轭凸轮打纬织机，采用"小梭口，大张力"的工艺不同，应引起注意。

（三）上机张力在各类织物生产中的控制

一般可掌握单纱织造张力不超过单纱断裂强度的30%为宜。

在生产中常以布幅来掌握上机张力。根据织物品种规定上机布幅（在卷布辊上测量）与成品幅宽的差值，并随时测量机上布幅，以掌握和调节上机张力，是简单而行之有效的方法。机上织物与成品的幅差的值也受到下列的因素的影响：对纱线线密度、密度相同的织物，上机张力大时，机上、机下的织物幅宽差也大，但不成比例。对于相同的织物，幅宽大的，其在机上、机下的织物幅宽差成比例增加。

幅差的值也与织物的经纬向紧度有关，织物的经向紧度大时，经向缩率大，纬向缩率小，所以幅差也较小；织物的纬向紧度大时，纬向收缩大，所以幅差较大。

（1）府绸。为了达到经曲纬直颗粒突出的要求，上机张力不宜过大。但若上机张力过小，将影响到布面的匀整，条影也较严重，且因为经密较大而容易产生星跳、经缩等疵点。所以，在生产中，府绸的上机张力一般较平布稍大，但在准备工序经纱的张力比较均匀时，上机张力能保证开口清晰的条件下以偏小为宜。一般掌握机上布幅比标准布幅小4~6mm。

（2）中平布。为求布面匀整和容易打紧纬纱，经纱上机张力应较大，一般掌握机上布幅比成品小8mm左右。

（3）斜纹、卡其类织物。要求斜纹线清晰，即斜纹线要求达到深（经纬纱的屈曲波的比值大）、匀（斜纹之间要等距）、直（经浮长线长度相等）。上机张力较小时，经纱容易弯曲，纹路显得深，但张力小时经纱张力不匀的情况得不到改善，使布面不匀整，纹路不直。因此斜卡类织物的上机张力不能过小，通常以较大的上机张力织制，一般掌握机上布幅比规格小6mm。如经纱张力均匀，卷绕均匀，则可采用较小的上机张力。

（4）化纤织物和混纺织物。所使用的上机张力应根据其纤维的特性而区别对待。

黏胶纤维织物，由于黏胶纤维拉伸后的恢复系数较低，在织造中应采取小张力的工艺配置。

涤/棉混纺织物，此种织物的纬向缩率比纯棉织物较大，因此，经纱上机张力宜比纯棉织物略小，但也不能过小，因为涤/棉混纺纱在开口时粘连现象严重，上机张力较小时会产生三跳及断经疵点。

维/棉混纺织物，一般参数可与纯棉织物相同，若上机张力太大时会增加经纱的摩擦损伤，影响染色的均匀。高紧密的维棉卡其，上机张力可同于或略大于纯棉织物，以减少梭口的粘连现象。

三、各类织物的上机张力配置及调整

（一）有梭织机织制各类织物的上机张力配置及调整

有梭织机在织制各类织物时，通过配置不同的张力锤重量来改变上机张力，见表13-5。

表 13-5　有梭织机制各类织物的上机张力配置

织 物 类 别	单纱上机张力/mN(克力)	张力重锤重量/kg
棉中平布	196~245(20~25)	8~14
棉细平布	147~176.4(15~18)	8~12
棉府绸	215.6~254.8(22~26)	14~22
棉哗叽	—	8~12
棉华达呢	196~245(20~25)	12~14
棉卡其	196~245(20~25)	14~22
棉直贡	196~245(20~25)	14~18
棉横贡	—	8~14
黏纤织物	49~98(5~10)	8

（二）无梭织机织制各类织物的上机张力配置及调整

无梭织机织制各类织物的上机张力调节装置比有梭织机有所改进。对于片梭织机和多数剑杆织机，均采用张力弹簧上机张力系统，如 P7100 型和 PU 型片梭织机，GTM 型、SM92/93 型、C401/S 型剑杆织机等；也有的机型如 TP500 型剑杆织机采用弹簧和重锤的复合系统；只有少数低档织机仍采用重锤式张力系统。

弹簧张力系统调整上机张力具有调节简便、附加张力较为稳定、适应高速等特点，其可调参数主要有弹簧刚度、弹簧初始伸长量或弹簧悬挂位置等，必须注意织机两侧弹簧调整参数一致。

如毕加诺 GTM 型剑杆织机，其上机张力主要是利用弹簧作用其摆动后梁的摆幅进行控制；而弹簧直径的粗细决定弹性刚度，可直接影响经纱张力的大小。该型织机织制各类织物的上机张力配置见表 13-6。

表 13-6　GTM 型剑杆织机上机张力的弹簧直径参数

织物类别	织物组织	经向紧度/%	经纱线密度/tex (英支)	弹簧直径/mm		备　注
				参数值	允许限度	
平纹	$\frac{1}{1}$	37~55	58~24 (10~24)	7.25~4.0	<1	—
斜卡	$\frac{2}{1}$ $\frac{2}{2}$ $\frac{3}{1}$	55~90	42~24 (10~24)	1.5~4.0	+0.5 以上	包括左、右矢向的斜卡织物
贡缎	$\frac{5}{2}$ $\frac{5}{3}$	44~80	28~14.5 (21~40)	4.8~3.6	+0.5 以上	包括直贡织物与横贡织物
麻纱 (纬重平)	$\frac{1}{2}$ $\frac{1}{3}$	43~45	18 (32)	3.6	+0.4	不包括各种花式麻纱织物
小花纹	变化组织、联合组织	55~75	42~24 (14~24)	1.5~4.0	+0.5 以上	组织循环为 16 根以下小花纹织物
大花纹	大提花组织	55~80	42~24 (14~24)	6.5~4.0	+0.5 以上	包括各种花型的纹织物

从表 13-6 可知，对纱线较粗，经、纬纱强力又较高的组织结构，宜采用直径较粗的弹簧配置；反之，宜采用直径较细的弹簧配置。

对于喷射织机（喷气、喷水织机），除 ZW 型、LW 型喷水织机采用重锤张力系统，其余大多数织机均采用弹簧张力系统，其设计调整原理同投射织机（剑杆、片梭织机），实际运用时亦应参照该织机操作手册进行。

目前，喷射织机自动化程度已大大提高。如 ZA 型喷气织机，不同织物的上机张力的配置通过机电设定改变。根据推荐的计算公式：上机张力=总经根数 k/经纱支数（k 为材料系数，一般取 0.8～1.2）。按此上机张力值输入织机，开台调整合理后织造，通常实际采用的上机张力值比计算张力值略低。

第三节　经位置线

所谓经位置线是指经纱在织机上综平时的实际位置线。改变经位置线，可引起梭口高度、上下层经纱张力等其他参数的改变，直接影响到产品的内在质量和外观风格，并对织机的生产效率有很大的影响；因而经位置线作为一项重要的工艺参数，应当在上机时加以确定。

经位置线的确定方法因织机类型不同而有所改变。对于有梭织机，一般在工艺上以胸梁水平线为标准来衡量后梁高度。后梁高于经平线时叫高后梁，后梁低于经平线时叫低后梁。

无梭织机多数没有胸梁，不可能以胸梁为基准，而织口前后游动又不是固定点。一般地说，片梭织机和剑杆织机经位置线应该以布口梁（金属托脚）处为基准。在工艺调试时，首先决定梭口底线，即布口梁（金属托脚）处点至第一页综框降至最低点综眼位置点的连线，可使用随机带的定规进行校调。

投射织机（片梭织机、剑杆织机）的经位置线，应以梭口底线作为基准线。喷射织机（喷水、喷气织机）织造平面有两种：水平式和倾斜式，呈水平式喷射织机与投射织机的经位置线相同，而呈倾斜式喷射织机的经位置线，后梁、经停架、综片综眼、织口等位置逐一降低。在决定梭口形状和尺寸时，应首先确定梭口底线，而后再确定其他尺寸，这是新型织机与有梭织机在工艺参数上的不同之处。

后梁（经纱张力探测辊）的高低是经位置线的主要参数，它决定后半梭口的尺寸。当前部梭口的位置确定后，主要通过后梁（经纱张力探测辊）的不同高度配置和后梁辊数（单辊、双辊、三辊）来改变经位置线，以适应不同织物的要求。

改变后梁（经纱张力探测辊）高低，实质上是改变开口时梭口上、下层经纱张力的差异，以改变织物形成时的张力条件。因此，后梁的高度对织物的外观及物理机械性能和经纱的受力情况有很大的关系。

一、经位置线与织造过程及织物质量的关系

（一）经位置线与织机生产效率的关系

后梁位置过高时会造成经纱断头数的增加。因为后梁抬高后，经纱对后梁的包围角增大了，因摩擦力增大而增加了全部经纱的张力。同时，后梁抬高后，上、下层经纱的张力差异增大，下层经纱开口时的伸长增加，使断头增多；而上层经纱张力减小，经纱的缠绕也增加了断头的机会。见表 13-7～表 13-9。

表 13-7　91.4cm　28tex×28tex　236 根/10cm×232 根/10cm 细布

后梁高于胸梁	18	5	0
断头数/(根/台·h)	0.18	0.14	0.10

表 13-8　96.5cm　19.5tex×14.5tex　393.5 根/10cm×236 根/10cm 府绸

后杆托脚～墙板/mm	经停架吊臂～墙板/mm	后梁高于胸梁/mm	断头数/(根/台·h)
70	25	23	0.62
76	20	18	0.51

表 13-9　86.35cm　29tex×29tex　377.5 根/10cm×236 根/10cm

后梁低于胸梁/mm	10	30	36
断头数/(根/台·h)	0.42	0.34	0.31

以上数据表明，无论织什么品种，配置不当的经位置线都会造成经纱断头率增加，影响织机的生产效率。

（二）经位置线与织物外观质量的关系

合理配置经位置线是改善织物外观质量的重要措施之一。适当地抬高后梁，形成上、下层经纱张力差异的不等张力梭口（配合早开口），造成同一筘齿内的经纱张力不等，在打纬过程中，经纬交织纬纱收缩时，由于张力较小的经纱被排挤做横向移动，可以使经纱排列均匀，布面比较丰满。现将试验资料列于表 13-10。

表 13-10　96.5cm　19.5tex×16tex　283 根/10cm×271.6 根/10cm 细布

后梁高于胸梁/mm	布面情况	织造情况	布面丰满情况
28.6	布面方眼及条影较重、不匀整	上层经纱纠缠,开口不清	2
20.6	布面方眼及条影较轻、布面匀整	正常	1
12.7	布面方眼较重、不匀整	正常	3
6.35	布面方眼重、不匀整	正常	4

可见后梁在较低位置时，上、下层经纱张力差异较小，经纱不宜做横向移动，所以布面出现方眼，不丰满。但后梁太高时则上、下层经纱张力差异过大，经纱张力不匀，布面丰满程度较差。

当织造高密府绸织物时，如果后梁太高，则后综在上和下时的两次梭口张力差异太大，布面出现纬向条影而呈稀密不匀的粗糙现象，失去府绸的风格。后梁愈高这种现象愈容易出现。同时，两次梭口打纬时因边纱张力变化而形成布边不齐，见表 13-11。

表 13-11　96.5cm　19.5tex×19.5tex　393.5 根/10cm×236 根/10cm 府绸

后梁高于胸梁	经停架吊臂-墙板/mm	纬向条影降等	布边不良降等
23	25	7	2
18	20	0.8	1.2

（三）与织疵的关系

后梁过高，则上层经纱张力减小，个别张力较小的经纱呈松弛状态而致开口不清，引纬器从个别上层经纱的上面穿过而造成跳花疵点。在织造高经密织物时更为突出。

例如上例规格的府绸，在 1511M 型有梭织机织制，其试验结果可见表 13-12。

表 13-12　96.5cm　19.5tex×19.5tex　393.5 根/10cm×236 根/10cm 府绸

后梁高于胸梁/mm	19	22	29	38
跳花疵点数/(个/百匹)	120	191	341	394

（四）与织物物理性能的关系

经位置线的变化对织物的物理机械如幅宽、经纬向强力、经纬纱密度等都有影响。

织造中特纱平纹织物时，如后梁高于胸梁 0～5mm 以内时，织物的经纬向强力最大；

如后梁再抬高或降低，经纬向强力都将降低。因为后梁过高时，上、下层经纱张力差异过大，而且经纱张力大，伸长也大，致使成布经缩减小，强力降低。若后梁过低时，织物不易获得紧密的结构，织物的强力也将降低。在后梁高度处于上述范围内，则经纱张力的差异比较适当，织物的结构比较紧密，经纬纱相互作用强，经纱又不致受到过大的伸长，因此，可以得到最大的经纬向强力。

当后梁抬高或降低的范围在对于胸梁（有梭织机）水平线±10mm以内时，对织物的经密影响不大，但对纬密有一定的影响，后梁抬高后纬密略有增加。在低后梁的条件下平纹无法织造。

15tex×15tex府绸织物不同后梁位置比较结果见表13-13。

表 13-13　15tex×15tex 府绸织物不同后梁位置的比较

后梁高于胸梁/mm		0	5	10	20
织物强力/N（千克力）	经向	692(70.62)	701.3 (71.52)	703(71.74)	679.3 (69.32)
	纬向	334.6(43.14)	333.4 (34.2)	316.2 (33.27)	328.9 (33.56)
下机布幅/cm		96.6	96.5	96.45	96.55
外观效应	树皮皱	有树皮皱，平整度较好	平整度比 0mm 略差	平整丰满	平整度比 10mm 差
	经向张力分布	分布略匀	分布均匀	分布均匀	分布略匀
	布面条影	多、阔、短、深	多、阔、短、深	多、细、淡、匀	多、细、淡、匀
	手感	较硬	较硬	软	软
备注		(1)综平度为 231.8mm (2)单纱上机张力为 201.88mN(20.6 克力)			

在织造 $\frac{2}{1}$ 斜纹中特织物时，后梁与胸梁高度一致时，因为上层经纱开口不清不能进行织造，只有用低后梁才能正常开车。当后梁接近于等张力梭口的位置时（−50mm），织物的强力最高。

当后梁低于胸梁时，对经纱密度的影响很小，后梁比胸梁低 10～30mm 时，对纬密的影响也很小。

二、后梁高度的确定原则及控制

合理地确定后梁高度，可以有效改善织物的外观质量。当织物打纬角小于直角时，梭口上、下层经纱张力的配置应是上小、下大，合理地安排经纱张力差异有利于打紧纬纱，使布面匀整，防止筘痕和条影的产生。如果上、下层经纱张力差异过大，则会因为上层经纱张力太小而使后部梭口不清，易出现分散性条影，影响布面的匀整。

后梁的高度应根据原纱、织物品种等条件不同，同时要兼顾布面外观和断头率及织疵等方面。

（一）后梁高度的确定原则

（1）织制纬向紧度大的织物或打纬阻力较大的织物，如是经纬交错次数多的组织、纬密比较大、经纱线密度较高、摩擦系数较大的织物等时，都应抬高后梁，以增大经纱张力的差异，取得较好的打纬条件。反之，则可放低后梁的位置。

（2）容易呈现筘痕的织物，应抬高后梁，以求经纱排列均匀、布面丰满。对不易显现筘痕，或需要经过染整的织物，则可以使用较低的后梁，以求提高生产率。

（3）为使布面组织点突出呈颗粒状，应当使用较高后梁的不等张力梭口。

（4）对于经纱密度较大，易致梭口不清的织物，后梁不宜太高，以不致增加跳花疵点为限度。

（5）织造斜纹类织物时，适当降低后梁高度，以减少经纱张力的差异，可以获得梭口清晰、断头少、效率高、织疵少的效果。

（6）如果原纱条干不匀，经纱张力也较差，后梁可低一些，以减少断头率。

（7）使用多臂开口机构时，其后梁位置应比使用踏盘开口机构时适当降低。

（8）无梭织机速度高、张力大、布幅宽，等张力梭口的布面会出现筘路和条影，影响实物质量；后梁高于胸梁（或拖布架），上层经纱张力小，下层经纱张力大，开成不等张力梭口，布面比较丰满。

（9）无梭不易开清梭口的织物宜选用等张力梭口。一般说，棉、毛平纹织物取高后梁或中后梁，丝织物或装饰物应取较低后梁。

（二）后梁高度在各类织物生产中的控制

在调节后梁高度时，需要相应地调整经停架的高度。否则将使经纱受到额外的张力，或引起经停片严重跳动。

（1）平布。在织平布时，为使布面丰满，减少筘痕，使经纱排列匀整和容易打紧纬纱，一般要采用比较高的后梁，以使上下层经纱张力的差异增大。一般使后梁高于胸梁 12.7～22.2mm。如果后梁过高，易因上层经纱开口不清而出现跳花疵点；如低于 12.7mm，则布面不丰满，易出现条影和筘痕。

对于高支高密的平布，因为经纱强力较弱，并且梭口不易开清，后梁位置应略低。

（2）府绸。采用高后梁有利于经组织点形成的菱形颗粒突出，也有利于提高布面匀整程度，减少条影，但由于经密大，上层经纱的张力不宜太小，后梁的高度可比平布略低一些，即应在梭口清晰和不增加断头的条件下，适当抬高后梁，以求颗粒突出、布面匀整。

（3）斜纹、卡其类织物。这类织物经密较大，且在打纬时同一筘齿内各根经纱的张力本来就有差异，因此，防止筘痕和经纱排列就不是主要矛盾，可不必为此而使用高后梁。一般采用低后梁以求条纹匀、直。但为了使织物的正面条纹明显，仍应适当地配置不等张力梭口，使经纱在织物的两面屈曲波高不等，使正面的条纹较为突出。因此，在织双面卡其类织物时仍应适当抬高后梁高度。若后梁太高，则将因上层经纱张力小而不匀，反而影响布面的平整和条纹的匀直，甚至导致产生经缩、跳花等疵点。当织物紧密较大时，后梁也应适当抬高，以利打紧纬纱。

（4）纯化纤及混纺织物。由于化纤纱容易起毛，易造成开口不清，因此其后梁高度均应比同品种的纯棉织物低些，以免产生跳花织疵。

三、各类织物的后梁高度

（一）有梭织机生产各类织物的后梁高度

1511M 型织机织各类织物的后梁高度见表 13-14。

表 13-14　1511M 型织机织各类织物的后梁高度

织物类别	后梁相对于胸梁的位置 /mm	相当于后托脚～墙板距离 /mm
平布类（粗、中、细平布）	13～22	67～76
稀薄类（细纺、玻璃纱等）	0～19	70～89

续表

织　物　类　别			后梁相对于胸梁的位置 /mm	相当于后托脚～墙板距离 /mm
府绸类			9.5～19	70～79
麻纱类			9.5～19	70～79
斜纹、卡其类(哔叽、华达呢、卡其)			−38～−13	76～102
贡缎类	踏盘	正织 $\left(\frac{4}{1}\right)$	−38～−13	76～102
		反织 $\left(\frac{1}{4}\right)$	−43～−24	89～108
	多臂		−51～−33	102～114

（二）无梭织机生产各类织物的后梁高度

如以紧度表示纱线粗细与其密度排列，则不同组织结构织物的摆动后梁高度值，用片梭织机实践，可得表13-15。

表13-15　P7100型片梭织机生产不同组织结构的经位置线

织物类别	组织结构	经纱紧度 /%	摆动后梁相对托布架位置		备　　注
			mm	英寸	
平纹	1/1	37～55	−(0～19)	+(0～3/4)	最大不超过20mm
府绸	1/1	52～75	+(9.5～16)	+(3/8～5/8)	最大不超过18mm
斜纹	2/1	55～75	−(9.5～10)	−(3/8～13/32)	一般掌握在10mm
哔叽	2/2	56～75	−(9.5～10)	−(3/8～13/32)	一般掌握在10mm
卡其	3/1	80～85	−(9.5～10)	−(3/8～13/32)	一般掌握在10mm
经面缎纹	5/2、5/3	65～80	−(9.5～10)	−(3/8～13/32)	最大不超过16mm
纬面缎纹	5/2、5/3	44～52	−(9.5～10)	−(3/8～13/32)	最大不超过16mm
麻纱	1/2、1/3	43～45	−(9.5～16)	+(3/8～5/8)	最大不超过18mm
小花纹	变化、联合	55～75	−(9.5～10)	−(3/8～13/32)	开口不清时为25mm
大花纹	提花	55～75	−(9.5～10)	−(3/8～13/32)	开口不清时为25mm

注　1. 表中紧度系根据国家标准"GB 406—78技术条件"规定。

2. 表中"+""−"符号表示摆动后梁高于或低于托布架。

3. 长浮线织物开口不清时，摆动后梁可低于托布架30mm。

在调节时可改变织机上后梁、经停架的高低前后位置和托布架的高低位置。后梁由低到高时上层经纱强力由大到小，纹路贡子愈清晰。托布架的高度即筘座上面到托布架上表面距离，随着品种密度的增加而增高，织轻织物的托布架最小高度为46mm，织厚重织物的托布架最大高度为52mm，大多数中厚织物的托布架在48～49mm之间。

第四节　开口时间（综平度）

在开口过程中，上下交替运动的综框相互平齐的瞬间称为开口时间（又称综平度或综平时间）。

开口时间的表示方法有两种，一种是以主轴曲柄的前止点位置为起点，用综平时主轴曲柄所处的位置角度来表示，多数织机常用这种表示方法；第二种方法是用综平时筘面到胸梁后侧面的距离来表示，这种表示方法便于测量，故有梭织机生产还沿用此表示法。

开口时间是织机的主要工艺参数之一，它直接影响着产品的质量及织机的生产效率。按照织造工艺对开口时间迟早的习惯划分方法，对于下行示（织机主轴回转方向为上心—前心—下心—后心—上心）织机，当综平时主轴曲柄尚未到达上心位置称为早开梭口，当综平时主轴曲柄已到达上心位置称为迟开梭口。

开口时间的迟早决定了打纬时经纱张力的大小和采用的不等张力梭口时梭口上、下层经纱张力的差异程度。开口时间迟早不同，经纱与筘摩擦区段的长度也不同。

一、开口时间与织造过程、织物质量的关系

1. 开口时间与打纬区的关系

开口早，打纬时梭口开得大，经纱张力也大，造成了纬纱做相对移动时所必需的经纱和织物的张力差，所以打纬区减小；而开口时间较迟时，打纬区较大。

2. 开口时间与织机效率的关系

开口时间的迟、早直接影响经纱断头率和织机效率。

开口过早，因打纬时经纱张力增加和筘对经纱的摩擦长度增加，而使经纱的断头率增加，但开口过迟又将因打纬区大，经纱在打纬时的伸长和在综眼中的摩擦移动而造成经纱断头。适当的开口时间断头率最小，但需与织物的外观效果结合考虑。

开口时间的改变对断头率的影响在织平纹织物时比较明显，因为平纹织物经纱运动最频繁；对斜纹织物的断头率影响较小。

3. 开口时间与织物外观的关系

开口时间早，纬纱易于打紧且不易反退，织物较紧密。由于钢筘对经纱的摩擦距离较长，纱身起毛茸，织物较丰满。开口早，打纬时经纱张力也大，使整片经纱张力较均匀，因此布面较平整。早开口在织物形成时，上、下两层经纱的张力差异较大，可使经纱排列均匀，消除筘痕。

若开口迟，纬纱易于反拨后退，使织物表面稀疏，出现上、下层经纱张力差异小，上层经纱不易做侧向移动而产生筘痕、方眼。试验是在后梁高于胸梁20mm情况下进行，见表13-16。

表 13-16　96.5cm　19.5tex×16tex　283 根/10cm×272 根/10cm 细布

综平度/mm	布面外观质量	丰满等级
240	方眼较重，布面匀整	2
230	方眼、条影有显著改善	1
216	方眼严重，布面不均匀	3

当综平度为216mm时，由于开口较迟，打纬时经纱张力小而不匀，故布面不够匀整。又因为上、下层经纱张力的差异未能充分显示，故方眼严重。

当综平度为240mm时，由于开口过早，打纬时梭口张开过大，经纱张力大，不易做横向移动，故布面也有轻度方眼。

但斜纹织物经纱密度较大，不易产生筘痕，一般采用较迟的开口时间，以求得打纬时各片综的经纱张力差异大，使条纹突出。

4. 开口时间与织物物理机械性能的关系

开口时间的迟早会影响到织物的物理机械性能。但影响程度的大小因织物的品种不同而不同。

在织造中特棉平纹织物时，如把开口时间配置在前死心附近，则因形成织物时经纱张力

不匀，织物的经、纬向强力最小。当开口时间为 216～235mm 时，织物的经、纬向强力最大。但超过这个范围，织物的强力就要降低，因为开口太早，经纱伸长较大，并且受到较强烈的摩擦作用的缘故。

在织 $\frac{2}{1}$ 斜纹织物时，开口时间在 186mm 以下和 254mm 以上时，织造困难。开口时间在 186mm 时，织物的强力最大；开口时间在 186mm 以上时，织物的强力就降低。这是因为斜纹织物一般经密较大，开口时间早，纱线间的摩擦增加，同时，经缩变小，因此强力降低。

改变开口时间，织物的经纱密度受到的影响比较小，但织物的纬密却受到一定影响。开口时间越早，纬密也越大，但差异程度不是很大。纬密的增加是因为开口早，经纱在打纬时的张力较大，但增加到一定程度之后即不再有明显的增加。在织斜纹织物时，开口时间对纬密的影响是比较小的。这是因为在开口过程中并非所有的经纱都参加运动，所以开口时间的迟早对斜纹织物在打纬时经纱张力和经纱交叉角的大小影响不大。见表 13-17。

表 13-17　开口时间对经、纬密的影响

项目	开口时间/mm	160	178	192	210	228	242	262
平纹	经密/(根/10cm)	257	257	256.5	255	255	254.6	255.2
	纬密/(根/10cm)	252	252	252	253	255.2	255	256
斜纹	经密/(根/10cm)	362	360.6	361.8	362	362	359	359
	纬密/(根/10cm)	232	234	233.6	233.4	234	234	234

织物的幅宽和经纬纱缩率也会随开口时间的改变而产生变化，大致规律：开口时间早，打纬时经纱张力大，纬纱缩率大，因此布幅变窄；开口时间较迟时，则布幅变宽。

斜纹织物与平纹织物不同，开口时间早，布幅稍变宽，但变化不大。

5. 开口时间与结构相的关系

织造过程中开口时间对织物的结构相也有一定的影响。开口时间早，一方面打纬时梭口高度大，织口处经纱张力大，同时上下层经纱张力差异大，如同增加上机张力和抬高后梁所产生的作用一样，使织物的结构相降低；另一方面开口早梭口闭合也早，因织机上经纱由后向前宽度渐窄，梭口闭合时夹持的纬纱长度较长，使纬纱较容易屈曲，则织物结构相相对较低。

6. 开口时间与织疵的关系

开口时间不当，在织物上会产生一定织疵。

对有梭织机而言，如综平度过大，而投梭时间未作相应改变，则梭子出梭口已经很小，经纱对梭子挤压严重，易产生跳花等织疵；如综平度过小，在梭子入梭口时易产生跳花，挤压严重时会产生断边甚至轧梭。

对无梭织机而言，尤其剑杆织机需要选用适当的开口时间，因为这类织机存在一个挤压度问题。开口早，进剑时开口清晰度高，有利于减少边纱断头，织物外观效果好，但出剑时挤压度增加，剑头磨损加快。反之，开口迟，挤压度降低，但边纱断头增加，织疵增加，但开口迟，闭合也迟，出剑时挤压度减小，剑头磨损降低。

综平度过小，打纬时经纱张力较小，易产生松经疵点。在织造平纹时，综平度过小，易产生筘痕疵点。同时，综平时间过迟，纬纱被经纱夹住的时间较晚，容易自然扭结，形成纬缩疵点。

综平度过大或过小都会增加断经而产生断经类疵点。

二、开口时间的确定

（一）有梭织机开口时间的确定

1. 有梭织机开口时间的确定原则

开口时间应当根据织物品种、原料和织机的条件确定原则。

（1）凡属打纬阻力较大的织物，开口时间应早些，有利于打紧纬纱。

（2）经纱密度大的织物或纱特细的织物，开口时间可迟些，以减少筘对经纱的摩擦损失。

（3）经纱条干不匀、杂质多、强力差或浆纱质量不好时，都应配置较迟的开口时间。

（4）梭口不易开清的织物，开口时间宜早，以利于开清梭口。

（5）在经纱张力不匀的情况下，以求布面平整，应采用早开口。

（6）使用不等张力梭口以求消除筘痕时，应配合较早的开口时间。

（7）织机的转速高时，因为对经纱的摩擦和经纱张力的动态张力都有所增加，开口时间应略迟，这样也有利于梭子顺利出梭口。

（8）对于宽幅织物应使开口时间迟些，以利于梭子出梭口。

（9）使用复动式多臂开口机构时，开口时间应较使用踏盘开口时间推迟约 13mm，同时梭口高度也应当大些。因为这种开口机构经纱在上方没有静止时期。

（10）凡属要求在布面上突出条纹的织物，应采用迟开口。

以上各种因素，要综合考虑，如有矛盾时应照顾其主要方面。

2. 各类织物的开口时间确定

（1）府绸。为求布面匀整丰满，并考虑到经密大，梭口不易开清，一般采用早开口，综平度大于平布，为 229～241mm，一般不超过 235mm。这样安排有利于布面匀整、开口清晰，减少条影、纬缩、边跳等疵点。

（2）平纹、细布。开口时间 229mm 左右，比府绸稍迟。

（3）斜纹、卡其类织物。开口时间早，可使打纬时经纱张力均匀，对布面平整、斜纹线匀直都比较有利。但是较早的开口时间会使纱身摩擦起毛，经纬纱的屈曲波高比值减小，因而使斜纹不够突出，影响纹路的清晰程度。反之，开口时间过迟，打纬时经纱张力的差异大，纹路突出，斜纹线峰谷分明，但张力不匀，布面不够平整，布面出现小经缩。所以，选择斜纹、卡其类织物的开口时间，应把斜纹线的匀、直、深和布面的匀整综合考虑。一般采用较迟的开口时间，以减少断头并求纹路突出，同时考虑到布面的匀整。斜纹、卡其类织物一般开口时间为 197～222mm。

（4）化纤及混纺织物。如涤/棉和中长纤维等织物，因为开口时纱线粘连现象较严重，一般采用比同类纯棉织物略早的开口时间，但为了不使经纱受到过度摩擦，也不宜太早。维/棉与黏/棉的混纺织物尤不宜开口过早，一般可与同类棉织物相同。各类织物开口时间的范围可见表 13-18。

表 13-18　各类织物开口时间的范围

织物种类	平布类	稀薄织物	府绸织物	麻纱织物	斜纹、卡其织物	贡缎织物	
						踏盘	多臂
开口时间/mm	229～235	229～235	229～241	222～235	197～222	197～222	178～191

（二）无梭织机开口时间的确定

1. 无梭织机开口时间的确定原则

开口时间的确定取决于织机的车速、开口机构、织机类型以及织物品种风格和所用纱线的品质等条件。具体来讲，开口时间确定的一般原则有如下几个方面。

（1）从织物的组织结构来讲，经纱交织点多和纬密大或打纬困难的织物，应采用早开口，以造成打纬时较大的梭口张角和经纱张力差异，以便打紧纬纱。

（2）从织物的外观来讲，要求表面丰满的织物应采用早开口。以利用打纬过程中筘到织口距离较远而将具有较大梭口时的经纱"磨毛起茸"。

（3）从纱线的质量来讲，强力低或上浆质量差的经纱，为防止磨断头而常用迟开口。

（4）使用复动式多臂开口机构时，开口时间应较使用踏盘开口时间推迟。

（5）无梭织机比有梭织机开口时间要迟。根据无梭织机的引纬机构分类，剑杆织机的开口时间比其他类型织机要早些。

无梭织机包括喷气织机在内，由于引纬开始时间不能提前而导致开口时间（综平度）不得不推迟到300°～325°之间选定。再加上广泛采用小梭口和上下层经纱张力相等或差异很小的配置，从而使得无梭织机所织织物的布面外观质量不及有梭织机所织织物的布面外观质量丰满、清晰。

2. 各类无梭织机开口时间的确定

（1）剑杆织机　综平时间以筘座在前止点为零度作参考标准，以主轴回转角表示。其时间取决于剑杆头进出梭口时挤压程度，并与开口凸轮的静止角、开口角的大小以及织物种类、打纬机构等有关，并且对地经与纬纱出口侧的废边纱的综平时间分别考虑。

① 剑杆织机开口时间一般采用310°～325°，制织低特、高密平纹织物，可适当提早开口时间，一般控制在305°～315°为宜，这样当送纬剑进梭口时，梭口有效高度大，梭口清晰度好。

② 绞边纱综平时间迟，绞边纱闭合也迟，当纬纱引入时，绞边纱对纬纱的抱合力小。应将绞边纱开口时间早于布身经纱开口时间15°～25°，这样纬纱引入后，由于绞边纱闭合早，有利于夹住织口处纬纱，减少纬缩。

③ 采用分离筘座打纬机构比非分离筘座打纬机构采用的开口时间要迟。

织制不同织物采用不同打纬机构的开口时间确定见表13-19。

表 13-19　不同织物、不同打纬机构的开口时间

织 物 种 类	开口时间/(°)	
	非分离式筘座	分离式筘座
一般棉型织物、粗厚织物	295～305	310～335
轻薄型织物、真丝织物	310～320	330～335
粗厚织物、牛仔布织物及高密织物	295～300	310～320

（2）喷射织机　综平时间也以主轴回转角表示，角度随不同机型而异，其时间取决于纬纱飞行时间，并与开口机构、织物品种、半成品质量、织机运转速度等因素。

喷气织机通常把300°～310°时综平，称为中开口；小于300°时综平，称为早开口；大于310°时综平，称为晚开口。一般早开口不能早于270°，晚开口不能晚于340°，这里270°与340°被称为两个临界点。一般喷气织机综平时间在270°～300°。

常规品种所适宜的开口情况见表13-20。

表 13-20 常规织物适宜的开口时间

织物种类	平纹（常规纱）	斜纹（低特高密）	缎纹（高密）
开口时间	300°	290°	280°

喷水织机综平时间以主轴的角度表示，随机型有差异，同样受到引纬时间、开口机构、织物品种、织机运转速度等因素的制约。

喷水织机与喷气织机引纬原理相似，喷水对纬纱的摩擦牵引力比喷气引力大，而水流的扩散性较小，引纬时间可延迟些，因而喷水织机的综平时间在 355°左右。

（3）片梭织机 综平时间以投梭时间作参考标准，以主轴回转角表示，角度随不同机型而异。其时间取决于纬纱飞行时间，并受开口机构、织物品种、半成品质量、织机运转速度等因素的影响。

一般经密较大、易产生跳花、布面要求较丰满的，综平时间应早些，综平时间的调节范围为 350°~30°，一般采用 0°或 360°；而一般的薄品种采用 10°左右。如果综平时间过迟，会使织机的时间配合较困难，造成经纱断头，不利于操作。

P7100 型片梭织机，依据组织结构所应用的不同的经纱线密度及其开口形式差异，其合宜的开口时间见表 13-21。

表 13-21 P7100 型片梭织机合宜的开口时间

织物类别	织物组织	经纱线密度/tex	开口时间/(°) 参变数值	允许限度	备 注
平纹	$\frac{1}{1}$	58~24	310~320	+5	58tex 为 310°,24tex 为 320°
府绸	$\frac{1}{1}$	29~14.5	320~325	+5	29tex 为 320°,14.5tex 为 325°
斜纹	$\frac{2}{1}\ \frac{3}{1}$	42~24	310~320	−5	42tex 为 310°,24tex 为 320°
经面缎纹（直贡）	$\frac{5}{2}\ \frac{5}{3}$	29~18	320~325	−5	29tex 为 320°,18tex 为 325°
纬面缎纹（横贡）	$\frac{5}{2}\ \frac{5}{3}$	28~14.5	320~325	±5	28tex 为 310°,14.5tex 为 320°
麻纱（纬重平）	$\frac{1}{2}\ \frac{1}{3}$	18	325	±5	—

常见平纹织物的综平度较早；斜纹的综平度较迟；缎纹织物因怕磨毛经纱而采用的综平度更迟（接近于 360°）。而采用早开口减少经纱与综筘的摩擦，有利于减少"三跳"织疵，并且使经、纬纱屈曲波高合宜，而有利于改善织物的外观效应。

■■ 第五节 引 纬 时 间 ■■

引纬时间决定引纬运动与其他运动的配合关系。合理的引纬时间是织物顺利织造的保证，也是重要上机工艺参数之一。引纬时间的确定会根据不同织机类型、不同织物织造而不同。

一、有梭织机引纬时间

（一）投梭时间对生产的影响

投梭时间的迟早会影响到织机的效率和动力及机物料的消耗，并影响织物的质量。

投梭时间过早，梭子飞行不稳，入梭口时挤压度大，易断边或发生边部跳花。当挤压严重时会降低梭子的飞行速度，影响梭子的正常通过。

投梭时间过迟，梭子可能利用的通过时间较小，致使梭子出梭口时的挤压度增加，在出口侧易出断边、跳花等织疵。严重时会夹梭尾，或使梭子上浮。为了使梭子出梭口时的挤压度保持在允许的程度内，迟投梭时必然要配以较大的投梭力。因此，在进口侧不出边疵的条件下，应当尽量采用早投梭。

（二）确定投梭时间的原则

合理的投梭时间应能使梭子在进出梭口时受到的挤压适当，并使梭子在下层经纱上飞行时具有良好的稳定性，以保证梭子能以尽量小的速度安全通过梭道。

投梭时间的确定必须根据织物的种类、幅宽、织机速度、开口时间等因素综合考虑，并应当与投梭力结合考虑。

（1）织机转速较低时，可以迟些投梭；织机转速较高时，梭子通过梭口的时间短，投梭机构的变形较大，为了不过大地增加投梭力，应将投梭时间适当提早。根据经验，若车速在180～195r/min时，投梭时间以225～231mm为宜；若车速在200r/min及以上时，投梭时间可适当提早，以219mm为宜。

（2）筘幅宽的织机，投梭时间要早些；筘幅窄的织机，投梭时间要迟些。

（3）经纱的穿筘幅宽小于织机的幅宽很多时，投梭时间可以提早。

（4）经密大、梭口不易开清时，要迟些投梭。

（5）自动换梭织机上，换梭侧投梭时间要迟些，不能早于216mm；换梭侧投梭力要大些，一般要比开关侧投梭力大13mm。

（6）梭箱织机的多梭箱侧梭投梭时间应稍迟，并相应增大投梭力，开关侧的投梭时间则应稍早。对于跳换梭箱的情况，其投梭时间比顺序变换梭箱时更要迟些，如推迟至240mm。

（三）各类织物的投梭时间

平纹、细布投梭时间一般为223～231mm。

府绸属高密织物，梭口不易开清，投梭时间应较平布类迟些，一般为222～238mm。

斜纹、卡其类织物因为斜纹织物每次开口时总有一部分经纱不改变上下为止，梭口比较稳定，可以早些投梭，一般为210～222mm，并可适当减小投梭力。

各类化纤及混纺织物的引纬梭口容易粘连不清，投梭时间可以略迟于同类的纯棉织物。

二、无梭织机引纬时间

引纬时间根据开口时间、品种特点及织轴的综合质量等各种因素进行确定。经密较小、织轴质量较好的品种，引纬时间相对提前一些，采用早引纬工艺；经密较大，织轴质量较差的品种，引纬时间推迟。

不同引纬机构的织机对引纬时间有相应的要求。

（一）剑杆织机引纬时间

目前剑杆织机多采用双剑杆引纬，其引纬时间主要对剑头进出梭口时间、交接纬纱时间、剪纬时间、接纬剑开夹时间的工艺参数设定。

1. 剑头进出梭口时间

剑头进出梭口时间视机型、筘座型式不同而不同。

如 SM92/93 型、GTM 型、C401/S 型等均为分离筘座共轭凸轮打纬机构，送纬剑剑头进梭口时间以剑头头端到达钢筘边铁条的时间为准。以 SM92/93 型为例，剑头进梭口时间在 64°±1°。

剑头进剑口时间为 60°～80°，一般接纬剑进足时间早于送纬剑进足时间 5°～15°，出梭口的时间为 280°～300°为宜。

2. 交接纬纱时间

当分度盘为 180°时，是交接纬纱的时间，送纬剑头应进到筘幅中央标记的某一位置。不同机型的交接纬纱时间不同。

如 SM92/93 型规定剑头头端应处在标记线上；GTM 型织机应超过标记线（50±6）mm 处；C401/S 应超过标记线 38～40mm 处。

3. 剪纬时间

剑杆引纬的剪纬时间一般指送纬剑从选纬指上握持引纬纱后，剪纬装置将待引纬纱另一端剪断的时间。显然，对双纬叉入式无此参数。

剪纬时间根据纬纱的粗细而延迟或提早，当夹纱器有效地夹住纬纱后立即剪断纬纱。如 C401/S 型织机为 66°±1°，SM93 型织机为 69°±1°。

4. 接纬剑开夹时间

开夹时间迟，则出梭口侧纱尾长；反之则短。以纱尾长短合适为宜。一般开夹时间在 295°左右，见表 13-22。送纬剑若有清洁吸气装置，则开夹时间调整到主轴 0°，以便清除夹纱器内的飞花、落浆等杂物。

表 13-22　GTM 型挠性剑杆织机的引纬时间

项目	机型	纬纱线密度/tex（英支）	开夹时间/(°)		备　注
			参数值	允许限度	
纬纱开夹有效时间	GTM 型挠性剑杆织机	58～14（10～42）	295	±1	一般应准确掌握在 295°

（二）喷气织机的引纬时间

为使纬纱能够顺利飞行，通过梭口，就要求选择好纬纱进入梭口的时间及纬纱在筘槽内飞行的最佳飞行曲线，即引纬时间的确定和喷嘴气压的选择。

夹纱时间、飞行时间、飞行角度及主喷始喷时间等是设定气流引纬工艺的主要参数。喷气引纬时间随纱线种类、筘幅、开口时间、织机转速和织机型号等而异。现以 ZA 系列喷气织机为例，标准时间见表 13-23、表 13-24。

表 13-23　储纬箱型标准时间表

公称筘幅/cm	夹纱时间/(°)		飞行角度/(°)±10°	主喷始喷时间/(°)	
	开放	闭合		始喷	终喷
150	110	250	140	100	220
170	105	250	145	95	220
190	100	250	150	90	220
210	80	250	170	70	220
230	75	250	175	65	220
250	75	250	175	65	220
280	70	250	180	60	220

表 13-24　SDP 型标准时间表

公称筘幅 /cm	纱线脱离储纬销时间/(°)	主喷嘴喷射时间/(°)	
		始喷	终喷(±10°)
150	110	100	220
170	105	95	220
190	100	90	220
210	80	70	220
230	75	65	220
250	75	65	220
280	70	60	220

喷气时间的确定要综合考虑机型、纱线种类、筘幅等因素。车速快、筘幅大时，应加大喷气时间；纬纱为股线时，喷气时间较纬单纱的喷气时间长些。

此外，若夹纱器开启太快，主喷嘴喷气时间结束早时，仅靠辅助喷嘴喷气使纬纱飞行，会使纬纱速度降低而产生短纬；若夹纱器关闭太迟，喷气时间长时，会吹断纬纱。

（三）喷水织机引纬时间

喷水织机引纬工艺参数同喷气引纬相似。喷水时间的选择应根据机型、织物品种、开口早迟、车速高低而定。一般地，ZW、LW 型织机始喷时间在 $85°\sim95°$，H—U 型在 $115°\sim125°$。

引纬动程中，除受始喷角（喷水开始时间）参数影响外，还受水量、水压、喷射角、喷嘴的开度、先导角、飞行角等因素的限制。其中先导角的选择通常为 $15°\sim30°$，随纱线的不同而有所不同，一般越细的纱线先导角的选择角度越大。飞行角可根据纱线种类来选定，见表 13-25。

表 13-25　纱线种类与喷水引纬时间

纱线种类	夹持器开始张开角(°)	夹持器闭合角(°)	飞行角(°)
82.5tex(750 旦)以下单丝	105	255	150
11.1tex(100 旦)以下单丝	105	255	150
11.1tex(100 旦)以下加工纱线	110	255	145
16.5tex(150 旦)以上加工纱线	$115\sim120$	255	$135\sim140$
加捻单丝	110	255	145
加捻加工线	$110\sim115$	255	$140\sim145$

（四）片梭织机引纬时间

片梭织机利用片梭引纬，其引纬时间主要是对夹纬器进出梭口及交接纬纱时间、投梭时间、剪纬时间及梭夹开夹时间等参数设定。

1. 夹纬器进出梭口及交接纬纱时间

在片梭飞入梭口后，递梭器上、下夹闭合。此时，对于单色纬片梭织机，织机的主轴刻度盘在 $90°$，对于多色纬片梭织机，织机的刻度盘在 $70°$。

2. 投梭时间

PC 系列片梭织机的投梭时间为 $120°$，也有的 PC 系列片梭织机的投梭时间为 $110°$。

3. 剪纬时间

片梭织机在引纬侧靠近布边处，装有剪刀与定中片。一般地，剪刀已调节到垂直位置，纬纱在 $358°\pm2°$ 之间必须被切断。调换剪刀时，必须复查剪纱时间，注意在递纬夹与边纱钳确实把纬纱握持以后,剪刀才能切断纬纱。

4. 梭夹开夹时间

片梭被推回到靠近右侧布边出后,由梭夹打开机构打开梭夹以释放纬纱头。在时间配合上,必须注意到:只有在右侧钩边机构的边纱钳把纬纱夹住以后,释放纬纱;否则,将造成右侧布边处缺纬及纬缩。开夹时间在主轴25°时,此时,梭夹的钳口被打开1~1.5mm。

片梭织机以投梭时间作为其他运动的标准参考时间,可通过调节投梭凸轮来调节投梭时间。油箱状态影响投梭时间,油箱中油液呈冷却的条件下,调节投梭时间为118°~120°;织机开车约1h,油箱中油液呈湿热状态,调节投梭时间为120°~122°(对标准投梭时间为120°的织机而言)。

第六节　织机各机构工作的配合

为使整个织机协调工作,应当正确地安排各机构运动时间的配合关系。如果各机构的运动时间配合不当,将引起机械故障,并使织机的断头率和织物的疵点增加。这样就造成机械效率下降,产品质量降低,原材料消耗增加,因此影响经济效益。

织机上各机构的时间配合,主要指开口、引纬、打纬、卷取、送经及诱导补纬等各个运动的时间安排及其相互配合关系。开口和引纬的时间是织造工艺主要参变数,会因织物品种和织机类型而不同。卷取、送经、补纬等配合时间,一般在织机设计时已经确定。

一、有梭织机各机构工作配合及实例

(一) 有梭织机各机构工作配合

在1511M型织机上织制细平布时的工作时间配合图,如图13-2所示。

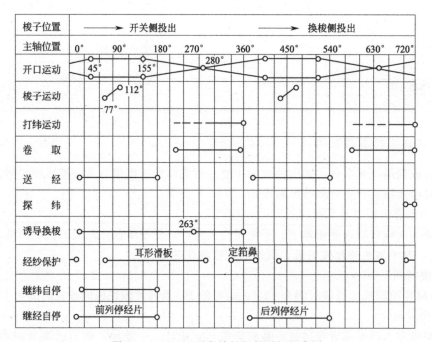

图 13-2　1511M 型有梭织机的时间配合图

（1）综平时间为 280°，综平度 223mm。梭口满开 45°，开放角＝闭合角＝125°，静止角 110°，梭口闭合角 155°。投梭时间为 222mm（77°），112°投入梭口，240°梭出梭口。

（2）卷取运动时间为 225°～0°。送经运动时间 20°至 30°～182°，张力调节系统开放时间 20°～182°。

（3）耳形滑板作用时间时期、定筘鼻作用时期，随织物品种及投梭时间调解。

（4）纬纱叉机构运动时间、纬纱叉被纬纱锤钩住 25°～182°关车，263°诱导完成。

（5）换梭 263°～0°。

（二）有梭织机生产的各类织物织造参变数比较

现举例平布、府绸、斜卡类各一组参数实例做分析比较，见表 13-26。

表 13-26　平布、府绸、斜卡类织物织造参变数比较

织物种类	组织	经纬密度/(根/10cm)	布幅/cm	车速/(r/min)	开口时间/mm	投梭时间/mm	后梁高低/mm	经停架高低/mm	张力重/kg
32tex×32tex 粗平布	1/1	252.5×236	91.4	220	229	229	70	25	14
29tex×29tex 中平布	1/1	236×236	91.4	220	229	216	70	25	14
29tex×29tex 中平布	1/1	283×259.5	96.5	210	229	222	70	25	14
14.5tex×14.5tex 府绸	1/1	523.5×283	96.5	200	216前 241后	229	76	20	16
(14tex×2)×28tex 府绸	1/1	393.5×196.5	96.5	200	235	229	76	20	14
J7tex×2 J7tex×2 府绸	1/1	511.5×291	97.7	—	229	222	70	25	18
28tex×28tex 哔叽	2/2	334.5×236	86.3	225	203	216	102	0	12
(14tex×2)×28tex 华达呢	2/2	484×236	81.2	220	203	216	89	10	14
(14tex×2)×28tex 双面卡其	2/2	543×275.5	81.2	210	216	210	89	6	22

（1）三种平布中，第 1 种的投梭时间最迟为 229mm。因为纱线较粗，梭口开清可能稍迟，为防止入口侧边部发生跳纱，应迟些投梭。第 2 种纱特略低（29tex），较易开清梭口（密度比第 1 种稍小），因此，投梭可以早些。

（2）若把第 2 种平布与第 3 种平布比较，纱特虽相同，但第 3 种平布经密较大，为了减少摩擦，使用车速较低，梭口开清可能较迟些。由于这三种平布纱特密度等差别不太大，所以开口时间、上机张力、后梁高低都一样。

（3）三种府绸总的来说开口时间早于平布，投梭时间迟于平布。后梁都较低（经停架随之降低）。第 1 种府绸是用双踏盘，采用前综踏盘（1、2页综）早平综，后综踏盘（3、4页综）迟平综些的配合。第 3 种府绸因为是低特纱，为减少经纱的摩擦长度，开口稍迟。同时考虑到精梳纱开口比较清晰，因此投梭较早。后梁也较高。

（4）经纱张力，第 1 种府绸因为总经根数多，重锤重些。第 2 种府绸经纱密度小，总经根数也少些，故重锤轻些。第 3 种府绸布幅宽，经密又大，所以用的重锤更重些。

（5）三种斜纹、卡其类织物，织机的转速随纱特的降低和经密的增加而降低。它们的开口时间都比平布略迟。第3种双面卡其经密最高，车速又低，为求布面匀整，开口略早些，投梭时间也因此稍有提前。后两种织物为了使纹路明显，后梁略抬高。

二、无梭织机工作配合及实例

（一）SM92/93型剑杆织机生产纯棉平布实例

采用 SM92/93 型剑杆织机生产纯棉平布时的工作圆图如图 13-3 所示。

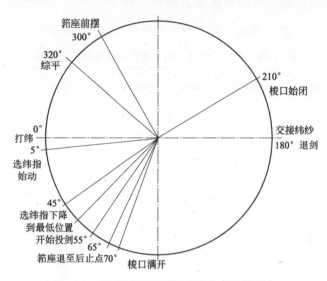

图 13-3　SM92/93 型剑杆织机生产纯棉平布

（1）织机正常平综时间为 320°，由于引纬机构和打纬机构采用共轭凸轮，综平度可作适量调解。

（2）一般在制织高经密织物时，由于经纱强力小，受剑头、剑带反复摩擦断头增多，织机综平要适当迟一些，即 325°或 330°；织厚重织物应提前一些，一般为 315°或 310°。

（3）该机生产纯棉平布时，采用正常综平时间 320°，梭口满开在 70°；筘座摆动从前摆点 300°到后止点 65°，打纬在 0°；选纬指 5°始动，在 45°时选纬指下降到最低位置，5°时开始投剑，180°时交接纬纱开始退剑，梭口在 210°时始闭。

（二）喷气织机运动配合和工艺参数实例

ZA200 型织机织制防羽绒布实例采用日本津田驹公司生产的 ZA200 型织机，织制 T/C14.5tex×14.5tex　519.5 根/10cm×393.5 根/10cm　160cm 防羽绒布时，其主要运动配合如图 13-4 所示。

（1）夹纱器开启时间：一般情况开启角为 85°～115°，闭合时间为 230°～260°，在加纱器开启过程中纬纱实际飞行时为 130°～170°。

（2）主喷嘴喷气时间：始喷时间比夹纱器开启早 0°～10°，喷完比夹纱器闭合早 5°～10°。

（3）辅喷喷气时间：第一组首只喷嘴的始喷时间比纬纱头到达时间早 5°～10°，末只喷嘴喷完时间比纬纱头到达时间迟 50°～60°；最后一组首只喷嘴的始喷时间比纬纱头到达时间早 15°～20°，末只喷嘴喷完时间比夹纱器闭合迟 10°～20°；中间各组相应调整。

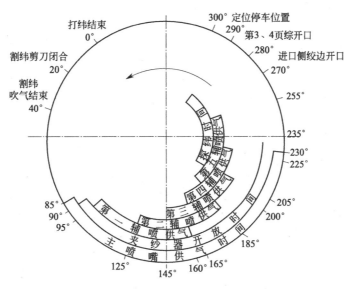

图 13-4　ZA200 型织机织制防羽绒布

（4）喷射压力：储纱、主喷、辅喷、辅喷压力比大致为 1：2：4，储纱压力调整到卷绕在喂纱辊上的纬纱呈稳定状态为宜，主喷压力调整到刚好不发生缺纬、测长不匀、松纬故障时的压力，辅喷压力以主喷压力为基础，徐徐降压，降至刚好不发生纬纱减速、纬纱顺利出梭口时的压力；割纱喷气压力调整到停机（20°～30°）时，纬纱穿过主喷嘴时不被吹出。

（三）ZW 型、LW 型喷水织机制织锦纶塔夫绸工艺配置

采用日本津田驹 ZW-100 型喷水织机，生产 77.7dtex/16 根　77.7dtex/16 根　430 根/10cm×318 根/10cm　123.8cm 锦纶塔夫绸时，主要运动配合如图 13-5 所示。

用日本日产公司生产 LW-52 型喷水织机生产锦纶打字带，其运动配合如图 13-6 所示。

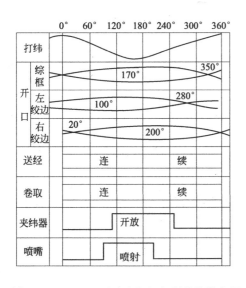

图 13-5　ZW-100 型喷水织机织制锦纶塔夫绸

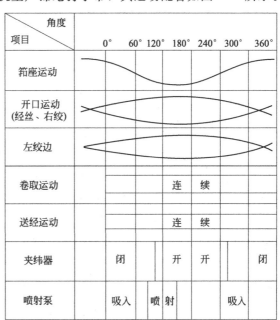

图 13-6　LW 型织机的运动配合

（四）P7100 型、PU 型片梭织机织制真丝双绉织物

如图 13-7 所示。

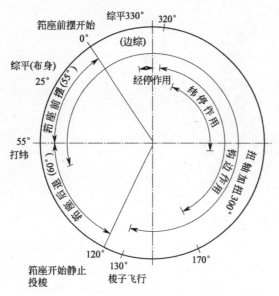

图 13-7　PU 型片梭织机织制真丝双绉

（1）该机以投梭时间为 120°为基本参考时间，以筘座向机前摆动开始为 0°。地综综平时间可在 350°～30°范围内调整。

（2）制织真丝双绉织物时，采用迟开口工艺，梭口开放 0°～120°，停顿 120°～240°，闭合 240°～360°，同时为了形成良好的布边，地综综平时间提前到 330°。

P7100 型、PU 型片梭织机在织物织造过程中，结合织物组织结构及外观风格要求来确定各运动时间配合和工艺配合。如品种经密大、纱特细、综框页数多、组织复杂的织物，采用"早开口、中张力、中后梁"的工艺配置，以保证开口清晰，减少纱与纱之间的摩擦与粘连。

第十四章

织造操作技术与质量控制

第一节　操作技术的基本知识

织造工序各工种的工作法对提高产品质量、增加产量、降低消耗、减轻劳动强度有着十分密切的关系，因此开展操作练兵，总结先进操作方法，广泛交流，不断提高各工种操作技术水平，是织造工序一项经常性的工作。

一、对织造操作技术的要求

先进合理的操作应符合以下要求。

（1）准确的执行操作法，这不仅能够保证产品质量，且可以节约原材料。

（2）熟练的运用操作法，做到省时、省力，以减轻劳动负担。

（3）合理执行操作法，防止人身事故。

织造操作工作法，应符合优质、高产、多品种、低消耗的要求，定期组织操作测定，是操作技术水平不断提高的重要方法之一，也是操作管理的重要内容。

二、织机各部按钮使用方法

织机操作技术由准备、运转、停止、反转、点动等几个基本操作动作组成，并通过按钮来实现。熟练掌握这些基本操作，熟记各个按钮的作用及使用方法，就可稳、准、快和安全地进行操作，并能适应织机高速运转的特点。

1.　总开关

（1）主开关：先把主开关打到"开"位置，织机便接通电源，指示灯点亮。

（2）电动机启动按钮：按压启动按钮时，电动机便接通电源，与筘座运动有关的其他动作即可进行。

（3）紧急刹车按钮：操作控制板上和高压控制箱上的紧急刹车按钮，只有在紧急情况下使用。重新接通电源时要用专用钥匙打开。

2.　运转操作按钮

（1）准备按钮（综平按钮）：在喷气织机上按压此按钮，开始供气，准备开车。其他织机上无此按钮。

(2) 运转按钮：按运转按钮，织机便投入运转。

(3) 停止按钮：在运转中，按停止按钮，织机便定位停车。同时，绿色信号灯亮。在准备状态和倒纬过程中，按停止按钮，织机可立即停止倒纬或综平。在织机上停止按钮除安装在两个控制面板上外，控制箱上也有一个。

(4) 点动按钮：在停车时，按压点动按钮，织机向正转方向寸动。

(5) 反转按钮（倒纬按钮）：在停车时，按倒纬按钮，只是在按下的时间织机做反方向运动定位停车（钢箱停在后死心）。

(6) 双手操作按钮：在喷气织机上，为了保证操作者的安全，设有此按钮。

三、信号灯显示

织机上的信号灯，常见的有四种颜色。不同颜色和状态，反映织机操作的不同内容。表 14-1 为 ZA 喷气织机各指示灯的状态和表示的内容。

表 14-1　各指示灯的状态和表示的内容

指示灯		内　　容
颜色	状态	
赤	闪亮	(1)发生故障 (2)呼叫机修工
	快速闪亮	(1)电器准备中(打开电源数秒) (2)向记忆卡内输送数据中
	亮	织机停止状态
青	闪亮	(1)探纬器时间故障 (2)探纬器灵敏度不好
	亮	探纬停止
橙	闪亮	(1)故障开关 OFF 设定 (2)传感器开关 OFF 设定
	亮	由经纱传感器发出的停车(经停架、绞边、弃处理边纱)
绿	闪亮	(1)EPC3 单元准备中或故障 (2)呼叫落布
	亮	由计数器发出的定长停车

四、巡回操作

巡回操作的过程，是发现问题、解决问题的过程，挡车工必须有规律地进行巡回，均匀地掌握巡回时间，在巡回中以预防为主，防止布面疵点的产生和机械故障的扩大，并做好机动处理停台，体现巡回工作的重要性和科学性。

巡回比例和巡回路线，一般要根据不同品种、纬纱密度、织机速度、机台排列、布面和经纱疵点的多少等来制订。尽量做到少走车头和不走冤枉路，以减轻挡车工的劳动强度。例如：织轴疵点较少，纬密较小，布面疵点较少，可采用 1：1 或 1：2 的巡回路线如图 14-1、图 14-2 及图 14-3 所示。如果织轴疵点较少，纬密较大，布面纬向疵点较多，可采用 2：1 的巡回路线。

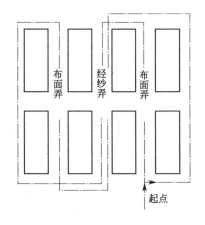

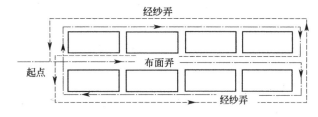

图 14-1 8台车1:1巡回路线图　　　　　图 14-2 8台车1:2巡回路线图

操作工在有计划的巡回过程中，对各项操作的处理，采用机动灵活的办法，分清轻、重、缓、急，本着先易后难、先近后远的原则机动处理各种停台。

巡回中的检查工作包括布面检查、经纱检查、机械检查等内容。

五、目光运用

在机动处理各项操作中，目光运用是十分重要的。巡回中运用目光，检查前后和邻近机台的运转情况，便于有计划地安排巡回中的各项工作。在查布面、经纱时，速度放慢，走车头空档时，速度适当加快。

目光运用方法是进布面车弄前全弄照顾，出布面车弄时回顾全弄；检查完织轴中弄时，目光双面兼顾；检查完织轴边弄时，目光运用右前方机台；

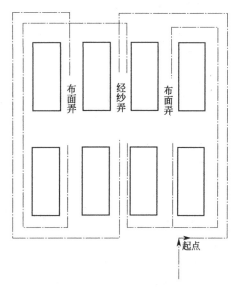

图 14-3 8台车2:1巡回路线图

织轴转向织轴时，目光全面运用。即一个巡回中，有两次全弄照顾，看台面是三个布面车弄时也以此类推。

六、机下打结

织造操作打结的要结头小、牢度大、纱尾短。纱线结头机下打结的动作包括搭头、绕圈、压头、塞头、紧结、打头。

（1）搭头：左右手拇指、食指各捏一根纱头，左手纱压在右手纱上，两手交叉角度为70°~80°，纱头长度：左手0.6cm，右手0.5cm，捏纱头左手食指比拇指多伸出0.5cm。

（2）绕圈：左手自下而上，右手自上而下，两手迅速反向运动将纱线绕在左手拇指指甲盖2/5处，并从拇、食指中间两纱交叉绕圈，两手绕圈基本同时完成。

（3）压头：压头与绕圈是非常紧密地连接在一起的，压头位置在双纱交叉的根部，右手拇指头将左手纱头压入圈内，同时左手拇指头稍翘起，随即将纱头压住。

（4）塞头：纱头压住后，右手拇指紧贴左手食指，以拇指甲盖为平面，双手向里侧斜，约成 80 度左右的夹角。

（5）紧结：左手中指先往后拉，食指沿拇指边拉边往上扬起，食指拉纱的距离约在 2cm 左右，右手中指迅速作打头动作。

（6）打头：右手食指与拇指稍微抬起纱，同时右手中指紧贴食指，猛打纱头，使断纱头抬起，左手中指、无名指和小指紧握接头纱尾，右手中指打断纱后，两手中指同时向后抽纱，使其左手纱头留下 0.6cm，右手纱头留下 0.5cm，开始打下一个结。

第二节 有梭织机的操作技术

在织造过程中，生产水平的高低，主要体现在优质、高产、低耗上，产品质量的高低是企业的技术、管理水平的综合反映。抓好质量分析，搞好操作练兵，不断提高员工的操作技术水平，是提高产品质量的重要环节。

一、有梭织机操作技术的基本特点

1. 加强预防检查，减少疵点和机械故障

加强预防检查，首先应从布面、经纱、纬纱、机械等方面入手，以减少布面、织轴疵点的产生和防止机械故障的扩大和再发生。认真执行工作法，能主动地把疵点消灭在织造之前，达到优质、高产、低消耗的目的。

2. 巡回有规律，工作主动有计划

自动织机的挡车工作，是多机台看管，这就要按照一定的巡回路线，依次进行各项工作，在有规律的巡回中，主要检查布面、织轴、机械状态和处理停台。要求工作主动有计划，掌握看管机台的主动权，当机器的主人。

3. 合理组织各项工作，善于运用时间，省时省力

挡车工的各项工作，都要合理地组织在每个巡回中进行。巡回以掌握巡回时间、预防疵点的产生为原则，要善于运用时间，分清轻重缓急，有计划地进行各项工作，达到省时省力、多织布、织好布的目的。

4. 基本操作又快、又好、又安全

织布挡车工的各项基本操作，是由几个基本动作组成的。这些基本动作在整个工作中都要重复很多次。因此，要减少不必要的动作，合理组织，连贯交叉，又快、又好、又安全是提高产品质量和产量的重要环节。

二、巡回操作

操作工按照一定巡回路线进行工作，有规律地巡回，均匀地掌握巡回时间，是多机台管理的重要方法。

1. 巡回路线

巡回中主要的工作是检查布面和经纱，检查机械和处理停台，以减少经纱和布面疵点的产生和机械故障的扩大。在实现现高速生产和不拆不修原则时，预防疵点产生就显得更为重要。因此，巡回路线的制订应以预防疵点产生为原则。在一般情况下，应按照 2：1 的路线进行巡回。

在看台面较大，执行 2：1 的巡回路线有困难、经纱和布面不能兼顾时，在纬向疵点多的情况下，可以适当放弃部分经纱的检查，采用 4：1 的巡回路线。

2. 巡回的计划性

（1）目光运用。巡回中应照顾看管机台的运转情况，以便适当安排每个巡回中的各项工作，有计划地主动掌握机器。并根据在一定的巡回时间内能做完做好多少工作进行合理安排，如检查布面、经纱、机械状态以及处理停台的工作。这样就能做到心中有数。而且还应根据客观的情况，分轻重缓急，做临时调整。

（2）处理停台的机动性。按照目光运用的方法，发现停台一定要掌握巡回时间，离开原来巡回路线前往处理。处理完后返回原来地点，继续巡回。

① 巡回在机前时，处理停台的机动范围，一般按照巡回路线前进方向处理。靠近身边的机台，以自己周围先后两台车为准。如查完布面要走时，身后有停台，在不影响巡回时间的前提下，可以进行处理。对两根的断头、三根的绞头、一根的倒断头可放在 2～3 个巡回中机动处理。对空管、断纬要先处理，断经后处理。

② 巡回在机后时，对停台的处理，只能处理左右车弄 4 台车（左 4 台或右 4 台），不能跨过两个车弄开停台，以左右两个布面车弄为机动范围。

三、布面检查

提前发现疵点，找出其产生的原因，预防疵点的扩大和再产生，并及时剪除布面拖纱。

1. 检查范围

布面的检查，主要是发现有无疵点，并及时地处理布面纱尾和检查布面松紧。检查范围分三段：第一段是综前筘到织口间经纱（即织口）；第二段是织口到胸梁间的布面；第三段是胸梁下到卷布刺轴间布面。

2. 检查方法

为了做到布面检查仔细，不漏过疵点，检查布面的方法有“弧形二段看手后”和“弧形三段看手后”两种。

“弧形三段看手后”，即进车档前，目光先看左侧第三段布面，再向右侧看第三段布面。随即身子进入车档至布幅 1/3 处，面向右侧机台，目光从左至右检查第一段纱线（即看织口），而后右手在胸梁下，距布边 2～5cm 处搭手，由下而上弧形检查第二段布面直至对侧布边。右手食指与布边平齐往下拉至导布轴下。转身面向左边机台，目光从右至左检查第一段经纱，用右手弧形检查布面的方法，左手弧形检查第二段布面。弧形检查时要眼看手后。

“弧形两段看手后”的查布面方法，基本和弧形三段差不多，只是在进入车弄前，目光不看第三段布面，而是先看右车综丝织口第一段经纱，再检查第二段布面。转身看左车综丝织口第一段经纱，然后再检查第二段布面。

以上两种检查布面的方法，可根据少拆布、不拆布的原则以及品种特性自行采用。

在检查布面时，要手握纱剪，可以随时剪除布面拖纱，但要注意剪刀柄不要碰车面或划布面。在检查布面的车档中，不要有碎步，以减轻劳动强度，手拿剪刀有两种方法，剪刀尖不能露出拇指、食指夹持点。

3. 布面检查的顺序

布面检查的顺序有交叉式和一顺式两种。在机动处理停台时，要先检查对面机台的布面，做到以预防为主。

四、经纱检查

经纱检查的主要任务，是清除各种纱疵，预防经纱引起的织疵，减少停台，提高织机效率和产品质量。

1. 检查范围

经纱检查分三段进行，但检查的范围主要是第一、二段，适当照顾第三段。第一段是后片综到落片间的经纱，第二段是落片到后梁间的经纱，第三段是后梁下到织轴间的经纱。

2. 检查方法

经纱检查方法分"一拨两看"和"两拨三看"（两种品种特殊需要用"三拨三看"也可以）。采用2：1巡回时，以右侧为主。

五、机械检查

由于织机多部件装置，震动大，易松损，为了预防机械故障，减少织疵，制止机械故障的发生和扩大，操作工要熟练掌握机器性能，掌握生产规律，做到心中有数。

1. 检查范围

织机高速后，换梭诱导、投梭、探针装置故障增多，很容易造成轧梭和疵点。因此，必须加强检查机械，做到预防机器故障和疵点的产生。

2. 检查方法

机械检查的方法采用眼看、耳听、鼻闻和手摸，以眼看为主，采用定点、定向、定部位，准确判断机械故障，把机械故障消灭在产生之前，达到预防的目的。每个巡回中用大红花重点预防检查机械1～2台，重点检查采用眼看与手感相结合的方法。

六、断经处理

断经的产生，由于织造品种不同，断经的根数和位置也都不同，因此发现断经时可能在机前，也可能在机后。处理断经的一般规律是先掏钩子放于布面，然后纳梭、平综、找头、掐纱尾、拉接头纱、打结、穿综、穿筘、开车、剪纱尾等步骤。以左手车为例，具体处理方法如下。

1. 机前断经处理

纳梭、平综采用连贯动作同时运用目视找头。

（1）纳梭：按梭子的停留位置及运行方向，将梭纳入梭箱底部。

（2）平综：在纳梭同时，左手握持开关柄，打慢车使弯轴F38停在上心平综。

（3）找头：要根据断经的位置与邻纱相绞情况，找到断头。

（4）掐纱尾：右手小指钩住断经纱尾，在食指、中指间，用拇指将不良纱尾掐断，夹在小指与无名指之间，直到开车后把纱尾放入口袋（或回丝筒）内。

（5）打结：当右手掐断不良纱尾后，紧接抽取接头纱进行打结，打结时绕圈要小，挽扣要牢，以采用56式打结为好。

（6）穿综：左手拇指、食指捏住接好的经纱，绕过无名指与小指间，再用食、中指夹持综眼下端，右手拿穿综钩略斜插入综眼，左手将纱上抬，右手钩住经纱回返。左手随即至综前捏住经纱。

（7）穿筘：穿筘可根据断经在前综或后综，分别采用滑筘或逼筘方法。

（8）开车：当断头纱尾掏出后，如是左手车，可用钩子压头开车法；如是右手车，则以左手压头右手拿钩子开车。

（9）剪纱尾：开车后剪去纱尾，放入布袋或回丝筒内。

2. 机后断经处理

断经在经停片与综丝之间，断经纱头与布面相接，用手触到落片，可抽接头纱与断经纱尾接好，与连接布面的那段经纱接好，把纱拉直，转至车前开车。

断经纱头与布面相接，断经在经停片与后梁之间，这时可抽接头纱与断经纱尾接好，用钩子穿过经停片，与织轴上经纱对接好，转至车前开车。

七、断纬处理

造成断纬（空管）的因素很多，梭子停留的部位也是多种多样，为了较快地处理停台，除掌握和熟悉机械性能外，处理得好坏快慢就显得尤为重要。

1. 一般断纬（空管）的处理

运用目光，看前综情况（前综在上或在下）判断纬向是全死线、半死线、全活线；向内侧还是向外侧，同时找出梭子位置，在里梭箱、外梭箱、里边纱处、外边纱处，梭道中（偏左或右），然后确定取断纬（空管）梭办法，挑、掘、拿、正取、反取。取满梭可根据进入车挡的方向，先取满梭还是先取空梭，按不同情况，采用灵活方法。但是，断纬梭取出要放于布面，等开车后进行检查，并将纱尾剪去放入口袋或回丝筒内。

2. 取满梭方法

梭库中有 5 只梭以上的应采用上取梭方法，在取梭时要同时拉断羊角上的纱尾，长度不得超过 30cm，梭库中有 5 只梭以下时，应采用下取梭方法。

3. 斜纹织物的断纬（空管）处理

斜纹织物的断纬（空管）处理，基本与平纹相同，只是找头方法不同，应掌握以下规律。

（1）缺一梭：边纱组织、地组织是死线，应按纱尾方向往对侧补一梭开车。

（2）缺二梭：边纱组织、地组织是死线，织口出现一道白色，应打一次空车顺纱尾方向掖梭开车。

（3）缺三梭：边纱组织是活线、地组织是死线，顺纱尾方向掖梭开车。

第三节 无梭织机的操作技术

一、无梭织机操作技术的主要特点

1. 全项操作以预防检查为主，突出规律性

全项操作内容包括对原纱、半制品、工艺、品种等质量的预防检查和对经纱、布面、机械、电器等质量的预防检查两大类。这些工作贯穿于运转生产一轮班，必须做到合理主动、有规律性，实现无梭织机生产高品位织物的需要。

2. 单项操作以判断处理为主，强调准确性

单项操作内容包括对原纱、半制品疵点的判断处理和对经纬向停台判断处理两大类。在高速运转生产的无梭织机上必须有更快、更好、更稳和更准的单项操作处理的技能，实现无梭织机高效率的生产特点。

3. 键盘操作以分析核对为主，注重应用性

键盘操作内容包括查核分析织机效率、运转率、产量、经纬向停台、机械电器故障和调整检查生产运转班次、匹长及设定的织造工艺参数两大类。操作人员必须做到结合品种质量要求熟悉各键作用和注意事项，熟练应用。特别在制织提花等高难度织物时掌握人机对话技能，实现无梭织机的方便操作和先进管理。

二、各种无梭织机的操作技术

(一) 剑杆织机操作技术

1. 开关车操作

(1) 打开电源总开关，拨动开关柄时，指示灯发亮，表明电源接通，此时不能打开电控箱门，否则断电；关上电控箱门，重新接通电源。

(2) 按主电动机启动按钮，在主电动机转动正常（约 10s）后，调整布面张力，对好织口，检查纬纱是否正确穿过剪刀架而为剑头所夹持。无防开车档装置时，按点动按钮，使织机慢速运行，试织 2～4 根纬纱并观察织口处纬纱的稀密，以判断织制是否正常。

(3) 按快车按钮，使织机正常运行。

(4) 正常停车时按停车按钮；节假日停车，应先点动织机，使剑带伸入梭口内以防止卷物变形，然后停车，并松布面，最后关主电动机，切断电源。

(5) 如需紧急停车时，按急停按钮，使全机断电。因为紧急停车会损坏电磁离合器等部件，所以一般不用紧急停车。紧急停车或发生断电停车以后，需重新开车时，应先关闭电控箱总开关，3s 后启动开关手柄，如指示灯发亮则表示电源接通，接下来可按主机启动按钮。如果反转时发生断电，亦应按照以上顺序操作，然后按电控箱上的复位按钮，使织机回复原位，再开车。

2. 机上信号与显示操作

剑杆织机停台时能自动发出信号。不向颜色的信号灯点亮，表明不同原因的停台，以便招呼相关工种前去处理。挡车工是看管机台的主要生产者，除了及时处理应由挡车工处理的断经、断纬停台外，还督促并配合其他工种处理停台. 所以挡车工应熟悉各色信号灯的作用。

3. 断头停台操作

剑杆织机的断经停台操作与有梭织机类似，但应注意倒断头尽量不借用边纱。由于高中档剑杆织机具有断经自动定位停车功能，所以处理断经后可直接开车。无上述功能时，可采取点动定位，打慢车后再开车。不过. 频繁点动打慢车容易使摩擦离合器遭受破坏。当然，选择直接开车或者点动开车还要看织机是否有防开车档装置。剑杆织机的断纬停台操作因机而异。高档剑杆织机配有自动找纬机构，断纬操作比较简单，具体操作如下。

(1) 断纬原因检查及排除。挡车工发现断纬信号灯时，应走到断纬机台前先查看断纬部位及原因，检查选纬器、导纱器、夹纱器是否有飞花堵塞，纬纱张力是否太大，剑头夹持器螺钉有否松动。

(2) 自动找纬。断纬停车后，织机按品种所要求的反转数自动反转至规定位置，此时织口处露出断纬。织口内残留的断纬在非自动排除情况下由挡车工抽去。

(3) 穿引纬纱。不论断纬发生在筒子架与储纬器之间，还是在储纬器与选纬器之间，都按顺序穿引，并置入边撑导纬板凹槽内。

(4) 点动入纬。按点动按钮，直到剑头夹体纬纱并进入梭口 5～10cm 为止。

(5) 开车织布。按开车按钮，织机正常运转，查看开车后布面质量，同时消除布面回丝。无自动找纬机构的断纬操作，所不同的是需要开慢车找纬。如采用凸轮开门，点动开无纬车找断纬；如为多臂开口，先倒拨 2 块纹板（即 4 根纬纱），再点动开无纬车找断纬，并抽去织口内残留的断纬。

（二）喷气织机操作技术

织机操作技术由准备、运转、停止、反转、点动等基本操作动作组成。

1. 总开关

（1）主开关。先把主开关打到"开"的位置，织机接通电源，指示灯点亮。

（2）电动机启动按钮。按启动按钮时，电动机接通电源，与筘座运动有关的其他动作即可进行。

（3）紧急刹车按钮。紧急刹车按钮，即操作控制板上和高压控制箱上的紧急刹车按钮，只有在紧急情况下才能使用。重新接通电源时，要用专用钥匙打开。

2. 运转操作按钮

（1）准备按钮（综平按钮）。为喷气织机特有按钮，按压此按钮，开始供气，准备开车。

（2）运转按钮。按运转按钮，织机即投入运转。

（3）停止按钮。运转过程中按停止按钮，织机便定位停车，同时绿色信号灯亮。在准备状态和倒纬过程中按停止按钮，织机可立即停止倒纬或综平。除两个控制面板上有停止按钮外，控制箱上也有一个。

（4）点动按钮。停车按点动按钮，织机向正转方向运动。

（5）反转按钮（倒纬按钮）。停车时按倒纬按钮，织机只在按下的时间做反方向运动，定位停车（钢筋停在后死心）。

（6）双手操作按钮。为保证操作者的安全，喷气织机没有此按钮。

3. 信号灯显示

织机上的信号灯常见的有四种或五种颜色。不同颜色和状态，表示织机操作的不同内容。

4. 断经处理

机后巡回时发现停台，一手摇杆，眼看经停探测器显示灯，轻拨经停片，尽快找出断头并接好，然后根据工艺规格，将经纱穿入经停片、综丝、钢筘，手拉直经纱，开车。断经在经停片与后梁之间时，可拉接头纱与断经纱尾接好，用穿钩穿过经停片，再与织轴上的经纱对接，转至车前，开车。处理断经的一般规律是：找头、掐纱尾、打结、穿综、穿筘、开车、剪纱尾。

5. 断纬处理

（1）巡回时发现纬停信号灯亮，首先目光从左到右检查织口，查看断纬部位。如断在织口处。必须查看综前、筘后是否有大结、绞头、棉球、纱疵，处理后抽出不良纬纱。断纬部位在筒子纱或储纬器处，则查看筒纱的成形，发现退绕不良应及时更换新筒纱。

（2）按停止按钮，将鼓筒上的纬纱全部拉掉，右手将纬纱拉直。

（3）引出纬纱到边撑位置时，左手按压预绕按钮，将纬纱引入卷绕筒进行预卷。

（4）右手在主喷嘴处将纬纱掐断，左手握住纬纱引入主喷嘴。

（5）按逆转操作键，抽出织口中的活线，然后开车。

（三）喷水织机操作技术

1. 运转与按钮

喷水织机可进行运转、停止、正转、反转等操作，均利用相应按钮来执行。

（1）"运转"按钮。按下"运转"按钮，织机进入连续运转之前的准备状态，测长、储留用风机及脱水用风机的电动机转动。若持续按压，则加热器速热电路工作，使左右热刀均变成红热状态。此时探纬器探针上已加有高压电，所以切勿触及探纬针，同时应勿使加热器过热。

（2）"正转"按钮。在未按"运转"按钮时，若断续地短时间按压此按钮，则织机正向微动。若先按"运转"按钮，再按下"正转"按钮，则制动器松开，织机进入运转状态。操作时如果未检查左右热刀的红热程度是否合适，就使织机进去运转，则启动时易产生纬纱切断不良。

（3）"反转"按钮。按"反转"按钮，则制动器松开，主电动机反转。如果间断、瞬时按压，则织机反向微动。若持续按压，则织机反转一周。

（4）"停止"按钮。按下"停止"拉钮，则制动器接通电路而制动，主电动机停止转动，测长、储留用风机及脱水用风机均停止转动。同时，左右热刀的电源被切断。另外，织机没有制动器开关。断开制动器开关，则制动器松开，此时即使按下各按钮，相应的操作电路也不会工作，但可以用手转动织机；如果接通制动器开关，则制动器电路导通而工作，起到制动作用。

2. 停机指示

喷水织机设有信号指示灯，以表示织机运转情况。一般，信号灯有红、蓝、黄、绿四种颜色。各色灯亮，分别表示下列情况。

（1）"红"灯亮，表示电源接通；

（2）"蓝"灯亮，表示织机正常运转；

（3）"红""蓝"灯亮，表示探纬器停机（断纬）；

（4）"红""黄"灯亮，表示传感器停机（小边轴、夹丝轴、废回丝处理等）；

（5）"红""绿"灯亮，表示自动计数器满匹停机（落布）；

（6）"红"灯闪亮，表示电路故障停机。

3. 开关车

（1）技术要求。必须做到"一上""一下""一大""二按""一要"。

一上：拉掉一梭通的纬脚，拧紧纬线，将其夹在幅撑上（双喷织机两根纬线均需压牢）。

一下：将压纬轮压下（双喷织机两个均需压下）。

一大：开口最大（刻度盘在 $160°\sim240°$ 之间，曲柄 $46°\sim180°$）。

一按：先按准备按钮（即运转按钮），待电热丝红时（根据织物的厚薄控制红热的程度）再按正转按钮，投入正常远行。

一要：开倒车时（按反转按钮），脚要踏着水泵凸轮，以避免水泵凸轮由于倒转而磨损。

（2）开车前。必须做好"四查""一踏"。

四查：查纬纱是否通；查电热刀示热程度；查纬纱通路是否畅通；查小边张力是否合适。

一踏：踩踏水泵 $2\sim3$ 次，以恢复喷射水位。

（3）开车后。必须做好"三查""二放""一清"。

三查：查布面是否有病疵；查假边处理是否正确；查经向是否有毛纱、糙块。

二放：放下防水罩；放下挡水板。

一清：清理布面及前机身周围的残纱，集中放入回丝桶内。

4. 处理断经头

（1）技术要求。要按顺序理，理一根、接一根、穿一根。必经做到"二清""三要""一不""四无"。

二清：手受揩清，纱路要分清。

三要：借头要向左方边纱外借；借头铁板要垂直平行；倒头放出来要及时归还原处。

一不：不让断头沾上油污（万一沾上，要逐根用找纱换掉）。

四无：无叉绞；无穿错头，无过错头，无宽急经。

（2）操作方法。在布画上看准断头路，查出钢综，分开纱路，到后滚筒或后滚筒以下找断头。如果找不到断头，可暂向左方边纱借1根，但借头要垂直平行地挂在两块借头铁板的钩子上断头放出后要及时归还，以防止倒入经轴变皮箍。

5. 停机处理

（1）探纬器停机。当"红""蓝"信号灯亮时，表示因探纬器故障而停机，其处理操作方法如下。

① 推上升降手柄，抬起测长储纬机构中的压纬轮。

② 踩下脚踏引纬板，按下反转按钮。

③ 排除不良纬纱，处理探纬故障。

④ 对清梭口，踩下脚踏引纬板，按下"反转"按钮。

⑤ 放下压纬轮。

⑥ 把由喷嘴射出的纬纱夹在边撑上，检查曲柄位量，曲柄应在180°左右。

⑦ 踩动脚踏引纬板数次，使射流恢复正常。

⑧ 按下"运转"按钮，同时检查左右热刀的加热情况，加热正常时按下"正转"按钮。

⑨ 在数次投纬后，除去残纱。

（2）传感器停机。织机的"红""黄"灯亮时，表示织机因传感器故障而停机。

（3）自动定长满卷停机。织机的"红""绿"灯亮时，表示织机因"满卷"而停机，共处理操作方法为：剪下并取出已织好的织物；按下自动计数器的"复零"按钮，使其显示数字恢复为"0"。

（4）其他原因停机。织机的"红"灯亮时，表示织机因其他原因而停机。

（四）片梭织机操作技术

1. 开关机操作

（1）开车操作。

① 接通总电源，检查开关是否在作用位置上。

② 按下复位开关，解除紧急停车按钮。

③ 查看织口处经纱是否有花衣杂物、断头等，发现问题及时处理。

④ 查看纬纱是否为明线，稀薄品种适当放1～2牙纬牙，减少合路。

⑤ 拉起开车柄，主电动机启动，信号灯全灭后压下开车手柄，织机正常运转。

（2）关车操作。

① 应使用织机两头侧面的正常停机按钮关车，绝对不能用拉起开关柄的方法。

② 把钢箱打到织口中间。

③ 切断电源，关闭主电动机。

④ 摇平综框。

⑤ 坏车停机时间较长时，应用巡巾盖住布面织门和织轴盘，防止飞花附着。

⑥ 空调采用下送风，应将车下送风口用挡板盖好，不留缝隙。

⑦ 防滴水机台用塑料布盖好。

2. 换绞边纱操作

片梭织机绞边纱常用涤纶长丝，通过绞边综丝进行绞边，并将边锁住使其不向外滑移，使布边平整、牢固。换绞边纱时应注意将纱头接好，检查绞边纱的质量，调整绞边张力弹簧，使绞边纱张力大小适当、均匀。

3. 断纬处理方法

（1）断纬停台。首先将剩余的纱线从梭口取出，发现暗线时应将断纬手轮以逆时针方向转动，直到手轮发出轻微响声，停在停止位置，重新接合为止。对于无找断纬装置的机型，可直接用开关柄升启到明线。

（2）较稀品种。一般情况下，退 2 梭纬纱的放一纬牙，退 3 梭纬纱的放二纬牙。调整张力，看织口稀密程度，正常时开车。

（3）退纬注意操作。有自动按钮开关及找断纬装置的机型，退纬可不放纬牙。

（4）引入纬纱。如果纬纱断在储纬器、张力杆处，右手将引纬钩穿入压纱器一张力杆一定中心杆，左手将纬纱绕上引纬钩，右手顺势拉出引纬钩；左手用食指把纬纱放在压纱器内，并嵌入盖板，右手将纬纱挂在箱侧上面，适当拉紧，然后开车。如果纬纱断在筒子上，左手将纬纱从筒子架上引出，右手关闭储纬器开关，并转动卷纬转子，使导纱眼朝凹口处；右手把引纬钩插入导纱眼，左手将引出的纬纱头绕在引纬钩上，右手顺势拉出，然后将引纬钩依次穿入毛刷衬垫、导纱眼、纬纱压纱器；左手开储纬器开关，并将引过的纬纱放在压纱器下面，依次穿入纬纱张力杆、定中心杆、定中心片；左手将纬纱嵌入盖板，右手把纬纱挂在箱侧上面，适当拉紧，然后开车。

三、巡回操作

1. 巡回路线的制订

根据无梭织机不拆布的原则，检查织轴的范围大于布面范围。

2. 巡回比例

根据无梭织机速度快、产量高、布面纬向疵点少以及不同品种和经纬纱密度、机台排列等特点，可采用 1∶1 或 1∶2 的巡回路线。

3. 巡回的计划性、机动性

挡车工在巡回过程中，采用机动灵活的方法，有计划地处理各项工作。争取工作主动，分清轻重缓急，本着先易后难、先近后远的原则机动处理停台。

四、布面检查

1. 布面检查的目的

布面检查是为了发现疵点，防止疵点的扩大和产生，同时查看左右绞边纱边剪的作用、布边纱尾长短、废边纱运行是否正常，及时剪除布面拖纱，发现机械原因造成的疵点，随时打开呼叫开关。

2. 布面检查的范围

分三段进行：第一段是前综到织口间经纱；第二段是织口到胸梁盖板前边沿的布面；第三段是胸梁盖板后边沿到布轴间的布面。

3. 检查布面的方法

采用平行（弧形）二段或平行（弧形）三段看手后检查布面的方法。

采用1：2的"平行三段看手后"，即进车档后，目光由近而远看右侧第三段，再由远而近看对面车第三段。然后目光再由近而远看左侧第一段，再由远而近看右侧第一段。最后搭手眼看手后平行检查第二段布面到另一侧布边，眼看布边。

采用1：1的"平行三段看手后"，即进车档时，目光先看第三段布面，即进入车档2/3处，目光先由近及远看左侧车第三段布面，再由近而远看右侧车第三段布面，再由远而近看右侧车第一段，然后留布边3～5cm搭手，眼看手后平行检查布面。

4. 重点检查布面的顺序

（1）1：2的顺序。捕边纱运行→导布轴外侧卷取→对面车导布轴外侧卷取→对面车布面→对面车导布轴卷取（右）→导布轴卷取（左）→织口→布面→分幅车按两台车布面检查。

（2）1：1的顺序。从右侧车开始，捕边纱运行→导布轴（右）→织口→布面→导布轴（左）→左侧车织口→导布轴（左）→布面→导布轴（右）→右捕边纱运行。

五、经纱检查

1. 经纱检查的目的

经纱检查是为了及时发现并清除经纱上的各种纱疵，预防经纱绞头，防止由于经纱不良而造成的布面疵点。

2. 经纱检查的范围

分三段进行，同有梭织机。

3. 经纱检查的方法

采用一拨三看，眼看手后检查经纱的方法。

一拨三看，进车档前先看左侧绞边纱；进入经纱车档后，目光由近而远看第三段，目光上至右绞边纱；进入织轴2/3以后，目光由远而近再看第一段，脚随目光后退到织轴边，用中指、食指在后梁前5～10cm轻拨第二段。目光看手后，脚随手移动慢步前进，一拨到头，全幅拨动。

4. 处理经纱纱疵的方法

经纱检查中发现纱疵，采用摘、剪、拈、劈、掐、换六种方法进行处理。

经纱上有花毛、回丝缠绕时用摘的方法处理；

经纱上有棉球、大接头、长纱尾时用剪的方法处理；

经纱上有小羽毛纱时用拈的方法处理；

经纱上有棉杂片、大肚纱时用劈的方法处理；

经纱上有大羽毛纱、带疙瘩的小辫纱时用掐的方法处理；

经纱上有粗经、多股纱、油纱、色纱时用换的方法处理。

5. 处理织轴疵点的方法

巡回中发现断头、倒断头，可采用挂、借的方法处理。

（1）挂的方法。在倒断纱尾上接1～2根接头纱绕在铁梳子上挂在织轴下面，这种方法适应即将出来的倒断头。

（2）借的方法。只准借用主喷对侧的边纱，将倒断头通过导纱杆，用直角拐穿纱夹引直，与主喷对侧借纱相对接（不准从导纱杆外引出）。如遇多头，同样通过导纱杆，引纱夹用直角拐与经纱平行穿入废边纱中。

织轴上的倒断头出来后，应顺经纱方向还原。

六、机械检查

1. 机械检查的原则

预防机械故障，避免织疵。采用眼看、耳听、手感的方法，发现问题及时处理。

2. 机械检查的周期与数量

每班重点检查两遍：交接班时一遍；正常工作中对车位的全部机台结合每个巡回重点检查一遍。

3. 重点机械检查的四个部位

（1）第一部位—主喷嘴对侧。废边纱罗拉，捕边纱穿法，H1，H2（W1，W2）探头，剪刀，右折边器，右边撑。

（2）第二部位—中间部位。综框夹板螺丝，钢筘，辅喷嘴，分幅装置，按钮键。

（3）第三部位—纱架部位。主喷嘴，左边撑，左折边器，导布轴及手轮，储纬器，筒子架。

（4）第四部位—机后部位。织轴，绞边纱装置，经停片杆，分纱板，机台异常震动，机台异味异响，经纱探测器。

七、断经处理

处理断经的一般规律是：找头、掐纱尾、打结、穿综、穿筘、开车、剪纱尾等步骤。

1. 机前断经处理：

（1）找头：根据断经的位置与邻纱相绞情况，可分别采用一步、二步、三步找头法，具体见有梭织机。特殊情况：因开口不清，纬纱与经纱缠绕在一起而产生断经，先处理纬纱，使其恢复正常状态，再按上述三种方法进行找头。

（2）掐纱尾、打结、穿综的具体操作同有梭织机。

（3）穿筘：喷气织机为异型筘，穿筘时用专用钩针在异型筘上端穿入，动作要轻，不准滑筘，采用逼筘的方法。左手在筘后拉住接好的经纱用食指挑起左或右侧的经纱，使与断头在同一筘齿的经纱高于其他经纱，右手拿钩子轻贴在左或右侧抬高的经纱左面，沿着抬高的经纱插入同一筘眼，将断头经纱钩出。

2. 机后断经处理方法

同有梭织机。

3. 操作注意事项

结头纱尾必须控制在 0.2～0.7cm，若结得太大，可用纱剪剪去长纱尾。

穿筘时必须将相邻筘齿内的经纱挑起到异形筘槽的上面，再按顺序穿入该筘眼，以防穿错。

断经后接头前，必须将综丝、经停片和经纱全部理顺到同一条直线上，保证结头开车后经纱排列整齐，不出现叉头、绞头。

出现倒断头、绞头现象，需要借头，不能在主喷嘴处借。

开车后要查看布面有无穿错，剪去布面拖纱。要离开织口2cm。

加强钢筘保养，穿筘时动作要轻，不准滑筘。

八、断纬处理

喷气织机造成纬停的因素较多，因此发现纬停要注意分析纬停原因，以便较快地处理停台，减少重复开停台。

（1）在巡回中发现纬停信号灯亮，首先目光要从左到右检查织口，查看断纬部位。如在织口处，必须查看综前筘后的绞口是否有大结、绞头、棉球、纱疵，处理好后，抽出不良纬纱。断纬部位在筒子纱或储纬器处，则要查看筒纱的成形，退绕发现不良及时更换新筒纱。

（2）按停止按钮，将纬停销螺线簧组件升起，将测长鼓筒上的纬纱全部拉掉，右手把纬纱拉直。

（3）引出纬纱，长度到边撑位置时，左手按压预绕按钮，使之退回纬停销螺线簧管，备好测长鼓筒上的纱线。

（4）使纬纱与主喷嘴齐掐头，左手拿住纱头穿入主喷嘴。右手拿住纱线中段，以防起圈而影响纬纱伸直造成疵点。

（5）按动逆转操作键，抽出织口中的活线，车要转至综平位置开车，并检查织口有无疵点，剪除拖纱，清除布面回丝，装入口袋。

（6）断纬停台倒线1～4根时，按逆转操作键，转一圈抽一根纬纱，逆转的圈数与抽线根数相等，织口自动对好，预防出现横档疵点。

（7）织口有疵点，需要倒线5根以上，不要破坏织口，按逆转操作键，转一圈抽一根纬纱，开车前必须拍打综前筘后边撑处的经纱，预防边撑处横档疵点。

第四节　织造质量指标与控制

一、织造质量指标

（一）下机一等品率

下机一等品率是反映从纱到织物的各工序质量情况的指标。其定义为：抽查中下机一等品的匹数与抽查总匹数的百分比。检查方法是检验人员将未经检验的布轴任意抽取一定数量，根据国家标准在验布机上进行逐匹检验，并按疵点责任划分规定，分车间分班做出疵点记录，计算出下机一等品率。

$$下机一等品率（\%）＝\frac{检验下机一等品匹数}{检验总匹数}×100\%$$

分档标准规定下机一等品率指标：一档水平，纯棉60%，化纤35%；二档水平，纯棉45%，化纤25%；三档水平，纯棉35%，化纤15%。

织物下机一等品率的高低，不仅反映织物质量的好坏，更重要的是它能直接反映出一个企业生产水平的高低。在生产中，由于它能正确反映织物质量的主要疵点何在，指出日常生产中提高质量的关键所在，所以，织物下机一等品率是企业检验质量的主要技术经济指标之一，用以权衡企业实际质量水平的高低。

（二）匹扯分

匹扯分是反映织物下机质量的指标。在下机一等品率的抽查中，平均每匹布上产生的各类疵点总分数为布轴匹扯分，简称匹扯分。每种疵点在每匹布上产生的疵点分数为疵点的匹扯分。计算疵点的匹扯分，可以了解影响下机一等品率的主要疵点，以便采取措施，减少疵点，提高织物的下机质量。计算匹扯分的公式如下：

$$匹扯分(分/匹)=\frac{抽查全部疵点总分数(或每种疵点的分数)}{检验总匹数}$$

为使下机检验正确地反映织物实际质量，并配合落实质量责任，进行匹扯分指标考核，在抽样中应做到按织机挡车台位随机取样，最好每台位、每日抽到一个布轴。

二、织造质量控制

目前减少织疵和提高效率的实用方法是试织中的调节和摸索，不过此方法费时费料。如果我们采用现代的预测方法，建立一套虚拟的质量预报体系，就可以实现零投入，节约生产成本，而且企业可以快速准确地进行质量控制。

(一) 织造过程的在线质量控制与后质量评价的方法

织机的自动控制，织造过程的监控是自动化技术在织造工序的应用。其监控的目的是通过对各机构参数的在线监测，及时地对过程和半成品质量进行监控。其主要功能是完成数据的实时自动处理和输出反馈与控制，包括目前的远程诊断与控制。但其只能给出现状，而无法高效地预测产品的特征与品质。

1. 单台、多台织机及局部监控系统

单台监控方式的织机监控器只能采集单台织机的生产数据，是最简单的单台生产数据、效率、经纬纱断头数的监控系统。

多台监控方式的织机监控器可同时采集 4 台或 8 台织机的生产数据，对于每台织机有 70 多项数据，其中包括入纬数、经停和纬停以及其他原因的停车数、运转/停车数和原因、多达 60 个班的每班入纬数、每班停车效率、每班运行/停车次数、速度和纬纱密度自动检测、布匹顺序长度、班台织机的效率等。

有的监控装置能提供每班引纬的统计数据：单经和单纬疵点总数，停车/运转时间，效率和织机转速，与电子多臂监控相结合，可将采集到的数据传送到终端电视屏幕上。

微型计算机局部监控装置，能迅速评估和分析织机不同类型的故障停车，每台织机以及所有织机的绝对停台时间频率，经纱张力值。可对经纱张力做最佳调整，高效织造。完成织造工厂的生产监控。

远程网络诊断监控方式是每台织机都装有传感器，通过多路电缆，这些传感器将引纬数、经纬纱断头，手控停机等信息传送到中心计算机。博纳斯（Bonas）开发的二级系统就属于此种方式，它以 64 台织机为一基本组，可监控 1000 台织机。

2. 电子织机监控

完全电子化的织机具有自调整和监控功能，织机的程控功能在一定（一般±6%）范围内变化，微机能自动地进行修正。机器可通过一袖珍终端来调整。目前可对产量、寻纬、送经运动、选纬、开口以及其他功能进行监控的喷气织机还有必佳乐（Picanol）、丰田（Toyota）、津田驹（Tsudakoma）和苏尔寿（Sulzer）等织机。像多尼尔（Dornier）织机，织机主电路使织造过程自动化，辅助监控器对辅助功能进行监控。又如必佳乐（Picanol）的 Griptronic GTM 型织机上采用的双相监控机就是织造监控中心。

由这些相对高度智能、自动化的织机生产出的产品，可在加工完成后进行最为传统的质量检验与评价。主要内容为：将织机工艺参数和坯布的各项指标自动提取，由技术人员根据经验来判断是否存在问题，并利用控制机构进行调整。但很少涉及织物质量的预测与快速评价。

（二）织造过程的质量预测方法

织机在线监控系统可以提高对生产环节中出现问题的快速反应，从而提高织机效率和产量。但从产品的质量考虑，仍然需要对工艺参数的优化和对所提取数据的评价和调节。无论服用面料，还是产业用织物，对质量的要求都越来越高。如现在的汽车用面料要求千米无疵点的布料来保证汽车风格的一致性。因此通过织造和织前工艺参数的优化，从而改进织造效率和布面质量是很有必要的。织造方面主要的预测技术有：传统的数理统计法，灰色预测模型方法和最近发展起来的人工神经网络技术等。

1. 数理统计方法

数理统计方法是根据对织造工艺的理解确立了一个试验方案，并根据试验方案所得出的数据建立数学模型，从而实现对织造工艺进行优化和预测。其主要通过对正交试验分析和方差的分析，获取织造工艺参数的最佳组合。并建立经纱断头率与织造工艺参数的多元线性回归方程。

2. 灰色预测模型方法

20世纪80年代发展起来的灰色理论和基于此理论的灰色预测模型对于织造方面的预测，只是基于灰色系统技术对织造进行了灰色评估预测。

运用灰色聚类技术，通过对5种无梭织机的主要性能进行灰色评估，根据获得的经验和系统分析，对不同的无梭织机性能进行了预测。从而得出宜选用片梭、剑杆等无梭织机，而对喷气织机，似应斟酌选用。

3. 人工神经网络方法

神经网络应用于织造过程预报与控制以及织造产品质量评价的工作相对较少，主要集中在后者。常规统计方法预测存在较高的精度，而织造是半成品纱到坯布的一道工艺，其中纱线质量指标、织造工艺参数和坯布的质量指标之间有着较复杂的非线性关系。采用神经网络技术的质量预测模型，一般只需1~2个隐层便可完成。

第十五章

下机织物的整理

在织机上形成的织物卷在布辊上，卷到几个联匹后，布辊从织机上取下，送整理车间进行检验、整理和打包。这个工序，称为下机织物的整理。

第一节 整理的要求和内容

一、整理工作的目的和要求

(1) 保证出厂的产品质量符合国家标准和客户的特殊要求。

(2) 通过织物整理，可以找出影响织物质量的原因，以便研究改进，促使产品质量不断提高。

由此可见，织物的整理工作甚为重要。

二、整理工作的内容

从织机上取下来的布匹，由于机械或操作的原因，布面还留有疵点和棉粒杂质，织物尚未整齐折叠。为了改善织物外观，保证织物质量，必须通过整理工序对织物进行检验和分等，其内容包括以下几方面。

(1) 逐匹检查布面疵点，按规定范围整修。

(2) 根据国家质量标准评定织物品等。

(3) 登记和统计分析疵点，制作图表供调查研究及作为改善产品质量的参考。

(4) 改善布面外观，提高织物的外观质量。

(5) 折叠成匹，并计算织机产量，包装织物，便于运输和贮藏等。

第二节 整理工艺及设备

整理的工艺过程，要根据织物的要求而定，棉、毛、丝、麻织物不一样，以棉织物来说，坯布一般必须经过下列几个工序：验布→折布→分等→修布→复验→折布→打包入库。

对于特殊要求的织物，还要在验布之后经过烘布和刷布。

一、验布

检验织物的外观质量，验布用的机械称为验布机。如图 15-1（a）所示为斜面式验布机简图，主要部分是验布台 1，为便于检验，验布台倾斜 45°，被检验的织物等速通过验布台。织物 2 自导辊 3 处引入，经导辊 4 和 5 到达验布台。这时用目光检阅疵点并做上标记，然后，布经导辊 6 和摆斗 7，由托布辊 8 拖引使之落入运布车或储布斗上。织物的运动主要依靠托布辊 8，托布辊上方压有橡皮压辊，以增加对织物的握持力。为了使已检验过的一段织物倒回来复查，验布机上没有倒顺转装置，它的运动是通过齿轮箱内的离合器实现的。

离合器作用原理如图 15-1（b）所示，用键固装在轴上的离合器 9 能借开关连杆 10 的作用做左右横动。当离合器向右移动与圆锥齿轮 11 啮合时，就由同圆锥齿轮 11 一体装在轴上的皮带盘 12 直接带动拖布辊 8 同方向回转，使织物前进。当离合器向左移动，与活套在轴上的圆锥齿轮 13 啮合时，皮带盘 12 的运动经圆锥齿轮 14 传给拖布辊 8，使其反向回转，使织物倒回。若离合器不与圆锥齿轮 11 和 13 啮合时，托布辊停止运动。

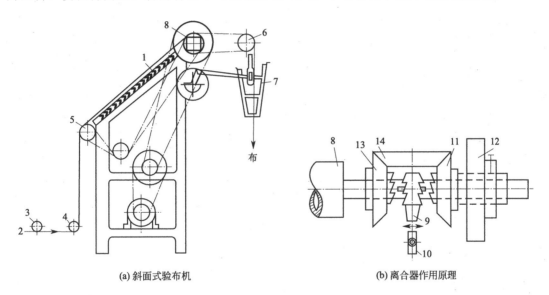

(a) 斜面式验布机　　　　　　　　　(b) 离合器作用原理

图 15-1　斜面式验布机及离合器作用原理

1—验布台；2—织物；3、4、5、6—导辊；7—摆斗；8—托布辊；9—离合器；

10—开关连杆；11、13、14—圆锥齿轮；12—皮带盘

用目光检验运动着的棉布上的疵点，不仅损伤视力，工效低，而且检验的准确率也不够稳定。光电验布是电子技术在纺织工业整理工序上的应用。它采用普通灯泡或激光作为光源，利用半导体光电元件硅光电池作为接收器，以此代替人的眼睛监视布面，当发现被验布面上有疵点时，接收器发出信号，并在布上做标记或控制验布机自动停车。这种方法目前仍在研究阶段。

二、刷布

织物上残留的白星、破籽等杂物，通过刷布机的砂轮和毛刷的磨刷作用除去，使织物表面光洁。刷布机有立式和卧式两种。

图 15-2 所示为立式刷布机。织物 1 受拖布辊 2 的拖引，经过导布辊 3、4、5、6、7、8 进入刷布工作区。经砂轮 9 和 10 及刷辊 11、12、13、14 后由拖布辊输出。由于砂轮和刷辊的回转方向与织物前进方向相反，故织物双面残留的杂物受砂轮和刷辊的磨刷作用而清除。

使用刷布机时，应注意调整织物对砂轮和刷辊的包围角大小，如果调节不当，将会引起过度的磨刷，影响织物牢度，有损织物品质。

三、烘布

为了防止织物在储存期间发霉，对织物进行人工的干燥称为烘布。直接供印染加工的坯布，可以不经烘布处理，一般市销布的回潮率能掌握适宜时，也可省去烘布。因为使用烘布机不仅消耗蒸汽，而且容易使织物伸长。

图 15-3 所示为烘布机示意图。织物从刷布机引出后经导辊 1、扩布铜杆 2、导辊 3 和扩布铜杆 4 即进入烘筒部分。织物绕过导辊 5 后，紧贴在上烘筒的表面，使织物的一面受烘干的作用。然后织物又以另一面与下烘筒表面紧贴，接受烘干作用。织物离开烘筒后经导辊 6、7 和出布辊 8 落入布斗内。

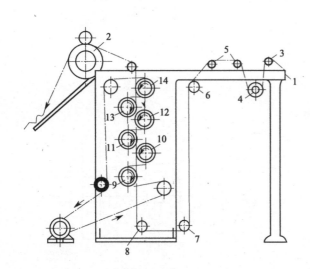

图 15-2 立式刷布机

1—织物；2—拖布辊；3、4、5、6、7、8—导布辊；
9、10—砂轮；11、12、13、14—刷辊

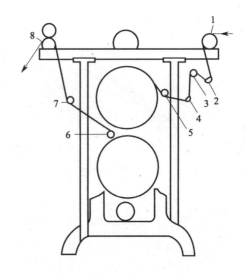

图 15-3 烘布机

1、3、5、6、7—导辊；2、4—扩布铜杆；
8—出布辊

因为织物是连续通过刷布机和烘布机的，所以烘布机没有独立的传动，而是由刷布机的拖布辊以同样的表面速度传动烘筒。

四、折布

从验布机（或通过烘布、刷布工艺）下来的织物，以一定幅度（通常规定折幅 1m 或 1码）整齐地折叠成匹，并测量和计算织机的下机产量。折布是在折布机上进行的。折布机有平面式和弧形式两种。

图 15-4 所示是平面式折布机的简图。织物从布车或贮布斗引出后，沿着倾斜导布板 1上升，再向下穿过往复折刀 2，通过折刀的往复运动，织物一层层地折叠在平台上面。

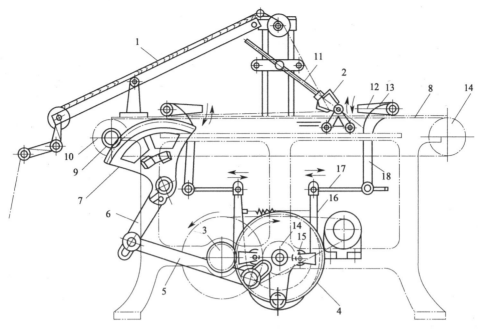

图 15-4　平面式折布机

1—导布板；2—往复折刀；3、4、9—齿轮；5、6—连杆；7—扇形齿轮；8—链条；10—链轮；
11—滑杆；12—压布针板；13—压布杆；14—凸轮；15—转子；16、17、18—连杆

折布机的运动包括下面三个部分。

1. 折刀运动

折刀的往复动程，确定折幅的长度，关系到出厂产品的长度，因此折刀的运动甚为重要。图 15-4 中，由齿轮 3、4 和连杆 5、6 所组成的一套四连杆机构的运动，使扇形齿轮 7 回转。扇形齿轮的摇动，使与折刀相连接的链条 8，借助齿轮 9 和链轮 10 的回转而做直线往复运动。折刀活穿在滑杆 11 上，滑杆以上部为回转支点。这种结构使折刀往复运动的同时兼做摇摆动作。

2. 压布运动

压布是对织物的折幅两端加以压制，使折刀运动时，织物能得以良好地展开。折布时布的下面受折布平台的承托，压布作用由压布针板 12 的上下运动来实现。

压布针板 12 装在压布杆 13 上，它的上下运动是通过凸轮 14 的回转作用于转子 15 和连杆 16、17、18 而获得。当折刀过来时，压布针板略微上举，以便折刀送入织物，折刀退回时，针板迅速下降压住织物，防止织物退回。

3. 折布台运动及自动送布装置

压布针板每次下降都必须到达一定的位置，因此，随着折叠层数的增加，折布台必须相应下降。如图 15-5 所示，折布台 19 的重量，通过链条 20、链轮 21 和 22，被重锤 23 和挂轮 24 所支持。重锤重量的调节，可以改变折布台对织物的压力。

当折布满匹（联匹）后，由自动控制装置使电动机 1 倒转。电动机 1 通过皮带盘 2、皮带 3 传动中间轴的皮带盘 4。皮带盘 4 平时转向与箭头指向相反。因此，旁边的超越离合器不回转，离合器又与链轮 5 一起用套筒活套在轴上。当皮带盘 4 通过离合器传动链轮 5 时，再经链条 6 传动链轮 7，同轴的蜗杆 8 传动蜗轮 9，与蜗轮同轴的凸轮 10 转动，其大半径压下转子 11，通过杠杆 12 和链条 13 拉下折布台 19。当折布台下降到一定位置时，

由扩张式摩擦装置传动链轮 14，通过链条、链轮（15、16、17、18、25、26）传动链轮 27，转动运输带 28，织物就自动送到检布台上。折布台上的扩张式摩擦装置传动装置如图 15-6 所示。

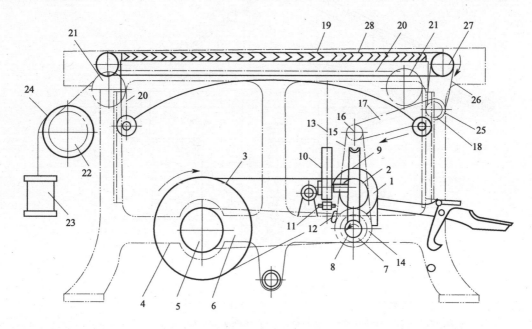

图 15-5　折布台运动

1—电动机；2、4—皮带盘；3—皮带；5、7—链轮；6、13、15、17、20、26—链条；8—蜗杆；

9—蜗轮；10—凸轮；11—转子；12—杠杆；14、16、18、21、22、25、27—链轮；

19—折布台；23—重锤；24—挂轮；28—运输带

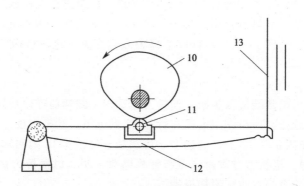

图 15-6　扩张式摩擦装置传动装置

10—凸轮；11—转子；12—杠杆；13—链条

　　折布机的调整是否妥善，对折叠的整齐度有很大影响。折布台应调节成水平状态，折布刀的动程应精密调节，使折幅符合要求。当折刀在动程的中点时，链条齿轮 9 应在扇形齿轮 7（图 15-4）的中间位置。折刀与压布针板的运动应相互配合，调节凸轮的位置可使两者的位置相适应。

　　折幅的调整：折幅过小或过大，可调节连杆与大齿轮中心距（偏心）及连杆与摆动杆的相互位置。折幅左右不一，可调节折刀链条前齿轮和连杆与大齿轮中心距（偏心）及连杆与摆动杆的相对位置。

因折布台水平不良造成折幅不一，应调节折布台四只调节螺丝。

因折刀滑杆轴承内飞花或油垢，使滑杆运动受阻，折幅变小，应定时清洁滑杆轴承。

因织物厚薄变化影响折布张力导致折幅大小不一，可调节折布机压布板，调节折布张力。

五、分等

织物外观疵点的分等是织物在整理过程中的一项较重要的工作，它是整理车间贯彻国家质量标准的主要环节，因此必须认真对待。

织造车间生产的棉布，经过验布、折布和整修，有的布面上还留有疵点。因此经过复验，按布面疵点评分多少，分成一等品、二等品、三等品、等外品，以判明产品的质量情况。

棉布外观疵点的分等，一般都在折布成匹以后由专职人员逐匹进行。分等时按验布标明的疵点评分，根据国家本色棉布品质标准进行复查，棉布分等是整理车间的关键性工作，要求分等人员应具有高度的责任感和熟练的技术。分等的职责是：（1）复验。逐匹检查验布工在布面上标明的疵点评分是否符合国家标准，最后评定疵点应评分数。（2）评等。根据布面疵点应评分数，按国家标准分等规定，评定棉布品等，并做记录。（3）定修、剪。按照棉布修、织、洗范围、假开剪的规定，决定应洗和开剪的布匹。（4）分类。准确地按品种、品等、修、织、洗、开剪等类别的布匹分开定点存放，以便整修成包。

织物的分等规定标志着织物的质量特性应达到的要求，是整理工序检验织物品质、评定织物等级的理论依据。

（一）本色棉布分等规定

GB407—1978 本色棉布分等规定共分为四项内容，包括：分等规定，物理指标、棉结杂质的评等，布面疵点的评等，布面疵点样照。

本色棉布由物理指标、棉结杂质与布面疵点三方面相结合评定等级。物理指标、棉结杂质最低降为二等品，布面疵点则分为一等、二等、三等及等外。如果物理指标、棉结杂质降等，布面疵点降二等，则该匹布顺降为三等品。如果布面疵点降为三等品，则该匹布顺降为等外品。三项结合定等，详见表 15-1。

表 15-1 本色棉布评等规定

布面疵点的评等 物 理 指 标 棉结杂质的评等	一等品	二等品	三等品	等外品
一等品	一等品	二等品	三等品	等外品
一等品	二等品	三等品	等外品	等外品

棉本色布织物组织、幅宽、密度、断裂强力、棉结杂志疵点格率、棉结疵点格率、布面疵点的分等规定见表 15-2 及表 15-3。

织物线密度：细纱线密度为 11～20tex（53～29 英支）；中粗纱线密度为 21～30tex（28～19 英支）；粗纱线密度为 31tex 及以上（18 英支及以下）。

优等品、一等品、二等品和三等品的每米允许评分数（分/m）见表 15-4。

表 15-2　棉布分等规定（1）

项目	标准	允许偏差			
		优等品	一等品	二等品	三等品
织物组织	设定规定	符合设计要求	符合设计要求	不符合设计要求	超过+2%，−1%
幅宽/cm	产品规格	+1.5% −1.0%	+1.5% −1.0%	+1.5% −1.0%	
密度/(根/10cm)	产品规格	经密：−1.5% 纬密：−1.0%	经密：−1.5% 纬密：−1.0%	经密：超过−1.5% 纬密：超过−1.0%	
断裂强力/N	产品规格	经向：−8.0% 纬向：−8.0%	经向：−8.0% 纬向：−8.0%	经向：超过−8.0% 纬向：超过−8.0%	

注　当幅宽偏差超过1.0%，经密偏差为−2.0%。

表 15-3　棉布分等规定（2）

织物分类		织物总紧度	棉结杂质疵点格率/% 不大于		棉结疵点格率/% 不大于	
			优等品	一等品	优等品	一等品
精梳织物		85%以下	18	23	5	12
		85%及以上	21	27	5	14
半精梳织物			28	36	7	18
非精梳织物	细线密度织物	65%以下	28	36	7	18
		65%~75%及以下	32	41	8	21
		75%以上	35	45	9	21
	中粗线密度织物	70%以下	35	45	9	23
		70%~80%及以下	39	50	10	25
		80%及以上	42	54	11	27
	粗线密度织物	70%以下	42	54	11	27
		70%~80%及以下	46	59	12	30
		80%及以上	49	63	12	32
	全线或半线织物	90%以下	34	43	8	22
		90%及以下	36	47	9	24

注　1. 棉结杂质疵点格率、棉结疵点格率超过规定降到二等为止；

　　2. 棉本色布按经纬纱平均线密度分类。

表 15-4　棉布分等布面疵点评分限度　　　　　　　　单位：分/m

幅宽/cm	110及以下	110以上~150以下	150及以上~190及以下	190及以上
优等品	0.20	0.30	0.40	0.50
一等品	0.40	0.50	0.60	0.70
二等品	0.80	1.00	1.20	1.40
三等品	1.60	2.00	2.40	2.80

　　棉本色布的评等以匹为单位，织物组织、幅宽、布面疵点按匹评等，密度、断裂强力、棉结杂质疵点格率、棉结疵点格率按批评等，以其中最低的一项品等作为该匹布的品等。

（二）精梳涤/棉混纺本色布分等规定

　　精梳涤/棉混纺本色布（GB/T 5325—2009）规定了精梳涤/棉混纺本色布的分类、要求、布面疵点评分、试验方法、检验规则、标志和包装。

　　按规定要求分为内在质量和外观质量，内在质量包括织物组织纤维含量偏差、幅宽、密度、断裂强力、棉结疵点格率6项（表15-5、表15-6），外观质量为布面疵点1项（表15-7、表15-8）。

分等规定中将涤/棉布的品等分为优等品、一等品、二等品,低于二等品为等外品。

评等以匹为单位,技术要求中包括 7 项评等项目:织物组织、幅宽、布面疵点、密度、断裂强力、纤维含量偏差和棉结疵点格率。其中密度、断裂强力、纤维含量偏差、棉结疵点格率由实验室按批试验评等,织物组织、幅宽、布面疵点由整理检验按匹评等,7 项的评定以最低一项品等作为该匹布的品等。

表 15-5 精梳涤/棉混纺本色布内在质量分等规定

项目	标准	允许偏差		
		优等品	一等品	二等品
织物组织	设计规定要求	符合设计规定要求	符合设计规定要求	不符合设计规定要求
纤维含量偏差/%	产品规格	±1.5		不符合一等品要求
幅宽/cm	产品规格	+1.2% -1.0%	+1.5% -1.0%	+2.0% -1.5%
密度/(根/10cm)	产品规格	经密-1.2% 纬密-1.0%	经密-1.5% 纬密-1.0%	经密超过-1.5% 纬密超过-1.0%
断裂强力/N	断裂强力公式计算	经向-6% 纬向-6%	经向-8% 纬向-8%	经向超过-8% 纬向超过-8%

注 当幅宽偏差超过 1.0%时,经密允许偏差为-2.0%。

表 15-6 棉结疵点格率分等规定

涤纶纤维含量/%	织物总紧度 80 及以下/%			织物总紧度 80 以上/%		
	优等品	一等品	二等品	优等品	一等品	二等品
60 及以上	3	6	超过一等品 允许范围	4	8	超过一等品 允许范围
50~60 以下	4	8		5	10	

注 棉结疵点格率超过规定降到二等为止。

表 15-7 布面疵点评分限度 单位:分/m²

优等	一等	二等
0.2	0.3	0.6

表 15-8 布面疵点评分规定

疵点分类		评分数			
		1	2	3	4
经向明显疵点		8cm 及以下	8cm 以上~16cm	16cm 以上~24cm	24cm 以上~100cm
纬向明显疵点		8cm 及以下	8cm 以上~16cm	16cm 以上~24cm	24cm 以上
横档		—	—	半幅及以下	半幅以上
严重疵点	根数评分	—	—	3 根	4 根及以上
	长度评分	—	—	1cm 以下	1cm 及以上

注 严重疵点在根数和长度评分矛盾时,从严评分;不影响后道质量的横档疵点评分,由供需双方协定。

每匹布允许总评分按下式计算:

$$A = aLW$$

式中 A——每匹布允许总评分,单位为分每匹,分/匹;

a——每平方米允许评分数,单位为分每平方米,分/m²;

L——匹长,m;

W——幅宽,m。

计算至一位小数，按 GB/T8170 修约成整数。

（三）出口布的补充规定

（1）棉结杂质。原则上按国家标准规定指标考核，如有特殊要求，可由当地工贸双方根据原料情况和技术条件，另订具体协议，并抄两份。

（2）布面疵点。①边不良：布边松紧不匀或荷叶边，经向每长 3m 评 1 分；边组织及距边 0.5cm 及以内（包括边组织）的断经、沉纱，减半评分。②粗经：轻于样照的粗经，每长 5～50cm 评 1 分。③煤灰纱：单层明显的不出口。④布边拖纱要修掉。⑤布幅下偏差不得超过 50%。

（四）其他质量标准

除国家标准外，标准还包括行业标准（部颁标准）和企业标准、工贸协议标准等。

六、整理的产质量指标及计算

整理工序的主要任务就是对棉布进行检验整修，打包入库，因此，棉布的产量、质量完成情况都在整理中反映出来。及时认真地做好统计及计算工作，才能起到指导生产的作用。在整理工序的主要指标有以下几项。

（一）入库一等品率

入库一等品率是整理工序经过修织洗后入库的一等品产量占入库总产量的百分数。计算公式如下：

$$入库一等品率(\%) = \frac{入库一等品米数}{总入库米数} \times 100\%$$

入库一等品率是考核企业棉布质量的重要指标，部颁标准规定了纯棉布入库一等品率一档水平为 96%、二档为 95%、三档为 93%。为使该项指标正确、真实地反映当月质量情况，对于已成包的降等布、零疵布应及时入库，月底盘存时凡是成件的非一等品必须做到当月入库，不应拖延至下月，以免造成人为的质量波动。

（二）入库产量

整理的入库产量工作逐日进行，入库产量逐日统计，月底盘存时的入库产量反映着当月的产量完成情况，更重要的是，反映着企业棉布产量完成情况。其他如产值、劳动生产率等指标，均以产量为依据，计算企业完成计划情况。因此，整理工序应按计划均衡入库，避免人为造成产量忽高忽低。

不合格的纺织产品不能计算产量。不合格的纺织产品包括：不能列入一、二、三等品的等外品，不能列入一等品的中零和全部小零。

（三）漏验率

在成品出厂前，按质量标准对棉布进行抽样检查，不符合一等品评分限度的即为漏验，按匹计算，包括局部降等和累计降等两方面。计算公式如下：

$$漏验率(\%) = \frac{抽查时漏验匹数}{抽查总匹数} \times 100\%$$

棉布出厂后,生产厂家与收货方双方验收复验中,如果棉布的不符品等率超过 4%,生产厂家将按检验降等百分率(即漏验率)折合全部数量调换或补偿品等差价。漏验率的抽查数量为总匹数的 5%~15%。规定漏验率的分档指标,纯棉布一档为 2%,二档为 3%,三档为 4%。

(四)假开剪率

为减少印染加工中的缝头,提高印染加工的效率和劳动效率,除六大疵点外,布面疵点可允许假开剪,对于怎样做假开剪,国家标准有明确规定。

假开剪的布应单独成包,因此假开剪的包应在包外做出标记,便于统计。应当注意,不符合落布长度的布不允许假开剪。假开剪率计算公式如下:

$$假开剪率(\%)=\frac{该品种假开剪产量(件)}{该品种加工坯布总产量(件)}\times100\%$$

(五)拼件率

因疵点开剪等原因,造成不足联匹落布长度要求的布可允许拼件成包,每件包的段数最多为联匹落布长度段数的 200%,各段布的长度允许一段 10~19.9m 的大零,其余各段长度应在 20m 及以上,加工拼件的布不允许有假开剪布。

$$加工拼件率(\%)=\frac{该品种加工坯拼件产量(件)}{该品种加工坯布总产量(件)}\times100\%$$

$$市销拼件率(\%)=\frac{该品种市销拼件包数}{该品种市销总包数}\times100\%$$

国家标准规定,联匹拼件率不能超过 10%,假开剪率和联匹拼件率合计不得超过 25%,涤/棉产品假开剪率和联匹拼件率合计不超过 30%。

(六)纱织疵率

纱织疵是指棉布疵点中一处性降等疵点和一次性降等疵点(以布长 0.5m 内同一名称疵点评分满 11 分的疵点为"一处性";连续性疵点以连续量其长度满 11 分的疵点为"一次性")。纱织疵率是指纱、织疵降等米数与入库总米数的百分比。纱织疵率的高低反映着企业管理水平、技术水平、质量水平的高低。因此,纱织疵率是一项重要的质量指标。目前,行业标准分档指标一档为 3%、二档为 5%、三档为 7%。

$$纱织疵率(\%)=\frac{纱(织)疵匹数\times匹长(m)}{入库产量(m)}\times100\%$$

(七)出口合格率

出口合格率是出口品种中符合出口要求,并按出口要求打包入库的产量占整个出口品种总入库量的百分比。在出口品种中,收货单位一般提出要求,如某些疵品加严到什么程度等,包装标志另有要求,并要求按此出口。凡因不符合出口要求而转为内销的一部分,往往在质量和价格上受到影响,因此,出口合格率的高低反映着出口产品的质量水平和效益高低。

$$出口合格率(\%)=\frac{该品种纯出口入库产量}{该品种总入库产量}\times100\%$$

纺织品出口部门，一般要求出口合格率达到 90％，其中联匹成包出口达到出口量的 90％，单双联或乱码成包出口，不能超过出口量的 10％。

整理工序的生产指标，一般包括产量（包括出口任务）、入库一等品率、漏验率、出口合格率。有的厂把假开率、拼件率落实到整理，以督促整理合理地掌握假开剪率、拼件率，努力提高升等率，因此有的厂又对整理工序要求其扛升等率指标，即全月分等疵布匹数，与经过修理升为一等品的匹数之比。另外，为了加速资金周转，还要求整理扛贮备定额指标（即待修布数量），或者入库均衡率。

第三节 织疵分析

织物质量包括内在质量和外观质量，在织造生产过程中必须严格加以监控。通过质量分析可知，织疵是织造生产中的关键特性指标。由于原纱和半制品质量、工艺、机械和运转管理等因素的影响，在织造过程中织物的表面会产生各种疵点，因此，织疵是坯布品质的重要组成部分，织疵多少是衡量企业生产水平和管理水平高低的重要标志。如果生产过程中布面疵点波动不稳，不仅会造成人力、物力的浪费，而且使成品质量下降。找出产生织疵的原因，采取相应的消除方法，才能达到减少织疵、优质高产的目的。下面着重讨论常见织疵及形成原因。

一、常见织疵种类

织造过程中常见主要织疵种类见表 15-9。

表 15-9 常见主要织疵种类

织疵名称	定　义
断经	织物中缺少一根或几根经纱的疵点
断疵	经纱断头后，其纱尾织入布内的疵点
穿错、花纹错乱	在织物纵方向上有稀密的一条，小花纹织物留有这种疵点时，则花纹图案外形显得模糊紊乱
吊经纱	在布面上呈现 1～2 根经纱因张力较大而呈紧张状态，丝织中又称宽急经
经缩	部分经纱在松弛状态下织入布内，布面形成起楞状或毛圈状的疵点，轻者称为经缩波纹，重者称为经缩浪纹
纬缩	纬纱扭结织入布内或起圈现于布面的疵点
跳纱	1～3 根经纱或纬纱跳过 5 根及其以上的纬纱或经纱，呈线状浮现于布面的疵点
跳花	3 根及其以上的经纱或纬纱相互脱离组织，并列地跳过多根纬纱或经纱而呈"井"字形浮于织物表面的疵点
星跳	1 根经纱或纬纱跳过 2～4 根的纬纱或经纱在布面上形成一直条或分散星点状的疵点
双纬	在平纹织物上，当纬纱在布边处断头，梭子拖着纱尾带入织物中继续引纬，而纬纱又不起关车作用，在布面上形成缺纬的疵点
百脚	在斜纹织物上，当纬纱在布边处断头，梭子拖着纱尾带入织物中继续引纬，而纬纱又不起关车作用，在布面上形成缺纬的疵点
脱纬	引纬过程中，纬纱从纡子上崩脱下来，使在同一梭口内有 3 根及其以上纬纱的疵点
稀纬	织物的纬密低于标准，在布面上形成薄段的疵点
密路	织物纬密超过标准，在布面上形成厚段的疵点
断纬	织物上缺少一段或一根纬纱的疵点
云织	布面纬纱一段稀一段密的疵点，稀纬、密路疵点统称为稀密路
豁边	有梭织造时在布边组织内有 3 根及其以上经纬纱共断或单断经纱形成布边豁开的疵点

续表

织疵名称	定　义
烂边	在边组织内只断纬纱,使其边部经纱不与纬纱进行交织;或绞边经纱未按组织要求与纬纱交织,致使边经纱脱出毛边之外的疵点
边撑疵	织造中边部经纱通过边撑时,布边部分经纬纱轧断或拉伤的疵
毛边	有梭织造时纬纱露出布边外面成须状或成圈状的疵点,无梭织造时废纬纬纱不剪或剪纱过长的疵点
油经纬	经纬纱上有油污的疵点
油渍	布面有深、浅色油渍状的疵点
浆斑	布面上有糯糊干斑的疵点

二、各类织机常见主要织疵

在不同类型的织机上,由于引纬方式、适织织物品种不同,出现的主要织疵及产生原因有较大的区别。表 15-10 中列出了不同类型织机上常见主要织疵。

表 15-10　各类织机上常见主要织疵

织机类型	主要织疵
有梭织机	边不良、边撑疵、烂边、毛边、纬缩、轻浆、棉球、跳纱、跳花、星跳、断经、沉纱、筘路、穿错、经缩、吊经、脱纬、双纬、断纬、稀密路、段织、云织、油疵、浆斑、狭幅和长短码、方眼等
剑杆织机	断经、缺经、纬缩、双纬(百脚)、断纬、缺纬、烂边、豁边等
喷气织机	断纬、纬缩、双纬(百脚)、双脱纬、稀纬、稀密路、开车痕、烂边、豁边、松边、毛边等
喷水织机	缺经、宽急经、错经、错纬、纬档、断纬、纬缩、布边破碎、布边丝切断、布边吊缩等
片梭织机	开车痕、纬缩、缺经、边不良、边撑疵、边百脚、边缺纬、跳纱、跳花、油疵等

三、织疵成因分析

(一)断经和断疵

断经和断疵的形成原因有以下几个方面。
(1)原纱质量较差,纱线强力低,条干不匀或捻度不匀;
(2)半制品质量较差,如经纱结头不良,飞花附着,纱线上浆不匀,轻浆或伸长过大等;
(3)经停片弯曲或破损;经停架不清洁有积花等。
(4)经停机构失灵,漏穿经停片,经纱断头后与邻纱相绞,经停片不能及时落下。
(5)综丝断裂、豁眼,化纤纱有超长纤维。
(6)吊综状态不良,高低不一。
(7)经密大的织物,在织造过程中受较多的摩擦,经纱易起毛影响开口清晰。
(8)织造工艺参变数调节不当,如经停架、后梁抬得过高,经纱上机张力过大,开口与引纬时间配合不当等。

(二)吊经纱

吊经纱形成的主要原因有以下几个方面。
(1)络、整、浆、并过程中经纱张力不匀,少数几根经纱张力特别大。
(2)织轴张力不匀或有并头、绞头、倒断头。

（3）经纱上存有飞花附着、回丝、棉球、回头鼻、结头纱尾过长等疵点，在织造开口时纠缠邻纱。

（4）浆纱打底不良，在织轴了机时出现经纱张力不一，产生经缩。

（5）织机断经关车失灵，经纱断头后未及时关车，断头纱尾与邻纱相绞。

（6）少数综丝状态不良。

（三）经缩（波浪纹）

经缩有局部性、间歇性和连续性三种情况，其形成主要原因有以下几个方面。

（1）织机在运转中产生轧梭，经纱以外伸长较大，开车时未做好经纱处理工作。

（2）织机停车后，综框未放平，使经纱在较长时间内受的张力不一，开车时造成经缩。

（3）吊综不良，两层经纱高低不一，使经纱张力不均匀，尤其是四页综的卡其织物，易产生开车经缩波浪纹。

（4）经位置线配置不当，后梁位置过高，上下层经纱张力差异较大，易造成开车经缩。

（5）织机卷取或防退机构失灵。

（6）送经机构自锁作用不良，经纱张力感应机构调节不当，使经纱张力突然松弛。

（7）卷取与送经机构工作不协调，造成织口位置和布面张力的变化，影响经纱屈曲波的正常成形。

（8）有梭织机的经纱保护装置作用不良，打纬时钢筘松动。

（四）纬缩

产生纬缩的主要原因有以下几个方面。

（1）纬纱回潮过小，捻度过大、不匀或定捻不良，车间相对湿度过低，容易产生纬缩。涤/棉纱尤为突出。

（2）开口时间和投梭时间配合不当，开口尚未开足，梭子已经投入，开口不清，纬纱受阻起圈。

（3）梭子在梭箱内回退大，纬纱退绕气圈大，梭外纬纱易扭结。

（4）点啄式纬停装置的钢针有小钩，使经纱起毛，开口不清，易产生连续性直条纬缩或起圈。

（5）经纱上附有棉杂、飞花、竹节、硬块等，使开口不清，梭子出梭口时纬纱缠绕受阻，扭结起圈。

（6）吊综过低、过松或吊综不平，经纱两侧张力不一，易产生分散纬缩。

（7）梭子和纬管不配套，纬管在梭腔内抖动、串动，易产生分散纬缩。

（8）有梭引纬纬纱张力不足以及梭子进梭箱产生回跳。

（9）喷气引纬气压过低，气流对纬纱牵引力不足，纬纱飞行速度慢，不稳定，张力小，加之钢筘和综框的运动，共同影响纬纱飞行，造成纬缩。

（10）剑杆引纬的纬纱动态张力偏大；织机开口时间太迟或右剑头释放时间太早；绞边经纱松弛，开口不清；剪刀剪切作用不正常。

（11）片梭引纬的纬纱张力过大或过小；布边纱夹弹性过小；开口时间过早。

（12）喷水引纬的喷嘴受损、喷嘴角度不正，使纬丝在飞行中抖动，与经丝相碰或不能充分伸直；纬纱制动不足，制动片上有花衣；纬纱退绕张力阻尼（储纬器）不足；喷水时间、开口时间配合不当；夹持器开闭作用不良；剪刀片不良（磨损），电热挡板位置不当，纬丝不能被切断。

（五）跳纱、跳花、星跳

形成跳纱、跳花和星跳的主要原因有以下几个方面。

（1）原纱及半制品质量不良，经纱上附有大结头、羽毛纱、飞花、回丝杂物以及经纱倒断头、绞头等使经纱相互绞缠引起经纱开口不清。

（2）开口机构不良，如综丝断裂、综夹脱落、吊综各部件变形或连接松动以及吊综不良。

（3）经位置线不合理，后梁和经停架位置过高，边撑或综框位置过高等造成开口时上层经纱松弛。

（4）经停机构失灵，断经不关车。

（5）开口与投梭运动配合不当。

（6）梭子运动不正常，投校时间、投梭力确定不合理，梭子磨灭过多。

（7）片梭织机上导梭齿弯曲、磨损，梭口过小或后梭口过长等造成上下层经纱开口不清，废边纱开口不清。边撑盖过高或过低，使片梭在飞行中跳出布面，造成经纱开口不清，形成跳纱。

（8）多臂开口机构纹钉磨损或松脱；纹板滚筒位置不对；拉钩磨损；拉钩回复弹簧拉断。

（六）双纬、百脚

造成双纬、百脚的主要原因有以下几个方面。

（1）有梭引纬时，纡子生头和成形不良，纬管不良；纬纱叉作用失灵，断纬之后不能立即关车；探针起毛或安装位置不正；梭子定位不正或飞行不正常；梭道不光滑，梭子破裂或起毛，纬管与梭子配合不良等均会造成断纬而引起双纬或百脚。

（2）喷气引纬时，纬纱单强低或气流对纬纱的牵引力过大，喷射气流吹断纬纱，造成断纬或双纬；探纬器失灵。如开口不清晰，当纬纱进入梭口时，进口侧或其他区域经纱张力松弛、粘连，就会挂住纬纱头端而形成双纬。左剪刀安装位置不良，或高或低，纬纱剪不断；或剪刀刀片不锋利，剪不断纬纱。断纬后，探纬器误判。如只有一个探纬器，纬纱被吹断，就可能探不到断纬而出现双纬。操作不良，应取出的坏纬没有取出而形成双纬。

（3）剑杆引纬时，纬纱张力过大或过小，接纬剑释放纬纱提前或滞后，导致织物布边处会产生纬纱短缺一段或纱尾过长，过长的纱尾容易被带入下一梭口；送纬剑与接纬剑交接尺寸不符合规格，导致引纬交接失败，则纬纱被左剑头带回，布面上出现1/4幅双纬（百脚）；边剪剪不断纬纱。

（七）脱纬

形成脱纬的主要原因有以下几个方面。

（1）纡子卷绕较松、过满或成形不良。

（2）纬管上沟槽太浅，纱线易成圈脱下织入布内。

(3) 投梭力过大，梭箱过宽，制梭力过小，使梭子进梭箱后回跳剧烈。

(4) 车间相对湿度过低，纬纱回潮率过小。

(5) 无梭织机探纬器不良，灵敏度低。

(八) 缺纬、断纬

形有缺纬、断纬的主要原因有以下几个方面。

(1) 递纬器位置过前或过后。纬纱不能进入剑头钳口和片梭梭夹内。

(2) 纬纱制动过大，或制动片、纬纱压脚不光滑。

(3) 投梭力过大，梭子和片梭进入接梭箱状态不良。

(4) 制梭作用调节不当，片梭定中心片调节不当，梭子和片梭有回弹现象。

(5) 片梭夹钳夹力时大时小，或纬纱张力过大。片梭织机投梭侧开梭器过高过低，接梭箱回校杆失调。

(6) 纬纱剪刀剪切不良，剪刀剪纱过早过晚，剪刀刀口磨灭或塞毛，不能干净剪断纬纱。

(7) 布边纱夹调节不当，纱夹张力弹簧与要求不符。

(8) 纬纱弱节被拉断；筒子成型不良。

(9) 储纬器供纱不及时。

(10) 剑杆织机钳纱夹弹簧过松，钳口磨灭或变形，造成钳纱不良、纬纱滑落。或钳口内有异物，不能钳牢纬纱；接纬剑钳口磨损、钳口变形，夹不紧纬纱。送纬剑钳口变形，夹纱力太小，纬纱交到接纬剑后不能钳牢滑脱；送纬剑钳纱过紧，交接时拉断；纬纱张力过小过大，不能钳牢，中途滑脱或被拉断。开口时间和出剑时间配合不当，接纬剑出梭口释放纬纱时尚未平综，纬纱反弹，造成布边缺练并伴有纬缩。平综太早，纬纱被强行引出，易拉断造成边缺纬；接纬剑释放纬纱太早或太晚。

(11) 选纬器作用时间不当，造成引纬失误或动作失误，没选上纬纱。

(九) 稀纬、密路

稀纬、密路疵点大多数情况下是在织机停关车后开出，或运转中自动换梭时，由于打纬机构、换梭诱导和送经卷取机构工作不正常所致。

造成稀纬、密路的主要原因有以下几个方面。

(1) 纬纱叉或稀弄防止装置失效，或织机制动机构失灵，则当纬纱用完或断纬时，织机仍继续回转而未将纬纱织入，因而造成稀纬。

(2) 在处理停台后卷取齿轮退卷不足或卷取辊打滑、卷取机构零部件松动等造成稀纬。

(3) 打纬机构部件磨损或松动过大，造成稀纬。

(4) 密路主要由于卷取和送经机构发生故障以及换梭时织物退出过多而形成。织机停车后开车时，如退卷过多，也会造成密路。

(5) 综框动程高度过大，经位置线过于不对称或经纱张力过大，自动找断纬装置工作不良，卷取辊弯曲或磨损，车间温湿度不当或不稳定；织轴质量不好，挡车工操作不当等都会引起稀密路织疵。

(十) 云织

云织分严重和轻微两种，前者织物各处纬密不一，局部是稀疏方眼状；后者布面上有局部的稀密（云斑）状，该疵点主要出现在有梭织机和喷气织机上。

造成云织的主要原因有以下几个方面。

（1）送经制动装置失效，毛毡磨灭过大或沾油，制动盘弹簧扭力不足。

（2）送经蜗杆与蜗轮磨灭过多或啮合过浅。

（3）送经锯齿轮或撑头磨灭过多。

（4）扇形张力杆上下运动不正常，织轴回转不匀或跳动剧烈。

（5）送经各运动连杆调节不当，如各齿轮的啮合不良等。

（6）卷取系统齿轮啮合太紧或太浅，或缺牙。

（7）卷取离合器磨损。

（8）筘座中支撑轴承磨损，影响打纬力稳定。

（十一）豁边

豁边严重影响织物布边的牢度。造成豁边的主要原因有以下几个方面。

（1）梭芯位置不正，纬纱退解时被拉断。

（2）吊综歪斜或过高、过低，使边纱断头。

（3）边部轮齿损坏，使边经纱被磨断。

（4）边撑伸幅作用不良。

（5）开口时间不当，使边经纱受引纬器摩擦过多而断头。

（6）在无梭织机上主要是绞边装置不良造成的。如绞边综丝安装不良，两根绞边经纱张力不一致；绞边纱选择不良；绞边纱断头自停失灵。纱罗或游星绞边机械有故障；如纱罗绞边机械有磨损和变形，只能完成开口运动，不能完成扭转运动。游星绞边机的导纱器被磨损而失去约束，张力消失，或传动机构被磨损，使开口不正常。绞边纱张力太小或太大，使已形成的绞边不牢固，或不能成绞。

（十二）烂边

造成烂边的主要原因有以下几个方面。

（1）有梭引纬时梭芯位置不正或纬纱碰擦梭子内壁、无梭引纬时纬纱制动过度以及经纱张力过大等，引起纬纱张力过大。

（2）绞边纱传感器不灵，边纱断头或用完时，不停车。

（3）开车时，绞边纱开口不清。

（4）剑头夹持器磨灭，对纬纱夹持力小；剑头夹持器开启时间过早，纬纱提早脱离剑头而未被拉出布边。

（5）边部筘齿将织口边部的纬纱撑断。

（十三）边撑疵

产生边撑疵的主要原因有以下几个方面。

（1）边撑盒盖把布面压得过紧，且盒盖进口缝不平直、不光滑。

（2）边撑刺辊的刺尖迟钝、断裂和弯曲。

（3）边撑刺辊绕有回丝或飞花，使其回转不灵活，或边撑刺辊被反向放置。

（4）边撑盖过高或过低。

（5）经纱张力调节过大，边撑握持力不大，伸幅作用差，织口反退过大。

（6）车间湿度变化大。

（7）后梁摆动动程过大，或送经不匀，后梁过高或过低。

（十四）油疵

1. 油经纬

经纬纱上有油污，主要由于纺部、织部生产管理不良等造成。

2. 油渍

布面有深、浅色油渍状，主要由于织部生产管理不良等造成。

（1）经丝上沾有油污；糙面橡皮卷取辊上有油污；综框摩擦造成经丝污染。

（2）加油不慎，油滴落在经纱或布面上。

（3）喷气织机压缩空气含油过多。

（4）上轴、落布、挡车、修机、保养时不慎把油滴沾污在经纱或布面上。

（5）片梭织机上击梭机构和片梭由电磁间自动滴油和喷油雾进行润滑。油滴或喷油雾过多过少均会出现油疵。经纱张力太小，经纱与梭子摩擦。导梭齿有磨损、松动，造成经向柳条。输送链积花多，投梭时跟随片梭带入梭口，造成油疵和油花衣织入布面。投梭箱、接梭箱油量过多，或油嘴加油过多，容易附着油花而造成油渍次布。钩针装置加油过多，或边剪加油过多。

（6）梭口过小，造成梭子和片梭与经纱摩擦过大，出现通幅油渍，经纱上出现纬向黑色条油。

（十五）棉布长度和宽度不合规格

国家标准对棉布的长度和宽度有严格要求，如宽度变狭、长度不足超过允许范围就要降等。造成该疵点的主要原因有以下几个方面。

（1）经纱上机张力调节不当，如张力过大会造成长码狭幅。

（2）箅号用错。

（3）温湿度管理不当。

（4）边撑握持作用不良，布幅变狭。

第四节　不同种类织物的加工要求

由于纤维材料、织物规格、织物组织及用途等方面的不同，其织物在加工过程中应选择适宜的加工流程、加工设备和环境条件。

一、棉型织物的加工流程

棉型织物生产主要分为白坯织物生产和色织物生产两大类，其中大部分为白坯织物的生产。

（一）白坯织物

白坯织物以本色棉纱线为原料，织物成品一般经漂、染、印花等后道加工。白坯织物生产的特点是产品批量很大，大部分织物组织比较简单（主要是三原组织），在无梭织机上加工时，为减少织物后加工染色差异，纬纱一般以混纬方式织入。一般流程如下。

1. 单色纯棉织物

经纱　原纱→络筒→分批整经→浆纱→穿结经——
纬纱 { 原纱直接纬或间接纬→给湿 —— } →织布→检验→修整
　　　原纱→络筒 ——

2. 单纱涤/棉织物

经纱　涤/棉原纱→络筒→分批整经→浆纱→穿结经——
　　　　　　　　　　　　　　　　　　　　　　　　→织布→检验→修整
纬纱　涤/棉原纱→络筒→蒸纱定捻→卷纬 ——

（二）色织物

色织物的生产工艺流程有很多种形式，其生产工艺流程的选择应考虑到产品的批量、色纱的染色方法和染色质量、织造顺利进行等因素，要根据实际情况尽量采用新工艺、新技术，以提高织物的产品质量。两种比较常见的色织工艺流程如下。

1. 分批整经上浆工艺流程

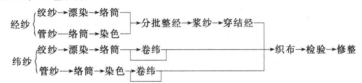

2. 股线、花式线等免浆工艺流程

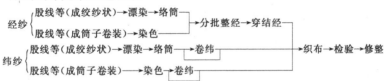

二、毛织物加工流程

毛织物主要分为精梳毛织物和粗梳毛织物两大类。毛织物的品种很多，通常生产批量较小、组织比较复杂、花色比较丰富。

1. 精梳毛织物

由于毛单纱的强力及毛羽问题，精梳毛织物生产时多以股线形式进行加工，其工艺流程如下。

经纱　毛股线（筒子卷装）→分条整经——→穿结经——
　　　　　　　　　　　　整经时上乳化液　　　　　　→织布→检验→修整
纬纱　毛股线（筒子卷装）→卷纬 ——

毛股线以精梳毛纱并、捻、定形加工而成，加工流程如下。

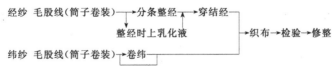

2. 粗梳毛织物

粗疏毛织物工艺流程如下。

三、真丝织物加工流程

真丝织物产品种类很多，各类织物都具有自己独特的外观风格和手感特征。因此，根据特点选择合适的加工工艺及流程。

```
        经丝 原料检验→浸渍→络丝→分条整经→穿结经
      ┌ 原料检验→浸渍→络丝→并丝→卷纬 ──────────────┐
      │ 原料检验→浸渍→络丝→并丝→捻丝→定捻→倒筒→卷纬 │
  纬丝 ┤ 原料检验→浸渍→络丝→并丝→捻丝→定捻→倒筒 ───┤ →织布→检验→修整
      └ 复并丝→复捻丝→复定捻→复倒筒→卷纬 ────────────┘
```

四、合纤长丝织物加工流程

（一）合纤长丝仿真丝绸织物

1. 纺、缎类

```
  经丝 长丝→分批整经→浆丝→并轴→穿结经 ┐
                                      ├ →织布→检验→修整
  纬丝 长丝 ────────────────────────────┘
```

2. 双绉和绉类

```
  经丝 长丝→分批整经→浆丝→并轴→穿结经 ────┐
                                          ├ →织布→检验→修整
  纬丝 长丝→络丝→捻丝→定捻→倒筒 ──────────┘
```

3. 乔其类

```
  经丝 长丝→络丝→捻丝→定捻→倒筒→分批整经→穿结经 ┐
                                                ├ →织布→检验→修整
  纬丝 长丝→络丝→捻丝→定捻→倒筒 ────────────────┘
```

（二）合纤长丝仿毛、纺麻织物

1. 流程一

```
  经丝 涤纶复合丝→整浆联合(或整浆分开)→并轴→穿结经 ┐
                                                    ├ →织布→检验→修整
  纬丝 涤纶复合丝 ──────────────────────────────────┘
```

2. 流程二

```
  经丝 涤纶空气变形丝→分条整经→穿结经 ──────────┐
                                              ├ →织布→检验→修整
  纬丝 涤纶复合丝、空气变形丝、网络丝 ──────────┘
```

五、苎麻织物加工流程

在产品设计时通常采用混纺、交织及麻纤维改性等措施，达到扬长避短的效果，苎麻织造的工艺流程如下。

```
  经纱 络筒→分批整经→浆纱→穿结经 ┐
                                  ├ →织布→检验→修整
  纬纱 直接纬或间接纬 ────────────┘
```

六、绢织物加工流程

根据原料特征，绢织物加工一般采用棉型设备，生产效率比较高，其加工流程如下。

```
  经纱（烧毛筒子或锥形筒子）→分批整经→上浆→穿结经 ┐
                                                  ├ →织布→生检→修、补、码、验、打包
  纬纱（烧毛筒子或锥形筒子）→卷纬 ──────────────────┘
```

七、特种织物加工流程

（一）玻璃纤维织物

玻璃纤维织物的加工原料有连续长丝和短纤纱两种，它的织造加工流程如下。

经纱　连续长丝或短纤纱(筒子卷装)→多次并捻→分条整经→穿经┐
　　　　　　　　　　　　　　　　　　　　　　　　　　　　　├→织布→检验
纬纱　连续长丝或短纤纱(筒子卷装)→多次并捻→卷纬┘

（二）碳纤维织物

碳纤维织物的加上工艺流程一般如下。

经纱　碳纤维复合丝→单纱上浆→分条整经→穿经┐
　　　　　　　　　　　　　　　　　　　　　　├→织布
纬纱　碳纤维复合丝→单纱上浆┘

第十六章
机织技术的发展现状与趋势

虽然受到全球金融危机影响，但自 2009 年上半年开始，我国织造行业已经步出低谷，特别是近两年，织机制造厂商迎来了一轮前所未有的市场热潮。针对我国当前面料的资源巨大压力，原材料、能源供应紧张、成本上涨现状，市场更加倾向于具有能快速适应市场能力、高效节能、采用先进技术集成应用的新型织机。相当部分织机通过控制系统升级、部件不断改进和创新、模块化设计理念的广泛应用，完善和拓展了织机的性能及效率，体现了织机的高速化、智能化、模块化、自动化、数字化、多品种适应性等方面的技术水平，使得织机步入平稳快速发展的通道。

第一节 机织技术的发展现状

一、新型织机的技术特点

当前进入实用阶段的新型织机主要有剑杆织机、喷气织机、喷水织机和片梭织机。

1. 剑杆织机

剑杆织机主要制造厂商剑杆织机的技术特点可见表 16-1。

表 16-1 剑杆织机主要制造厂织机的技术特点

制造厂商	主要技术特点	转速/(r/min)	筘幅/cm
德国多尼尔 (DORNIER)	8 色选纬,电子选色,电子纬纱张力控制,电子送经,电子卷取,电子多臂,配 12～16 片综	450～480	240
意大利奔达 (PANTER)	变频电动机直接控制主机速度,电子送经,电子卷取,电控箱全新设计,后梁张力感应系统	530	230
意大利普罗马泰克 (PROMATECH)	电子送经,电子卷取,电子选纬,8 色纬,电子多臂,18 片综,上下双经轴,断经快速识别	520～630	190～230
瑞士苏尔寿 (SULZER)	4～8 色纬,电子选纬,中央电子剪刀,起毛圈织机,可改变毛圈高度,组织任意编程	480	260
比利时必佳乐 (PICANOL)	8 色纬,无导钩无走板剑带,新型程序纬丝张力器,耐氏(SUMO)电动机,步进电动机纱罗绞边装置	550	220

续表

制造厂商	主要技术特点	转速/(r/min)	箔幅/cm
中纺机	电子送经,电子卷取,电子多臂,剑带运动无导钩,电控箱液晶中文显示和设定	550	200
经纬榆次分公司	8色选纬,电子送经,电子卷取,电子多臂,触摸屏显示、设定,实现人机对话	370~470	190
浙江泰坦	电子多臂,机械送经,机械卷取,4色纬电子选色,液晶显示屏参数显示,IC卡存储	440	230
绍兴越剑	机械多臂,亨特式机械送经,机械卷取,8色选色,60点PLC控制	360	230
广东丰凯	超级电动机,16色选纬,采用接力式引纬,断纬率降到最低,可采用正慢反寻或电动机式寻纬或液压寻纬三种,减少纬档,数字化全闭环控制电子送经和电子卷取,织机群控联网,可织大提花	500~600	190~360

除以上制造厂外,还有国外意大利舒密特公司(SOMET),国内必佳乐(苏州)纺机有限公司、山东胶南东佳集团、青岛引春机械有限公司、天津天申纺织机械有限公司、杭州纺织机械有限公司、无锡龙力机械有限公司、顺德丰凯机械有限公司、江苏高淳纺织机械有限公司、郑州纺织机械河南分公司、苏州纺织机械有限公司、咸阳升跃纺织机械有限公司、盐城宏华纺织机械有限公司、佛山市力佳纺织机械有限公司、聊城昌润纺织机械有限公司、济南鲁思达纺织机械有限公司、中一机械(上海浦东新区)有限公司、淄博黄河纺织机械有限公司等。

目前剑杆织机体现出多种先进的成熟技术,如电子开口、电子送经、电子卷取、电子选色、电子控制引纬、电子剪刀、电子绞边、电子电动机直接转动以及强大的计算机控制与网络化等,同时根据需要还会进行模块化功能不同组合,提供高效、低成本、高性价比、高可靠性的剑杆织机。

2. 喷气织机

喷气织机主要制造厂织机的技术特点见表16-2。

表16-2　喷气织机主要制造厂织机的技术特点

制造厂家	主要技术特点	转速/(r/min)	箔幅/cm
日本丰田(TOYOTA)	8色纬,双经轴电子送经,电子卷取,电子开口,电子绞边,电子多臂,凸轮开口	700	390
日本津田驹(TSUDAKOMA)	4~6色纬,双经轴电子送经,电子卷取,电子多臂装置,PSS可编程序启动,采用新型张力检测机构,装备了织造导航系统,可适应多样化毛巾图案织造	550	360
比利时必佳乐(PICANOL)	4色纬,电子送经,电子卷取,电动机后张力缓冲装置,电子多臂装置	900	220
意大利意达	2色纬,电子送经,电子卷取,电子剪刀,快速品种更换,快速自动寻纬,取消了废边	920	190~390
瑞士苏尔寿(SULZER)	6色纬,电子选色,电子送经,电子卷取,电子多臂和电子提花	800	190~390
苏州纺机厂	4色引纬,电子送经,机械卷取,贝加莱PCC电控系统,国产电子多臂机	625	230
经纬纺机沈阳公司	4色引纬,电子送经,机械卷取,贝加莱PCC电控系统,积极凸轮开口,2色引纬,双经轴电子送经,机械卷取,津田驹电控箱,电子多臂	660	230

制造厂家	主要技术特点	转速/(r/min)	筘幅/cm
中纺机	2色引纬,电子送经,机械卷取,贝加莱 PCC 电控系统,积极凸轮开口	750	190
陕西长岭纺电	主、辅喷嘴及异形筘引纬,电子送经、电子卷取、六连杆打纬,双色自由选纬,采用织机网络监测系统	500~850	190~360
无锡丝普兰	适用 60~1 000dtex 短纤,40~500dtex 长丝,纬密范围 12~95 根/cm,超启动力矩电动机,6色自由选纬,异形筘,可织电子多臂、大提花织物,电子送经、卷取,最大入纬率 2 300m/min,最大布辊直径600mm,最大盘片直径 1 000mm	600~1200	190~400

除以上制造厂外,国外尚有德国多尼尔(DORNIER)公司、意大利舒密特(SOMET)公司,国内尚有必佳乐(苏州)纺织机械有限公司、青岛引春机械有限公司、经纬纺织机械有限公司、江西丰凯纺织机械有限公司等。

3. 喷水织机

喷水织机主要制造厂织机的技术特点见表 16-3。

表 16-3　喷水织机主要制造厂织机的技术特点

制造厂家	主要技术特点	转速/(r/min)	筘幅/cm
日本津田驹(TSUDAKOMA)	3色引纬,电子送经,电子卷取,电子储纬,双水泵,电子多臂,自动对织口装置,电动式纬纱拉回装置,机上干燥装置,震动降低 50%,适应各种线密度织物	700	230
日本丰田(TOYOTA)	单喷引纬,电子送经,电子卷取,机械储纬,曲柄连杆开口,空气消耗降低 20%,振动降低 30%,最高车速可达 1250r/min	950	190
沈阳宏大	单双喷引纬,电子、机械送经,机械卷取,贝加莱电控系统,双水泵	550~1100	190
青岛允春	单双喷引纬,机械、电子储纬,机械送经、卷取,双水泵,电子多臂,曲柄连杆开口	630~1050	190
青岛引春	单双喷引纬,机械、电子储纬,机械送经、卷取,电子多臂,曲柄连杆开口	660	190
升跃机械	单喷引纬,机械送经、卷取,气流储纬,曲柄连杆开口	900	170
青岛三祥	双泵四喷,电子/机械储纬,广泛应用于高弹丝、加捻丝产品、降落伞布、超低密雪纺、高密阻燃布	1000	170~360

4. 片梭织机

片梭织机主要制造厂织机的技术特点见表 16-4。

表 16-4　片梭织机主要制造厂织机的技术特点

制造厂家	主要技术特点	转速/(r/min)	筘幅/cm
瑞士苏尔寿(SULZER)	6色电子选纬,电子送经,电子卷取,电子摸屏终端,按钮开关,自动找纬及平综	365	360
意大利意达	8色纬电子选纬,用线性电动机直接由电子操纵箱控制,电子送经,电子卷取	400	340

二、新型织机的发展现状

近几年来,国外剑杆和喷气织机正朝着高效、智能、节能方向发展,广泛应用主电动机数控直接驱动技术,并作标准配置;除实现完全自动化外,还减少 15%~25% 的能耗。国外织机采用直接驱动技术的电动机主要有永磁同步伺服电动机(Hi-Drive)、开关磁阻电动机（Sumo）、独立变频电动机、同步可变磁阻电动机（DD）等。由于主电动机数控直接驱动是根据织机负载的大小自动调节输出力矩的，负载越不均衡，越能体现节能效果；国内剑杆织机的实际使用转速大多数为 350～550r/min。此外，织机取消了传统剑杆织机的主离合器、寻纬离合器、慢速电动机、慢速离合器、皮带、飞轮、同步带传动，简化了传动链，可较大幅度降低故障率。国内厂商现在高档剑杆织机采用的主驱动调速电动机系统主要有两种：开关磁阻电动机调速系统和永磁同步伺服电动机调速系统，前者以山东日发公司 RFRL—30 型剑杆织机为代表，后者以广东丰凯公司超越型剑杆织机为代表。对于这两种机型织机，用户反馈可节能 15%～25%，两种调速系统均立足国产自给。

近两年国产无梭织机在稳定提速，并取得一定成效。以公称筘幅 190cm，剑杆织机样机车速达到 600～635r/min 的有 4 家：山东日发、广东丰凯、浙江泰坦、上海中机，实际应用车速已达 520～580r/min，设计选型起点高，综合技术已步入高档剑杆织机行列。喷气织机样机车速达到 1000～1200r/min 的有 8 家：咸阳经纬、上海中机、青岛华信、青岛红旗、无锡丝普兰、潍坊金蝉、山东日发、杭州引春，实际应用车速已达 550～700r/min。幅宽为 340～400cm 的有 12 家：长岭纺电、咸阳经纬、上海中机、山东日发、无锡丝普兰、陕西普声、潍坊金蝉、江苏万工、石家庄纺机、青岛红旗、杭州引春、青岛同春。咸阳经纬、无锡丝普兰、上海中机和山东日发的宽幅样机入纬率可达 2100～2400m/min；咸阳经纬的 G‑1752 型 3.6 m 机更是国内首家探索采用共轭凸轮打纬的新机型。从车速、入纬率看，国产喷气织机已步入高档喷气织机行列，但综合品种适应范围及控制系统的机电一体高度集成化、信息化、智能化等技术方面，尚还比国外差一些。

第二节 机织技术的发展趋势

在纺织品的生产中，多品种、多花色、小批量已成为必然趋势，这对纺织厂设备配置的适应性及调整品种的灵活性提出了更高的要求。

一、剑杆织机

近年来成熟技术的应用，促使国内剑杆织机技术水平上升较快，与国外相比虽有差距，但差距已经不是很大了。剑杆织机技术水平主要体现在模块化、数字化、智能化、自动化、高速化、多品种适用化等方面。

1. 多样化需求引导技术创新

剑杆织机以其灵活、多变、品种适应性广等特点，在无梭织机生产中占有相当大的比例。织造品种各式各样，有高档衬衫布、毛圈织物、牛仔布、服装面料、室内装饰布、商标织物等。品种的多样化需求，引导织机技术不断创新和发展，引导织机厂商不断适应市场需求，在织机品种、幅宽、配置等领域做出积极改进和创新。

2. 高效和低成本的发展趋势

订单品种的种类和难度越来越大，小订单数量增多，交货期也越来越急。新产品、小批量、多品种等无疑增加了生产成本，加上工人工资待遇的不断提升，使纺织企业面临多方面的压力。唯有低成本高效率，才有竞争优势。

3. 模块化设计理念的运用

从织机的方便性、灵活性、不同配置和对市场的快速反应来看，这一切正是应对了模块化设计理念。近十年来，市场的多变、订单交货期缩短、大量个性化定制、降低成本等的需求，模块化设计理念才得到了充分的推广和应用。

（1）德国多尼尔（Dornier）的剑杆织机和喷气织机以模块结构设计的机架电器部分、操作部分等均相同，两种机型的多数零配件可互换，仅改装引纬机构，就能使两种机型互换，操作简单，大大降低零配件的库存量已减少运行成本。

（2）必佳乐（Picanol）的 OptiMax 型、GT － Max 型两种剑杆织机，很多模块单元可通用。

（3）意大利 SMIT 公司新推出的 GS940 型与 GS920 型剑杆织机，还采用"SMART"共用平台，除派生出 GS920-F 型毛圈织机、GS920-T 型工业用布织机外，还可与该公司最新推出的 JS900 型喷气织机共用"SMART"平台，采用相同的模块结构和单元系统，在同一种织机类型中，能经济而快捷地更换不同的模块，从而给用户带来新的功能。

（4）意达织造（ITEMA-Weaving）首次推出了 R880 型与 K88 型剑杆织机。

（5）国内广东丰凯超越型、泰坦 TT—828 型、日发 RFRL30 型等剑杆织机都正在应用模块化理念。成熟的技术和完美的组合，以满足不同用户、不同品种的织造需求。

二、喷气织机

为提高产品在中国市场的综合竞争力，不少国内外企业从实用角度出发对喷气织机做了局部改进并显现出效果。

1. 高速织造、高效率生产，简化操作、减少用工

高速织造、高效率生产、简化操作、减少用工一直是喷气织机技术进步的方向。目前越来越多的国产喷气织机展示速度超过了 1000r/min，普遍的实际生产速度为 550～650r/min，个别设备达到 700r/min 左右。为提高织造速度，对机架重新设计，箱型结构的墙板增厚、尽量降低机架高度、增加纵向支撑、稳定的机架结构、增加机架的刚性等是提高速度的基础。

2. 减少能源消耗，环保生产

喷气织机的能源消耗很大，其中绝大部分能耗是压缩空气的消耗，少部分是电动机、运动部件的能耗。国外喷气织机采用多种方式降低能耗并成熟地应用于产品中，国产喷气织机也开始采取一些节能措施。对引纬过程进行动态地、精确地控制能够提高织造效率，适应异种异支纬纱引纬，也能在一定程度上降低气耗。

3. 应用信息化技术提高设备的使用效率和管理效率

喷气织机的控制系统就是信息化技术与机电一体化技术高度集成的系统，数据采集、运算处理、反馈控制、人机界面等是控制系统的主要功能，发展至今已经比较成熟与完善。近年来最突出的进步是信息化技术的深入应用使喷气织机的操作、维护更为便捷，使用效率和管理效率明显提高。

三、喷水织机

日本丰田（Toyota）公司的 LW2M—230TN 型喷水织机和日本津田驹（Tsudakoma）公司的 ZW8100—230—2C—C10 型喷水织机技术水平很高，都将其最新的喷气织机技术应用到喷水织机之上，同时结合了喷水织造的工艺特点而开发出喷水织机新产品，代表了喷水织机今后技术发展的方向。

1. 适应高速运转要求

采用高刚性机架结构、短动程的连杆打纬机构、打纬平衡设计，减少振动。

2. 精确控制引纬，提高运转效率

如能够单独调节喷嘴的喷射压力、根据纬纱飞行状态自动调节电磁销和纬纱制动器的动作时间等。

3. 提高织物品质的措施

如防止开车档措施（主电动机超启动方式、织口紧随、可选择停车或启动角度、启动时自动调节送经量）、电子送经和电子卷取机构、纬纱制动器、应用喷气织机储纬器等。

四、片梭织机

片梭织机是织机适应范围最广的无梭织机，以其适应性强而著称。无论织造窄幅或宽幅、单色或多色、短纤或长丝、轻薄型或厚重型、平纹或复杂图案的织物，片梭织机均能满足织造。但因其价格较贵，近几年来只有特殊织造需要时才采用。然而，片梭织机依然继续占有织造特殊结构和性能的技术纺织品市场。

参 考 文 献

[1] 刘森.纺织染整概论 [M] .北京：中国纺织出版社，2004.

[2] 戴继光.机织学 [M] .上册.2版.北京：中国纺织出版社，2001.

[3] 包玫.机织学 [M] .下册.2版.北京：中国纺织出版社，2002.

[4] 周惠煜.花式纱线开发与应用 [M] .2版.北京：中国纺织出版社，2009.

[5] 朱苏康、高卫东.机织学 [M] .北京：中国纺织出版社，2008.

[6] 毛新华.纺织工艺与设备 [M] .北京：中国纺织出版社，2004.

[7] 崔鸿钧.现代纺织技术 [M] .上海：东华大学出版社，2010.

[8] 刘森.机织技术 [M] .北京：中国纺织出版社，2006.

[9] 高东卫，王鸿博，牛建设.机织工程 [M] .北京：中国纺织出版社，2014.

[10] 中国纺织工业协会.中国纺织工业发展报告.北京：中国纺织出版社，2012.